建筑设备

主　编　吉倩倩

副主编　耿　瑞　武　易

参　编　王　锋　王　伟　文江涛

北京理工大学出版社
BEIJING INSTITUTE OF TECHNOLOGY PRESS

内 容 提 要

本书为杨凌职业技术学院“双高计划”教材建设任务，主要依据《高等职业学校专业教学标准》的要求，“岗课赛证训”融通，结合建筑设备安装施工规范、规程编写。全书按照模块—单元体例组织内容，共包括五个教学模块：建筑给水排水系统、建筑采暖系统、通风与空调系统、建筑电气系统、建筑智能化系统。每个模块内分单元展开叙述各系统子内容，均按照“模块概述—学习目标—知识体系—模块导入—单元设计—知识要点—知识拓展”的形式组织内容，达到层层递进、由浅入深、讲练一体的目的。

本书为高水平建筑工程技术专业群中建筑工程技术、工程造价、建筑设备工程技术、建设工程监理等专业服务，可作为高等院校土木建筑大类下相关专业的教学用书，也可作为安装施工员、质量员、安全员等岗位的培训或继续教育用书。本书配套《建筑设备》精品在线开放课视频教学资源，可满足学习者的个性化学习需求。

图书在版编目（CIP）数据

建筑设备 / 吉倩倩主编. --北京：北京理工大学出版社，2023.8

ISBN 978-7-5763-2737-3

Ⅰ. ①建… Ⅱ. ①吉… Ⅲ. ①房屋建筑设备—高等学校—教材 Ⅳ. ①TU8

中国国家版本馆CIP数据核字（2023）第151647号

出版发行 / 北京理工大学出版社有限责任公司

社　　址 / 北京市丰台区四合庄路 6 号院

邮　　编 / 100070

电　　话 /（010）68914775（总编室）

（010）82562903（教材售后服务热线）

（010）68944723（其他图书服务热线）

网　　址 / http://www.bitpress.com.cn

经　　销 / 全国各地新华书店

印　　刷 / 河北鑫彩博图印刷有限公司

开　　本 / 787 毫米 ×1092 毫米　1/16

印　　张 / 19.5

字　　数 / 459 千字

版　　次 / 2023 年 8 月第 1 版　2023 年 8 月第 1 次印刷

定　　价 / 89.00 元（合配套任务测评）

责任编辑 / 江　立

文案编辑 / 江　立

责任校对 / 周瑞红

责任印制 / 王美丽

FOREWORD 前言

党的二十大报告为建筑业高质量发展提供了新思路。报告指出建设现代化产业体系，坚持把发展经济的着力点放在实体经济上，推进新型工业化，推进美丽中国建设，推进生态优先、节约集约、绿色低碳发展。作为国民经济重要支柱的建筑产业，正经历着深刻、复杂而全面的变革。

随着我国国民经济飞速发展与城市化进程的加快，房屋建筑开竣工面积逐年增加，建筑设备也随之朝着节能、环保、宜居的方向健康发展。完善的设备是现代建筑实现其多样化功能的物理基础和技术手段。建筑设备包括建筑给水排水、建筑暖通空调、建筑电气与智能化等系统，功能完备且走在科技前沿的建筑设备系统是决定建筑规格、档次高低的关键因素之一。

本书遵循建筑设备系统基本内容体系，横向跨越了建筑给水排水系统、建筑采暖系统、通风与空调系统、建筑电气系统、建筑智能化系统五个模块，纵向深入探讨了各个系统原理性认知、施工图识读、施工工艺，横纵交错、从理论到实践地为学习者提供了完整的建筑设备知识网络。本书主要特点有以下几个方面。

1. 教学内容模块化

本书知识体系采用模块—单元形式展开，覆盖建筑设备各个系统。每一模块开始设计了模块概述、学习目标、知识体系、模块导入等栏目，厘清学习思路，激发学习兴趣；中间分单元详细展开叙述知识内容；通过知识拓展环节巩固所学知识、紧跟科技发展。模块内容逐级深化，达到“实物—认知—识图—绘图—应用—实物”能力上质的飞跃。

2. 课程思政融入化

建筑设备包含的知识体系内容丰富、涉及面广，思政要素融入方式多样。本书在每一模块开始时采用案例引入、结束时采用知识拓展的形式，让学生了解建筑设备的发展历史、未来发展趋势和技术前沿，帮助学生树立强烈的民族自豪感和荣誉感，具备新时代“工匠精神”和创新创业精神。

3. 知识学习多样化

除文字叙述等传统的知识传播形式外，本书还采用了多样化的方法为学生学习提供便利。如通过扫描二维码方式了解相关拓展知识，丰富学习内容；通过配套教学视频的学习，生动详尽地展现本课程教学过程；配有对应每单元各学习任务的任务测评，做到学一节练一节，达到扎实掌握知识的目的。

本书由杨凌职业技术学院吉倩倩担任主编，杨凌职业技术学院耿瑞、武易担任副主编，杨凌职业技术学院王锋，陕西建工第六建设集团有限公司王伟、文江涛参与了本书的参与编写工作。具体编写分工为：模块一（单元一～单元六）、模块二（单元一～单元四）、任务测评模块一、任务测评模块二（任务一～任务九）由吉倩倩编写；模块二（单元五）、模块三（单元三～单元五）、模块四（单元二～单元四）、任务测评模块二（任务十）、任务测评模块三（任务五～任务十一）、任务测评模块四（任务四～任务十）由耿瑞编写；模块三（单元一、二、六）、模块五（单元一～单元三）、任务测评模块三（任务一～任务四、任务十二～任务十五）、任务测评模块五由武易编写；模块二（单元六）、任务测评模块二（任务十一、任务十二）由王锋编写；模块四（单元一）、任务测评模块四（任务一～任务三）由王伟编写；模块四（单元五）、任务测评模块四（任务十一～任务十三）由文江涛编写。全书由吉倩倩负责统稿。

由于编者水平有限，书中难免存在不足之处，敬请广大读者批评指正。

编　者

CONTENTS 目录

CONTENTS

模块一　建筑给水排水系统

模块概述

本模块主要介绍建筑给水排水系统的基本知识。内容包括建筑给水系统概述、生活给水系统、消防给水系统、建筑排水系统、建筑给水排水施工图识读及建筑给水排水系统施工工艺。横向上覆盖建筑给水排水系统的各个方面，纵向上从系统认知到图纸识读再到施工方法的介绍，逐层递进、横纵交错地对建筑给水排水系统知识体系做了较为全面的介绍。

学习目标

知识目标	1. 熟悉建筑给水系统、建筑消防给水系统、建筑排水系统等的概念、类型和组成； 2. 熟悉建筑给水排水各系统常用材料、设备的特点和工作原理； 3. 熟悉建筑给水方式和排水方式的特点及适用条件； 4. 掌握高层建筑给水排水系统的特点及形式； 5. 掌握建筑给水排水系统施工图的识读方法； 6. 了解给水排水管道、卫生器具的施工工艺、安装方法
能力目标	1. 能够辨认建筑给水排水系统各组成部分并说出其特点； 2. 能够根据实际工程需求选择合适的管材、管件、附件、水表、升压贮水等设备； 3. 能够为一幢建筑选择合适的给水方式及排水方式； 4. 能够分辨高层建筑不同的分区给水方式及特殊单立管排水方式； 5. 能够完整识读给水排水施工图并编写识图报告； 6. 能够进行简单给水排水管道的加工及连接操作
素质目标	1. 培养热爱祖国大好河山、灿烂文化的爱国精神，灌输给水排水工程的文化传承；提高学生供水安全、节约资源的环保意识；密切关注产业发展、科技创新和生态文明建设； 2. 积极掌握给水排水行业的新技术、新设备、新工艺和新方法，增强了解过去、立足现在和面向未来的全局意识； 3. 培养突破陈规、大胆探索、锐意进取的改革精神，勇于创新、求真务实的时代精神，自强不息、艰苦奋斗的工匠精神，爱岗敬业、甘于奉献的职业精神，提升为人民服务的责任感与使命感

知识体系

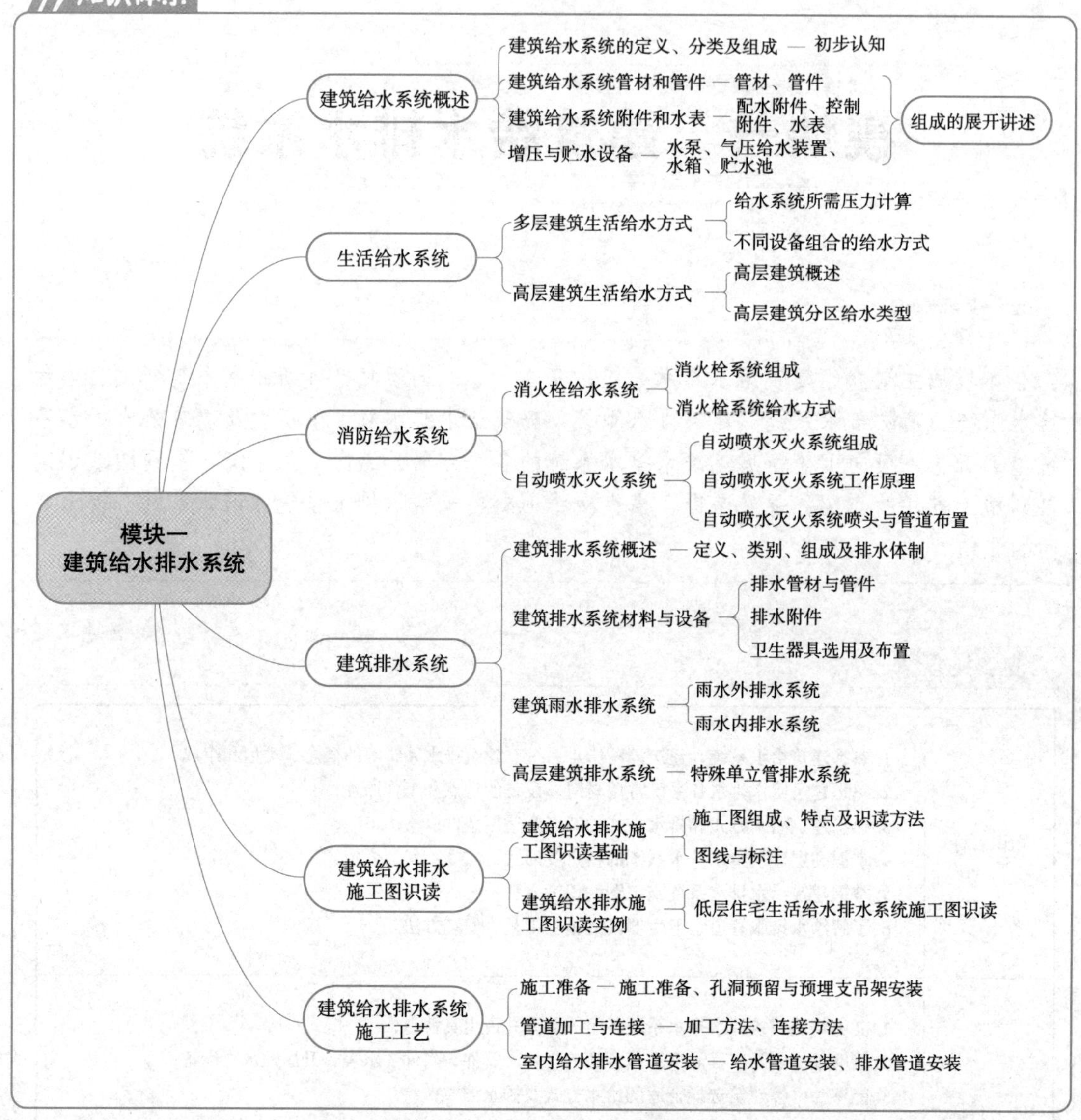

模块导入

世界著名下水道排水工程

法国作家雨果在《悲惨世界》里说过："下水道是一个城市的良心"。这句话的本意与城市建设并无关系，意思是城市的下水道是流亡者和弱势者的栖息地，下水道庇护了他们，所以下水道是城市的良心。但是当人们站在现代社会再去体会这句话，会发现它从另一个角度深刻地阐释了下水道工程对建筑和城市的重要意义。下水道关系着城市的排水效率、百姓的生活品质，所以，排水工程是一项智慧工程、良心工程。下面就分别介绍几项世界著名的下水道排水工程。

1. 江西赣州福寿沟

福寿沟是宋朝修建的城市下水道，至今已有900多年历史，呈砖拱结构，沟顶分布着铜钱状的排水孔。据测量，现存排水孔最大处宽1 m、高1.6 m；最小处宽、深各0.6 m，与《志书》上记载基本一致。

福寿沟工程主要可分为三大部分：第一部分是将原来简易的下水道改造成矩形断面，砖石砌垒，断面宽大约90 cm，高180 cm左右，沟顶用砖石垒盖，纵横遍布城市的各个角落，分别将城市的污水收集排放到贡江和章江；第二部分是将福寿二沟与城内的三池（凤凰池、金鱼池、嘶马池）及清水塘、荷包塘、蕹菜塘、花园塘、铁盎塘等几十口池塘连通起来，一方面增加城市暴雨时的雨水调节容量，减少街道淹没的面积和时间，另一方面可以利用池塘养鱼、淤泥种菜，形成生态环保循环链；第三部分是建设了12个防止洪水季节江水倒灌，造成城内内涝灾害的水窗，这种水窗结构由外闸门、度龙桥、内闸门和调节池四部分组成，主要是运用水力学原理，江水上涨时，利用水力将外闸门自动关闭，若水位下降到低于水窗，则借水窗内沟道的水力将内闸门冲开（图1.1）。

图1.1　福寿沟

2. 法国巴黎下水道

法国巴黎有着世界上最大的城市下水道系统。这个处在城市地面以下50 m的世界，从1850年开始修建，巴黎人前后花了一个多世纪才完工。

在巴黎大规模建设下水道之前，这座城市大部分的消费用水来自塞纳河，暴露在地面的部分废水未经净化就流回河中，造成河水污染，空气中恶臭弥漫，最终导致了1832年的一场霍乱爆发。城市规划者痛定思痛，要修建下水道系统。

奥斯曼设计了巴黎的地下排水系统。他当时的设计理念是提高城市用水的分布，将脏水排出巴黎，而不再是按照人们以前的习惯将脏水排入塞纳河，然后从塞纳河取得饮用水。1854年，奥斯曼让贝尔格朗具体负责施工，到1878年为止，贝尔格朗和他的工人们修建了600 km长的下水道，除正常的下水设施外，这里还铺设了天然气管道和电缆。

1935—1947年，巴黎的工程师们又开始新一轮扩容改造工程：修建4条直径为4 m、总长为34 km的排水渠，以便通过净化站对废水进行处理，处理过的水一部分排放到郊外或流入塞纳河；另一部分则通过非饮用水管道循环使用，洗刷城市街面。第二次世界大战结束后，巴黎市政府又进一步扩建了这一系统，使每家每户的厕所都直接与其相连。到1999年，巴黎完成了对城市废水和雨水的100%完全处理（图1.2）。

图 1.2　巴黎下水道

3. 德国下水道

在德国，第三大城市慕尼黑的市政排水系统的历史可以追溯到 1811 年。地下总长为 2 434 km 的排水管网中，有 13 个地下储存水库，总容量达 7.06×10^5 m^3。如果暴雨不期而至，地下储水库就可以暂时存贮雨水，再慢慢释放入地下排水管道，以确保进入地下设施的水量不会超过最大负荷量。

慕尼黑的市政排水系统的历史可以追溯到 1811 年，当时的执政官修了一条 20 km 的阴沟渠，将污水引向了伊萨尔河（Isar River）。后来经过几代人的发展，到了第二次世界大战前，慕尼黑市政排水有了里程碑式的发展，第一个污水处理厂在慕尼黑建成，到了 1989 年，慕尼黑市的第二个污水处理厂落成。除此以外，在慕尼黑的地下有着一共 2 400 km 的地下排水管网，它们每天将 5.6×10^5 m^3 的各种生活和工业污水输送到上述的两个污水处理厂。污水经过处理，成为对环境无害的洁净的水，再排进伊萨尔河（图 1.3）。

图 1.3　慕尼黑市政排水系统

4. 英国伦敦下水道

英国伦敦下水道的历史也在 150 年以上，被称为“工业世界的七大奇迹之一”。无独有偶，伦敦下水道系统的修建也与流行病肆虐有关。

19 世纪中期的英国伦敦是垃圾遍地、臭气冲天，排水系统极其糟糕。当时的泥土路面或卵石街道都凿有明渠或街沟，以便将污水和雨水引入其中。然而 1 英尺（约 30.48 cm）多深的明渠中往往塞满了灰烬、动物尸体，甚至粪便。由于水体污染，1848—1849 年，一场霍乱导致 1.4 万伦敦人死亡。疫情结束后，为了改善下水道，英国政府成立了皇家污水治理委员会，任命约瑟夫 · 巴瑟杰为测量工程师，改进城市排水系统。

1853年，霍乱卷土重来。通过对比伦敦地图分析发病案例发现，人们生活依赖的地下水遭到严重污染，这才引发了霍乱。1856年，巴瑟杰计划将所有污水直接引到泰晤士河口，排入大海。根据最初方案，地下排水系统全长为160 km，位于地下3 m的深处，需要挖掘3.5×10^6 t土，但伦敦市政当局以系统不够可靠为由，连续5次否决了巴瑟杰的计划。

1858年夏，迫于城市环境污染的压力，伦敦市政当局不得不接受了改造方案。次年，伦敦地下排水系统改造工程正式启动，工程规模也扩大到1 700 km以上。1859年，伦敦地下排水系统改造工程正式动工。1865年工程完工，实际长度超过设计方案，全长达到2 000 km。下水道在伦敦地下纵横交错，当年伦敦的全部污水被排往大海（图1.4）。

伦敦下水道建造图　　伦敦下水道内景

图1.4　伦敦地下排水系统

单元一　建筑给水系统概述

单元设计

学习任务	一、建筑给水系统的定义、分类及组成 二、建筑给水系统管材和管件 三、建筑给水系统附件和水表 四、增压与贮水设备
任务分析	建筑给水系统是建筑给水排水系统中的重要部分，是认识建筑给水排水的开始。这部分内容包含较多知识点：首先是对系统的整体认识，了解其定义、分类、组成，从总体进行描述；其次是从其各个组成部分出发，展开介绍给水系统中常用的材料（如管材、管件、附件、水表）及增压和贮水设备等，认知过程从整体到局部，又从细小之处逐渐扩大，其中很多知识储备为后续学习奠定了基础
学习目标	1. 能够流利描述什么是建筑给水系统，能说出其分类及组成； 2. 能认知建筑给水常用管材、了解其特性； 3. 能辨别不同管件的功能，并能将其归类； 4. 能辨别控制附件与配水附件，了解水表工作原理并能够识读水表； 5. 能说出常用的增压、贮水设备，了解其工作原理

知识要点

一、建筑给水系统的定义、分类及组成

1. 定义

建筑给水系统是将城、镇给水管网（或自备水源给水管网）中的水引入一幢建筑或一个建筑群体，供人们生活、生产和消防之用，并满足各类用水对水质、水量和水压要求的冷水供应系统。

视频：给水系统组成和分类

2. 分类

建筑给水系统按照其用途可分为以下 3 类：

（1）生活给水系统。为民用住宅、公共建筑及工业企业建筑内饮用、烹调、盥洗、洗涤、淋浴等供水的系统称为生活给水系统。其水量、水压应满足用户的需要，水质必须满足国家标准《生活饮用水卫生标准》（GB 5749—2022）的规定。生活给水系统根据用水需求的不同，可进一步分为饮用水（优质饮水）系统和杂用水（建筑中水）系统。

（2）生产给水系统。为满足工业企业生产要求设置的给水系统称为生产给水系统。生产用水包括设备冷却用水，原料和产品洗涤、锅炉用水，以及各类产品在制造过程中所需要的供水。生产给水系统可细分为循环给水系统、复用水给水系统、软化水给水系统等。因生产工艺不同，生产用水对水量、水压、水质的要求各不同。

（3）消防给水系统。为建筑物扑灭火灾用水而设置的给水系统称为消防给水系统。消防给水系统可进一步划分为消火栓给水系统、自动喷水灭火系统等类型。消防给水系统对水质的要求不高，但必须根据建筑设计防火规范要求，保证足够的水量和水压。

上述 3 类基本给水系统可以独立设置，也可以根据各类用水对水质、水量、水压、水温的不同要求，结合室外给水系统的实际情况，经技术经济比较，或兼顾社会、经济、技术、环境等因素的综合考虑，设置成组合各异的共用系统。如生活、生产共用给水系统，生活、消防生产共用给水系统等。

3. 组成

建筑内部给水系统如图 1.5 所示。其一般由以下各部分组成：

（1）水源。水源是指城镇给水管网、室外给水管网或自备水源。

（2）引入管。引入管又称进户管，是市政给水管网和建筑内部给水管网之间的连接管道。其作用是从市政给水管网引水至建筑内部给水管网。对一幢单独建筑物而言，引入管是穿越建筑物承重墙或基础，自室外给水管网将水引入室内给水管网的管段，也称进户管。对于一个工厂、一个建筑群体、一个学校来说，引入管是指总进水管。

（3）水表节点。水表节点是指引入管上装设的水表及其前后设置的阀门及泄水装置等的总称，如图 1.6 所示。此处水表用以计量该幢建筑的总用水量。水表前后的阀门用于水表检修、拆换时关闭管路。水表及前后的附件一般设置在水表井中，温暖地区的水表井一般设置在室外，寒冷地区为避免水表冻裂，可将水表设置在采暖房间内。

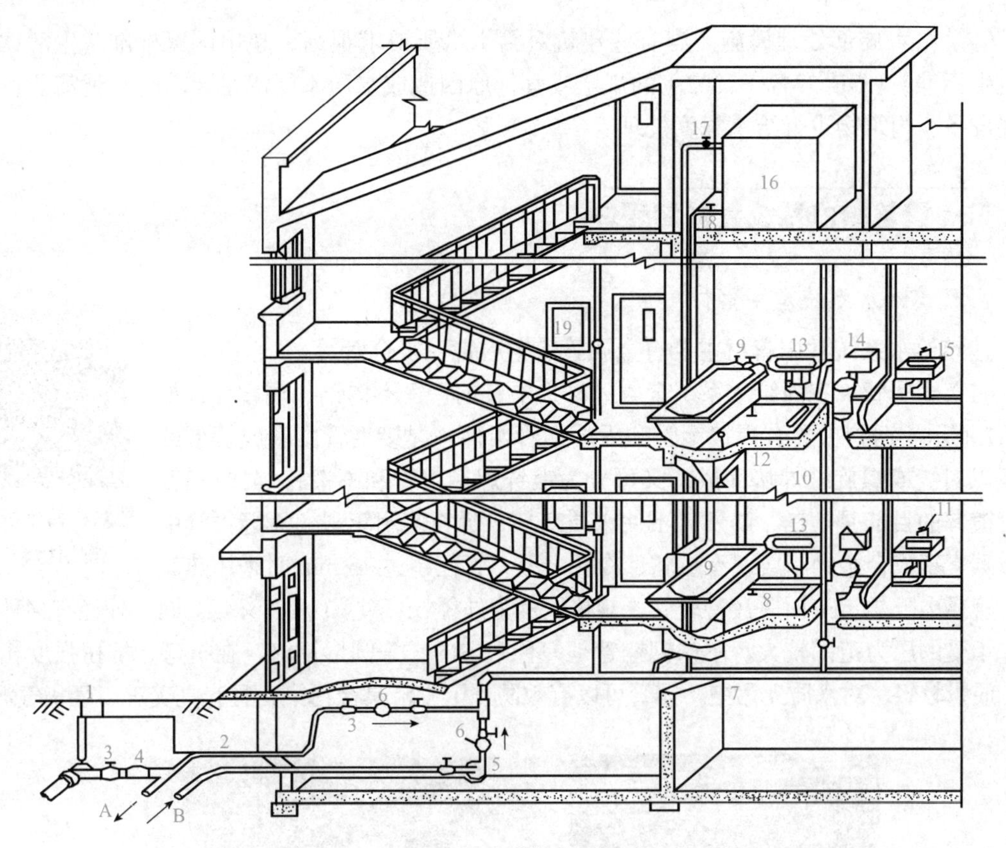

图 1.5　生活给水系统

1—阀门井；2—引入管；3—闸阀；4—水表；5—水泵；6—止回阀；7—干管；8—支管；9—浴盆；10—立管；11—水龙头；12—淋浴器；13—洗脸盆；14—大便器；15—洗涤盆；16—水箱；17—进水管；18—出水管；19—消火栓；A—进入贮水池；B—来自贮水池

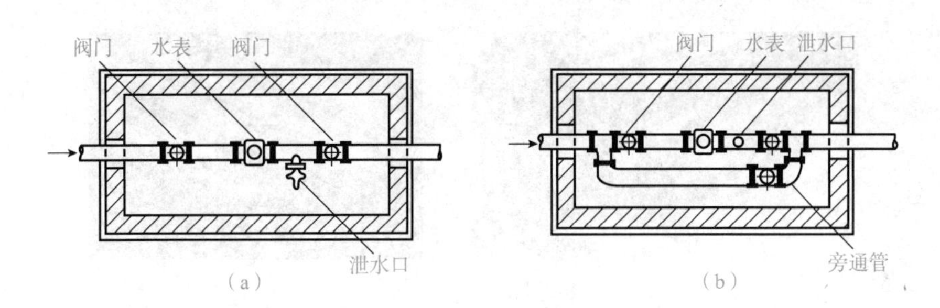

图 1.6　水表节点

(a) 水表节点；(b) 有旁通管的水表节点

（4）给水管网。给水管网是指建筑内给水水平干管、立管和横支管等。

（5）配水装置和附件。配水装置和附件在管道系统中具有调节水量、水压，控制水流方向，以及关断水流等作用，包括配水龙头、消火栓、喷头与各类阀门（控制阀、减压阀、止回阀等）。

（6）增压、贮水设备。当室外给水管网的水压、水量不能满足建筑给水要求或要求供水压力稳定、确保供水安全可靠时，应根据需要在给水系统中设置水泵、气压给水设备和水池、水箱等增压、贮水设备。

（7）给水局部处理设施。当有些建筑对给水水质要求很高，超出国家标准《生活饮用水卫生标准》（GB 5747—2022）的规定或其他原因造成水质不能满足要求时，就需要设置一些设备、构筑物进行给水深度处理。

二、建筑给水系统管材和管件

1. 建筑给水系统常用管材

建筑给水系统常用管材主要有金属管、塑料管、复合管等。

视频：给水系统常用材料

（1）金属管。室内给水系统金属管材主要有钢管、不锈钢、铜管等，如图 1.7 所示。钢管主要有焊接钢管和无缝钢管两种。焊接钢管由卷成管形的钢板以对缝或螺旋缝焊接而成，又可分为镀锌焊接钢管和不镀锌焊接钢管，钢管镀锌的目的是防锈、防腐，不使水质变坏，延长使用年限，无缝钢管由优质碳素钢或合金钢制成，有热轧、冷轧之分。管径超过 75 mm 时采用热轧管，管径小于 75 mm 时采用冷轧管，规格表示为外径 × 壁厚（$\phi108\times4$），同一外径有多种壁厚，承受的压力范围较大。不锈钢钢管是一种中空的长条圆形钢材，在折弯、抗扭强度相同时，质量较轻，对水质无污染。铜管可以有效防止卫生洁具被污染，且光亮美观、豪华气派。

（a）（b）

（c）（d）

图 1.7　建筑给水金属管

(a) 镀锌钢管；(b) 无缝钢管；(c) 铜管；(d) 不锈钢钢管

（2）塑料管。生活给水系统的管材要求对水质无污染，室内目前使用较多的是塑料管，如图 1.8 所示。用于给水系统的塑料管有 PPR 管（无规共聚聚丙烯管）、PE 管（聚乙烯给水管）、UPVC 管（硬聚氯乙烯给水管）和 ABS 管（工程塑料给水管）等。塑料管的共同优点是质轻、耐腐蚀、管内壁光滑、流体摩擦阻力小、使用寿命长；缺点是力学性能差，抗冲击性不佳，刚性差，阻燃性差，热膨胀系数大，须进行伸缩补偿。

（3）复合管。复合管一般以金属为支撑材料，内衬以环氧树脂和水泥为主，如图 1.9 所示，其特点是自重轻、内壁光滑、阻力小、耐腐性能好。也有以高强度软金属作支撑，而非金属管在内外两侧，如铝塑复合管，其特点是管道内壁不会腐蚀结垢，保证水质。还有金属管在内侧，而非金属管在外侧，如塑覆铜管，其是利用塑料的导热性差起绝热保温和保护作用。

图 1.8　建筑给水塑料管

2. 建筑给水系统常用管件

（1）钢制管件。钢管管件主要是螺纹管件，按照使用功能，螺纹管件可分为管路延长连接用配件（如管箍、对丝）；管子变径用配件［如补心、异径管箍（大小头）］；管路分支连接用配件（如三通、四通）；管路转弯用配件（如 90° 弯头、45° 弯头）；节点碰头连接用配件（如根母、活接头）；管子堵口用配件（如丝堵、管堵头），如图 1.10 所示。

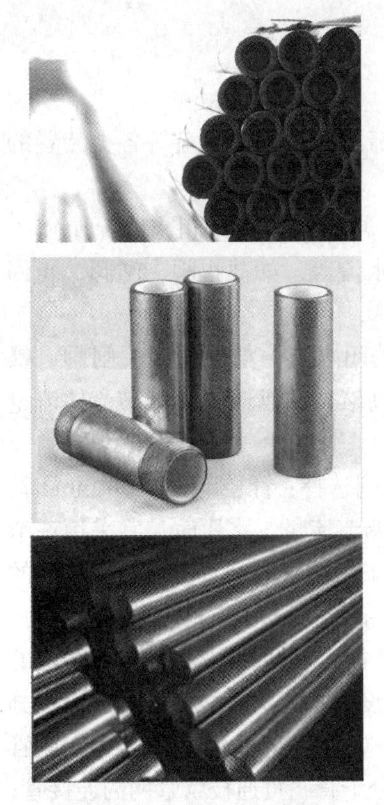

图 1.9　建筑给水复合管

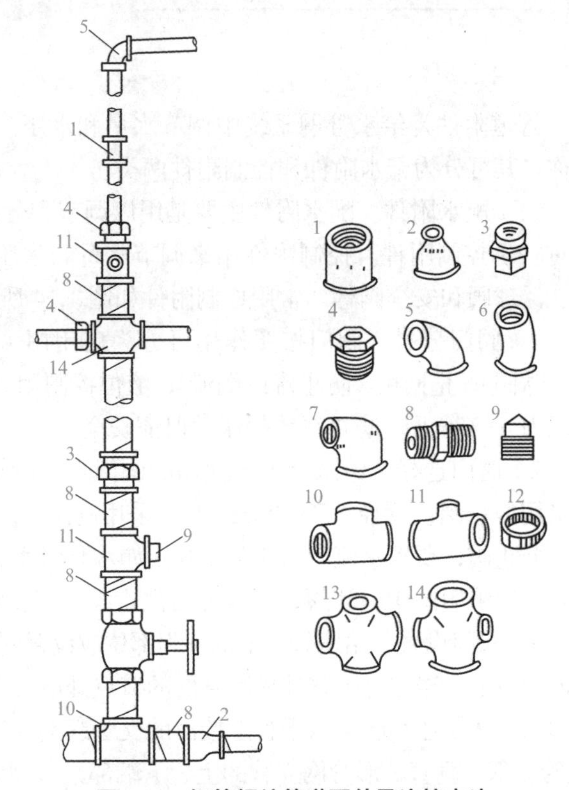

图 1.10　钢管螺纹管道配件及连接方法

1—管箍；2—大小头；3—活接头；4—补芯；5—90° 弯头；6—45° 弯头；7—异径弯头；8—对丝；9—堵头；10—等径三通；11—异径三通；12—根母；13—等径四通；14—异径四通

（2）给水用塑料管件。给水用塑料管件的连接方式主要是热熔连接，因此，管件接口为热熔接口，其使用功能与钢制螺纹管件相同。如图 1.11 所示为 PPR 给水管件。

（3）复合管管件。复合管的连接宜采用冷加工方式，热加工方式容易造成内衬塑料的伸缩、变形乃至熔化。一般有螺纹、卡套、卡箍等连接方式。如图 1.12 所示为铝塑管连接用管件。

图 1.11　PPR 给水管件

图 1.12　铝塑管连接用管件

三、建筑给水系统附件和水表

1. 给水附件

管道附件是给水管网系统中调节水量和水压、控制水流方向、关断水流等各类装置的总称。其可分为配水附件和控制附件两类。

（1）配水附件。配水附件主要是用以调节和分配水流。常用配水附件如图 1.13 所示。

（2）控制附件。控制附件用来调节水量和水压及关断水流等，如截止阀、闸阀、止回阀、浮球阀和安全阀等。常用控制附件如图 1.14 所示。

1）阀门分类。阀门按照作用可分为启闭用（开启和关闭水流，如截止阀、闸阀、蝶阀、球阀）；止回用（防止流体倒流）；液位控制用（控制最高液位）；调节用（调节流体流量和压力）；安全用（防止系统超压，保证安全）。

2）阀门选择。给水管道上使用的阀门，一般按下列原则选择：管径不大于 50 mm 时，宜采用截止阀；管径大于 50 mm 时，采用闸阀、蝶阀；需调节流量、水压时，宜采用调节阀、截止阀；要求水流阻力小的部位（如水泵吸水管上）宜采用闸板阀；水流需双向流动的管段上应采用闸阀、蝶阀，不得使用截止阀；安装空间小的部位宜采用蝶阀、球阀。

3）阀门设置。给水管道上的下列部位应设置阀门：居住小区给水管道从市政给水管道的引入管段上；居住小区室外环状管网的节点处应按分隔要求设置；环状管段过长时宜设置分段阀门；从居住小区给水干管上接出的支管起端或接户管起端；入户管、水表和各分支立管（立管底部、垂直环形管网立管的上、下端部）；环状管网的分干管、贯通枝状管网的连接管；室内给水管道向住户、公用卫生间等接出的配水管起端，配水支管上配水点在 3 个及 3 个以上时设置。

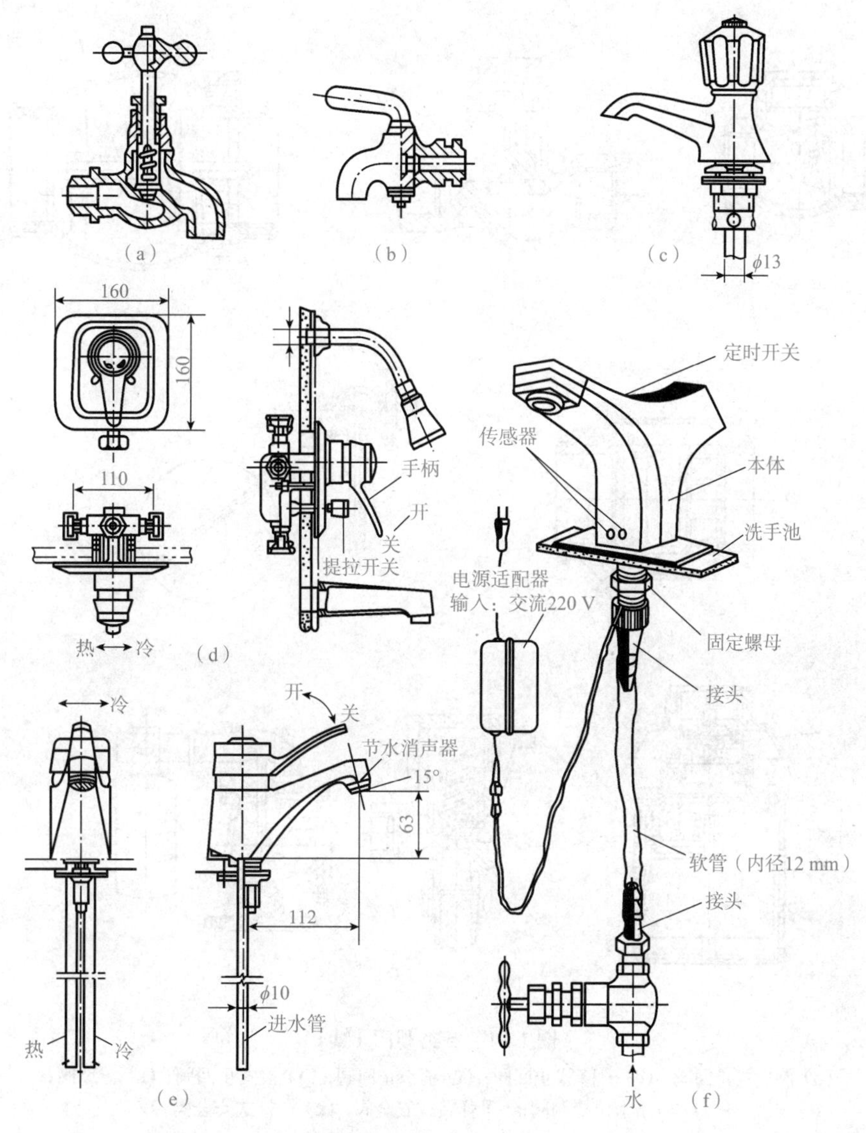

图 1.13　各类配水龙头

(a) 球形阀式配水龙头；(b) 旋塞式配水龙头；(c) 普通洗脸盆配水龙头；(d) 单手柄浴盆水龙头；(e) 单手柄洗脸盆配水龙头；(f) 自动水龙头

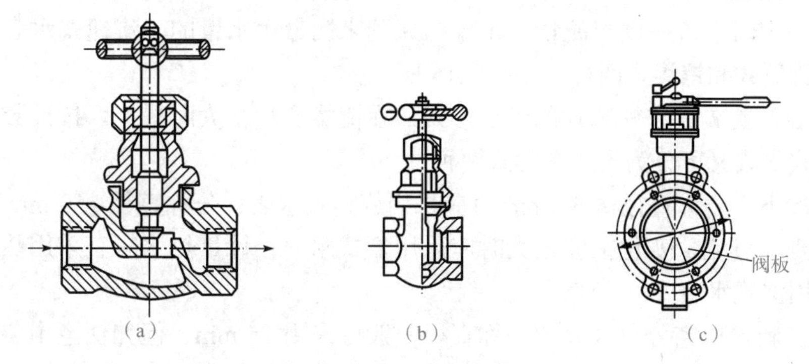

图 1.14　各类阀门

(a) 截止阀；(b) 闸阀；(c) 蝶阀

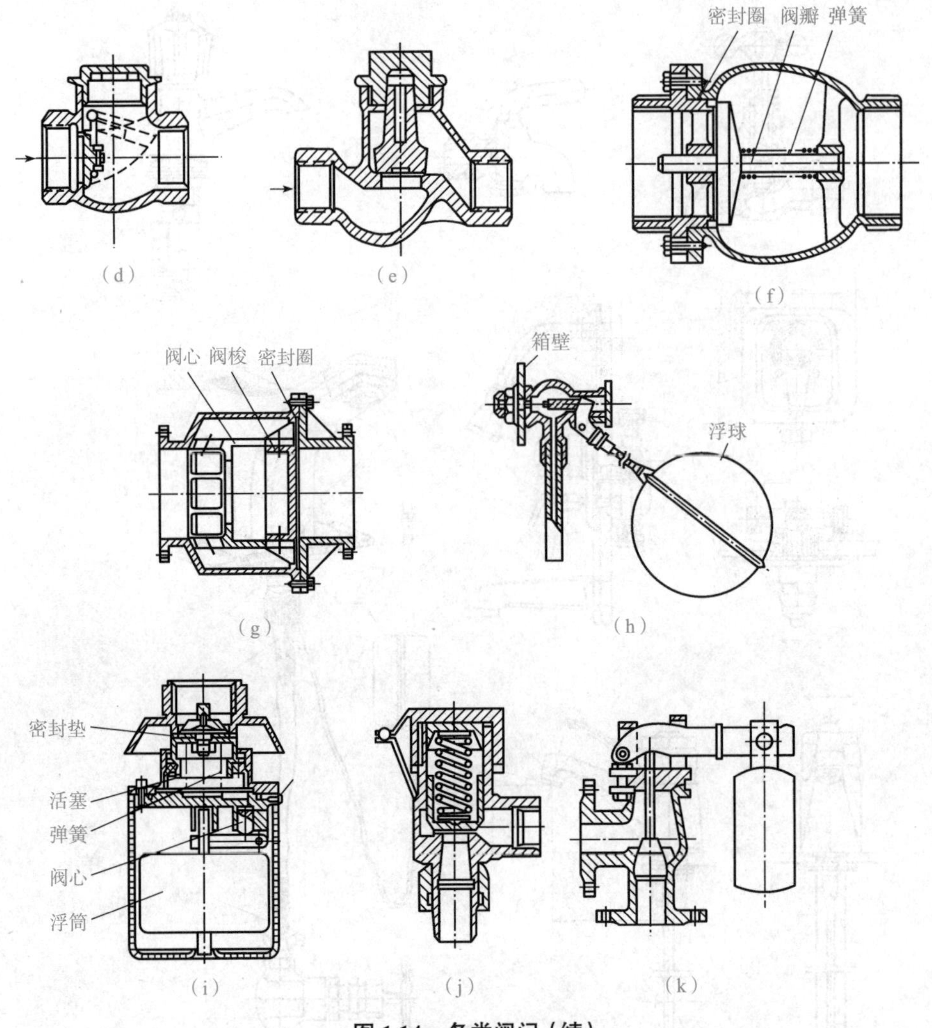

图 1.14　各类阀门（续）

(d) 旋启式止回阀；(e) 升降式止回阀；(f) 消声止回阀；(g) 梭式止回阀；(h) 浮球阀；
(i) 液压水位控制阀；(j) 弹簧式安全阀；(k) 杠杆式安全阀

2. 水表

水表可分为流速式和容积式两种。建筑内部的给水系统广泛使用的是流速式水表，它是根据管径一定时水流速度与流量成正比的原理来测量用水量的。流速式水表按叶轮构造不同可分为旋翼式和螺翼式两种，如图 1.15 所示。

复式水表是旋翼式和螺翼式的组合形式，在流量变化很大时采用。按计数机构是否浸于水中，反式水表又可分为干式和湿式两种。

一般情况下，公称直径≤ 50 mm 时应采用旋翼式水表；公称直径 >50 mm 时应采用螺翼式水表；当通过流量变化幅度很大时应采用复式水表；计量热水时宜采用热水水表，一般应优先采用湿式水表。

按经验，新建住宅分户水表的公称直径一般可采用 15 mm，但如住宅中装有自闭式大便器冲洗阀时，为保证必要的冲洗强度，水表的公称直径不宜小于 20 mm。

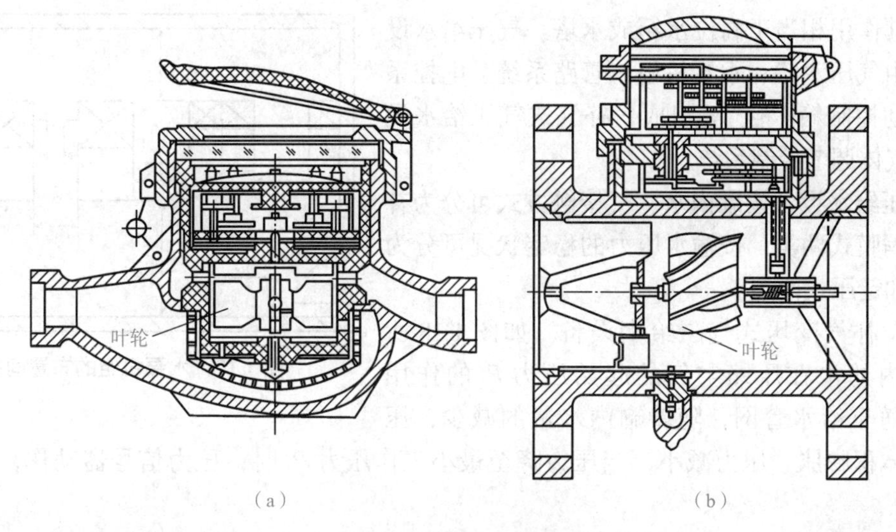

图 1.15　流速式水表

(a) 旋翼式水表；(b) 螺翼式水表

视频：增压与贮水设备

四、增压与贮水设备

1. 水泵

水泵是给水系统中的主要升压设备。在建筑给水系统中，一般采用离心式水泵，如图 1.16 所示，它具有结构简单、体积小、效率高且流量和扬程在一定范围内可以调整等优点。

离心泵的工作原理：水泵开动前，先将泵和进水管灌满水。水泵运转后，在叶轮高速旋转而产生的离心力的作用下，叶轮流道里的水被甩向四周，压入蜗壳。叶轮入口形成真空，水池的水在外界大气压力下沿吸水管被吸入补充了这个空间。继而吸入的水又被叶轮甩出经蜗壳而进入出水管。离心泵叶轮不断旋转，则可连续吸水、压水，水便可源源不断地从低处扬到高处或远方。综上所述，离心泵是由于在叶轮的高速旋转所产生的离心力的作用下，将水提向高处，故称离心泵。

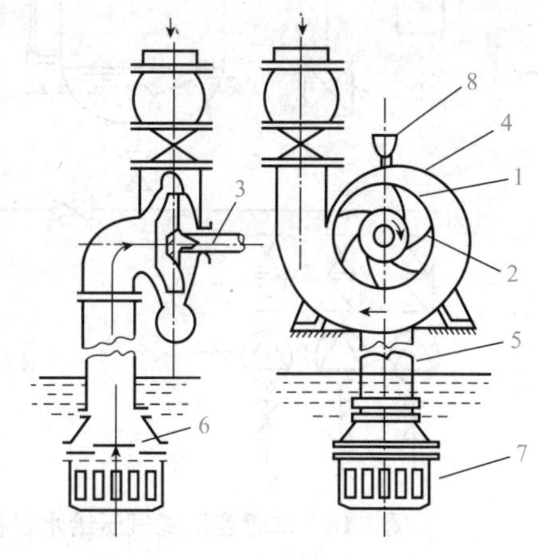

图 1.16　离心式水泵构造简图

1—叶轮；2—叶片；3—轴；4—外壳；5—吸水管；6—底阀；7—滤水器；8—漏斗

水泵机组一般设置在泵房内，泵房应远离需要安静、要求防震、防噪声的房间，并有良好的通风、采光、防冻和排水的条件；水泵机组的布置应保证机组工作可靠，运行安全，装卸、维修和管理方便，如图 1.17 所示。

2. 气压给水装置

气压给水装置是利用密闭罐中空气的压缩性进行贮存、调节、压送水量和保持气压的装置，其作用相当于高位水箱或水塔。气压给水设备一般由气压水罐、水泵机组、管路系统、电控系统、自动控制箱（柜）等组成，补气式气压给水设备还有气体调节控制系统。

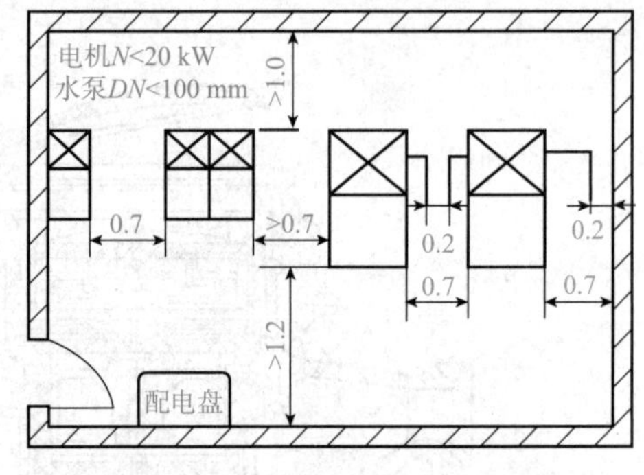

图 1.17　水泵机组的布置间距

气压给水设备按罐内水、气接触方式可分为补气式和隔膜式两类；按输水压力的稳定状况可分为变压式和定压式两类。

（1）补气变压式气压给水设备。如图 1.18 所示，罐内的水在压缩空气的起始压力 P_2 的作用下被压送至给水管网，随着罐内水量的减少，压缩空气体积膨胀，压力减小，当压力降至最小工作压力 P_1 时，压力信号器动作，使水泵启动。

（2）补气定压式气压给水设备。定压式气压给水设备在向给水系统输水过程中，水压相对稳定，如图 1.19 所示。目前，常见的做法是在变压式气压给水设备的供水管上安装压力调节阀或设置补气罐。

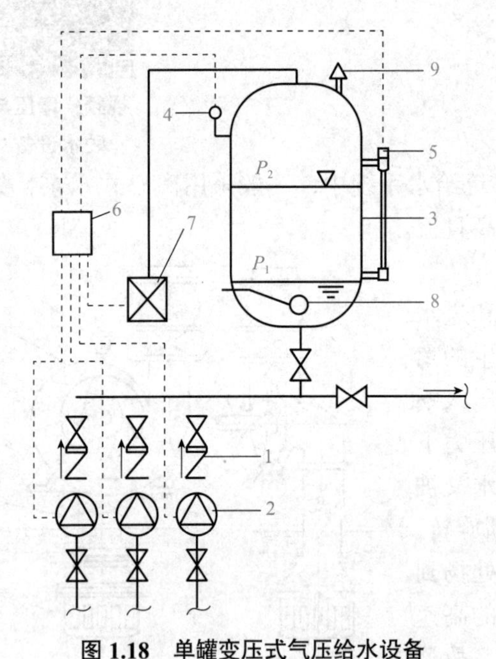

图 1.18　单罐变压式气压给水设备

1—止回阀；2—水泵；3—气压水罐；4—压力信号器；5—液位信号器；6—控制器；7—补气装置；8—排气阀；9—安全阀

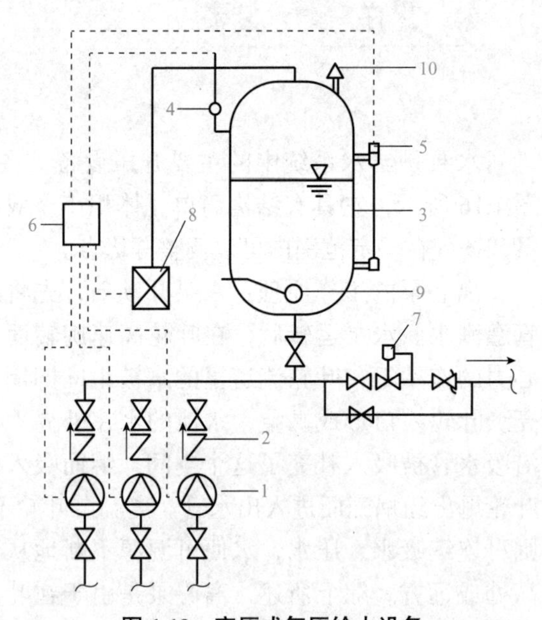

图 1.19　定压式气压给水设备

1—水泵；2—止回阀；3—气压水罐；4—压力信号器；5—液位信号器；6—控制器；7—压力调节阀；8—补气装置；9—排气阀；10—安全阀

（3）隔膜式气压给水设备。隔膜式气压给水设备在气压水罐中设置弹性隔膜，将气、水分离，水质不易污染，气体也不会溶入水中，故不需要设置补气调压装置。隔膜主要有帽形、囊形两类。囊形隔膜气密性好，调节容积大，且隔膜受力合理，不易损坏，优于帽形隔膜。图 1.20、图 1.21 所示分别为帽形和胆囊形隔膜式气压给水设备。

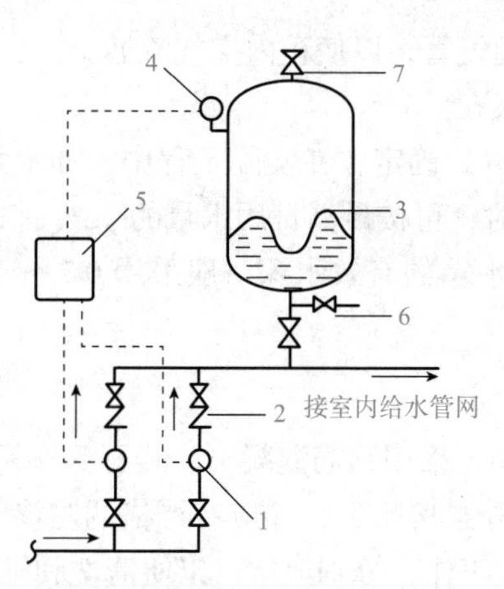

图 1.20　帽形隔膜式气压给水设备

1—水泵；2—止回阀；3—隔膜式气压水罐；
4—压力信号器；5—控制器；6—泄水阀；7—安全阀

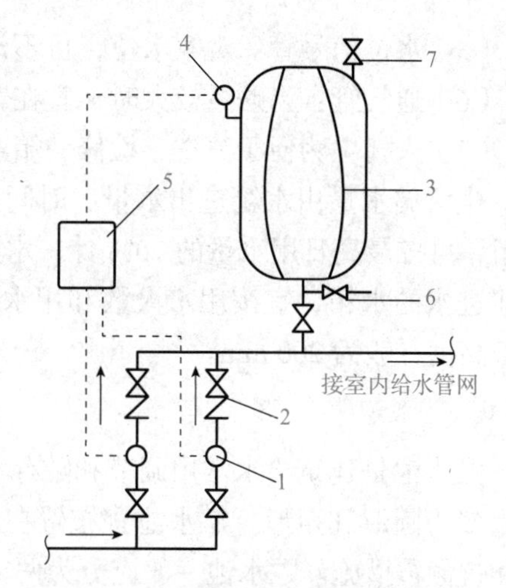

图 1.21　胆囊形隔膜式气压给水设备

1—水泵；2—止回阀；3—隔膜式气压水罐；
4—压力信号器；5—控制器；6—泄水阀；7—安全阀

3. 水箱

按不同用途，水箱可分为高位水箱、减压水箱、冲洗水箱和断流水箱等多种类型。其形状多为矩形和圆形，制作材料有钢板、钢筋混凝土、玻璃钢和塑料等，如图 1.22 所示。水箱配管的设置位置和作用如下。

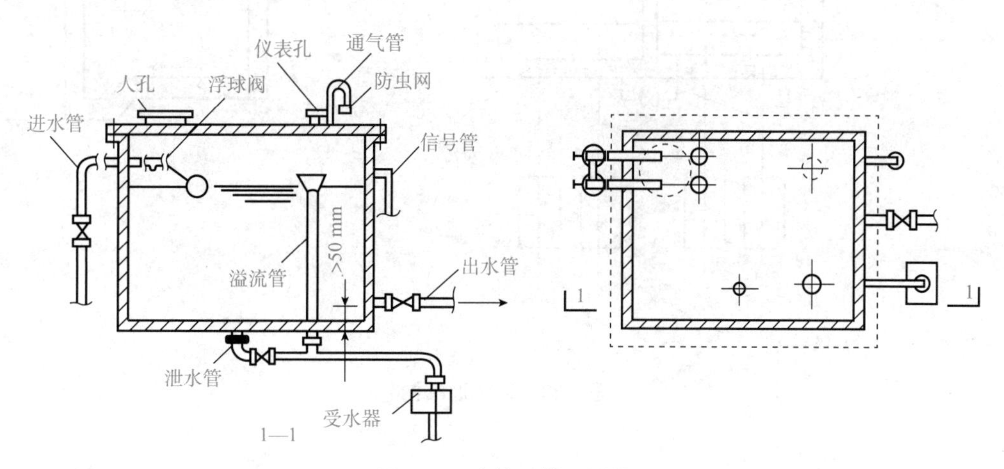

图 1.22　水箱配管、附件

（1）进水管：设于上部，距离上缘 150 ～ 200 mm，设置浮球阀。

（2）出水管：设于水箱下部，高出下缘 150 mm。出水管与进水管合用时，出水管上应设置止回阀。

（3）溢流管：设于水箱上部，控制最高水位，高于进水管并一般比进水管内径大。溢流管上不设置阀门。

（4）泄水管：设于水箱最底部，用以放空水箱、清洗时排水等。经阀门后可与溢流管相连合用一根管排水。

（5）水位信号管：观察水位，可不设。

（6）通气管：当贮量较大时，宜在箱盖上设置通气管，以使箱内空气流通。

（7）人孔：为便于清洗、检修，箱盖上应设置人孔。

生活储水量由水箱进出水量、时间及水泵控制方式确定，在实际工程中，如水泵自动启闭，可按最高日用水量的 10% 计；水泵人工操作时，可按最高日用水量的 12% 计；仅在夜间进水的水箱，宜按用水人数和用水定额确定。水箱的有效水深一般采用 0.7 ～ 2.5 m，保护高度一般为 200 mm。

4. 贮水池

贮水池是建筑给水常用调节和贮存水量的构筑物，采用钢筋混凝土、砖石等材料制作，形状多为圆形和矩形。贮水池宜布置在地下室或室外泵房附近，并应有严格的防渗漏、防冻和抗倾覆措施。贮水池一般应分为两格，并能独立工作，分别泄空，以便清洗和维修。

贮水池的有效容积应根据调节水量、消防贮备水量和生产事故备用水量计算确定，当资料不足时，贮水池的调节水量可按最高日用水量的 10% ～ 20% 估算。贮水池结构如图 1.23 所示。

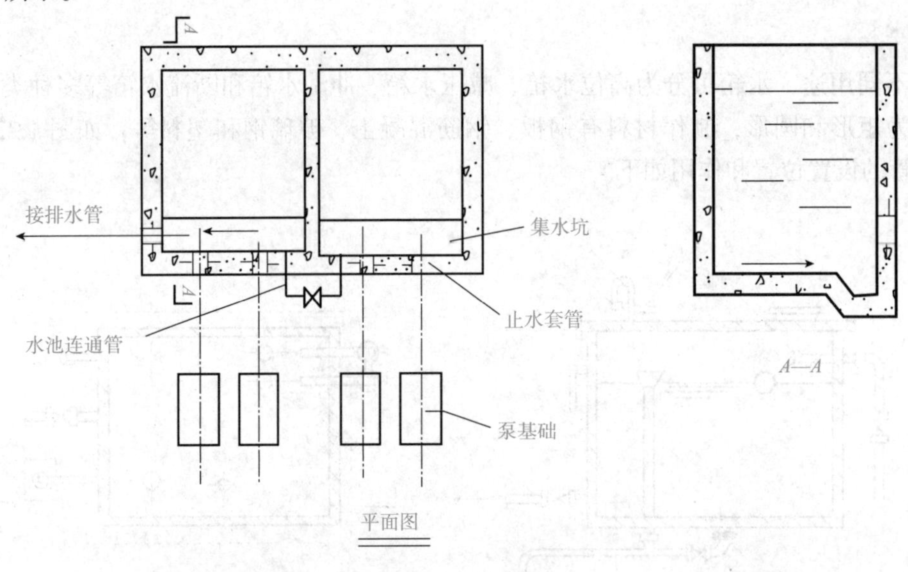

图 1.23　贮水池结构

单元二　生活给水系统

单元设计

学习任务	一、多层建筑生活给水方式 二、高层建筑生活给水方式

续表

任务分析	建筑给水系统按供水用途可分为生活给水系统、生产给水系统和消防给水系统。生活给水系统又是民用建筑中用水量最大、使用频率较高的供水系统，因此学习生活给水系统的供水方式尤其重要。本单元的学习主要分为两部分：一是多层建筑给水方式，主要讲解建筑给水系统所需压力及不同设备组合的供水方式；二是高层建筑给水方式，主要介绍不同类型的分区供水方案，以求达到全面学习不同类型建筑给水方式的目的
学习目标	1. 掌握建筑所需供水压力的计算方法，会估算多层住宅所需的供水压力； 2. 能辨别不同设备组合方式的多层建筑供水系统，并能说出其特点和适用性； 3. 理解高层建筑采用分区供水的原因； 4. 能描述不同类型的高层建筑分区给水系统供水过程及特点

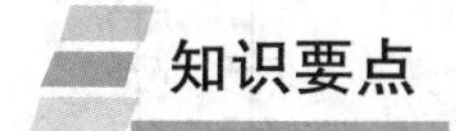

知识要点

一、多层建筑生活给水方式

1. 建筑给水系统所需压力

（1）计算法。建筑的供水压力必须保证将需要的水量输送到建筑物内最不利配水点（距引入管最高最远点）的龙头或用水设备，如图 1.24 所示。

$$p=p_1+p_2+p_3+p_4+p_5$$

式中 p——引入管前所需水压（kPa）；

p_1——最不利配水点的位置水头（kPa），$p_1=9.81h$［ h 为最不利配水点距引入管高差 m ］；

p_2——建筑内给水管网沿程和局部水头损失之和（kPa）；

p_3——水表水头损失（kPa）；

p_4——最不利配水点所需最低工作压力（kPa）；

p_5——富裕水头，一般为 20 kPa。

视频：生活给水方式

图 1.24　建筑给水系统所需压力计算

（2）经验法。住宅建筑在初步设计阶段，可按建筑层数（n）确定最小服务水头（所需压力）。即

$$H=120+40（n-2）n \geqslant 2（kPa）$$

式中，n=1 时，H=100 kPa。

2. 不同给水方式

（1）室外管网直接给水方式。室外管网水压任何时候都满足建筑内部用水要求，直接把室外管网的水引到建筑内各用水点，称为直接给水方式，如图 1.25 所示。

（2）单设水箱的给水方式。室外管网大部分时间能满足用水要求，仅高峰时期不能满足，或建筑内要求水压稳定，并且建筑具备设置高位水箱的条件，如图 1.26 所示。该方式在用水低峰时，利用室外给水管网水压直接供水并向水箱进水；用水高峰时，水箱出水供

给给水系统，从而达到调节水压和水量的目的。

（3）单设水泵的给水方式。室外管网水压经常不足且室外管网允许直接抽水，可采用这种方式，当建筑内用水量大且较均匀时，可采用恒速水泵供水，如图 1.27 所示。当建筑物内用水不均匀时，宜采用多台水泵联合运行供水，以提高水泵的效率。

（4）设水泵和水箱的给水方式。如室外管网水压经常不足，室内用水不均匀，且室外管网允许直接抽水，可采用设水泵和水箱的给水方式，如图 1.28 所示。

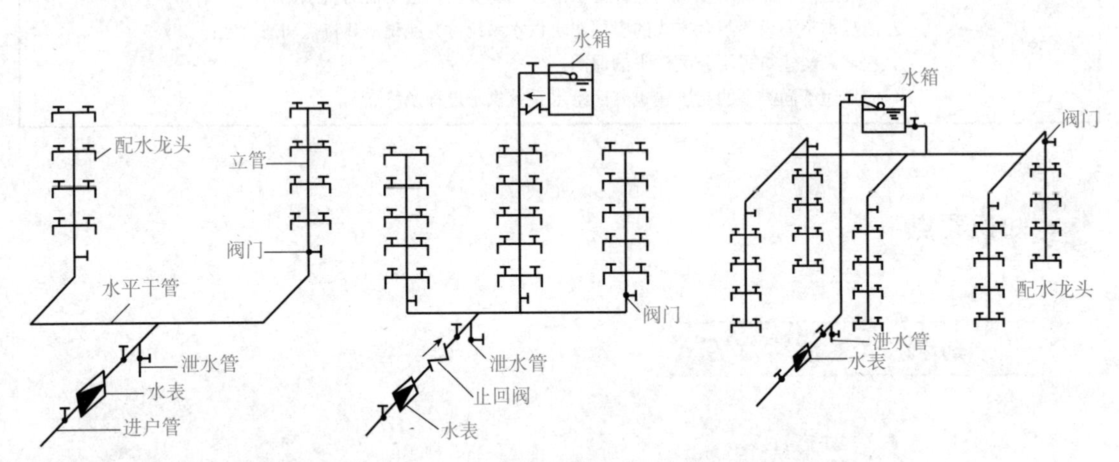

图 1.25　室外管网直接给水方式

图 1.26　单设水箱的给水方式

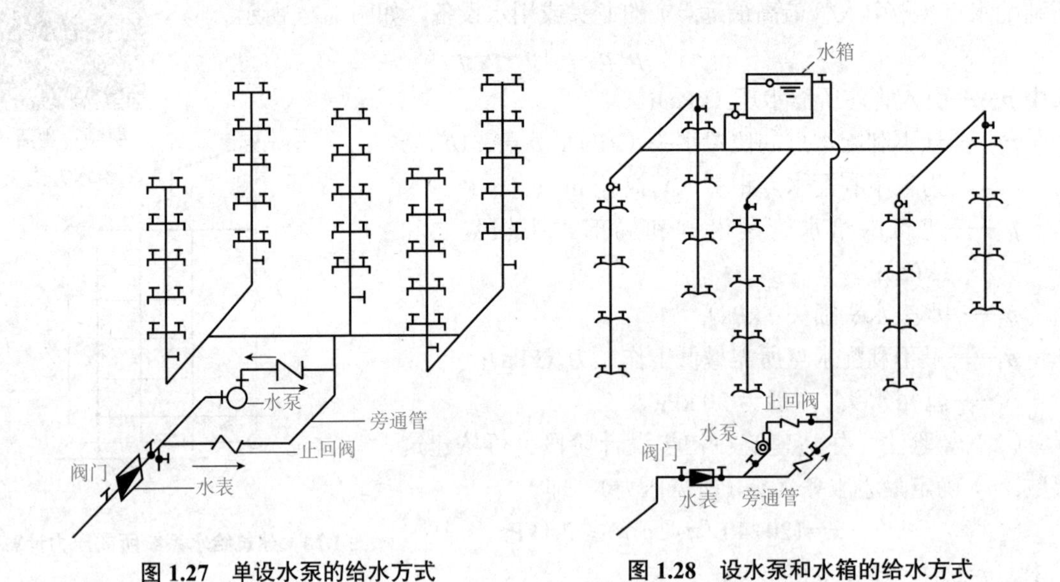

图 1.27　单设水泵的给水方式

图 1.28　设水泵和水箱的给水方式

（5）设贮水池、水泵和水箱的给水方式。建筑的用水可靠性要求高，室外管网水量、水压经常不足，且室外管网不允许直接抽水；或室内用水量较大，室外管网不能保证建筑的高峰用水；或者室内消防设备要求储备一定容积的水量，如图 1.29 所示。

（6）气压给水方式。室外管网压力低于或经常不能满足室内所需水压，室内用水不均匀，且不宜设置高位水箱可采用气压给水方式，如图 1.30 所示。

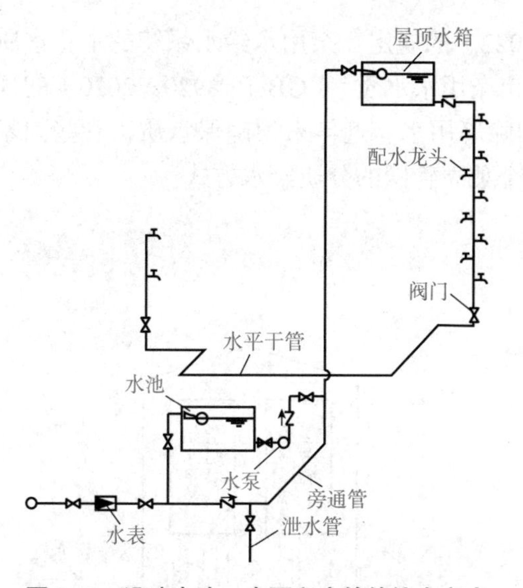

图 1.29　设贮水池、水泵和水箱的给水方式

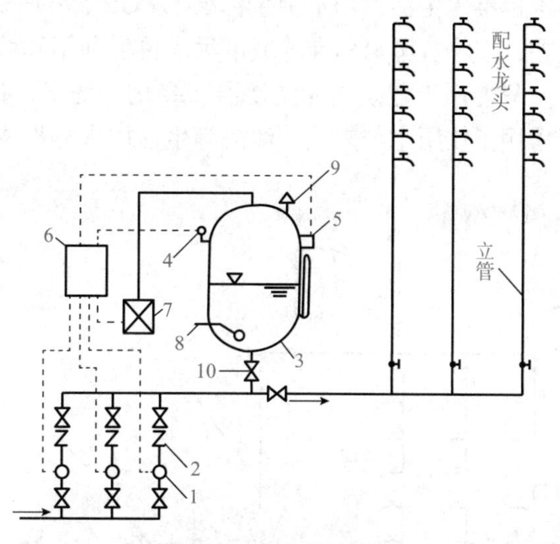

图 1.30　气压给水方式

1—水泵；2—止回阀；3—气压水罐；4—压力信号器；5—液位信号器；6—控制器；7—补气装置；8—排气阀；9—安全阀；10—阀门

（7）变频调速恒压给水方式。变频调速恒压供水是指在供水管网中用水量发生变化时，出口压力保持不变的供水方式。供水系统出口压力值是根据用户需求确定的。室外管网压力经常不足，建筑内用水量较大且不均匀，要求可靠性高、水压恒定，或者建筑物顶部不宜设置高位水箱可采用此方式。其原理如图 1.31 所示。

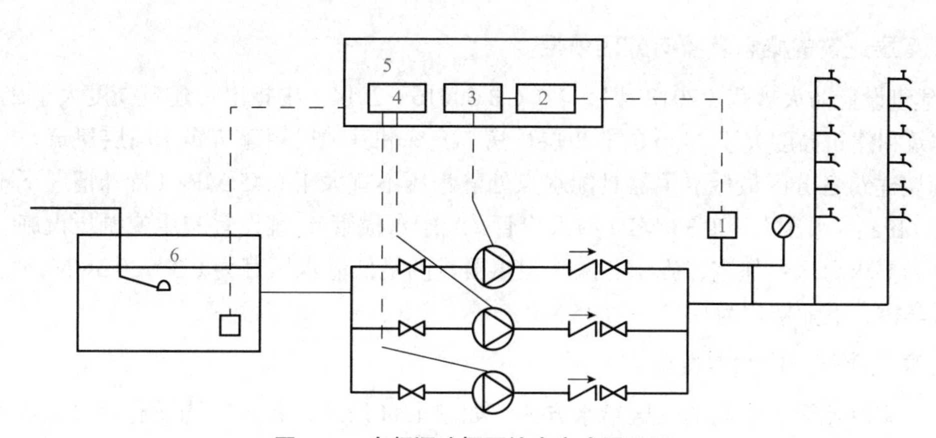

图 1.31　变频调速恒压给水方式原理图

1—压力传感器；2—数字式 PID 调节器；3—变频调速器；4—恒速控制器；5—电控柜；6—水池

（8）分区给水方式。当室外给水管网的压力只能满足建筑下层供水要求时，可采用分区给水方式。如图 1.32 所示，室外给水管网水压线以下楼层为低区由外网直接供水，以上楼层为高区由升压贮水设备供水。在分区处设置阀门，以备低区进水管发生故障或外网压力不足时，打开阀门由高区水箱向低区供水。

（9）分质给水方式。分质给水方式即根据不同用途所需的不同水质，分别设置独立的给水系统。如图 1.33 所示，饮用水给水系统提供饮用、烹饪、盥洗等生活用水，水质符合国家标准《生活饮用水卫生标准》（GB 5749—2022）的规定。杂用水给水系统的水，水质较差，仅符合国家标准《城市污水再生利用和城市杂用水水质》（GB/T 18920—2020）的规定，只能用于建筑内冲洗便器、绿化、洗车、扫除等用水。近年来为确保水质，有些国家还采用了饮用水与盥洗、沐浴等生活用水分设两个独立管网的分质给水方式。

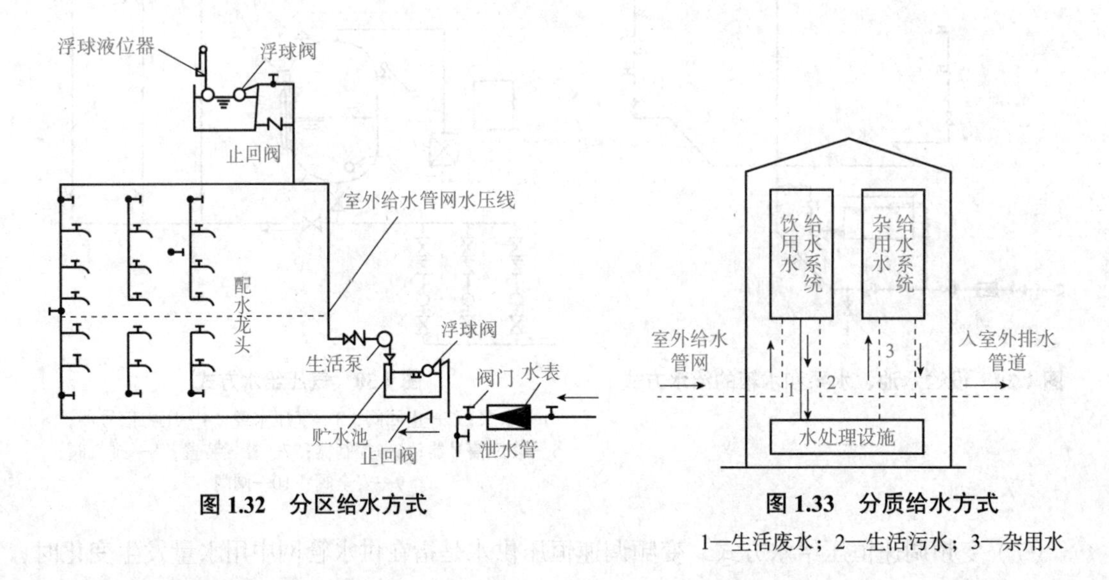

图 1.32　分区给水方式

图 1.33　分质给水方式

1—生活废水；2—生活污水；3—杂用水

二、高层建筑生活给水方式

1. 高层建筑的概念及竖向分区依据

《建筑设计防火规范（2018 年版）》（GB 50016—2014）中指出：建筑高度大于 27 m 的住宅建筑和建筑高度大于 24 m 的非单层厂房、仓库和其他民用建筑属于高层建筑。

高层建筑各分区最低卫生器具配水点处静水压不宜大于 0.45 MPa（特殊情况下不宜大于 0.55 MPa），水压大于 0.35 MPa 的入户管（或配水横管），宜设置减压或调压设施。一般可按下列要求分区：住宅、旅馆、医院卫生器具的最低静水压宜为 0.3 ～ 0.35 MPa；办公楼、教学楼、商业楼宜为 0.35 ～ 0.45 MPa。

2. 高层建筑分区给水类型

（1）串联水泵、水箱的分区给水方式。如图 1.34 所示，各分区均设有水泵和水箱，从下向上逐区供水，下一区的高位水箱兼作上一区的贮水池。这种方式的优点是无高压水泵和高压管道，投资较省且动力运行费用经济；缺点是设备分散设置，占地面积较多；振动及噪声干扰较大，且维护管理不方便；水箱容积较大，增加结构负荷；下区发生事故，则上区供水受到影响。由于该给水方式的缺点较多，因而在实际工程中较少采用。

（2）并联水泵、水箱分区给水方式。如图 1.35 所示，每一分区分别设计一套独立的水泵和高位水箱，向各区供水。各区水泵集中设置在建筑物的地下室或底层的总泵房内。这种给水方式的优点是各区互不影响；水泵集中，管理维护方便；运行费用较低；缺点是水泵型号较多，压水管线较长。这种方式的优点较显著，因而得到广泛应用。

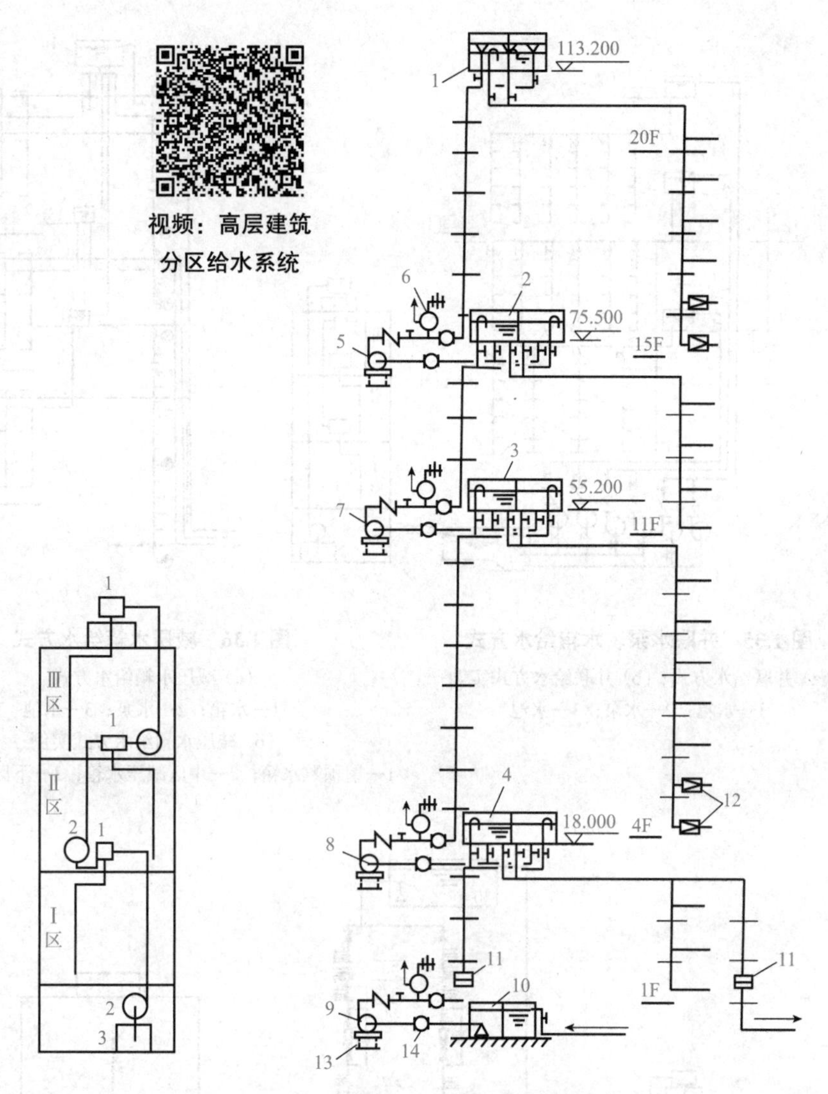

图 1.34　串联水泵、水箱给水方式

1—Ⅳ区水箱；2—Ⅲ区水箱；3—Ⅱ区水箱；4—Ⅰ区水箱；5—区加压泵；6—水锤消声器；7—区加压泵；8—区加压泵；9—区加压泵；10—贮水池；11—孔板流量计；12—减压阀；13—减振台；14—软接头

（3）减压给水方式。建筑物的用水由设置在底层的水泵加压，输送到最高层水箱，再由此水箱依次向下区供水，并通过各区水箱或减压阀减压。图 1.36 所示为减压水箱给水方式，图 1.37 所示为减压阀减压给水方式。减压给水方式的水泵台数少，设备布置集中，便于管理；减压水箱容积小，如果设置减压阀减压，各区可不设置减压水箱。其缺点是总水箱容积大，增加结构荷载；下区供水受上区限制；下区供水压力损失大，能耗大，运行费用高。

（4）无水箱并列给水方式。如图 1.38 所示，根据不同高度采用不同的水泵机组供水。这种方式由于无水箱调节，水泵需常年运行。

（5）无水箱设置减压阀的给水方式。如图 1.39 所示，整个供水系统共用一组水泵、分区处设置减压阀。这种方式系统简单，但运行费用高。

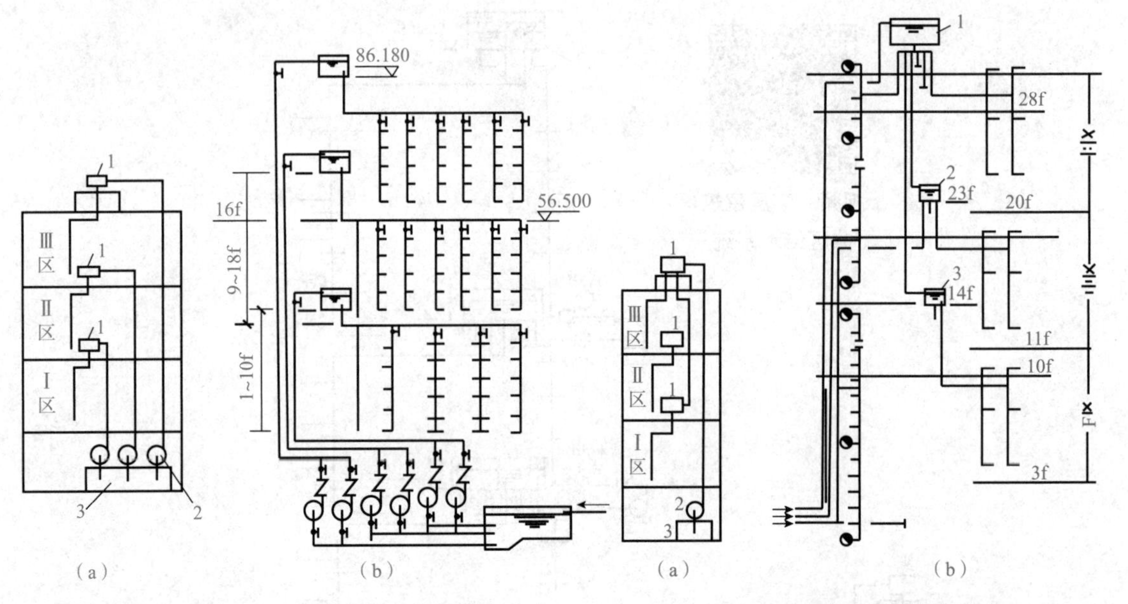

图 1.35　并联水泵、水箱给水方式

(a) 并联给水方式；(b) 并联给水方式实例

1—水箱；2—水泵；3—水池

图 1.36　减压水箱给水方式

(a) 减压水箱给水方式

1—水箱；2—水泵；3—水池

(b) 减压水箱给水方式实例

1—屋顶贮水箱；2—中区减压水箱；3—下区减压水箱

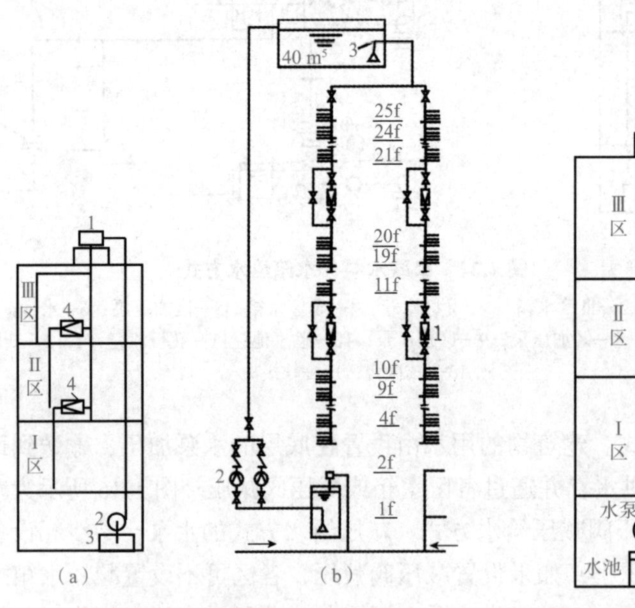

图 1.37　减压阀减压给水方式

(a) 减压阀给水方式

1—水箱；2—水泵；3—水池；4—减压阀

(b) 减压阀给水方式实例

1—减压阀；2—水位控制阀；3—控制水位打孔处

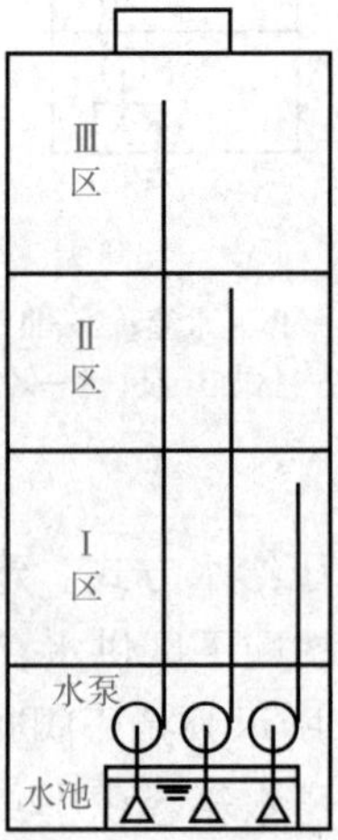

Ⅲ区

Ⅱ区

Ⅰ区

水泵

水池

图 1.38　无水箱并列

（6）并联气压给水装置给水方式。如图 1.40 所示，每个分区有一个气压水罐，初期投资大，气压水罐容积小，水泵启动频繁，耗电较多。

（7）气压给水装置与减压阀给水方式。如图 1.41 所示，由一个总的气压水罐控制水泵工作，水压较高的分区用减压阀控制。这种方式的优点是投资较省，气压水罐容积大，水泵启动次数较少；缺点是整个建筑为一个系统，各分区之间将相互影响。

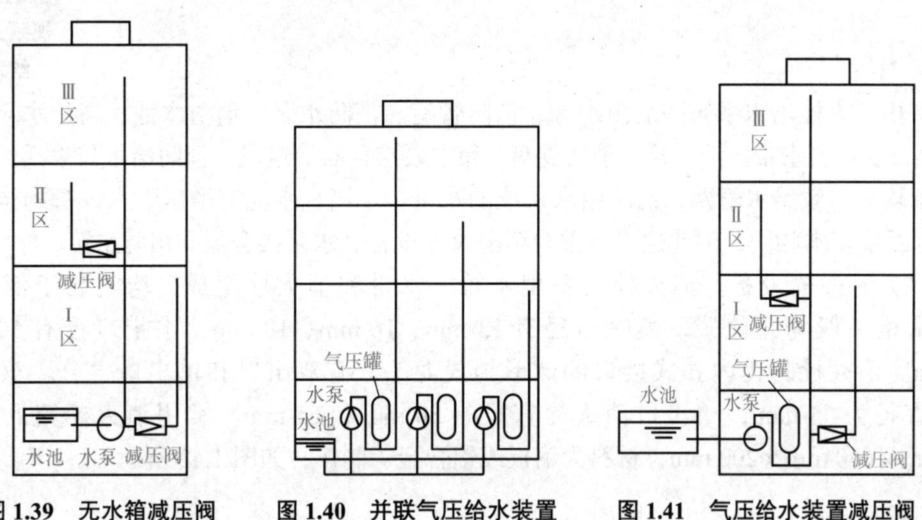

图 1.39　无水箱减压阀　　图 1.40　并联气压给水装置　　图 1.41　气压给水装置减压阀

单元三　消防给水系统

单元设计

学习任务	一、消火栓给水系统 二、自动喷水灭火系统
任务分析	建筑消防系统与建筑设备有着密切的联系，建筑给水系统为建筑消防提供固定的以水位阻燃介质的灭火设施，起着至关重要的作用；通风空调系统为建筑消防提供排烟管道和加压送风设置，抑制烟气的蔓延与危害；建筑电气系统为建筑消防提供自动报警与消防联动，使消防更加智能化现代化。 本单元主要介绍建筑给水排水系统与消防的结合，消防给水系统，其中包括消火栓给水系统和自动喷水灭火系统。消火栓系统主要介绍其组成及供水方式，自动喷水灭火系统介绍其特点、类型及作用原理
学习目标	1. 能描述消火栓灭火系统组成及工作原理； 2. 能说出自动喷水灭火系统的特点，了解其分类、辨别其组成原件、描述其工作原理； 3. 能熟练选用消防系统所用材料及设备

知识要点

视频：消火栓给水系统

一、消火栓给水系统

1. 消火栓系统组成

室内消火栓给水系统一般由水源、消防管道、消防水泵、消防水池、高位水箱、消火栓设备（水枪、水带、消火栓、消防卷盘）和水泵接合器等组成。消防给水与生活给水系统的水源均为市政给水管网，消防给水系统的水泵、水箱、水池等增压贮水设备的构造与生活给水系统基本相同，因此这里着重介绍消火栓设备、水泵接合器和消防水箱。

（1）消火栓设备。消火栓设备由水枪、水带和消火栓组成，均安装于消火栓箱内。水枪一般为直流式，喷嘴口径有 13 mm、16 mm、19 mm，水带口径有 50 mm 和 65 mm。消火栓均为内扣式接口的球形阀式龙头，有双出口和单出口之分。双出口消火栓直径为 65 mm；单出口消火栓直径有 50 mm 和 65 mm。常用消火栓箱的规格为 800 mm × 650 mm × 200 mm，材料为钢板或铝合金等制作，如图 1.42 所示。

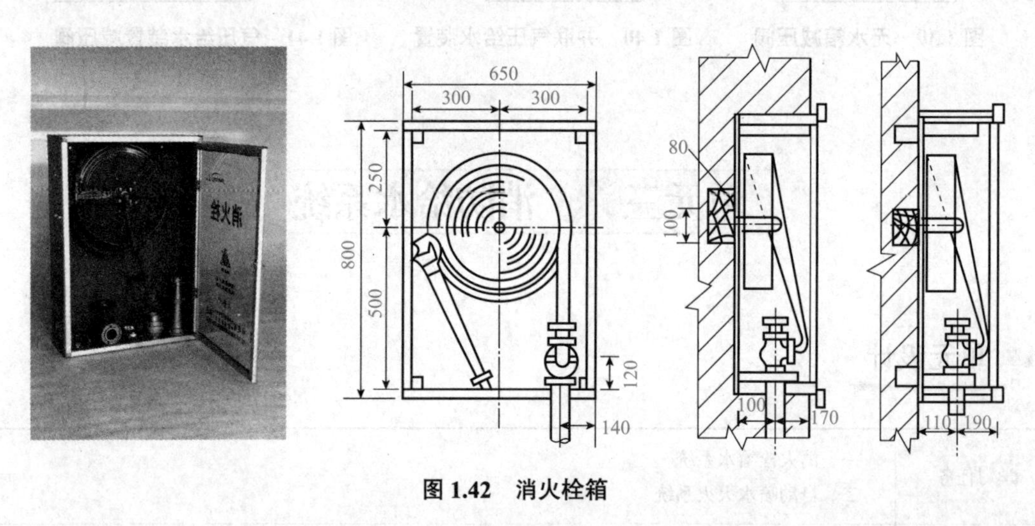

图 1.42　消火栓箱

消防卷盘全称“消防软管卷盘”，是由阀门、输入管路、软管、喷枪等组成的，并能在迅速展开软管的过程中喷射灭火剂灭火。高级旅馆、重要的办公楼、一类建筑的商业楼、展览楼、综合楼等和建筑高度超过 100 m 的其他高层建筑，应设置消防卷盘，其用水量可不计入消防用水总量。消防卷盘的栓口直径宜为 25 mm；配备的胶带内径不小于 19 mm；消防卷盘喷嘴口径不小于 6.00 mm。可与 *DN*65 mm 消火栓放置在同一个消火栓箱内，也可以单独设置消火栓箱。如图 1.43 所示为消防卷盘，如图 1.44 所示为带消防卷盘的室内消火栓箱。

（2）水泵接合器。当建筑物发生火灾，室内消防水泵不能启动或流量不足时，消防车可从室外消火栓、水池或天然水体取水，通过水泵接合器向室内消防给水管网供水。水泵接合器一端与室内消防给水管道连接，另一端供消防车加压向室内管网供水。水泵接合器的接口直径有 *DN*65 mm 和 *DN*80 mm，可分为地上式、地下式和墙壁式 3 种类型。如图 1.45 所示为消防水泵接合器。

图 1.43　消防卷盘

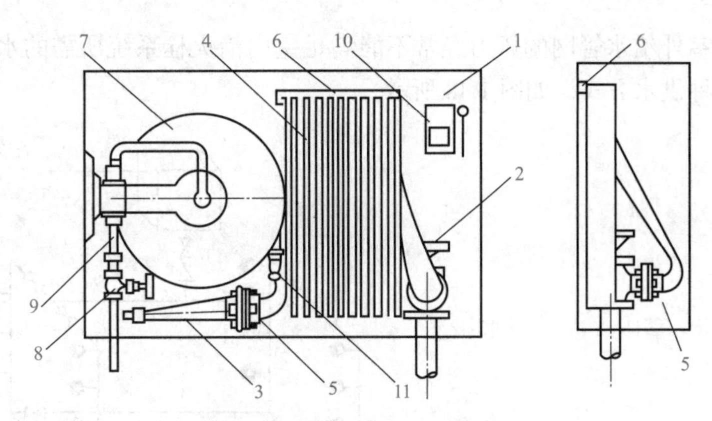

图 1.44　带消防卷盘的室内消火栓箱

1—消火栓箱；2—消火栓；3—水枪；4—水龙带；5—水龙带接扣；6—挂架；7—消防卷盘；8—闸阀；9—钢管；10—消防按钮；11—消防卷盘喷嘴

（a）

（b）

（c）

图 1.45　消防水泵接合器

(a) 地上式；(b) 地下式；(c) 墙壁式

（3）消防水箱。消防水箱对扑救初期火灾起着重要作用，为确保其自动供水的可靠性，应采用重力自流供水方式。消防水箱宜与生活（或生产）高位水箱合用，以保持箱内贮水经常流动，防止水质变坏。水箱贮存的消防用水量应至少满足室内 10 min 的消防灭火需求。

2. 消火栓系统给水方式

（1）室外管网直接给水方式。当建筑物的高度不大，且室外给水管网的压力和流量在任何时候均能够满足室内最不利点消火栓所需要的设计流量与压力时，宜采用此种方式，如图 1.46 所示。

（2）单设水箱给水方式。当室外给水管网的压力变化较大，但其水量能满足室内用水的要求时，可采用此种供水方式，如图 1.47 所示。

（3）设消防水泵和水箱的给水方式。当

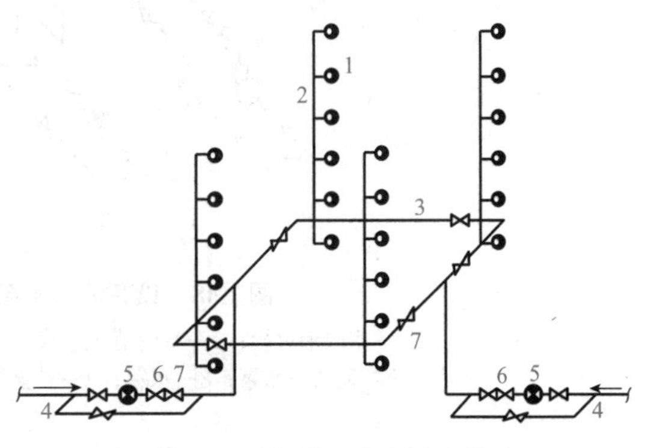

图 1.46　室外管网直接给水方式

1—室内消火栓；2—室内消防立管；3—干管；4—进户管；5—水表；6—止回阀；7—旁通管及阀门

室外给水管网的压力经常不能满足室内消火栓系统所需的水量和水压的要求时，宜采用此种供水方式，如图 1.48 所示。

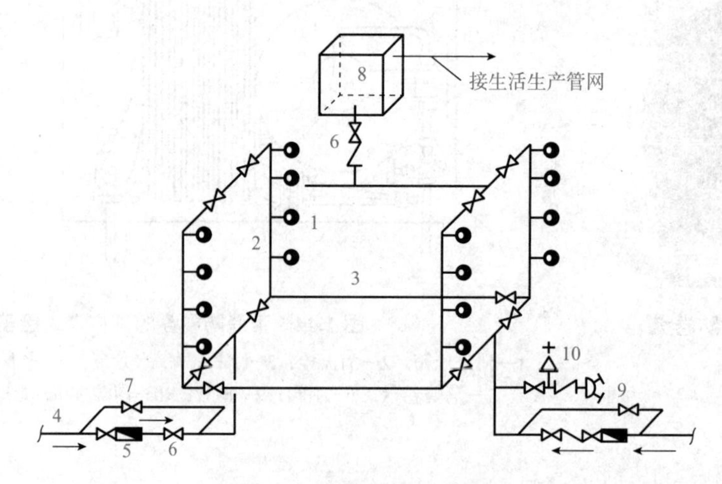

图 1.47　单设水箱给水方式

1—室内消火栓；2—室内消防立管；3—干管；4—进户管；5—水表；6—止回阀；7—旁通管及阀门；8—水箱；9—水泵结合器；10—安全阀

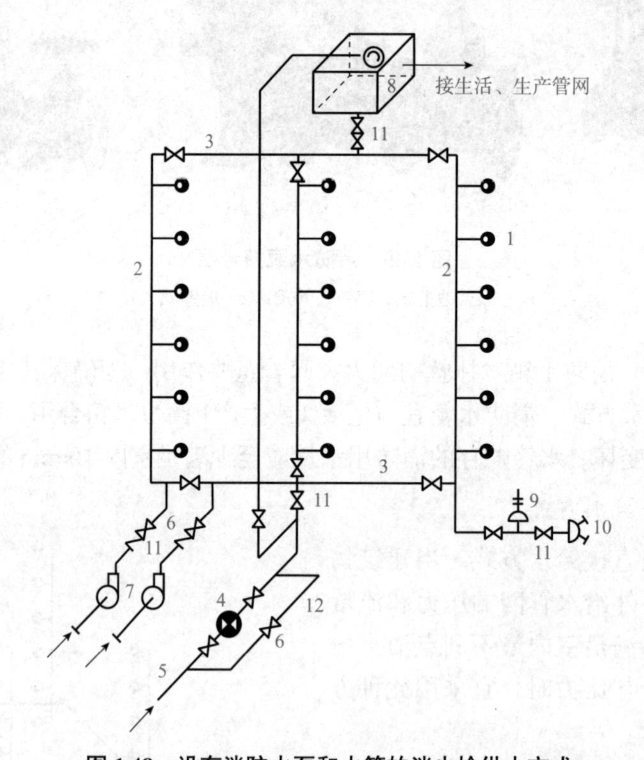

图 1.48　设有消防水泵和水箱的消火栓供水方式

1—室内消火栓；2—室内消防立管；3—干管；4—水表；5—进户管；6—阀门；7—水泵；8—水箱；9—安全阀；10—水泵结合器；11—止回阀

（4）分区给水方式。当建筑高度超过 50 m 或建筑物最低处消火栓静水压力超过 0.80 MPa 时，室内消火栓系统难以得到消防车的供水支援，宜采用分区给水方式。常见的有并联给水方式、串联给水方式、无水箱并联给水方式 3 种类型（图 1.49）。

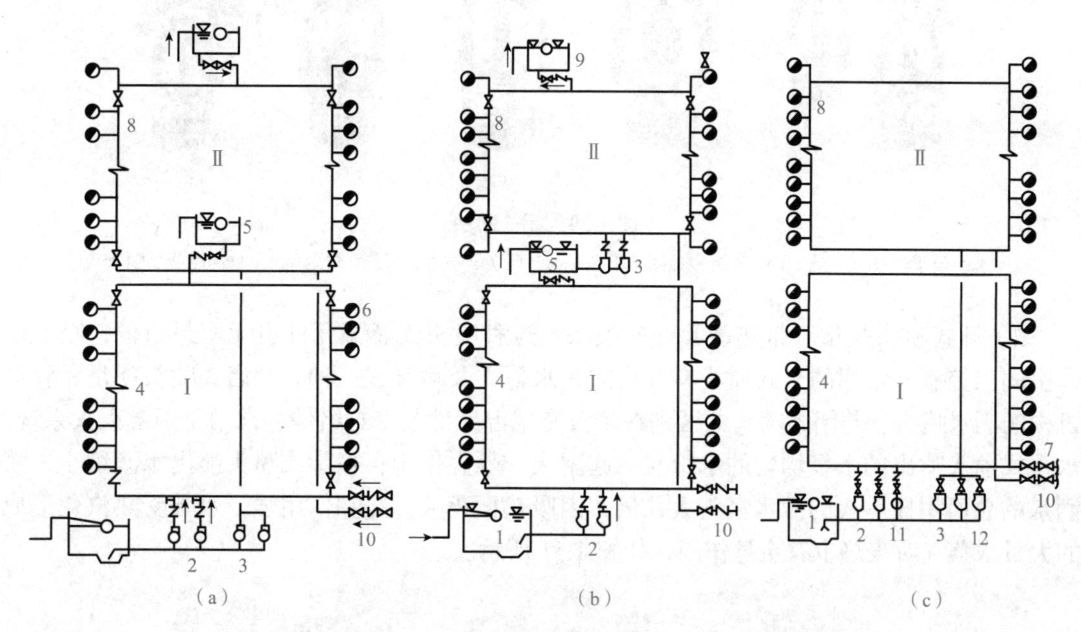

图 1.49 消火栓系统分区给水方式

(a) 并联分区给水方式；(b) 串联分区给水方式；(c) 无水箱并联给水方式

1—水池；2—Ⅰ区消防泵；3—Ⅱ区消防泵；4—Ⅰ区管网；5—Ⅰ区水箱；6—消火栓；7—Ⅰ区水泵结合器；8—Ⅱ区管网；9—Ⅱ区水箱；10—Ⅱ区水泵结合器；11—Ⅰ区补压泵；12—Ⅱ区补压泵

二、自动喷水灭火系统

视频：自动喷水灭火系统

自动喷水灭火系统是当今世界在人们生产、生活和社会活动的各个主要场所中最普遍采用的一种固定灭火设备。国内外应用实践证明，自动喷水灭火系统具有灭火效率高、不污染环境、寿命长、经济适用、维护简便等优点。所以，自动喷水灭火系统问世 100 多年来，仍处于兴盛发展状态，在将来仍是人们同火灾做斗争的主要手段之一。

1. 自动喷水灭火系统组成

自动喷水灭火系统由供水管路系统和报警控制系统两部分组成。其中，供水管路系统由水源、管网及管路附件、喷头、水泵、水箱等设备组成，除喷头外，其余各部分的特点及原理基本同前。报警控制系统包括报警阀组、水流报警装置、延迟器及火灾探测器。下面主要对喷头及报警控制装置展开讲述。

（1）喷头。喷头是自动喷水灭火系统的管件部件，担负着探测火灾、启动系统和喷水灭火的任务。自动喷水灭火系统根据喷头的开闭形式可分为闭式和开式自喷系统。

1）闭式自动喷水灭火系统使用闭式喷头，其喷口用由热敏元件组成的释放机构封闭，当达到一定温度时能自动开启，如玻璃球爆炸、易熔合金脱离。其构造按溅水盘的形式和安装位置有直立型、下垂型、边墙型等（图 1.50）。

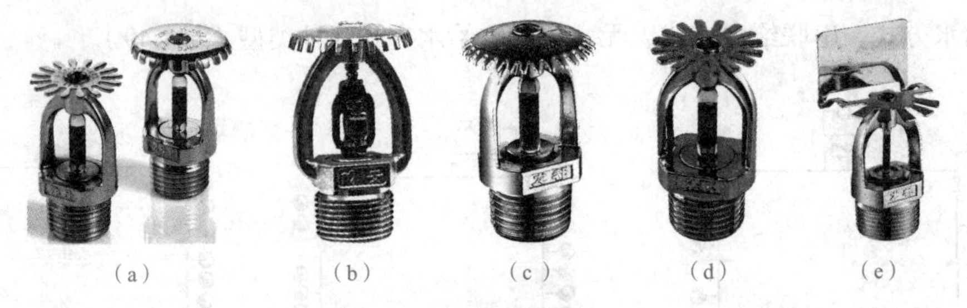

(a)　(b)　(c)　(d)　(e)

图 1.50　闭式喷头

(a) 玻璃球闭式喷头；(b) 易熔合金闭式喷头；(c) 直立型喷头；(d) 下垂型喷头；(e) 边墙型喷头

2）开式喷头是指不带热敏元件的喷头。这种喷头无感温元件也无密封组件，喷水动作由阀门控制。常用的开式喷头有开启式、水幕式及喷雾式三种。开启式喷头就是无释放机构的洒水喷头，与闭式喷头的区别在于没有感温元件及密封组件，常用于雨淋灭火系统；水幕式喷头喷出的水呈均匀的水帘状，起阻火、隔火作用；喷雾式喷头喷出水滴细小，喷洒水的总面积比一般的洒水喷头大几倍，因吸热面积大，冷却作用强，水雾受热汽化形成的大量水蒸气对火焰也有窒息作用，如图 1.51 所示。

(a)　(b)　(c)

图 1.51　开式喷头

(a) 开启式喷头；(b) 水幕式喷头；(c) 喷雾式喷头

（2）报警阀。报警阀是消防自动喷水系统的核心部件，主要有湿式报警阀、干式报警阀、预作用报警阀、雨淋阀等。当火灾发生时，火灾探测器报警或管网的喷头破裂喷水，则报警阀工作，其上部的水力警铃报警，压力开关联动消防水泵启动。因此，报警阀起到开启和关闭管网的水流、传递控制信号至控制系统、启动水力警铃直接报警的作用，如图 1.52 所示。

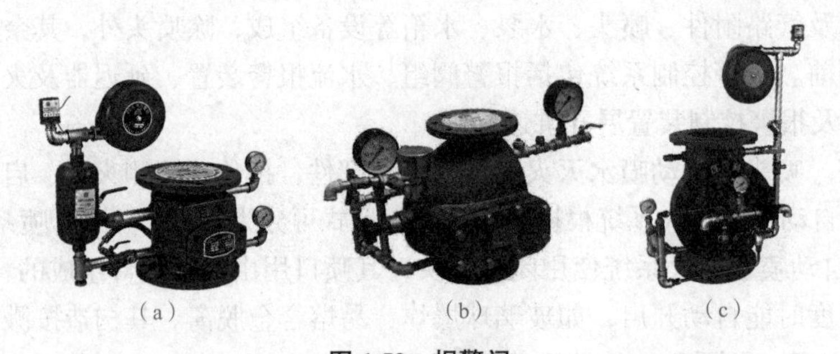

(a)　(b)　(c)

图 1.52　报警阀

(a) 湿式报警阀；(b) 干式报警阀；(c) 雨淋阀

（3）水流报警装置。水流报警装置主要有水力警铃、水流指示器和压力开关，如图 1.53 所示。水力警铃是一种全天候的水压驱动机械式警铃，能在喷淋系统动作时发出持续警报。水流指示器安装在主供水管或横干管上，给出某一分区域小区域水流动的电信号，此电信号可送到电控箱，但通常不用作启动消防水泵的控制开关。当消防喷淋管道里的压力小于供水端压力时，压力开关会自动动作，并且将动作信号反馈回火灾自动报警系统主机上。控制主机收到信号启动消防喷淋泵进行加压。

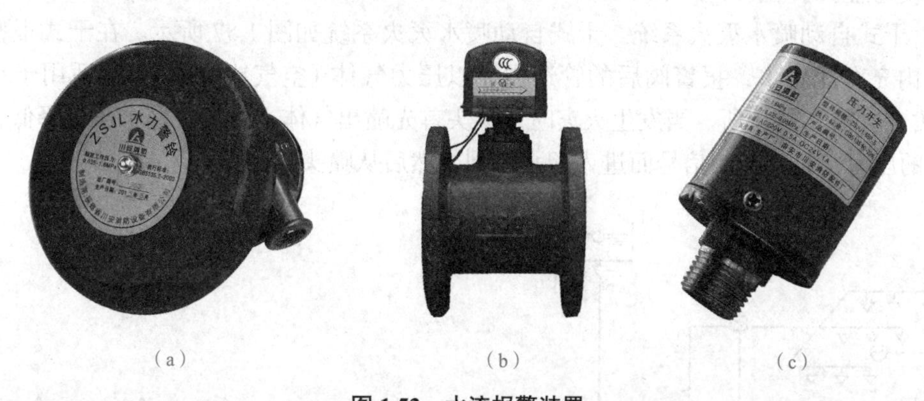

（a）　　（b）　　（c）

图 1.53　水流报警装置

(a) 水力警铃；(b) 水流指示器；(c) 压力开关

（4）延迟器。延迟器是一个罐式容器，安装于报警阀与水力警铃（或压力开关）之间。用来防止由于水压波动原因引起报警阀开启而导致的误报。报警阀开启后，水流需经 30 s 左右充满延迟器后方可冲打水力警铃，如图 1.54 所示。

（5）火灾探测器。火灾探测器是消防火灾自动报警系统中，对现场进行探查，发现火灾的设备。火灾探测器是系统的“感觉器官”，它的作用是监视环境中有没有火灾的发生。一旦有了火情，就将火灾的特征物理量，如温度、烟雾、气体和辐射光强等转换成电信号，并立即动作向火灾报警控制器发送报警信号，一般布置在房间或走道的顶棚下面，如图 1.55 所示。

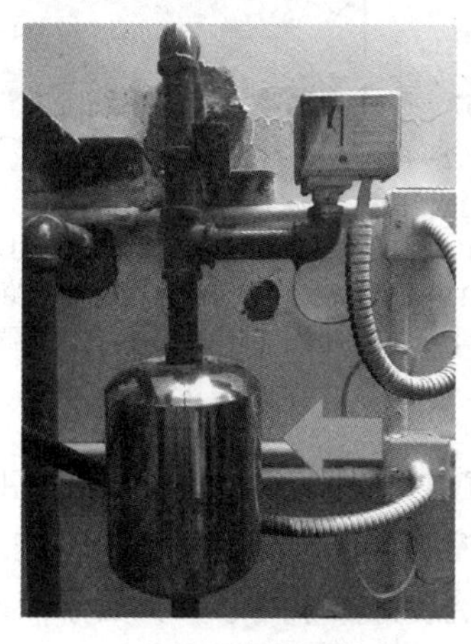

图 1.54　延迟器

图 1.55　火灾探测器

2. 自动喷水灭火系统工作原理

（1）闭式自动喷水灭火系统。

1）湿式自动喷水灭火系统。湿式自动喷水灭火系统如图 1.56 所示。当喷头的保护区域内发生火灾时，火焰或热气流上升，使布置在吊顶下的喷头周围温度升高，当温度升高至预定限度时，易熔锁片熔化或玻璃球爆炸，管中的压力水冲开阀片，自动喷射在布水盘上，形成花篮状水幕淋下，扑灭火焰。

2）干式自动喷水灭火系统。干式自动喷水灭火系统如图 1.57 所示。在干式报警阀前的管道内充有压力水，报警阀后的管道内充以压力气体（空气或氮气）。其适用于环境温度 <4 ℃或 >70 ℃的场所。当发生火灾时，喷头首先喷出气体，致使管网中压力降低，供水管道中的压力水打开控制信号而进入配水管网，然后从喷头喷出灭火。

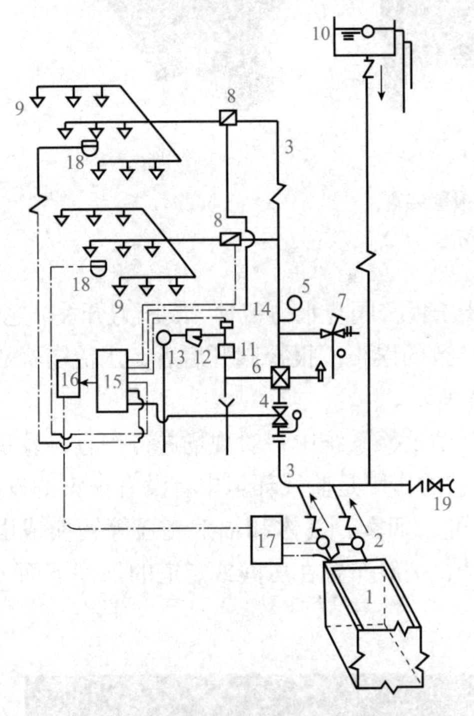

图 1.56　湿式自动喷水灭火系统

1—消防水池；2—消防泵；3—管网；4—控制蝶阀；5—压力表；6—湿式报警阀；7—泄放试验阀；8—水流指示器；9—喷头；10—高位水箱、稳压泵或气压给水设备；11—延时器；12—过滤器；13—水力警铃；14—压力开关；15—报警控制器；16—非标控制箱；17—水泵启动箱；18—火灾探测器；19—水泵结合器

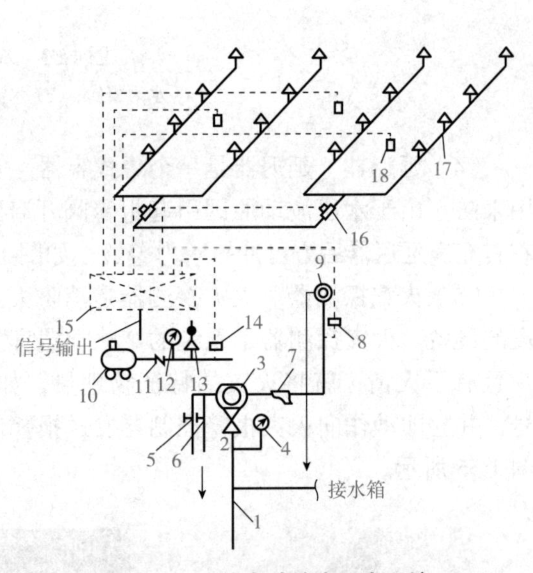

图 1.57　干式自动喷水灭火系统

1—供水管；2—闸阀；3—干式阀；4—压力表；5、6—截止阀；7—过滤器；8—压力开关；9—水力警铃；10—空压机；11—止回阀；12—压力表；13—安全阀；14—压力开关；15—火灾报警控制箱；16—水流指示器；17—闭式喷头；18—火灾探测器

3）预作用喷水灭火系统。预作用喷水灭火系统的管道中平时无水，呈干式，充以低压压缩空气。当火灾发生时，由火灾探测系统或手动开启控制预作用阀，使消防水进入阀后管道，当闭式喷头开启后，即可喷水灭火。当适用于建筑装饰要求高、灭火要求及时的建筑物。

（2）开式自动喷水灭火系统。

1）雨淋喷水灭火系统。雨淋喷水灭火系统在雨淋阀后的管道，平时为空管。火灾发生时，管道内给水是通过火灾探测系统控制雨淋阀来供给，雨淋阀开启后被保护区内所有喷头一起喷水，出水量大，灭火及时。其适用于火灾蔓延速度快、危险性大的建筑或部位。

2）水幕系统。水幕系统如图 1.58 所示。其喷出的水呈水帘状，与防火卷帘、防火水幕配合使用。其适用于防火隔断、防火分区及局部降温。

3）水喷雾灭火系统。水喷雾灭火系统由喷雾喷头把水粉碎成细小的水雾滴之后，喷射到燃烧的物质表面，通过表面冷却、窒息及乳化、稀释的同时作用实现灭火。可用于扑灭可燃液体火灾、电器火灾等。如图 1.59 所示为变压器水喷雾灭火系统。

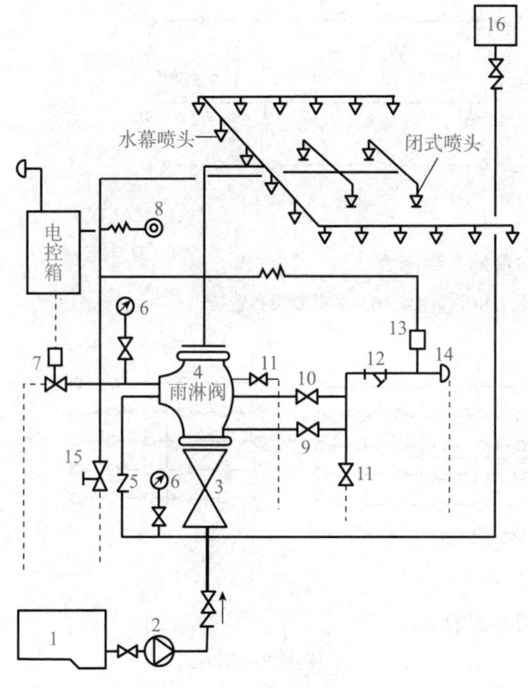

图 1.58　水幕系统

1—水池；2—水泵；3—供水闸阀；4—雨淋阀；5—止回阀；6—压力表；7—电磁阀；8—按钮；9—试警铃阀；10—警铃管阀；11—放水阀；12—滤网；13—压力开关；14—警铃；15—手动快开阀；16—水箱

图 1.59　变压器水喷雾灭火系统

3. 自动喷水灭火系统喷头与管道布置

（1）喷头布置。喷头的布置间距要求在所保护的区域内任何部位发生火灾都能得到一定强度的水量。喷头应根据吊顶的装修要求布置成正方形、矩形和菱形三种形式；水幕喷头根据要求应布置成线状，根据隔离强度要求可布置成单排、双排和防火带形式。如图 1.60 所示为喷头布置的基本形式。

（2）管网布置。自喷管网根据建筑平面的具体情况布置成侧边式和中央式两种形式，如图 1.61 所示。

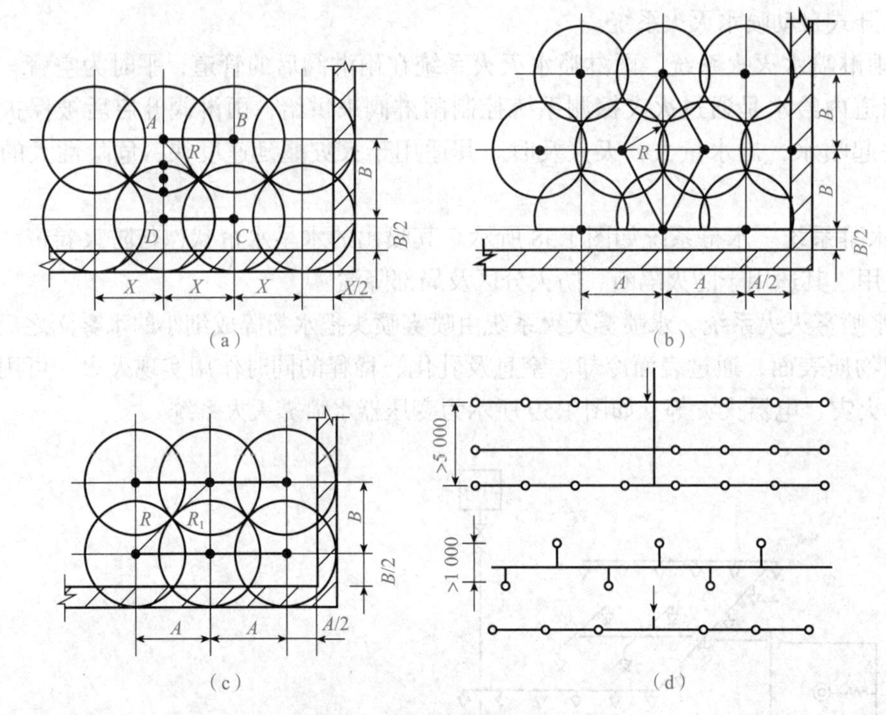

图 1.60 喷头布置的几种形式

(a) 正方形布置；(b) 菱形布置；(c) 矩形布置；(d) 水幕喷头布置

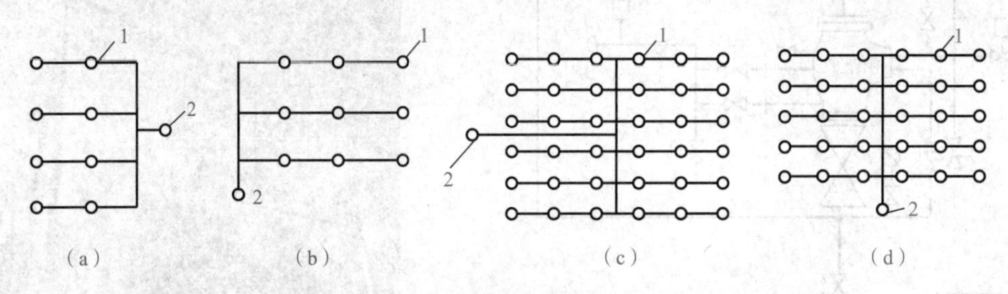

图 1.61 管网布置的形式

(a) 侧边中心方式；(b) 侧边末端方式；(c) 中央中心方式；(d) 中央末端方式

1—喷头；2—配水立管

单元四 建筑排水系统

单元设计

学习任务	一、建筑排水系统概述 二、建筑排水系统材料与设备 三、建筑雨水排水系统 四、高层建筑排水系统

续表

任务分析	建筑排水系统与建筑给水系统有着同等重要的地位。建筑给水给予人们舒适与便利，卫生与健康，建筑排水同样保障着人们生活环境的优劣。在本单元建筑排水系统的内容中，首先介绍排水系统的基本概况，以生活排水系统为主线，从定义、类别、体制及组成进行初步认知，从常用材料及设备进行深入剖析，同时介绍了屋面雨水排水系统及高层建筑排水系统具有的特殊性。使学生对建筑排水系统有一个完整而清晰的认知
学习目标	1. 能辨别排水系统的类别，分析排水体制的特点、描述排水系统的组成； 2. 会分析与选用排水系统常用材料和卫生设备； 3. 能分辨不同类型屋面雨水排水系统，能讲述屋面雨水排水原理； 4. 能理解高层建筑单立管排水的原理，说出各装置的作用

知识要点

一、建筑排水系统概述

建筑排水系统是把建筑内的生活污水、工业废水和屋面雨、雪水收集起来，有组织并及时通畅地排至室外排水管网的管道及设备的总称。

1. 建筑排水系统类别

（1）生活排水系统。生活排水系统用于排除居住、公共建筑及工厂生活间的盥洗、洗涤和冲洗便器等污废水，可进一步分为生活污水排水系统和生活废水排水系统。生活污水与生活废水的区别是生活污水的污染更加严重，回收成本更高，主要是指从厕所排出的水；生活废水污染少，易于回收，主要包括洗衣排水、沐浴排水、厨房排水等。

（2）工业排水系统。工业排水系统用于排除生产过程中产生的水。工业排水按其性质可分为工业污水和工业废水。其中，工业污水主要包括如造纸厂、印刷厂等生产企业排出的有不同程度污染性的水；工业废水主要是指工业生产中用于冷却、降温和循环使用的排水。

（3）雨水排水系统。雨水排水系统用于收集排除建筑屋面上的雨、雪水。

2. 排水体制及特点

排水体制是指城市和建筑群的排水系统收集、输送、处理和处置废水的方式。建筑内部的排水体制可分为分流制和合流制两种。分流制是指居住建筑和公共建筑中的粪便污水和生活废水及工业建筑中的生产污水与生产废水各自由单独的排水管道系统排除；合流制是指建筑中两种或两种以上的污、废水合用一套排水管道系统排除。

视频：排水系统类别、体制、组成

3. 建筑排水系统的组成

建筑排水系统一般由以下部分组成，如图 1.62 所示。

（1）卫生器具。卫生器具是用来承受用水和将用后的废水、废物排泄到排水系统中的容器。建筑内的卫生器具应具有内表面光滑、不渗水、耐腐蚀、耐冷热、便于清洁卫生、经久耐用等性质。关于卫生器具的类别及其特性在后面内容中会做详细介绍。

（2）排水管道。排水管道由器具排水管、排水横支管、排水立管、排水干管（根据情况可以不设置）及排出管组成。其作用分别如下：

1）器具排水管。连接卫生器具和排水横支管之间的一段短管，作用是排出卫生器具内的污废水。除坐便器外，器具排水管上需要设置一个存水弯。

2）排水横支管。连接多个器具排水管的一段横向短管，承接器具排水管的排水后送入下一级管道，横支管须有一定坡度，坡向水流出的方向。

3）排水立管。承接每层排水横支管送来的排水的竖直管道，一般上下直径相同，上部管道直接伸出屋顶通气。

4）埋地横干管。埋地敷设的横向排水管道，可以承接立管来水，汇合后一并排出室外。如果排水立管满足单独排放的条件，可以不设。

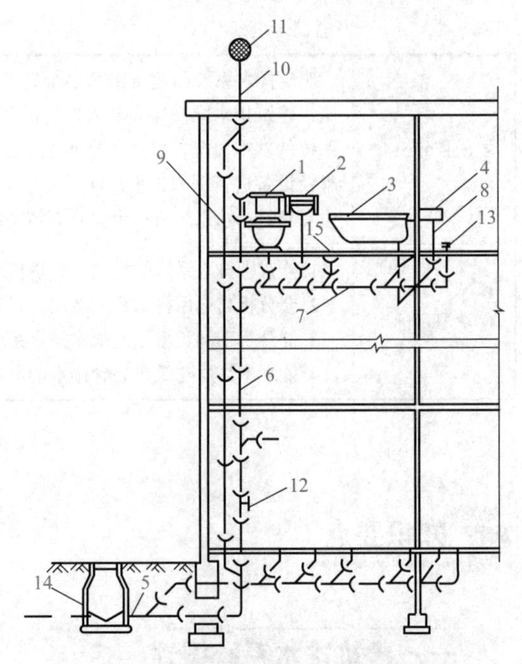

图 1.62　建筑内部排水系统的组成

1—大便器；2—洗脸盆；3—浴盆；4—洗涤盆；5—排出管；6—排水立管；7—排水横支管；8—排水支管；9—专用通气立管；10—伸顶通气管；11—通气帽；12—检查口；13—清扫口；14—检查井；15—地漏

5）排出管。将室内污水迅速排出室外的一段坡度较大的横管，将室内管网与室外管网连接起来。

（3）通气管道。卫生器具排水时，需要向排水管道补给空气，减小其内部气压的变化，防止卫生器具水封破坏，使水流畅通；同时，需将排水管系中的臭气和有害气体排入大气，需使管系内经常有新鲜空气和废气之间对流，可减轻管道内废气造成的锈蚀。因此，排水管系要设置一个与大气相通的通气系统，如图 1.63 所示。通气管道通常有以下几种类型：

1）伸顶通气管。排水立管与最上层排水横支管连接处向上垂直延伸至室外用作通气作用的管道。

2）专用通气管。仅与排水立管相连，为排水立管内空气流通而设置的垂直通气管道。

3）环形通气管。在多个卫生器具的排水横支管上，从最始端卫生器具的下游端接至主（副）通气立管的一段通气管段。

4）主通气立管。连接环形通气管和排水立管，并为排水横支管和排水立管内空气流通而设置的专用于通气的立管。

5）副通气立管。仅与环形通气管相连，使排水横支管内空气流通而设置的专用于通气的管道。

6）结合通气管。排水立管与通气立管的连接管段。

7）器具通气管。卫生器具存水弯出口端接至主通气管的管段。

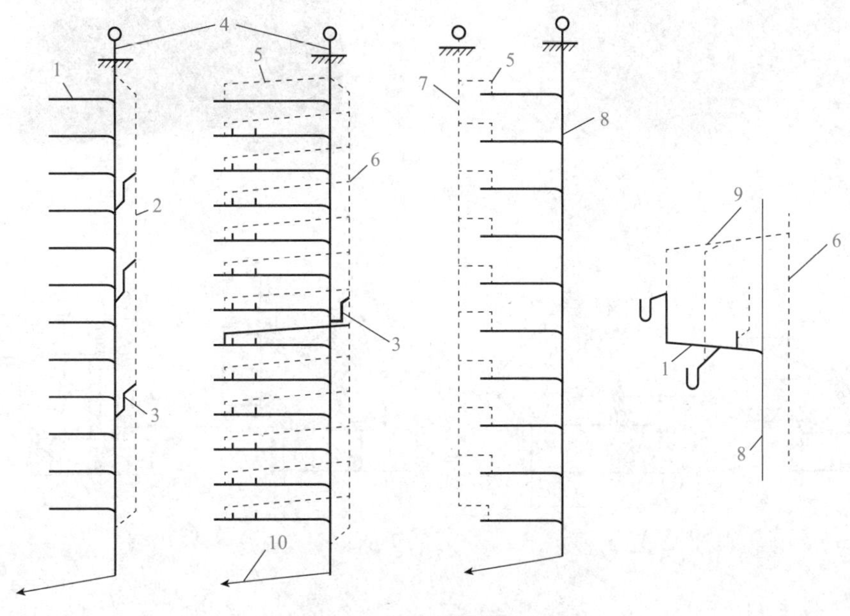

图 1.63　几种典型的通气管

1—排水横支管；2—专用通气管；3—结合通气管；4—伸顶通气管；5—环形通气管；6—主通气管；7—副通气管；8—排水立管；9—器具通气管；10—排出管

（4）清通设备。为疏通建筑内部排水管道，保障排水畅通，常需设置检查口、清扫口及带有清通门的 90°　弯头或三通接头、室内较长埋地横干管上的检查井等。

（5）提升设备。当建筑物内的污（废）水不能自流排至室外时，需设置污水提升设备。建筑内部污、废水提升包括污水泵的选择、污水集水池容积确定和污水泵房设计，常用的污水泵有潜水泵、液下泵和卧式离心泵。

（6）污水局部处理构筑物。当室内污水未经处理不允许直接排入城市排水系统或水体时需设置局部水处理构筑物。常用的局部水处理构筑物有化粪池、隔油井和降温池。

二、建筑排水系统材料与设备

1. 排水管材与管件

（1）塑料管材与管件。硬聚氯乙烯管（简称 UPVC 管）是排水系统最常用的管材。UPVC 管具有自重轻、不结垢、不腐蚀、外壁光滑、容易切割、便于安装、可制成各种颜色、投资省和节能等优点。但塑料管材与管件也有强度低、耐温性差、立管产生噪声、暴露于阳光下管道易老化、防火性能差等缺点。目前，市场供应的塑料管有实壁管、芯层发泡管、螺旋管等。塑料管通过各种管件来连接。如图 1.64 所示为常用的塑料排水管材与管件。

视频：排水系统常用材料

（2）铸铁管材与管件。铸铁管的优点是耐腐蚀，经久耐用；缺点是质脆，焊接、套螺纹、摵弯困难，承压能力低，不能承受较大的动荷载。

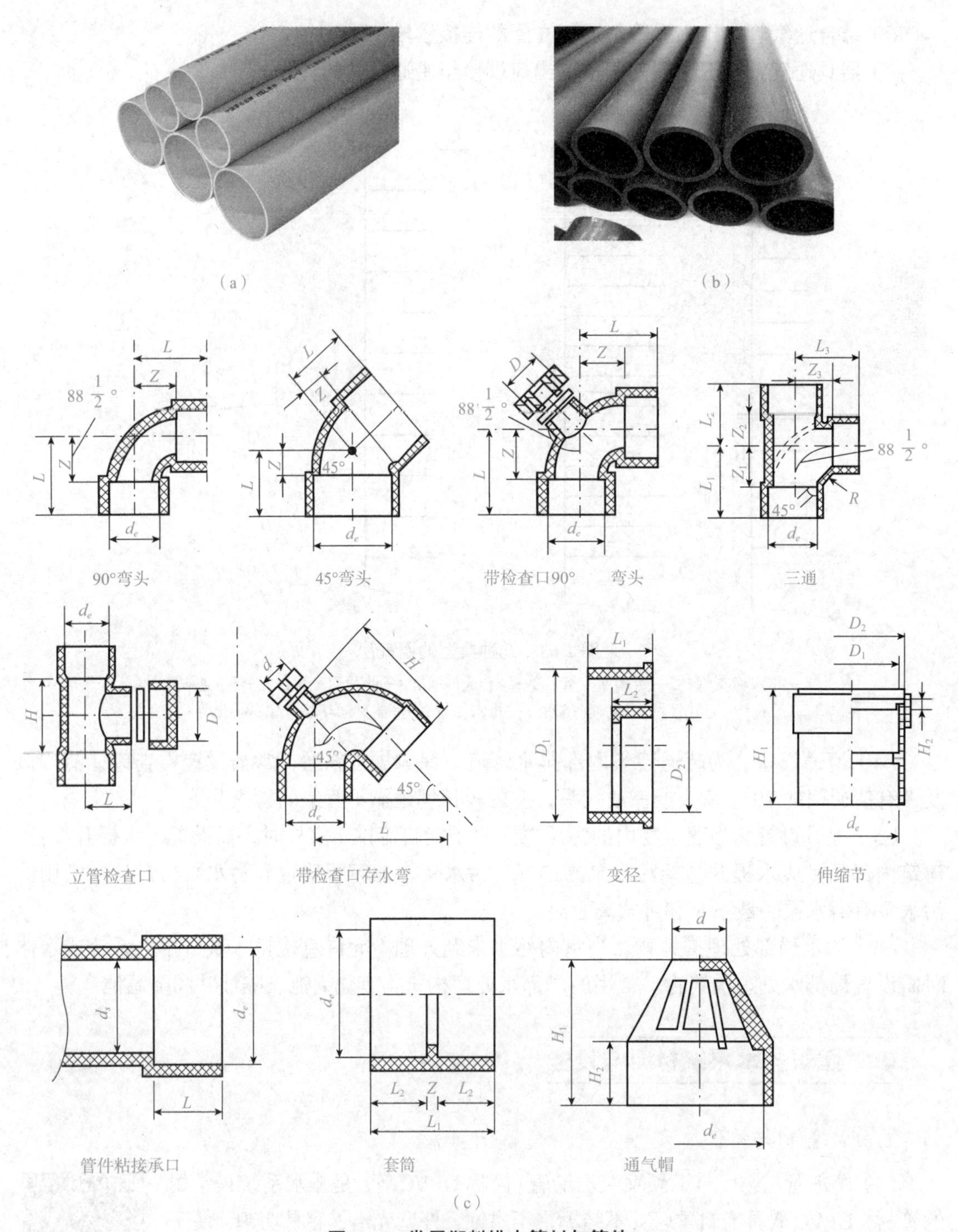

图 1.64 常用塑料排水管材与管件

(a) PVC—U 排水塑料管；(b) HDPE 排水塑料管；(c) 铸铁排水管

建筑高度超过 100 m 的超高层建筑，其排水立管应采用柔性接口，在地震设防 8 度的地区或排水立管高度在 50 m 以上时，立管上每隔两层设置柔性接口。在地震设防 9 度的地区，立管、横管均应设置柔性接口。铸铁排水管材与管件如图 1.65 所示。

(a)

(b)

(c)

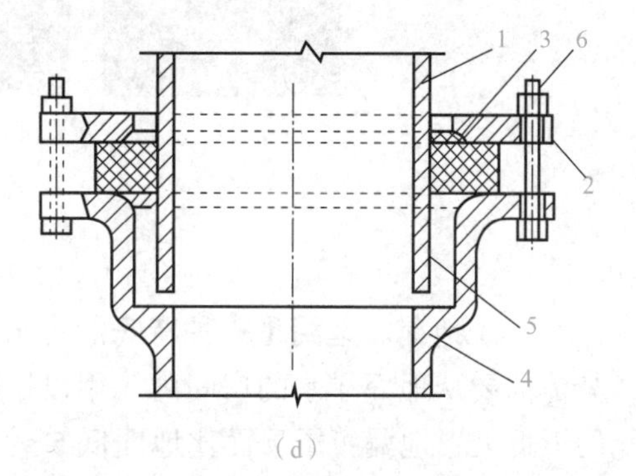

(d)

图 1.65　铸铁排水管材与管件

(a) 铸铁排水管；(b) 铸铁排水三通；(c) 铸铁排水弯头；(d) 柔性排水铸铁管件接口
1—直管、管件直部；2—法兰压盖；3—橡胶密封圈；
4—承口端口；5—插口端口；6—定位螺栓

2. 排水附件

（1）存水弯。存水弯是设置在卫生器具排水管上和生产污废水受水器的泄水口下方的排水附件。在弯曲段内形成一定高度的水封，通常为 50 ～ 100 mm，其作用是隔绝和防止排水管道内所产生的臭气、有善气体、可燃气体和小虫等通过卫生器具进入室内，污染环境。存水弯的类型有 S 形和 P 形两种，如图 1.66 所示。S 形存水弯常用在器具支管与排水横管垂直连接部位；P 形存水弯常用在器具支管与排水横管和排水立管不在同一平面位置而需连接的部位。

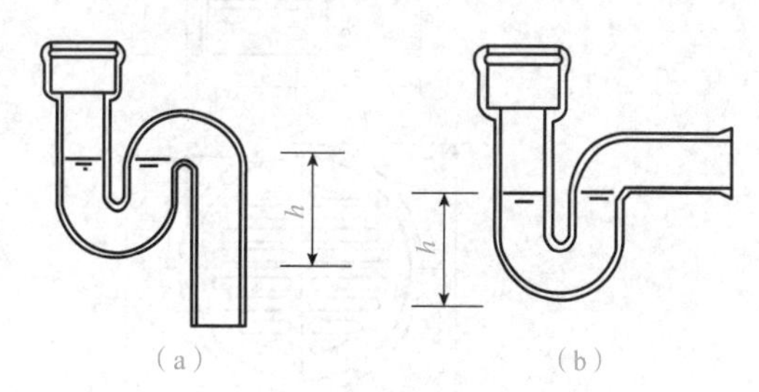

(a)　(b)

图 1.66　存水弯

(a) S 形；(b) P 形

为满足美观要求，存水弯还有瓶式存水弯、存水盒等不同类型。

（2）清通设备。

1）检查口：一般安装于立管，在有异物堵塞时清掏用。检查口间距不大于 10 m，设置高度一般以从地面至检查口中心 1 m 为宜。当排水横管管段超过规定长度时，也应设置检查口。

2）清扫口：一般安装于横支管，连接 2 个及 2 个以上的大便器或 3 个及 3 个以上的卫生器时，横支管起点均应装置清扫口。为了便于清掏，清扫口与墙面应保持一定距离，一般不宜小于 0.15 m。

3）检查井：一般设置在埋地排水管道的交汇、转弯、管径或坡度改变处，以及直线管段上每隔一定距离处，是便于定期检查的附属构筑物。检查口、清扫口、检查井如图 1.67 所示。

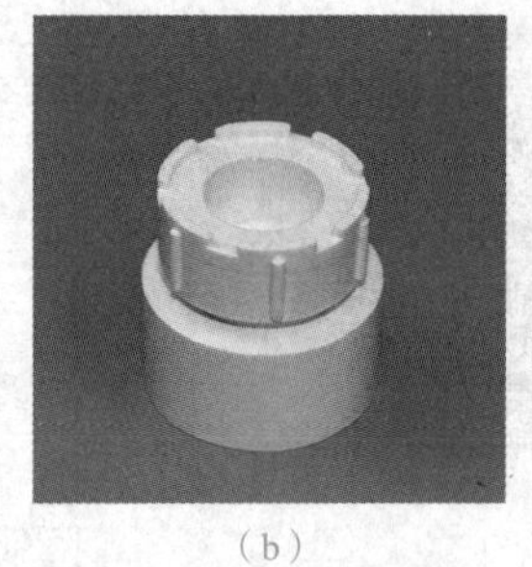

（a）　（b）　（c）

图 1.67　清通设备

(a) 检查口；(b) 清扫口；(c) 检查井

（3）地漏。地漏是一种特殊的排水装置，主要设置在厕所、浴室、盥洗室、卫生间及其他需要从地面排水的房间内，用以排除地面积水。地漏应布置在易溅水的卫生器具附近的最低处，地漏箅子顶面比地面低 5 ～ 10 mm，地漏带水封的深度不小于 50 mm，其周围地面应有不少于 0.01 的坡度坡向地漏。如图 1.68 所示为普通地漏和多通道地漏，其他还有存水盒地漏、双箅杯式地漏、防回流地漏等。

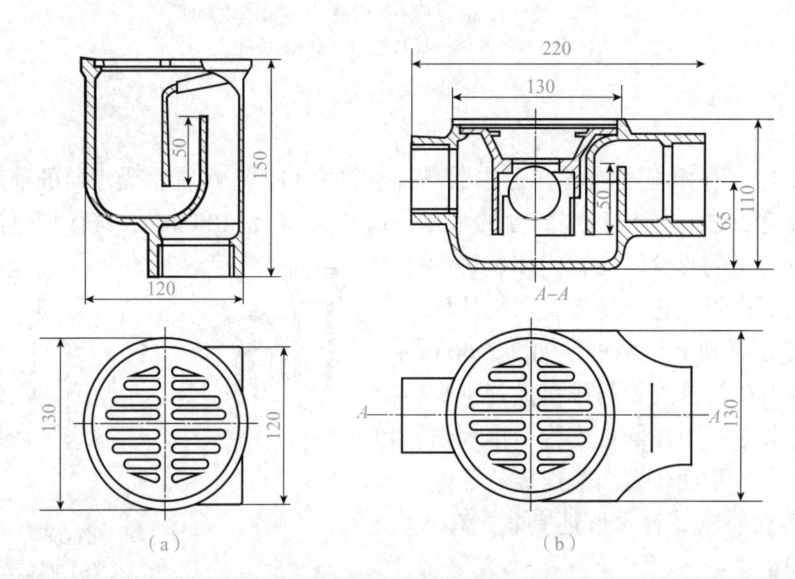

图 1.68　地漏

(a) 普通地漏；(b) 多通道地漏

3. 卫生器具选用及布置

卫生器具是收集和排除生活及生产污、废水的设备，应具备耐腐蚀、耐老化、耐摩擦、耐冷热等特性，并应有一定的强度，不含对人体有害的成分，表面应光滑，不易积污垢，易清洗，便于安装、维修和使用，并应在冲洗时尽量节水和减少噪声。如果卫生器具带存水弯时，应保证有一定的水封深度。

知识拓展：卫生器具类型介绍

视频：卫生器具的类型及布置

目前适合用作卫生器具的材料有陶瓷、搪瓷生铁、塑料、水磨石等。

（1）卫生器具的类型。常用卫生器具按其用途可分为四类，即便溺用卫生器具（大便器、小便器等)，盥洗、淋浴用卫生器具（洗脸盆、浴缸、淋浴器等)、洗涤用卫生器具（洗涤盆、污水盆等)，其他专用卫生器具（医院、实验室、化验室等特殊需要的卫生器具)。

（2）卫生器具的冲洗设备。

1）大便器冲洗设备。坐便器常采用低位水箱的冲洗方式。水箱构造如图 1.69 所示。蹲便器常采用水箱或直接连接给水管加延时自闭式冲洗阀的冲洗方式，如图 1.70 所示。大便槽在其起端设置自动控制高位水箱或采用延时自闭式冲洗阀。

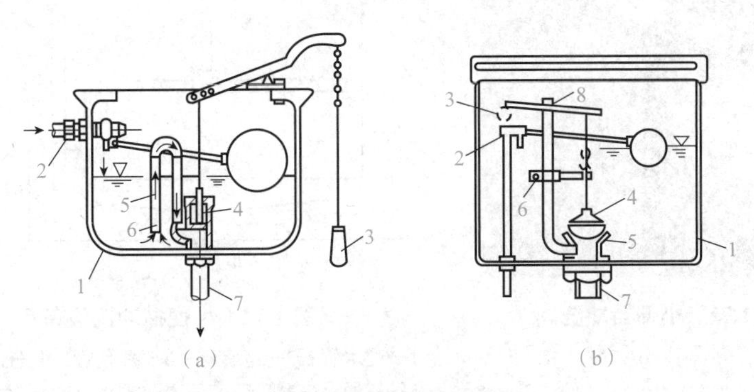

（a）　　（b）

图 1.69　手动冲洗水箱

(a) 虹吸冲洗水箱

1—水箱；2—浮球阀；3—拉链——弹簧阀；4—橡胶球阀；5—虹吸管；6—ϕ 5 mm 小孔；7—冲洗管

(b) 水力冲洗水箱

1—水箱；2—浮球阀；3—扳手；4—橡胶球阀；5—阀座；6—导向设置；7—冲洗管；8—溢流管

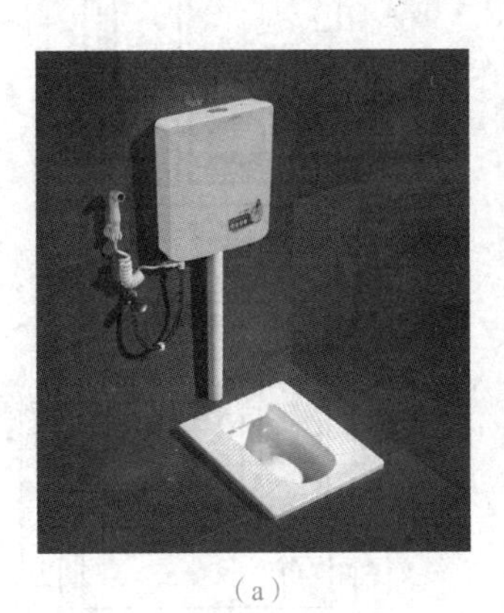

（a）　　（b）

图 1.70　蹲便器冲洗方式

(a) 水箱冲洗；(b) 延时自闭式冲洗阀冲洗

2）小便器和小便槽冲洗设备。小便器常采用按钮式自闭式冲洗阀，既满足冲洗要求，又节约冲洗水量，如图 1.71 所示。小便槽常采用孔径为 2 mm 的多孔管冲洗，与墙成 45° 安装，可设置高位水箱或手动阀。其安装如图 1.72 所示。

（3）卫生器具布置。卫生器具应根据厨房、卫生间和公共厕所的平面位置、房间面积大小、建筑质量标准、有无管道竖井或管槽、卫生器具数量及单件尺寸等来布置，既要满足使用方便、容易清洁、占房间面积小的要求，还要充分考虑为管道布置提供良好的水力条件，尽量做到管道少转弯、管线短、排水通畅，即卫生器具应顺着一面墙布置，如卫生间、厨房相邻，应在该墙两侧设置卫生器具，有管道竖井时，卫生器具应紧靠管道竖井的墙面布置，这样会减少排水横管的转弯或减少管道的接入根数。如图 1.73 所示为卫生器具的几种布置形式示例。

图 1.71　小便器冲洗阀

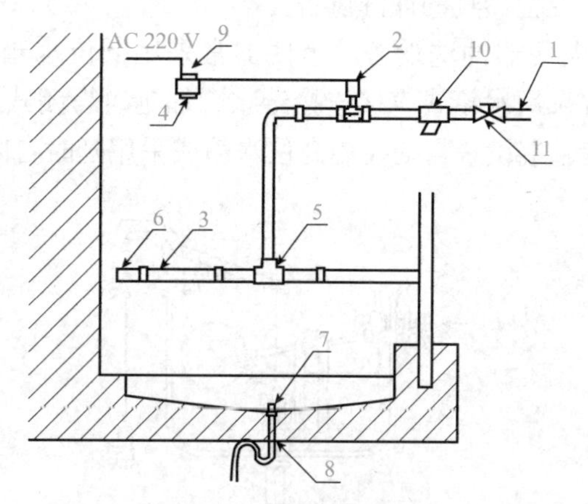

图 1.72　小便槽冲洗设备

1—冷水管；2—电磁阀；3—多孔管；4—控制器；5—三通；6—管堵；7—罩式排水栓；8—存水弯；9—固定卡；10—过滤器；11—截止阀

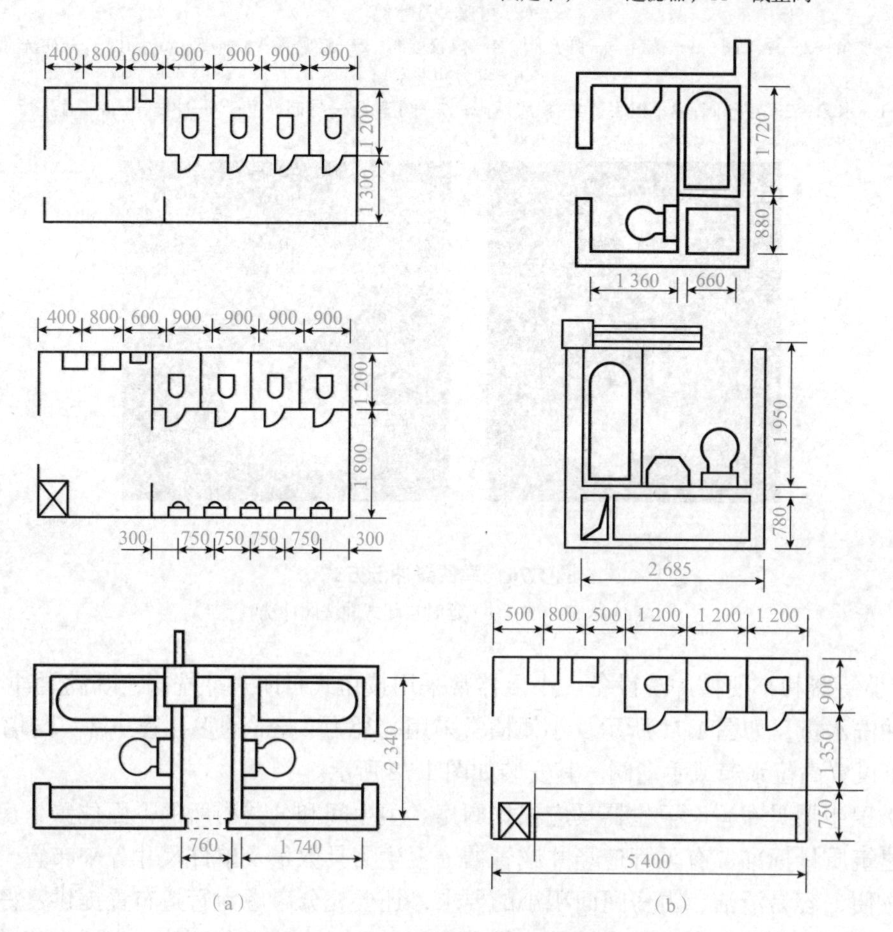

图 1.73　卫生器具平面布置图

(a) 住宅、宾馆卫生间内；(b) 公共卫生间内

三、建筑雨水排水系统

视频：屋面雨水排水系统

1. 雨水外排水系统

（1）檐沟外排水系统。普通外排水系统由檐沟和落水管组成，如图 1.74 所示。降落到屋面的雨水沿屋面集流到檐沟，然后流入沿外墙设置的落水管排至地面或雨水口。普通外排水方式适用于普通住宅、一般公共建筑和小型单跨厂房。根据经验，民用建筑落水管间距为 8 ～ 12 m，工业建筑为 18 ～ 24 m。

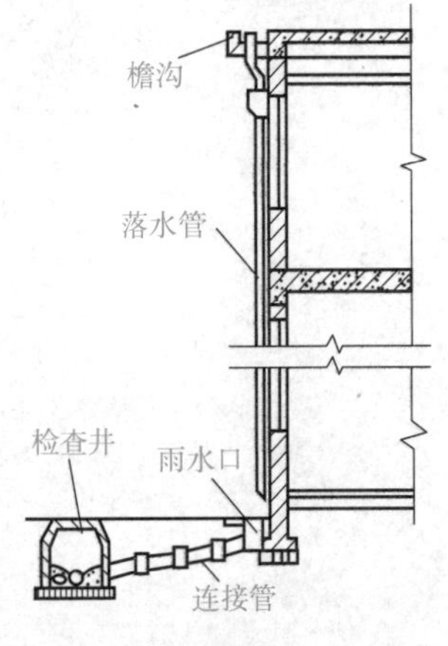

图 1.74　普通檐沟外排水系统

（2）天沟外排水系统。天沟外排水系统由天沟、雨水斗和排水立管组成。天沟设置在两跨中间并坡向端墙，雨水斗沿外墙布置，如图 1.75、图 1.76 所示。降落到屋面上的雨水沿坡向天沟的屋面汇集到天沟，沿天沟流至建筑物两端的山墙，进入雨水斗，经立管排至地面或雨水井。

天沟的排水断面形式多为矩形和梯形，坡度不宜太大，一般为 0.003 ～ 0.006。天沟内的排水分水线应设置在建筑物的伸缩缝或沉降缝处，天沟的水流长度一般不超过 50 m。

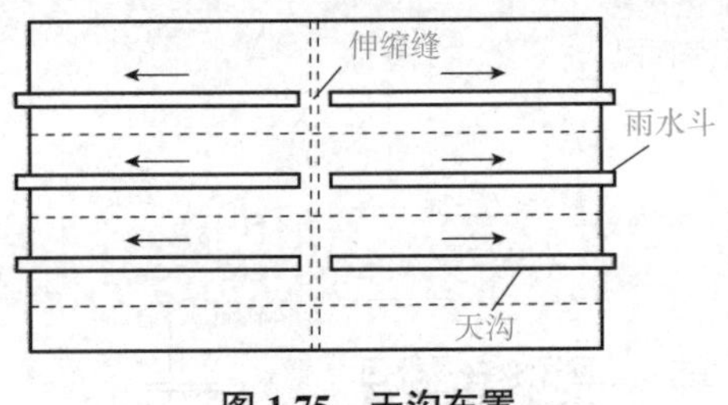

图 1.75　天沟布置

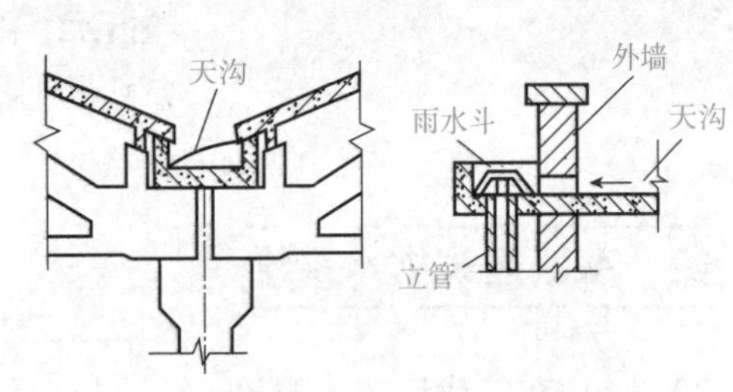

图 1.76　天沟与雨水管连接

2. 雨水内排水系统

（1）内排水系统的组成。内排水系统由雨水斗、连接管、悬吊管、立管、排出管、埋地干管和检查井组成，如图 1.77 所示。降落到屋面上的雨水沿屋面流入雨水斗，经连接管、悬吊管进入排水立管，再经排出管流入雨水检查井或经埋地干管排至室外雨水管道。

（2）内排水系统的类别。内排水系统按雨水斗的连接方式可分为单斗和多斗雨水排水系统。单斗系统一般不设置悬吊管，多斗系统中悬吊管将雨水斗和排水立管连接起来。多斗系统的排水量大约为单斗的 80%，在条件允许的情况下，应尽量采用单斗排水。按排除雨水的安全程度，内排水系统可分为敞开式和密闭式两种排水系统。

大型工业厂房的屋面形式复杂，为了及时有效地排除屋面雨水，往往同一建筑物采用几种不同形式的雨水排除系统，分别设置在屋面的不同部位，由此组合成屋面雨水混合排水系统。如图 1.77 所示的剖面图中，左侧为檐沟外排水系统，右侧为多斗敞开式内排水系统，中间为单斗密闭式内排水系统，其排出管与检查井内管道直接相连。

知识拓展：雨水排水系统布置与敷设要求

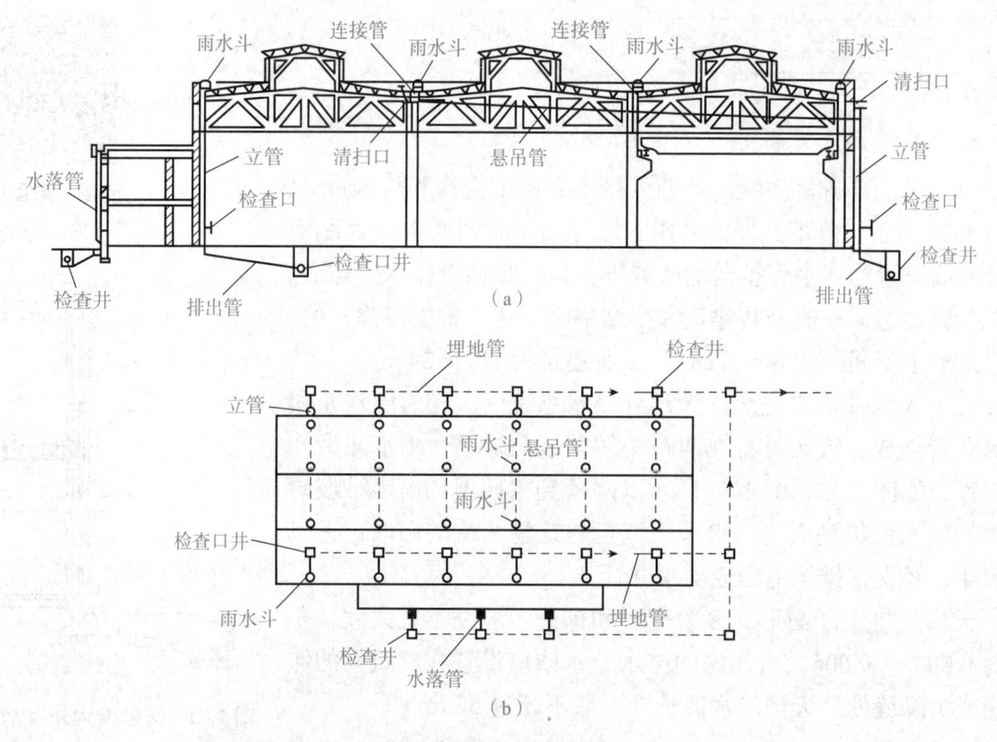

图 1.77　雨水排水系统

(a) 剖面图；(b) 平面图

四、高层建筑排水系统

视频：高层建筑特殊单立管排水系统

20 世纪 60 年代以来，瑞士、法国、日本、韩国等国家，先后研制成功了苏维托排水系统、旋流排水系统、芯形排水系统、U-PVC 螺旋排水系统等特殊的单立管排水系统，它们共同的特点是每层排水横支管与排水立管的连接处安装上部特殊配件，在排水立管与横干管或排出管的连接处安装下部特殊配件，如图 1.78 所示。

（1）苏维托排水系统。

1）混流器。苏维托排水系统中的混流器（图 1.79）是由长约 80 cm 的连接配件装设在立管与每层楼横支管的连接处。横支管接入口一般有三个方向，混合器内部分别有乙字弯、隔板和隔板上部约 1 cm 高的孔隙。

2）跑气器。苏维托排水系统中的跑气器（图 1.80）通常装设在立管底部，它由具有凸块的扩大箱体和跑气管组成。沿立管流下的气水混合物遇到内部的凸块溅散，把气体从污水中分离出来，同时降低了流速，使立管和横干管的泄流能力平衡，气流不在转弯处阻塞。

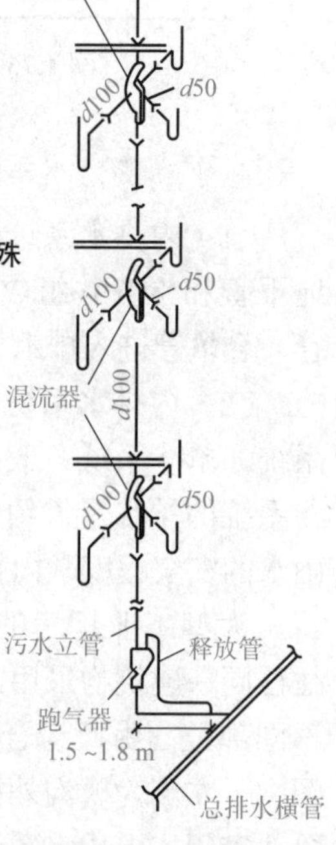

图 1.78　单立管排水系统上下特殊配件安装示意

释放出的气体通过跑气管引到干管的下游，这就达到了防止立管底部产生过大压力的目的。

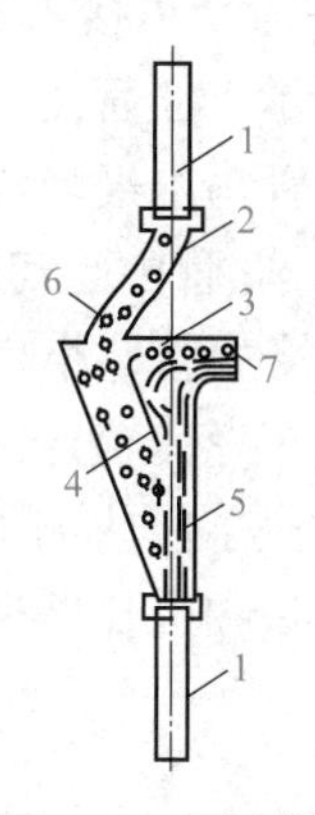

图 1.79　混流器

1—立管；2—乙字弯；3—孔隙；4—隔板；
5—混合室；6—气水混合物；7—空气

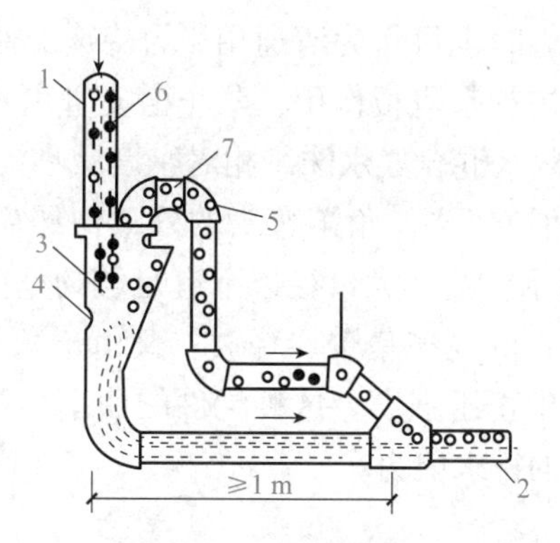

图 1.80　跑气器

1—立管；2—横管；3—空气分离室；4—凸块；
5—跑气管；6—气水混合物；7—空气

（2）旋流排水系统。

1）旋流接头。旋流接头构造如图 1.81 所示，它由底座及盖板组成，盖板上设有固定的导旋叶片，底座支管和立管接口处沿立管切线方向有导流板。横支管污水通过导流板沿立管断面的切线方向以旋流状态进入立管，立管污水每流过下一层旋流接头时，经导旋叶片导流，增加旋流，污水受离心力作用贴附管内壁流至立管底部，立管中心气流通畅，气压稳定。

2）特殊排水弯头。在立管底部的特殊排水弯头是一个装有特殊叶片的 45° 弯头（图 1.82）。该特殊叶片能迫使下落水流溅向弯头后方流下，这样就避免了排出管（横干管）中发生水跃而封闭立管中的气流，以致造成过大的正压。

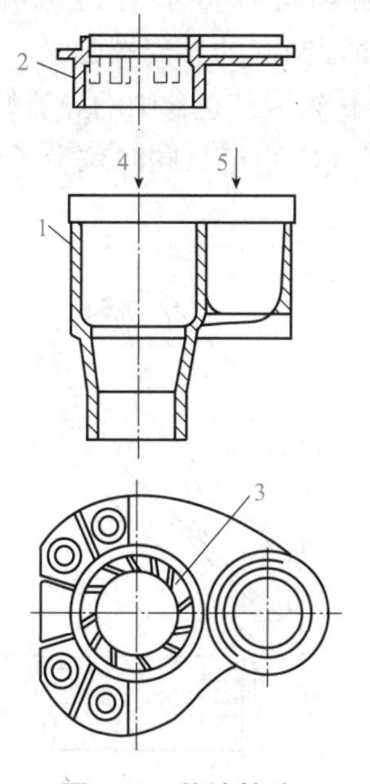

图 1.81　旋流接头

1—底座；2—盖板；3—叶片；
4—接立管；5—接大便器

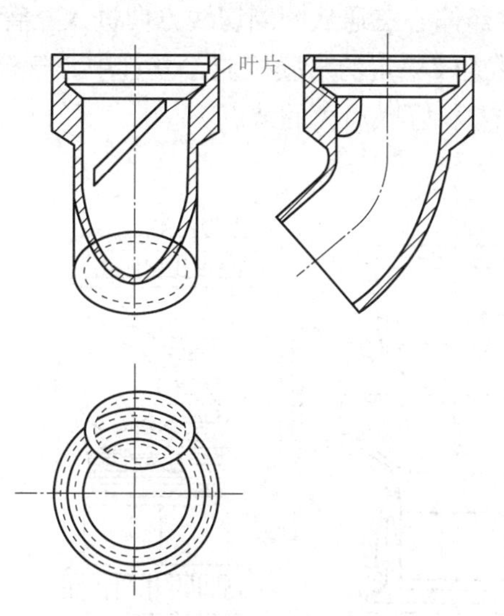

图 1.82　特殊排水弯头

（3）心形排水系统。

1）环流器。环流器的外形呈倒圆锥形，平面上有 2 ～ 4 个可接入横支管的接入口（不接入横支管时也可作为清通用）的特殊配件，如图 1.83 所示。立管向下延伸一段内管，插入内部的内管起隔板作用，防止横支管出水形成水舌，立管污水经环流器进入倒锥体后形成扩散，气水混合成水沫，相对密度减小、下落速度减缓，立管中心气流通畅，气压稳定。

2）角笛弯头。角笛弯头的外形似犀牛角，大口径承接立管，小口径连接横干管，如图 1.84 所示。由于大口径以下有足够的空间，既可对立管下落水流起减速作用，又可将污水中所携带的空气集聚、释放。又由于角笛弯头的小口径方向与横干管断面上部也连通，可减小管中正压强度。这种配件的曲率半径较大，水流能量损失比普通配件小，从而增加了横干管的排水能力。

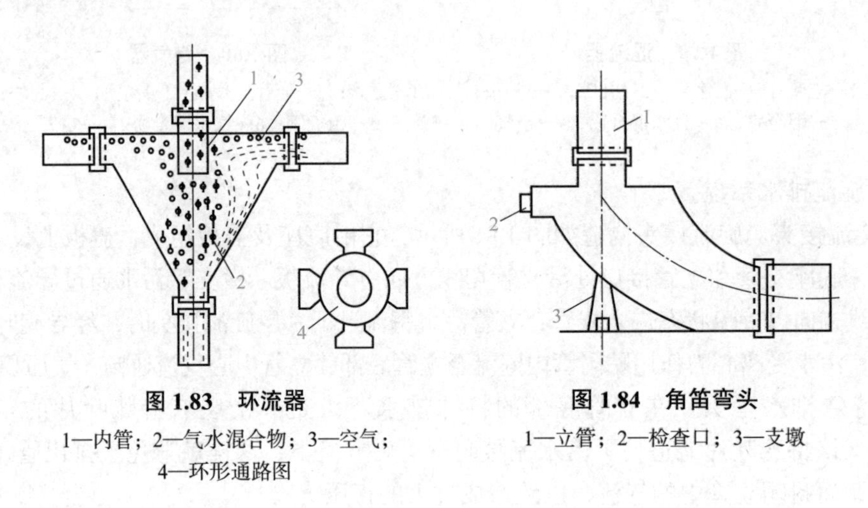

图 1.83　环流器

1—内管；2—气水混合物；3—空气；4—环形通路图

图 1.84　角笛弯头

1—立管；2—检查口；3—支墩

（4）UPVC 螺旋排水系统。该系统由偏心三通和特殊排水管道组成，如图 1.85、图 1.86 所示。该管道内壁有 6 条间距为 50 mm 呈三角形凸起的导流螺旋线。排水横支管排出的污水经偏心三通从圆周切线方向进入立管，旋流下落，经立管中的导流螺旋线的导流，管内壁形成较稳定的水膜旋流，立管中心气流通畅，气压稳定。同时减少了撞击，有效克服了排水塑料管噪声大的缺点。

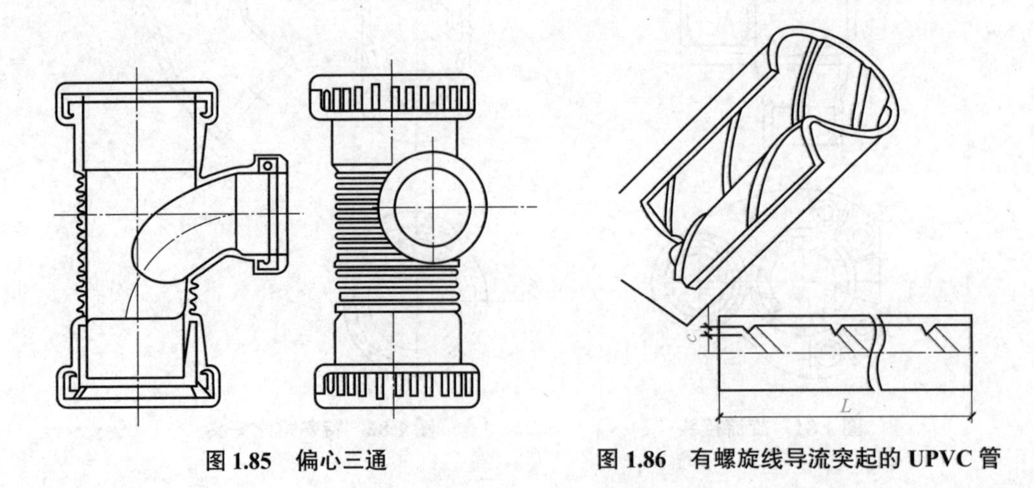

图 1.85　偏心三通

图 1.86　有螺旋线导流突起的 UPVC 管

单元五　建筑给水排水施工图识读

单元设计

学习任务	一、建筑给水排水施工图识读基础 二、建筑给水排水施工图识读实例
任务分析	施工图识读是在系统学习了建筑给水排水基本知识的基础上，进一步对抽象图纸的深入探究。系统认知多是以实物为主，通过对图形符号的学习和识图基础知识的掌握，便容易掌握最基本的识图方法。加之前面给水方式的内容中对系统图认知有一定的铺垫，也为施工图识读的学习降低了难度。 本单元以某综合楼排水系统为例，对给水排水系统施工图进行识读。具体学习任务有给水排水设计施工说明识读、平面图识读、系统图识读、详图识读等。识读时应首先熟悉给水排水施工图的特点、图例、系统方式及组成，然后按照给水排水施工图识读方法进行识读
学习目标	1. 能够识读给水排水设计说明、图例； 2. 能够识读给水排水平面图、给水排水系统图、详图； 3. 能够识读给水排水系统形式； 4. 能够识读给水排水管路布置及走向

知识要点

一、建筑给水排水施工图识读基础

1. 建筑给水排水施工图组成及识读方法

（1）建筑给水排水施工图组成。建筑给水排水施工图一般由图纸目录、设计说明、主要设备材料表、图例、平面图、系统图、施工详图等组成。

视频：建筑给水排水系统施工图识读

1）图纸目录。图纸目录主要是为了说明本工程由哪些图纸组成，各种图纸的名称、图号、张数和图幅，其用途是便于查找有关图纸。

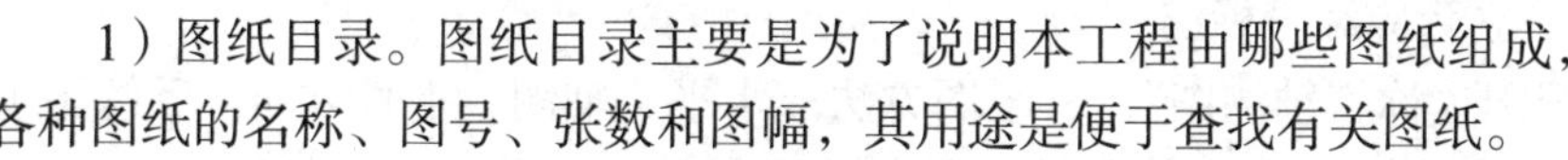

2）设计说明。设计说明用工程绘图无法表达清楚的给水、排水、热水供应、雨水系统等管材、防腐、防冻、防露的做法；或难以表达的诸如管道连接、固定、竣工验收要求、施工中特殊情况技术处理措施，或施工方法要求严格必须遵守的技术规程、规定等，可在图纸中用文字写出设计施工说明。

3）主要设备材料表。在施工图中应给出设备材料表，表明该项工程所需的各种设备和各类管道、管件、阀门、防腐和保温材料的名称、规格、型号与数量等。

4）图例。图纸上的管道、卫生器具、设备等均按照最新国家标准《建筑给水排水制图标准》(GB/T 50106—2010）的规定使用统一的图例来表示。表 1.1 给出一些常用图例供参考。

表 1.1　常用图例

图例	名称	图例	名称
J	生活给水管道		闸阀
JL–　JL–	生活给水立管		止回阀
W	污水管道		球阀
WL–　WL–	污水立管		水龙头
X	消火栓给水管道		防水套管
XL–　XL–	消火栓给水立管		地漏
P	喷淋给水管道		室内消火栓
PL–　PL–	喷淋给水立管		室外消火栓
	带伸缩节检查口		消防水泵结合器
	伸缩节		浮球阀
	地上式清扫口		角阀
	延时自闭冲洗阀		自动排气阀
	通气帽		管堵
	小便器冲洗阀		末端试水阀
	湿式报警阀		自动喷洒头（闭式）

5）平面图。建筑给水排水系统以选用的给水方式来确定平面图的张数。底层及地下室必须绘制，顶层若有高位水箱等设备，也必须单独绘制。建筑中间各层如卫生设备或用水设备的种类、数量和位置都相同，绘制一张标准层平面图即可，否则应逐层绘制。在各层平面图上，各种管道、立管应编号标明。

6）系统图。系统图也称“轴测图”，其绘图方法取水平、轴测、垂直方向。系统图上应标明管道的管径、坡度，支管与立管的连接处、管道附件的安装标高，标高的 ±0.000 应与建筑图一致。系统图上各种立管的编号应与平面图一致。系统图均应按给水、排水、热水等各系统单独绘制，以便于施工安装和概预算应用。

7）施工详图。凡平面图、系统图中局部构造因受图面比例限制而表达不完善或无法表达的，为使施工概预算及施工不出现失误，必须绘制施工详图。通用施工详图系列，如卫生器具安装、排水检查井、雨水检查井、阀门井、水表井、局部污水处理构筑物等，均有各种施工标准图，施工详图宜首先采用标准图。绘制施工详图的比例以能清楚绘制构造为根据选用。施工详图应尽量详细注明尺寸，不应以比例代替尺寸。

（2）建筑给水排水施工图识读方法。

1）阅读主要图纸之前，应首先了解各种图例符号及其所表示的实物，熟悉设计施工说明和设备材料表。

2）管道用来输送流体，流体在管道中都有自己的流向，识图时可按流向去读，这样易于掌握。如识读给水系统图时，可由建筑的给水引入管开始，沿水流方向经干管、立管、支管到用水设备；识读排水系统图时，可由排水设备开始，沿排水方向经支管、横管、立管、干管到排出管。

3）系统图（或轴测图）表达了各管道系统和设备的空间关系，因此先看系统图，对各系统做到大致了解，再以系统图为线索深入阅读平面图、系统图及详图。三种图相互对照阅读，更有利于识图。

4）各设备系统的安装与土建施工是配套的，应注意其对土建的要求和各工种之间的相互关系，如管槽、预埋件及预留洞口等。

2. 图线与标注

（1）图线识读。建筑给水排水施工图的线宽 b 应根据图纸的类别、比例和复杂程度确定。一般线宽 b 宜为 0.7 mm 或 1.0 mm。常用的线型应符合表 1.2 的规定。

表 1.2　常用的线型

名称	线型	线宽	一般用途
粗实线	———	b	新建各种给水排水管道线
中实线	———	$0.5b$	1. 给水排水设备、构件的可见轮廓线； 2. 厂区（小区）给水排水管道图中新建建筑物、构筑物的可见轮廓线、原有给水排水的管道线
细实线	———	$0.35b$	1. 平、剖面图中被剖切的建筑构造（包括构配件）的可见轮廓线； 2. 厂区（小区）给水排水管道图中原有建筑物、构筑物的可见轮廓线； 3. 尺寸线、尺寸界限、局部放大部分的范围线、引出线、标高符号线、较小图形的中心线等
粗虚线	- - - - - - - -	b	新建各种给水排水管道线
中虚线	- - - - - - - -	$0.5b$	1. 给水排水设备、构件的不可见轮廓线； 2. 厂区（小区）给水排水管道图中新建建筑物、构筑物的不可见轮廓线、原有给水排水的管道线
细虚线	- - - - - - - -	$0.35b$	1. 平、剖面图中被剖切的建筑构造的不可见轮廓线； 2. 厂区（小区）给水排水管道图中原有建筑物、构筑物的不可见轮廓线
细点划线	—·—·—·—	$0.35b$	中心线、定位轴线
折断线	——√——	$0.35b$	断开界限
波浪线	∿∿∿	$0.35b$	断开界限

（2）标高识读。室内工程应标注相对标高，标高以 m 为单位。标高的标注方法应符合图 1.87 的规定：

1）平面图中，管道标高应按图 1.87（a）所示的方式标注。

2）平面图中，沟渠标高应按图 1.87（b）所示的方式标注。

3）剖面图中，管道及水位的标高应按图 1.87（c）所示的方式标注。

4）轴测图中，管道标高应按图 1.87（d）所示的方式标注。

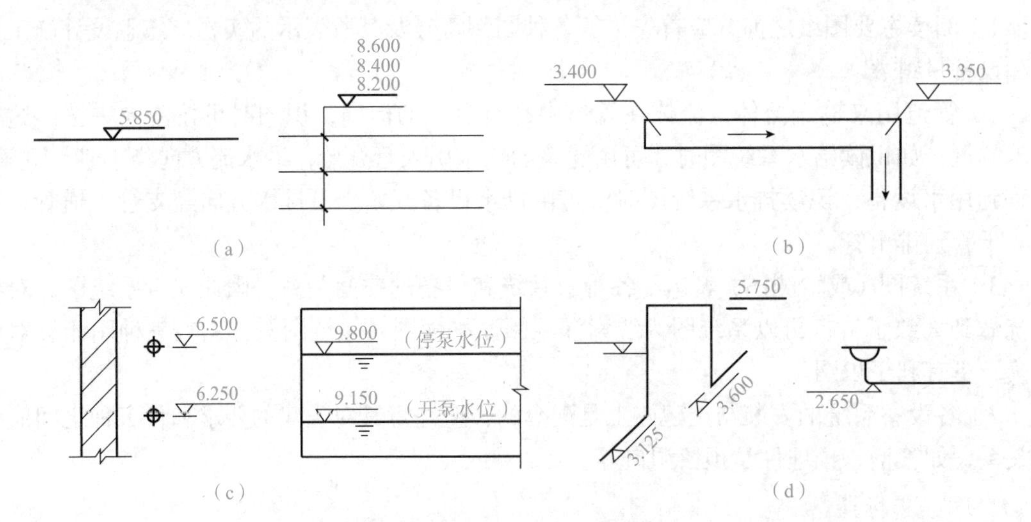

图 1.87 标高的标注方法

（a）平面图中管道标高标注法；（b）平面图中沟渠标高标注法；
（c）剖面图中管道及水位标高标注法；（d）轴测图中管道标高标注法

（3）管径识读。管径尺寸以 mm 为单位，在标注时通常只写代号与数字而不再注明单位。低压流体输送用焊接钢管、镀锌焊接钢管、铸铁管等，管径以公称直径（*DN*）表示，如 *DN*15、*DN*20 等；无缝钢管、直缝或螺旋缝电焊钢管、有色金属管、不锈钢钢管等，管径以外径 × 壁厚表示，如 *D*108×4、*D*426×7 等；耐酸瓷管、混凝土管、钢筋混凝土管、陶土管（缸瓦管）等，管径以内径（*d*）表示，如 *d*230、*d*380 等；塑料管管径可用外径（*De*）表示，如 *De*20、*De*110 等，也可以按有关产品标准表示。

管径的标注方法应符合图 1.88 的规定：

1）单根管道时，管径应按图 1.88（a）所示的方式标注。

2）多根管道时，管径应按图 1.88（b）所示的方式标注。

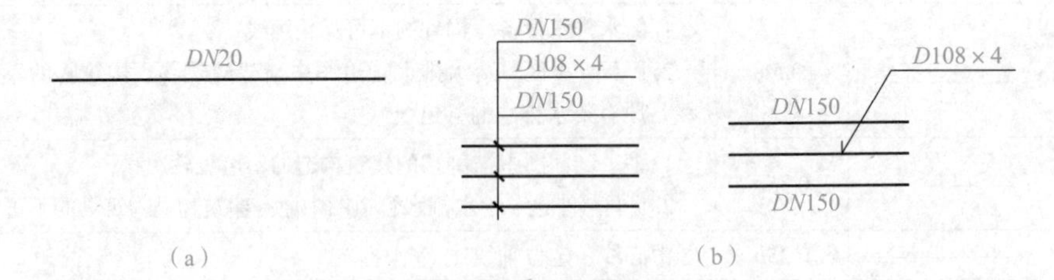

图 1.88 管径的标注方法

（a）单管管径表示法；（b）多管管径表示法

（4）编号识读。

1）当建筑物的给水引入管或排水排出管的数量超过 1 根时，宜进行编号，编号宜按图 1.89 所示的方法表示。

2）建筑物穿越楼层的立管，其数量超过 1 根时宜进行编号，编号宜按图 1.90 所示的方法表示。

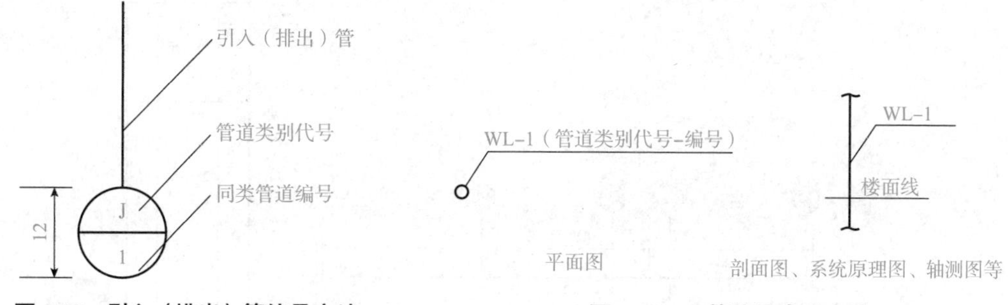

图 1.89　引入（排出）管编号方法　　**图 1.90　立管编号表示方法**

（5）比例识读。管道图纸上的长短与实际大小相比的关系叫作比例，是制图者根据所表示部分的复杂程度和画图的需要选择的比例关系。给水排水施工图经常选用的比例尺见表 1.3。

表 1.3　给水排水施工图选用比例

名称	比例	备注
建筑给水排水平面图	1：200、1：150、1：100	宜与建筑专业一致
建筑给水排水轴测图	1：150、1：100、1：50	宜与相应图纸一致
详图	1：50、1：30、1：20、1：10、1：5、1：2、1：1、2：1	—

二、建筑给水排水施工图识读实例

这里以图 1.91 ～图 1.94 所示的给水排水施工图中西单元西住户为例介绍其识读过程。

1. 施工说明

本工程施工说明如下：

（1）图中尺寸标高以 m 计，其余均以 mm 计。本住宅楼日用水量为 13.4 t 。

（2）给水管采用 PPR 管材与管件连接；排水管采用 UPVC 塑料管，承插粘接。出屋顶的排水管采用铸铁管，并刷防锈漆、银粉各两道。给水管 *De*16 及 *De*20 管壁厚为 2.0 mm，*De*25 管壁厚为 2.5 mm。

（3）给水采用一户一表出户安装，所有给水阀门均采用铜质阀门。

（4）排水立管在每层标高 250 mm 处设置伸缩节，排水横管坡度采用 0.026。

（5）凡是外露与非采暖房间给水排水管道均采用 40 mm 厚聚氨酯保温。

（6）卫生器具采用优质陶瓷产品，其规格型号由甲方定。

（7）安装完毕进行水压试验，试验工作严格按现行规范要求进行。

（8）说明未详尽之处均严格按现行规范施工及验收。

（9）本工程图例见表 1.1。

2. 给水排水平面图识读

给水排水平面图的识读一般从底层开始，逐层阅读。给水排水平面图如 1.91 ～图 1.93

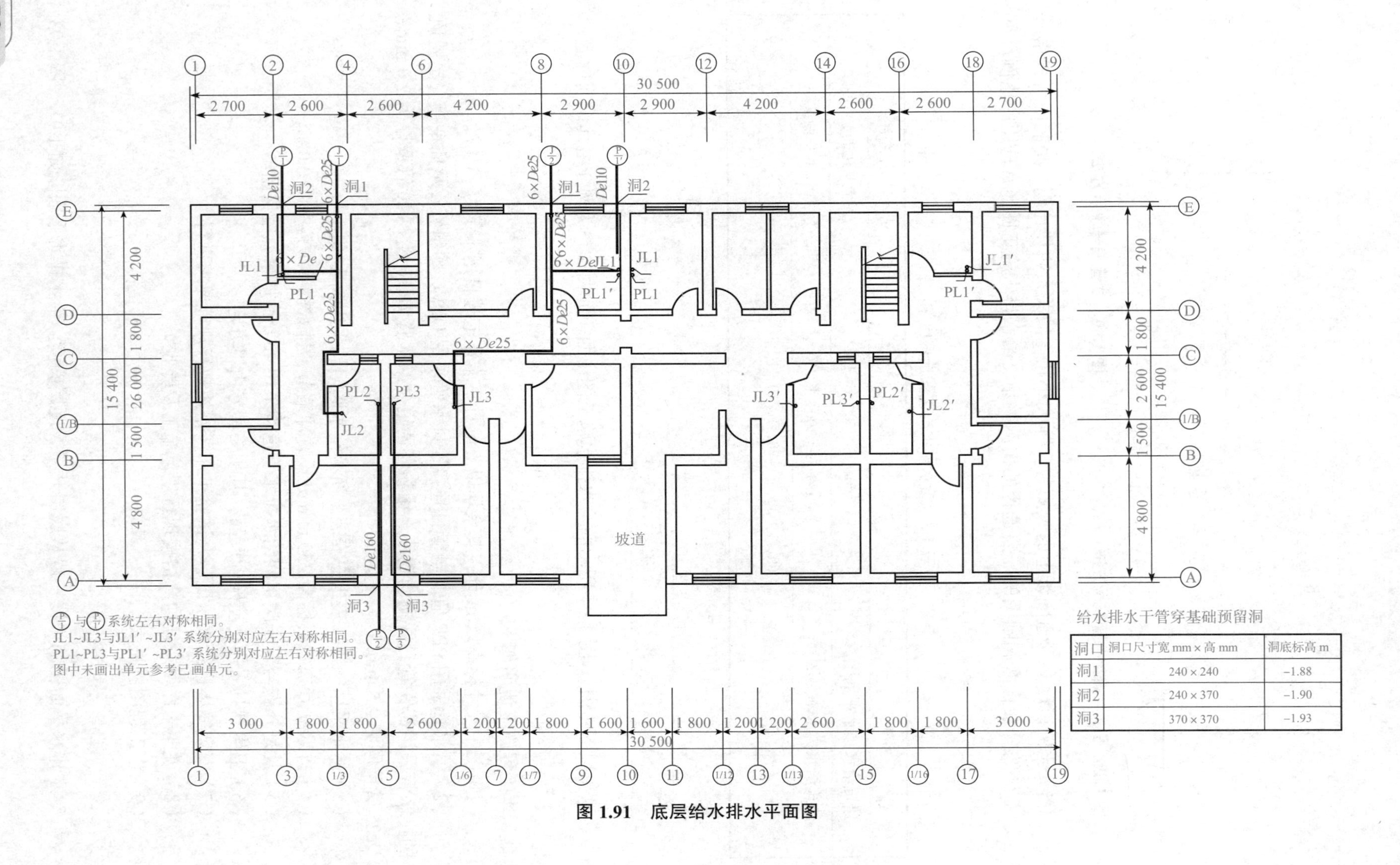

给水排水干管穿基础预留洞

洞口	洞口尺寸宽 mm×高 mm	洞底标高 m
洞1	240×240	-1.88
洞2	240×370	-1.90
洞3	370×370	-1.93

图 1.91　底层给水排水平面图

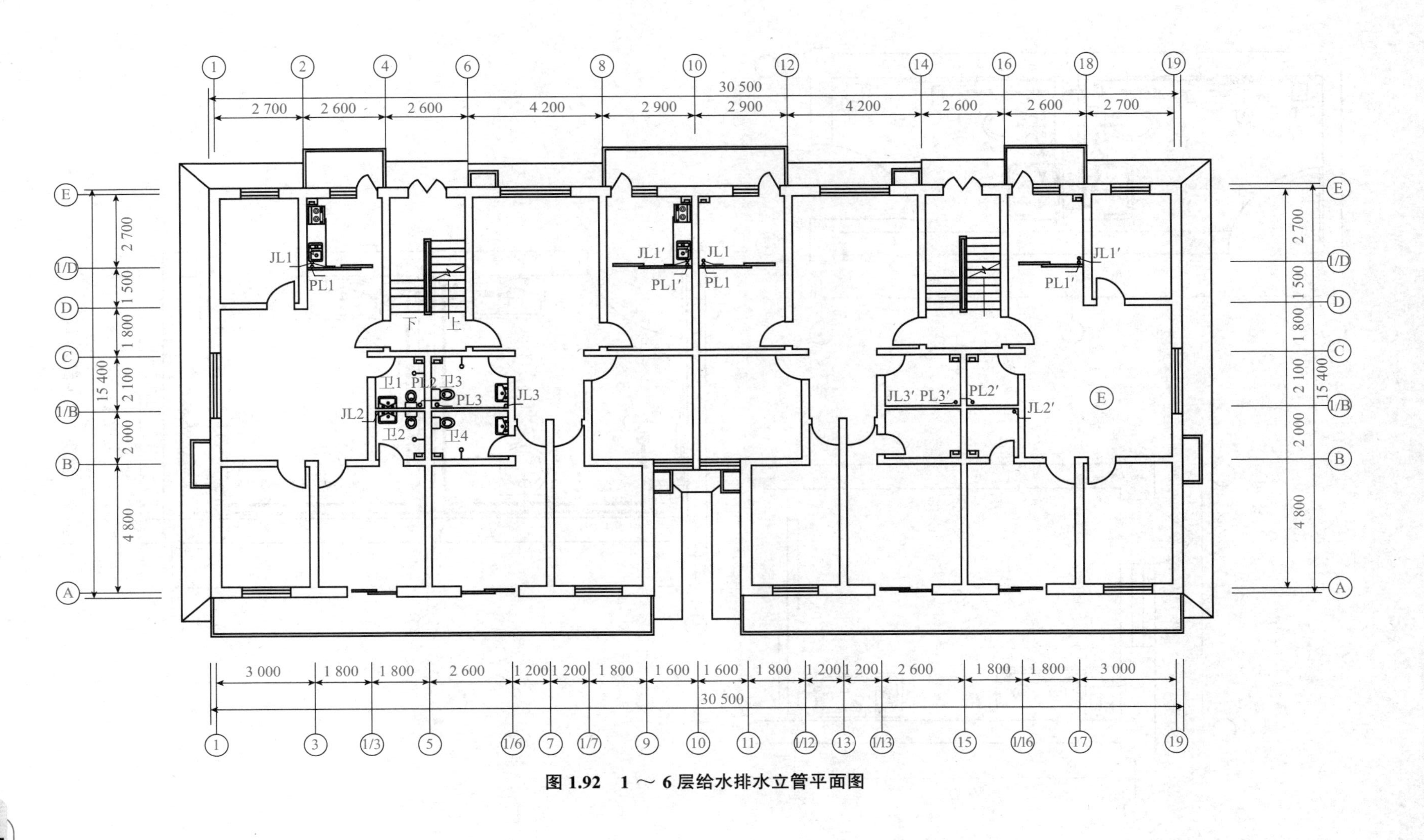

图 1.92　1 ～ 6 层给水排水立管平面图

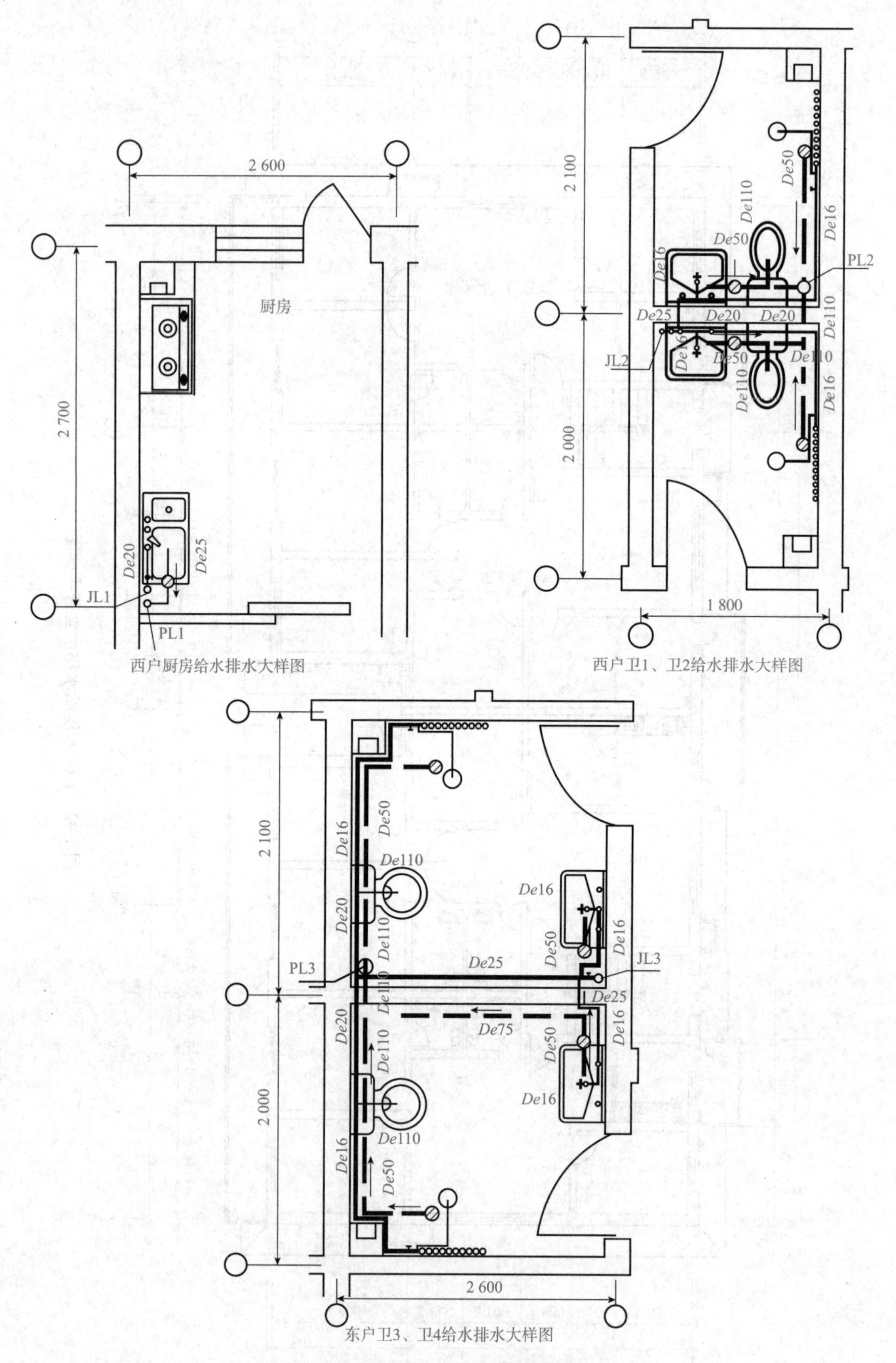

图 1.93　厨房、卫生间大样图

所示。从平面图可以看出，给水管由建筑物北侧分两路穿基础进入室内，先经厨房后到卫生间。厨房布置有洗涤盆，卫生间布置有坐便器、淋浴器、洗脸盆。厨房排水由北侧排出、卫生间排水由南侧排出；从大样图可以看出，厨卫给水排水管道和卫生器具的详细布置情况及管道穿楼板预留洞的具体位置和尺寸。

3. 给水排水系统图识读

给水排水系统图如图 1.94 所示。由图 1.94 中可以看出，给水系统形式为直接供水，每一层均由独立管路供水。排水系统采用单立管排水，设置伸顶通气管。

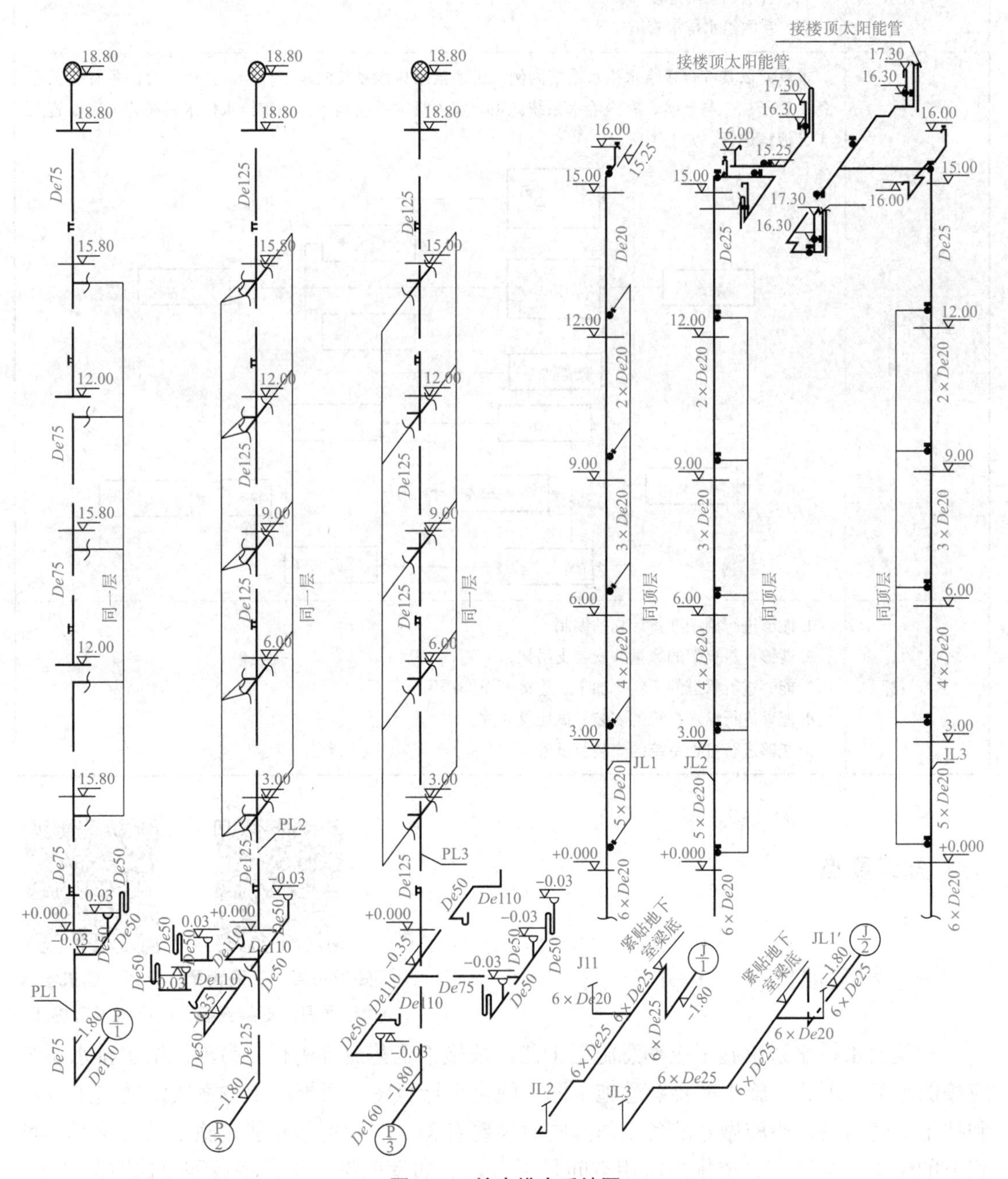

图 1.94　给水排水系统图

单元六　建筑给水排水系统施工工艺

单元设计

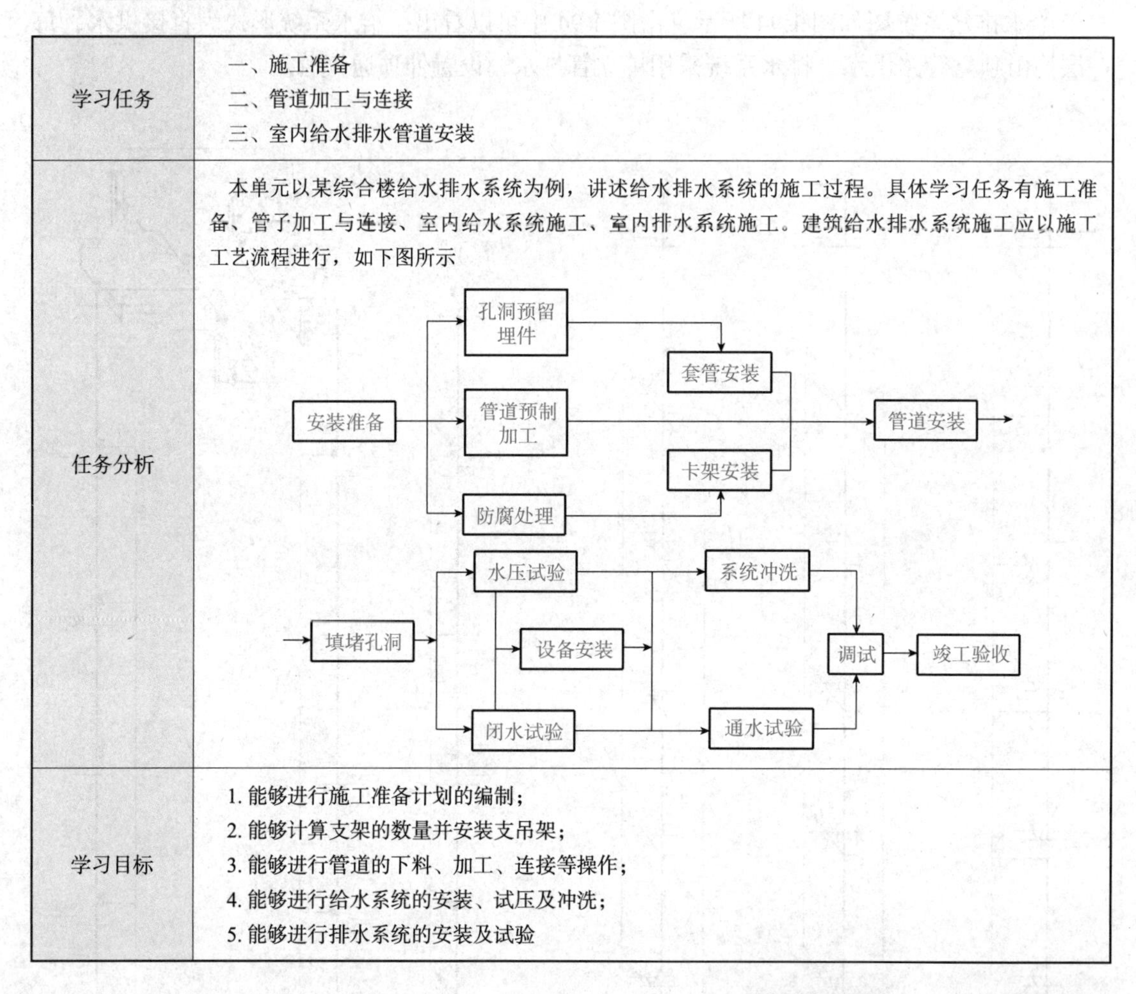

学习任务	一、施工准备 二、管道加工与连接 三、室内给水排水管道安装
任务分析	本单元以某综合楼给水排水系统为例，讲述给水排水系统的施工过程。具体学习任务有施工准备、管子加工与连接、室内给水系统施工、室内排水系统施工。建筑给水排水系统施工应以施工工艺流程进行，如下图所示
学习目标	1. 能够进行施工准备计划的编制； 2. 能够计算支架的数量并安装支吊架； 3. 能够进行管道的下料、加工、连接等操作； 4. 能够进行给水系统的安装、试压及冲洗； 5. 能够进行排水系统的安装及试验

知识要点

知识拓展：孔洞预留与预埋、支架安装

视频：建筑给水排水管道施工

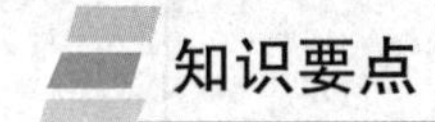

一、施工准备

建筑给水排水系统施工应熟悉施工工艺，按施工工艺流程进行。另外，给水排水系统应按图施工，因此，施工前要熟悉施工图，领会设计意图，根据施工方案决定的施工方法和技术交底的具体措施做好准备工作。同时参看有关专业设备图和建筑施工图，核对各种管道的位置、标高、管道排列所用空间是否合理。如发现设计不合理或需要修改的地方，与设计人员协商后进行修改。施工准备工作还包括孔洞预留与预埋及支架安装。

二、管道加工与连接

1. 管道加工方法

管道加工方法主要包括管道切割、调直、弯曲及套螺纹。

知识拓展：管道切割方法

（1）管道切割。管路安装前，需要根据安装的长度和形状将管子切断。常见的切断方法有锯割、刀割、气割、磨割、凿切等。

（2）管道调直。管子在搬运和堆放过程中，常因碰撞而弯曲，加工和安装时也有可能使管子变形，但管道施工要求管子必须是横平竖直的，否则将影响管道的外形美观和管道的使用。因此，施工中要注意管子在切断前和加工后是否笔直，如有弯曲要进行调直。

管子调直一般采用冷调直和热调直两种方法。冷调直是指在常温下直接调直，适用于公称直径 50 mm 以下弯曲不大的钢管；热调直是将钢管加热到一定温度，在热态下调直，一般在钢管弯曲较大或直径较大时采用。

（3）管道弯曲。施工中常常需要改变管路走向，将管子弯曲以达到设计规定的角度。管子弯曲制作方法可分为冷弯和热弯两种。

1）冷弯。在管子不加热的情况下，使用弯管工具对管子进行弯曲。冷弯操作简单，效率很高，但只适用于管径小、管壁薄的管子，冷弯的工具有手动弯管器、液压弯管器和电动弯管机。手动弯管器一般弯制公称直径为 32 mm 以下的管子；液压弯管器利用液压原理通过靠模把管子弯曲；电动弯管机是由电动机通过减速装置带动传动胎轮，在胎轮上设有管子夹持器，以夹紧管子固定在动胎轮上。

2）热弯。首先将管子一端使用木塞堵上，灌入干燥砂，用榔头轻轻在管外壁上敲打，将管内的砂子振实，再将管子的另一端也用木塞堵上，然后根据尺寸要求画好线进行加热。当受热管段表面呈橙红色时（900 ℃～950 ℃）即可进行煨制。如管径较小（32 mm 以下）或弯曲的度数不大，可适当降低加热温度。在整个弯管过程中，用力要均匀，速度不宜过快，但操作要连续、不可间断，当受热管表面呈暗红色时（700 ℃）应停止煨制。

知识拓展：钢管的套丝方法

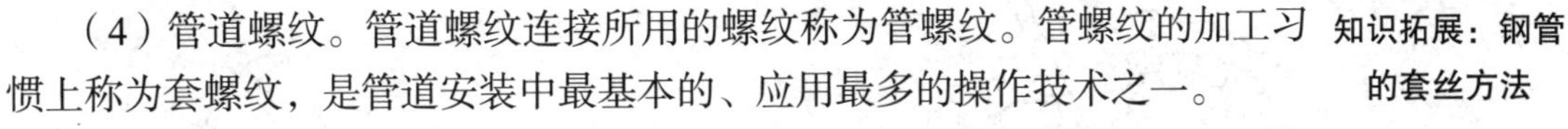

（4）管道螺纹。管道螺纹连接所用的螺纹称为管螺纹。管螺纹的加工习惯上称为套螺纹，是管道安装中最基本的、应用最多的操作技术之一。

2. 管道连接方法

管道连接是将已经加工预制好的管子与管子或管子与管件、阀门等连接成一个完整的系统。管道连接的方法很多，常用的有螺纹连接、法兰连接、焊缝连接、承插连接、粘接、热熔、电熔连接、卡箍连接等具体施工过程中，应根据管材、管径、壁厚、工艺要求等选用适合的连接方法。

知识拓展：螺纹连接步骤

（1）螺纹连接。螺纹连接也称丝扣连接，是通过外螺纹和内螺纹来实现管道连接的。螺纹连接适用于焊接钢管 150 mm 以下管径及带螺纹的阀类和设备接管的连接，适宜于工作压力在 1.6 MPa 内的给水、热水、低压蒸汽、燃气等介质。

（2）法兰连接。法兰是管道之间、管道与设备之间的一种连接装置。在管道工程中，凡需要经常检修或定期清理的阀门、管路附属设备与管子的连接一般采用法兰连接。法兰包括上下法兰片、垫片和螺栓螺母三部分。管道法兰连接如图 1.95 所示。

法兰连接时，首先将法兰装配或焊接在管端，然后将垫片置于法兰之间，最后用螺栓连接两个法兰并拧紧，使其达到连接和密封管路的目的。

法兰连接时，必须在法兰盘与法兰盘之间垫上适应输送介质的垫圈，以达到密封的目的。法兰垫圈不允许使用斜垫圈或双层垫圈。连接时要注意两片法兰的螺栓孔对准，连接法兰的螺栓应使用同一规格，全部螺母应位于法兰的一侧。紧固螺栓时应按照图 1.96 所示的次序进行，大口径法兰最好两人在对称位置同时进行。

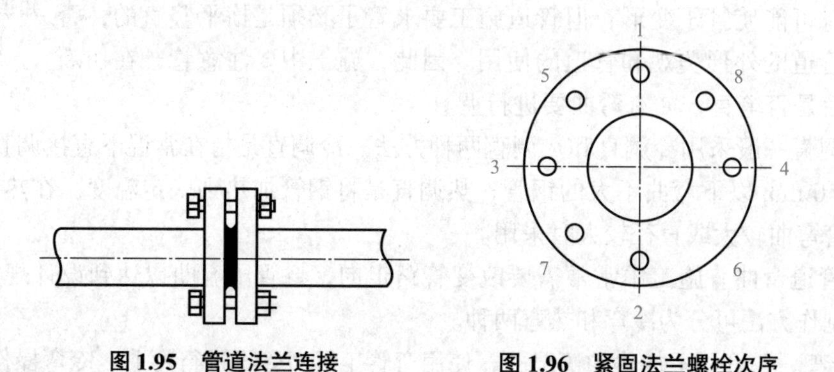

图 1.95　管道法兰连接　　**图 1.96　紧固法兰螺栓次序**

（3）焊缝连接。焊缝连接是管道工程中最重要且应用最广泛的连接方法。管子焊接是将管子接口处及焊条加热，达到金属熔化的状态，而使两个被焊件连接成一体。

焊缝连接有焊条电弧焊、气焊、手工氩弧焊、埋弧自动焊等。其中，手工电弧焊和气焊应用最为普遍，它是利用电弧产生的高温、高热量进行焊接的。焊条电弧焊如图 1.97 所示。

气焊是利用可燃气体和氧气在焊枪中混合后，由焊嘴中喷出点火燃烧，燃烧产生热量来熔化焊件接头处和焊丝形成牢固的接头，如图 1.98 所示。

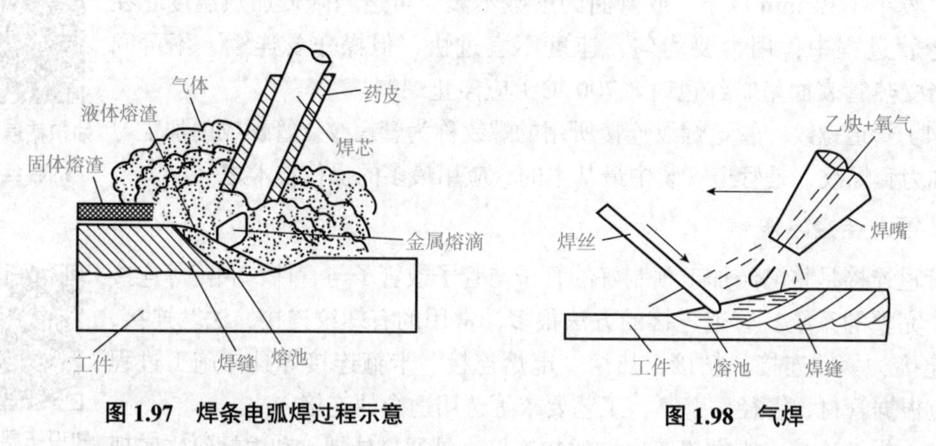

图 1.97　焊条电弧焊过程示意　　**图 1.98　气焊**

（4）承插连接。承插连接就是把管道的插口插入承口，然后在四周的间隙内加满填料打实密封，如图 1.99 所示。管道工程中，铸铁管、陶瓷管、混凝土管、塑料管等管材常采用承插连接。其主要适用于给水、排水、化工、燃气等工程。

承插接口的填料分两层：内层用油麻丝或胶圈，其作用是使承插口的间隙均匀，并使下一步的外层填料不致落入管腔，有一定的密封作用；外层填料主要起密封和增强的作用，可根据不同要求选择接口材料。

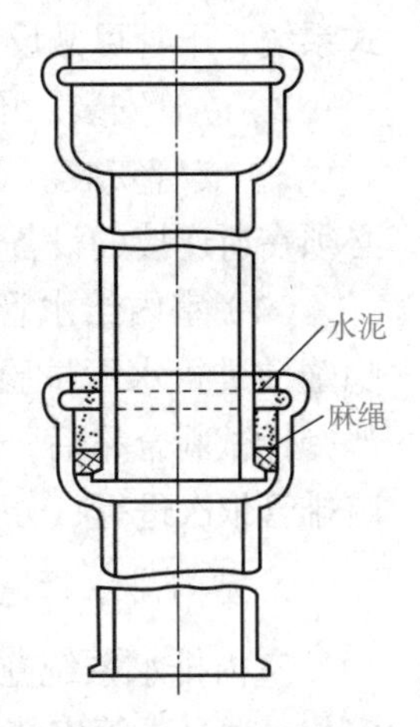

图 1.99　承插连接

（5）粘接。粘接是在需要连接的两管端结合处，涂以合适的胶粘剂，使其依靠胶粘剂的粘结力牢固而紧密地结合在一起的连接方法。粘接连接施工简便，价格低、自重轻以及兼有耐腐蚀、密封等优点，一般适用于塑料管、玻璃管等非金属管道上。粘接接头不宜在环境温度 0 ℃以下操作，应防止胶粘剂结冻，不得采用明火或电炉等设施加热胶粘剂。

（6）热熔、电熔连接。热熔连接广泛应用于 PB 管、PE-RT 管等新型管材的连接。热熔连接具有连接简便、使用年限久、不易腐蚀等优点；电熔连接是用内埋电阻丝的电熔管件与管材或管件的连接部位紧密接触通电，通过电阻丝加热连接部位，使其融为一体，直到接头冷却。电熔连接可分为电熔承插连接、电熔鞍形连接两种，熔接范围为 PE80/PE100 级管件，管材熔接温度环境为 -5 ℃～ 40 ℃。

（7）卡箍连接。沟槽管件连接技术也称卡箍连接技术，已成为当前液体、气体管道连接的首推技术，尽管这项技术在国内的开发时间晚于国外，但由于其技术的先进性，很快被国内市场所接受。从 1998 年开始研制开发，经过短短几年的开发和应用，已逐渐取代了法兰和焊接的两种传统管道连接方式。

知识拓展：铸铁管承插连接步骤

知识拓展：UPVC 管粘接连接步骤

知识拓展：热熔、电熔连接要点

三、室内给水排水管道安装

1. 室内给水管道安装

室内生活给水、消防给水及热水供应管道安装的一般程序：引入管安装→水表节点安装→水平干管安装→立管安装→横支管安装→管道试压→管道冲洗→管道防腐。

（1）引入管安装。给水引入管与排出管的水平净距不小于 1.0 m；室内给水管与排水管平行敷设时，管间最小水平净距为 0.5 m，交叉时垂直净距为 0.15 m。给水管应铺设在排水管的上方。当地下管较多，敷设有困难时，可在给水管上加钢套管，其长度不应小于排水管径的 3 倍，且其净距不得小于 0.15 m。

（2）水表节点安装。安装水表时，在水表前后应有阀门及放水阀。阀门的作用是关闭管段，以便修理或拆换水表。放水阀主要用于检修室内管路时，将系统内的水放空与检验水表的灵敏度。水表与管道的连接方式有螺纹连接和法兰连接两种。

（3）室内给水管道安装。

1）干管安装。干管安装通常分为埋地式干管安装和上供架空式干管安装两种。对于上行下给式系统，干管可明装于顶层楼板下或暗装于屋顶、吊顶及技术层中；对于下行上给式系统，干管可敷设于底层地面上、地下室楼板下及地沟内。

2）立管安装。干管安装后即可安装立管。给水立管可明装或暗装于管道竖井或墙槽内。

3）支管安装。立管安装后，就可以安装支管，方法也是先在墙面上弹出位置线，但是必须在所连接的设备安装定位后才可以连接，安装方法与立管相同。

（4）室内给水管道试压及冲洗。埋地的引入管、水平干管必须在隐蔽前进行水压试验，试验合格并验收后方可隐蔽。管道系统强度和严密性试验合格后，应分段进行冲洗。冲洗顺序一般应按主管、支管、疏排管依次进行，分段进行冲洗。

知识拓展：室内给水管道安装要点

2. 室内排水管道安装

室内排水系统施工的工艺流程：施工准备→埋地管安装→干管安装→立管安装→支管安装→器具支管安装→封口堵洞→灌水试验→通水通球试验。

（1）施工准备。根据施工图及技术交底，配合土建完成管段穿越基础、墙壁和楼板的预留孔洞，并检查、校核预留孔洞的位置和大小是否准确，将管道位置、标高进行画线定位。

（2）室内排水管道安装。室内排水管道安装按照由外向内的顺序，分别为排出管安装、干管安装、立管安装、支管安装及器具排水管安装。

知识拓展：管道试压及冲洗步骤

（3）室内排水系统试验。

1）通球、灌水试验。室内排水系统安装完成后，要进行通球、灌水试验，通球用胶球按管道直径选用。

通球前，必须做通水试验，试验程序为由上而下进行以不堵为合格。胶球应从排水立管顶端投入，并注入一定水量于管内，使球能顺利流出为合格。

隐蔽或埋地的排水管道在隐蔽前必须做灌水试验，其灌水高度应不低于底层卫生器具的上边缘或底层地面高度。

知识拓展：室内排水管道安装要点

灌水试验时，先把各卫生器具的口堵塞，然后把排水管道灌满水，满水 15 min 水面下降后，再灌满观察 5 min，液面不降，管道及接口无渗漏为合格。

2）闭水试验。排水管道安装后，按规定要求必须进行闭水试验。凡属隐蔽暗装管道必须按分项工序进行。卫生洁具及设备安装后，必须进行通水通球试验，且应在油漆粉刷最后一道工序前进行。

知识拓展

高层建筑给水排水五大新技术

1. 超高层屋面雨水排放

对于 300 m 以下高度的超高层建筑，通常采用不分区的雨水排水系统，有很多成功的案例。但在使用中也存在一些问题，如经常溢流对建筑周边地面的影响、大暴雨时接雨水出户管的检查井井盖被顶起等。分析原因主要是屋面溢流口设置高度不当及雨水系统中的空气在检查井内析出，检查井内雨水气水流态不稳定所致。

视频：安全用水，健康生活

2. 真空排水

真空高速排水系统到底如何工作，可以将水瞬间排走呢？真空管道内的排水水流速度可达 3 ～ 6 m/s，而普通排水系统的排水速度最多为 1 m/s。假设一套实用面积 100 m^2、楼层高度为 3 m 的住房完全被水淹没，用一排水能力为 2 m^3/s 的真空高速排水系统仅需要 2.5 min 就能将 300 m^3 的积水排除。而采用目前的城市排水系统，在毫无故障的理想状况下，同口径大小的排水管道一般也要 6.5 min 才能将这些水排除。

3. 超高层建筑叠压供水

利用室外给水管网余压直接抽水再增压的二次供水方式。一般来说，高层建筑只需采用并联分区供水，不存在叠压。但是，100 m 以上超高层推荐使用串联供水。现在一般采用的多是设备层设中间转输水池，不但占用空间，还给构造增加负担。新技术采用管道泵直接叠压供水，不设中间转输水池，但是要解决的问题是供水的可靠性及系统的稳定性问题，现在还极少采用。市政管网压力理论上只能供给到 4 层，但是现在楼宇层数都很高，原来都是在楼底有个水箱，市政管网的水自动流到水箱，然后用水泵打上去，只是这样不节能，市政管网的压力直接流失掉了，而且水箱不是全封闭的，容易被污染，需要定期清理，不卫生，维护烦琐。

4. 无负压供水

通常所说的无负压供水设备，一般指的是无负压变频供水设备，也称变频无负压供水设备，是直接连接到供水管网上的增压设备。传统的供水方式离不开蓄水池，蓄水池中的水一般由自来水管供应，这样有压力的水进入水池后压力变成零，造成大量的能源浪费。无负压供水设备是一种理想的节能供水设备，它是一种能直接与自来水管网连接，对自来水管网不会产生任何副作用的二次给水设备，在市政管网压力的基础上直接叠压供水，节约能源，具有全封闭、无污染、占地量小、安装快捷、运行可靠、维护方便等诸多优点。

5. 雨水收集系统

雨水收集与利用系统简称雨水收集系统，是指收集、利用建筑物屋顶及道路、广场等硬化地表聚集的降雨径流，经收集—输水—净水—储存等渠道积蓄、雨水收为绿化、景观水体、洗涤及地下水源提供雨水补给，以到达综合利用雨水资源和节约用水的目的。具有减缓城区雨水洪涝和地下水位下降、控制雨水径流污染、改善城市生态环境等广泛的意义。雨水收集系统利用建筑、道路、湖泊等收集雨水，用于绿地灌溉、景观用水，或建立可渗式路面、采用透水材料铺装，直接增加雨水的渗入量。

模块二　建筑采暖系统

模块概述

本模块主要介绍建筑采暖系统的基本知识。其内容包括建筑采暖系统概述、散热器采暖系统、低温热水地板辐射采暖系统、散热设备及附件、建筑采暖系统施工图识读及建筑采暖系统施工工艺。首先，对建筑采暖的概况进行大致介绍，使学生对采暖有一定的了解；然后，分类详细介绍散热器、地热两种目前较为普遍的采暖供水方式；最后，深入细节，认识采暖系统的设备附件。在此基础上，进行施工图识读和施工工艺的学习，将理论知识应用于实践。

学习目标

知识目标	1. 掌握建筑采暖系统的组成及分类； 2. 掌握散热器热水采暖系统、散热器蒸汽采暖系统的运行原理、管道布置方式、特点及适用场合要求； 3. 熟悉低温热水地板辐射采暖系统的概念、传热原理，了解其供回水方式、管道在地板下铺设位置及敷设方法，熟记地辐热的优缺点及适用性； 4. 认知不同类型的散热设备及其散热原理，认知散热器热水、蒸汽采暖系统中的附件及附属设备，了解其工作原理、设置位置及要求； 5. 掌握建筑采暖系统施工图的识读方法； 6. 了解采暖管道、散热设备的安装、组对方法及施工工艺
能力目标	1. 能够辨认建筑采暖系统各组成部分并说出其作用； 2. 能够辨别自然循环热水采暖系统、机械循环热水采暖系统； 3. 能够说出几种常见的机械循环热水采暖系统、蒸汽采暖系统的供水原理及特点； 4. 能够辨认地辐热采暖各组成部分，能够描述其供回水过程、管道铺设位置及分集水器工作原理； 5. 能够根据实际工程需求选择合适的采暖方式、散热器、系统附件及设备； 6. 能够完整识读建筑采暖系统施工图并编写识图报告，并能够进行简单采暖管道加工及散热器组对等操作
素质目标	1. 热爱祖国的灿烂文化，增强民族自豪感。传承中国古代匠人的巧思，为现代采暖的建设提供良好的积淀，催生出强大的爱国情怀； 2. 培养学生爱岗敬业、人民至上、安全第一、以人为本的职业精神； 3. 培养诚实守信、爱护公物的良好品德

知识体系

- 模块二　建筑采暖系统
  - 建筑采暖系统概述
    - 采暖系统的组成
      - 热源
      - 管道及附件
      - 散热设备
    - 采暖系统的分类
      - 按热媒种类分类
      - 按设备相对位置分类
      - 按散热器连接供回水立管的形式分类
      - 按各个立管循环环路总长度是否相等分类
  - 散热器采暖系统
    - 散热器热水采暖系统
      - 自然循环
        - 运行原理
        - 供暖方式
      - 机械循环
        - 运行原理
        - 供暖方式
    - 散热器蒸汽采暖系统
      - 运行原理
      - 低压蒸汽采暖
      - 高压蒸汽采暖
    - 热水采暖与蒸汽采暖比较
  - 低温热水地板辐射采暖系统
    - 运行原理
    - 敷设方式
    - 优缺点及适用性
  - 散热设备及附件
    - 散热设备类型
      - 散热器
      - 暖风机
      - 辐射板
    - 采暖系统附属配件
      - 热水采暖系统附件
      - 蒸汽采暖系统附件
  - 建筑采暖系统施工图识读
    - 采暖施工图识读基础
    - 采暖施工图识读实例
  - 建筑采暖系统施工工艺
    - 室内采暖管道的安装
    - 散热器组对及安装
    - 地辐热施工工艺

模块导入

我国的采暖发展史

远在旧石器时代，北京人就已经会使用和控制火了，考古学家曾经发现，北京人用火来烧烤食物、照明和取暖（图 2.1）。在这一时期的居住遗址内，还发现过用火的烧土面和灶坑。可以推断，那时候的人们主要是通过烧火取暖。

春秋时期，开始使用器具烧炭取暖，用具的名称叫作燎炉。燎炉一般附有炭箕，用来转移火种和添加木炭（图 2.2）。楚人为了御寒会用器皿烹煮食物，平民一般会用鬲，贵族则用陶或铜鼎（图 2.3）。虽然材料不同，但都是在器皿下通过柴和炭生火，有点像今天吃的火锅或炖菜。

图 2.1　北京人烧火取暖

图 2.2　1923 年河南省新郑市李家楼出土“王子婴次之燎炉”

秦朝时，在贵族及皇宫内又出现了“壁炉”和“火墙”等用以取暖（图 2.4）。考古学家在咸阳宫遗址的洗浴池旁边发现有三座壁炉，其中两座供浴室使用，第三座则接近最大的一室，应该是秦皇专用的。壁炉里主要是用烧炭来御寒，并且将出烟孔放在室外，避免炭烟中毒。另外，在秦兴乐宫遗址中还发现了火墙的做法，即用两块筒瓦相扣，做成管道包在墙的内侧，与灶相连通，已经具备了火炕、暖气的雏形。

图 2.3　1933 年安徽寿县楚幽王墓出土“熊悍青铜鼎”

汉武帝时建立了一座温室殿，位于前殿之北，冬天时供皇帝居住，在殿内设有各种防寒保暖的特殊设备。《西京杂记》记载：“温室殿以花椒和泥涂壁，壁面披挂锦绣，以香桂为主，设火齐云母屏风，有鸿羽帐，地上铺着西域毛毯。”未央宫温室殿是公卿朝臣议政的重要殿所，而皇后的宫殿主要通过花椒和泥涂抹来取暖，被称为“椒房殿”。到后来，“椒房”几乎成了皇后的代称，成为后宫女权的象征（图 2.5）。

《开元天宝遗事》记载“西凉国进炭百条，各长尺余。其炭青色，坚硬如铁，名之曰瑞炭。烧于炉中，无焰而有光。每条可烧十日，其热气逼人而不可近也。”看来，那时连皇宫中的炭都很傲娇。人们还发明了手炉，椭圆形的铜质炉内放火或尚有余温的灶灰，炉子外加罩（图 2.6）。如“杨国忠家，以炭屑用蜜捏成双凤，至冬月，则燃于炉中，及先以白檀木铺于炉底，余灰不可掺杂也。”

宋朝还有一种特殊的保暖用具，叫作“汤婆子”，又称“锡夫人”“汤媪”“脚婆”，类似热水袋（图 2.7），一般是由锡或铜制成椭球状或南瓜状的瓶子，上方开口带有帽子，从这个口子里灌进去热水，临睡前放在被子里。汤婆子不容易损坏，大多数百姓家都会有，婚嫁时还会作为送礼的物件，甚至有些汤婆子还会传给几代人。直到清朝甚至现代，汤婆子依然是百姓家的“取暖神器”。

图 2.4　秦栎阳城遗址冬季取暖壁炉

图 2.5　西汉长安椒房殿复原图

图 2.6　唐代铜鎏金唐子手炉

图 2.7　汤婆子

到了元朝，蒙古包通风保温的效果非常好，抗风能力也很强，可以根据室外温度的变化改变厚度（图 2.8）。蒙古族人也会通过火来取暖，只是他们的生火材料不是炭，而是牛粪、马粪。人们在夏季时将牛马的粪便收集起来，晒干后储存，冬季时燃烧以取暖。

明清的皇宫都选在北京，因此御寒是一大问题，于是在搭建皇宫时，建筑师们都想方设法保证皇帝和后妃们的保暖。例如，他们会在宫殿的墙壁中砌成空心的“夹墙”，也就是俗称的“火墙”。墙下面挖有火道，添火的炭口设置在殿外的廊檐底下，在炭口点火后，热气就会顺着整个夹墙瞬间提升屋内的温度。清朝的皇宫中有暖阁，就是根据火炕原理改造成的地下火道（图 2.9），另外，室内也会设有熏笼，清代李渔是古代文人中少见的善于工技的人物，他发明了暖椅（图 2.10）。

图 2.8　蒙古包

到了二十世纪五六十年代，“蜂窝煤”可以说是一个行业的回忆。由于当时人们除冬季取暖要用煤外，其他季节生火做饭也离不开煤，因此产煤工作是一年四季都要进行，如果到了冬天再生产煤，根本无法满足需求（图 2.11）。

在黄河沿岸晋陕两地的农村目前还保留着许多黄土窑洞，厚厚的黄土覆盖着土窑，保温效果非常好，人们在土炕头建造土灶台，这是一举两得的取暖设施，做饭时柴火的余热会沿着通道保存进土炕和土窑里（图 2.12）。

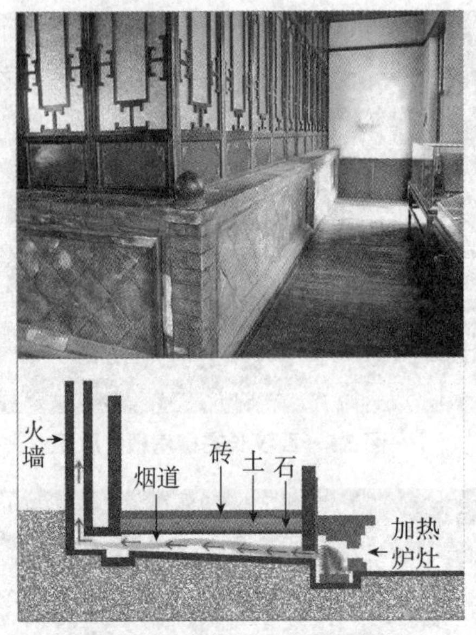

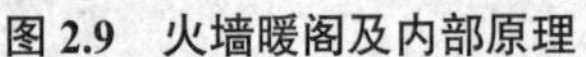

图 2.9　火墙暖阁及内部原理

图 2.10　暖椅

地暖作为最舒适的采暖方式之一。20 世纪初期，由欧洲国家发明，20 世纪 50 年代后传入我国，当时的人民大会堂门厅就首次采用了地面辐射采暖技术。热源和管道构成地暖运行的基础，热源输出源源不断的热水在管道里有序地循环，通过加热混凝土和上层的地板，以地板为整个辐射面使室内温暖、舒适（图 2.13）。如今，以散热器和地面辐射为主的热水采暖系统和空调采暖系统经过不同年代的更新迭代，技术不断完善，系统更加成熟、稳定（图 2.14、图 2.15）。

图 2.11　蜂窝煤炉采暖

图 2.12　窑洞火炕采暖

图 2.13　地面辐射采暖

图 2.14　散热器采暖

图 2.15　中央空调采暖

单元一　建筑采暖系统概述

单元设计

学习任务	一、采暖系统的组成 二、采暖系统的分类
任务分析	建筑采暖系统概述主要是对建筑采暖系统的初步认知。首先是认识建筑采暖系统的三个重要的组成部分（热源、管网及其附件设备、散热设备）的具体形式及其作用，初步了解采暖全过程，同时为后续内容中多样的系统形式的学习打好基础；其次是了解采暖系统的不同分类方式及其对应的各种类型，熟悉每种类型的特征，以便更好地分析在实际工程中的复杂采暖系统
学习目标	1. 能够准确说出采暖系统各组成部分的名称及其作用； 2. 能够举例说明哪些建筑是热水 / 蒸汽 / 热风采暖系统； 3. 能够辨别局部 / 集中 / 区域采暖系统； 4. 能够辨别同程式 / 异程式采暖，并说明其不同

知识要点

视频：采暖系统的组成与分类

一、采暖系统的组成

所有的采暖系统都是由以下三个主要部分组成的：

（1）热源：使燃料燃烧产生热能，将热媒加热成热水或蒸汽的部分。如锅炉房、热交换站（又称热力站）、地热供热站等，还可以采用燃气炉、热泵机组、废热、太阳能等作为热源。

（2）管道及附件：供热管道是指热源和散热设备之间的连接管道。其作用是将热媒输送到各个散热设备，经过热量交换后再返回热源。另外，还有为保证系统正常工作而设置的管道附件及设备（如膨胀水箱、水泵、排气装置、除污器、疏水器等）。

（3）散热设备：将热量传至所需空间的设备，如散热器、暖风机、辐射板等。

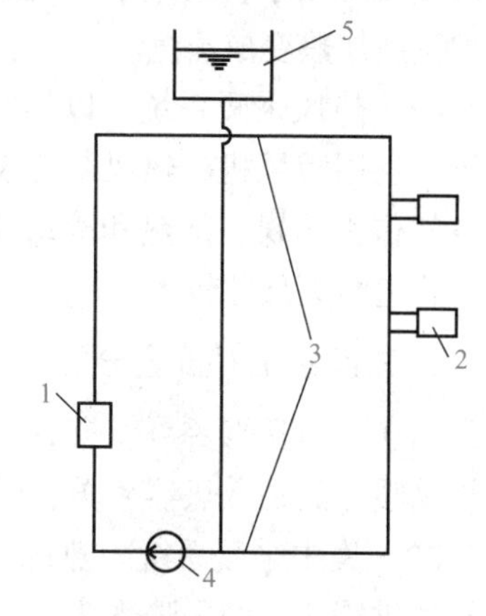

图 2.16　热水采暖系统

1—热水锅炉；2—散热器；3—供热管道；4—循环水泵；5—膨胀水箱

图 2.16 所示的机械循环热水采暖系统体现出了热源、管道和散热设备三个部分之间的关系。系统中的水在锅炉中被加热到所需要的温度，并用循环水泵做动力使水沿供水管流入各用户，散热后回水沿水管返回锅炉，水不断地在系统中循环流动。系统在运行过程中的漏水

量或被用户消耗的水量由补给水泵把经水处理装置处理后的水从回水管补充到系统，补水量的多少可通过压力调节阀控制。膨胀水箱设置在系统最高处，用以接纳水因受热后膨胀的体积。

二、采暖系统的分类

1. 按热媒种类分类

（1）热水采暖系统。以热水为热媒的采暖系统，主要应用于民用建筑。热水采暖系统的热能利用率高，输送时无效热损失小，散热设备不易腐蚀，使用周期长，且散热设备表面温度低，符合卫生要求；系统操作方便，运行安全，易于实现供水温度的集中调节，系统蓄热能力高，散热均匀，适合远距离输送。

热水采暖系统按系统循环动力可分为自然（重力）循环系统和机械循环系统。前者是靠水的密度差进行循环的系统，由于作用压力小，目前在集中式采暖中很少采用；后者是靠机械（水泵）进行循环的系统。

热水采暖系统按热媒温度的不同可分为低温热水采暖系统和高温热水采暖系统。低温热水采暖系统的供水温度为 95 ℃，回水温度为 70 ℃；高温热水采暖系统的供水温度为 120 ℃～ 130 ℃，回水温度为 70 ℃～ 80 ℃。

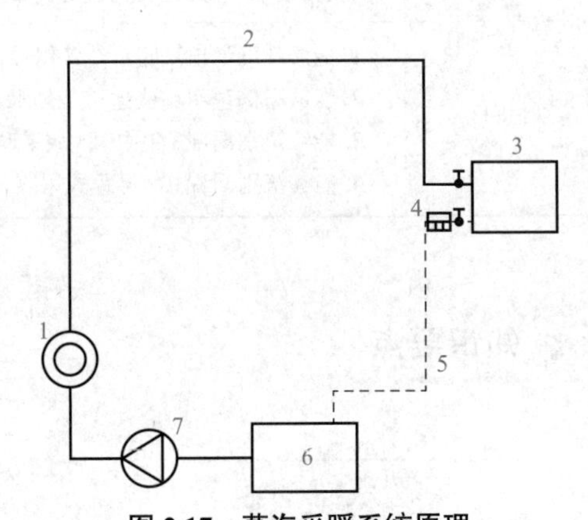

图 2.17　蒸汽采暖系统原理

1—蒸汽锅炉；2—供气管道；3—散热器；4—疏水器；5—回水管道；6—凝结水箱；7—凝结水泵

（2）蒸汽采暖系统。以水蒸气为热媒的采暖系统主要应用于工业建筑。图 2.17 所示为蒸汽采暖系统的原理。水在锅炉中被加热成具有一定压力和温度的蒸汽，蒸汽靠自身压力作用通过管道流入散热器，在散热器内放热后，蒸汽变成凝结水，凝结水经疏水器后沿凝结水管道返回凝结水箱，再由凝结水泵送入蒸汽锅炉重新加热变成蒸汽。

（3）热风采暖系统。以热空气为热媒的采暖系统主要应用于大型工业车间、大型公共建筑。利用暖风机、热风幕等设备将空气加热至 30 ℃～ 50 ℃，直接送入房间。热风采暖以空气作为热媒，加热和冷却比较迅速，但空气密度小，比热容和导热系数均很小，因此所需管道断面尺寸较大。

2. 按设备相对位置分类

（1）局部采暖系统。热源、热网和散热器三部分在构造上组合在一起的采暖系统，如火炉采暖、简易散热器采暖、煤气采暖和电热采暖。

（2）集中采暖系统。热源和散热设备分别设置，用热网相连接，由热源向各个房间或建筑物供给热量的采暖系统。

（3）区域采暖系统。以区域性锅炉房作为热源，供一个区域的许多建筑物采暖的系统。这种采暖方式作用范围大、高效节能，是未来的发展方向。

3. 按散热器连接供回水立管的形式分类

（1）单管系统。热媒顺序流过各层散热器，水温按流动方向逐渐降低，各组散热器串联在立管上。每根立管（包括立管上各层散热器）与锅炉、供回水干管形成一个循环环路，各立管环路是并联关系。

（2）双管系统。各层散热器并联在相互独立的供、回水立管上，水经回水立管、回水干管直接流回锅炉。如不考虑水在管道中的冷却，则进入各层散热器的水温相同。单管系统和双管系统如图 2.18 所示。

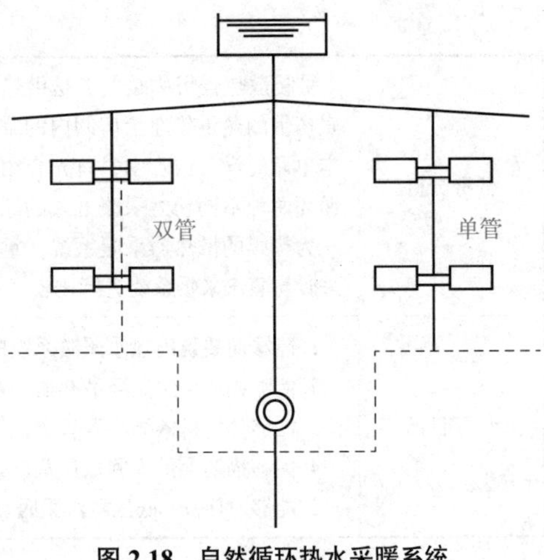

图 2.18　自然循环热水采暖系统

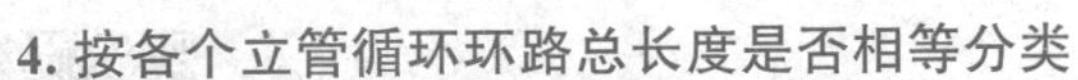

4. 按各个立管循环环路总长度是否相等分类

循环环路是指热媒从锅炉流出，经供暖管到达散热器，再由回水管流回到锅炉的环路。如果一个采暖系统中各循环环路的流程长短基本相等，称为同程式采暖系统，如图 2.19 所示；当流程相差很多时，称为异程式采暖系统，如图 2.20 所示。较大的建筑物内宜采用同程式系统。

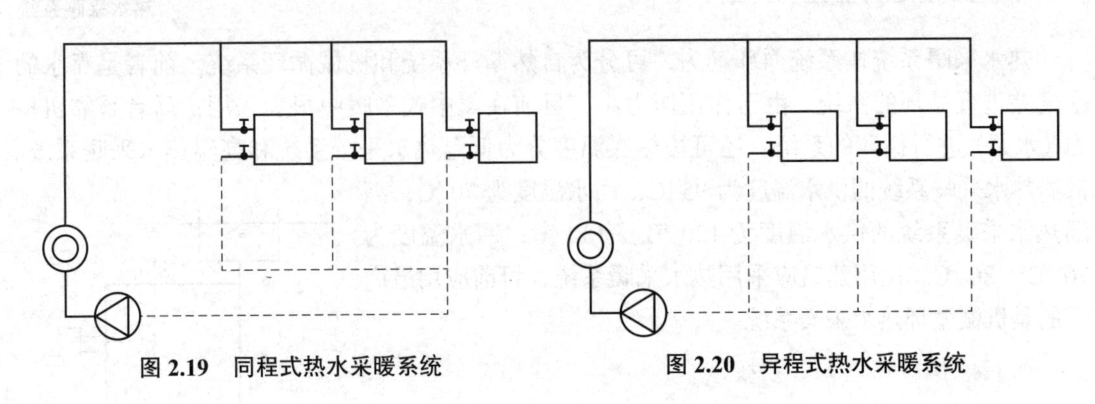

图 2.19　同程式热水采暖系统　　**图 2.20　异程式热水采暖系统**

单元二　散热器采暖系统

单元设计

学习任务	一、散热器热水采暖系统 二、散热器蒸汽采暖系统 三、热水采暖与蒸汽采暖比较

续表

任务分析	采暖散热器俗称暖气，是供热系统的末端装置。常见的采暖散热器安装在室内，其承担着将热媒携带的热量传递给房间内的空气，以补偿房间的热耗，达到维持房间一定空气温度的目的。在本单元的学习内容中，首先介绍以热水为热媒的散热器采暖系统，其中重点介绍自然循环和机械循环两种不同动力采暖方式的原理，以及机械循环热水采暖系统的不同供水方式；其次介绍以蒸汽为热媒的散热器采暖系统，重点介绍循环原理及低压、高压蒸汽采暖的供暖方式；最后将热水采暖与蒸汽采暖系统进行比较，了解其各自的优缺点
学习目标	1. 能够简要说出热水采暖系统的不同类型及分类依据； 2. 能够描述自然循环散热器热水采暖的供水原理； 3. 能够分析机械循环双管上供下回热水采暖系统的运行过程、管道坡度设置要求及原因； 4. 能够描述上供下回低压蒸汽采暖系统的工作原理； 5. 能够对比高 / 低压蒸汽采暖、热水 / 蒸汽采暖的优劣性

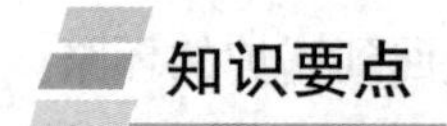

知识要点

视频：散热器热水采暖系统

一、散热器热水采暖系统

热水采暖系统按系统循环动力，可分为自然循环系统和机械循环系统。前者是靠水的密度差进行循环的系统，由于作用压力小，目前在集中式采暖中很少采用；后者是靠机械力（水泵）进行循环的系统。还可按热媒温度分为低温热水采暖系统和高温热水采暖系统。低温热水采暖系统的供水温度为 95 ℃，回水温度为 70 ℃；高温热水采暖系统的供水温度为 120 ℃～ 130 ℃，回水温度为 70 ℃～ 80 ℃。民用建筑应采用热水采暖系统，目前应用最广泛的是机械循环热水采暖系统。

1. 自然循环热水采暖系统

如图 2.21 所示为自然循环热水采暖系统的工作原理。在系统工作之前，先将系统中充满冷水，当水在锅炉内被加热后密度减小，同时受到从散热器流回来密度较大的回水的驱动，使热水沿着供水干管上升，流入散热器，在散热器内水被冷却，再沿回水干管流回锅炉，形成如图 2.21 中箭头所示的方向循环流动。

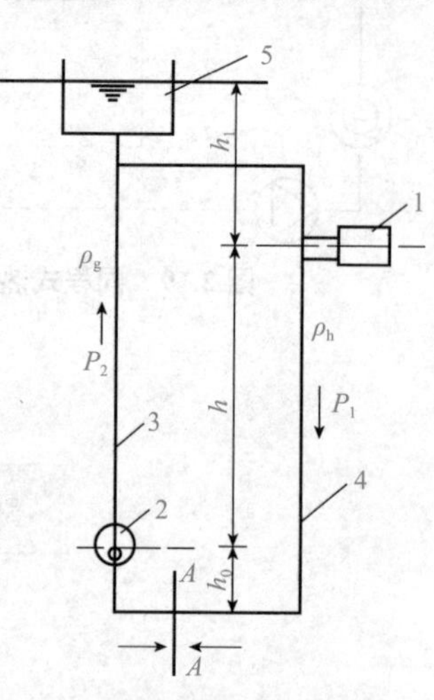

图 2.21　自然循环热水采暖系统的工作原理

1—散热器；2—锅炉；3—供水管；4—回水管；5—膨胀水箱

上供下回式自然循环热水采暖系统的供水干管必须有向膨胀水箱方向上升的坡度，其坡度宜采用 0.5% ～ 1.0%，散热器支管的坡度一般取 1.0%。回水干管应有沿水流向锅炉方向下降的坡度。

2. 机械循环热水采暖系统

机械循环热水采暖系统与自然循环热水采暖系统的主要区别是在系统中设置了循环水泵，靠水泵提供的机械能使水在系统中循环。系统中的循环水在锅炉中被加热，通过总立管、干管、支管到达散热器。水沿途散热有一定的温降，在散热器中放出大部分所需的热量，沿回水支管、立管、干管重新回到锅炉被加热。

在机械循环热水采暖系统的供水干管内，要使气泡随着水流方向流动，应按水流方向设上升坡度。气泡聚集到系统的最高点，通过在最高点设置排气装置将空气排出。供水干管的坡度按 $i \geqslant 0.002$ 确定，一般取 i=0.003，回水干管的坡向要求与自然循环系统相同，其目的是使系统内的水能全部排出。

机械循环热水采暖系统有以下几种主要形式：

（1）双管上供下回式。如图 2.22、图 2.23 所示均为机械循环双管上供下回式热水采暖系统。其中，图 2.22 所示为异程式，图 2.23 所示为同程式。该系统与每组散热器连接的立管均为两根，热水平行地分配给所有散热器，散热器流出的回水直接流回锅炉。供水干管布置在所有散热器上方，回水干管在所有散热器下方，因此为上供下回式。

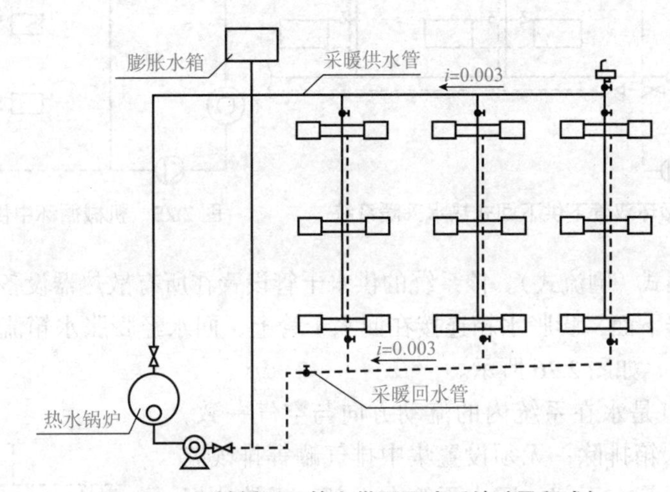

图 2.22　机械循环双管上供下回式系统（异程式）

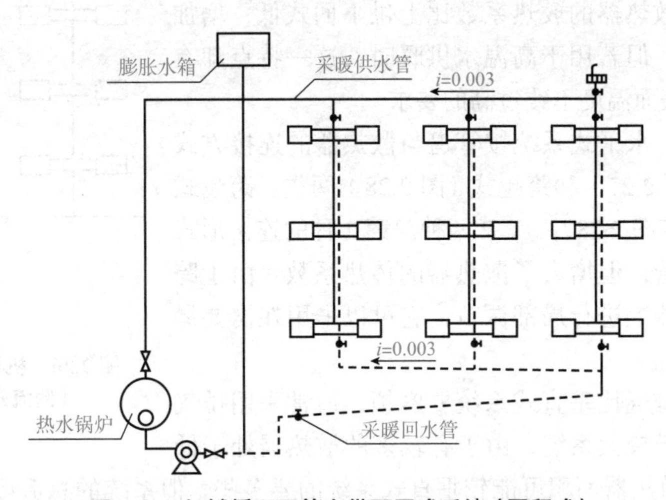

图 2.23　机械循环双管上供下回式系统（同程式）

（2）双管下供下回式。该系统的供水和回水干管都敷设在底层散热器下面，如图 2.24 所示。与上供下回式系统相比，其在地下室布置供水干管，管路直接散热给地下室，无效热损失小；施工中，每安装好一层散热器即可采暖，给冬期施工带来很大方便。其缺点是排除空气比较困难。

（3）中供式。中供式热水采暖系统如图 2.25 所示。从系统总立管引出的水平供水干管敷设在系统的中部，下部系统为上供下回式，上部系统可采用下供下回式，也可采用上供下回式。中供式系统可用于原有建筑物加建楼层或上部建筑面积小于下部建筑面积的场合。

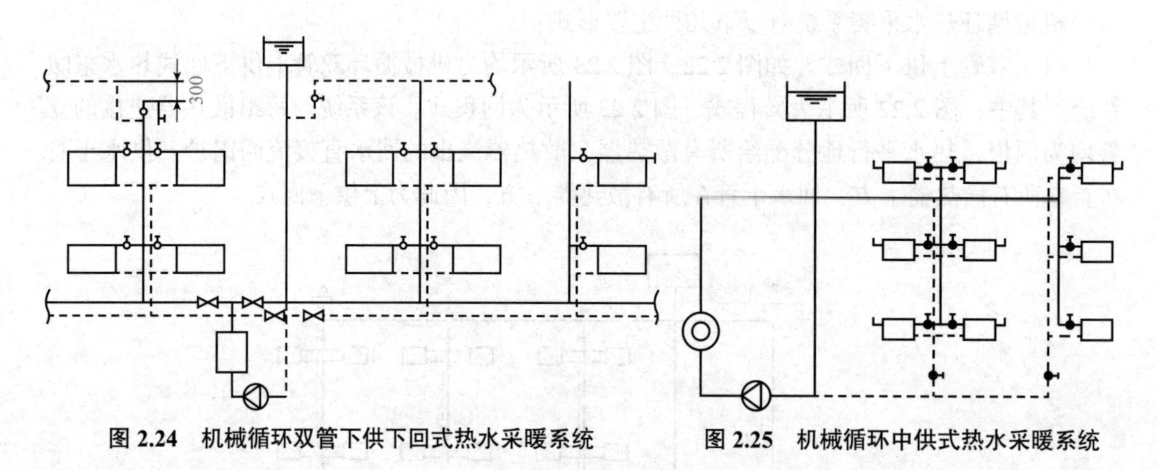

图 2.24　机械循环双管下供下回式热水采暖系统

图 2.25　机械循环中供式热水采暖系统

（4）下供上回式（倒流式）。该系统的供水干管设置在所有散热器设备的上面，回水干管设在所有散热器下面，膨胀水箱连接在回水干管上，回水经膨胀水箱流回锅炉房，再被循环水泵送入锅炉，如图 2.26 所示。

倒流式的优点是水在系统内的流动方向与空气一致，气体可通过膨胀水箱排除，无须设置集中排气罐等排气装置。另外，供水干管在下部，回水干管在上部，无效热损失小。但缺点是散热器的放热系数比上供下回式低，增加了散热器的面积。但若用于高温水供暖时，这一特点却有利于满足散热器表面温度不致过高的要求。

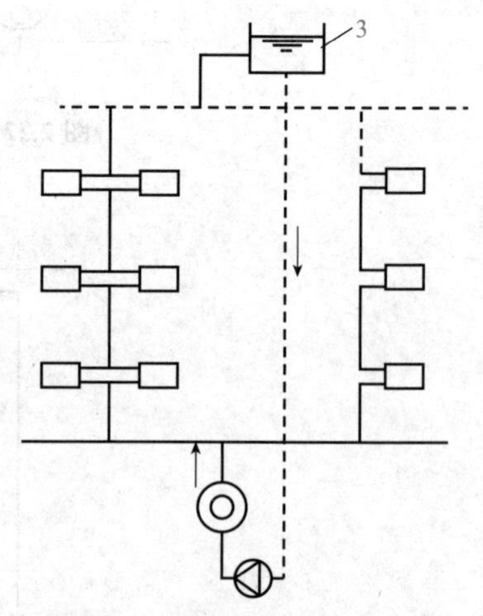

图 2.26　机械循环下供上回式（倒流式）采暖系统

（5）水平式。水平式系统按管道与散热器的连接方式可分为顺流式（图 2.27）和跨越式（图 2.28）两类。跨越式的连接方式可以有图 2.28 中 1、2 两种。第 2 种的连接形式虽然稍费一些支管，但增大了散热器的传热系数。由于跨越式可以在散热器上进行局部调节，它可以采用在需要局部调节的建筑物中。

水平式系统排气比垂直式系统要麻烦，通常采用排气管集中排气。对于较大系统，由于有较多的散热器处于低水温区，尾端的散热器面积可能较垂直式系统的要多些。但系统的总造价要比垂直式系统少很多，管路简单，便于快速施工。除供水、回水总立管外，无穿过各楼层的立管，无须在楼板上打洞。

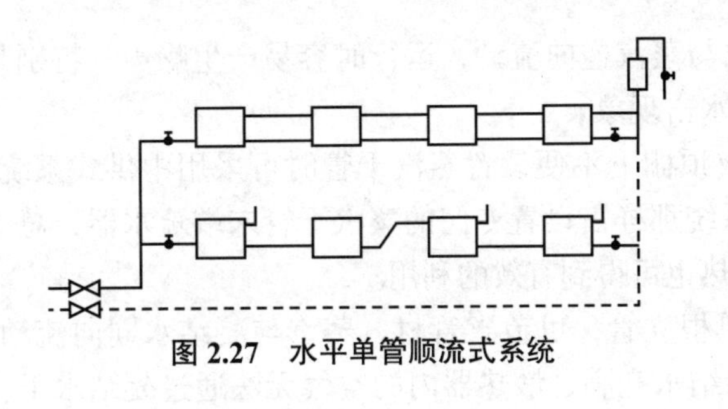

图 2.27　水平单管顺流式系统

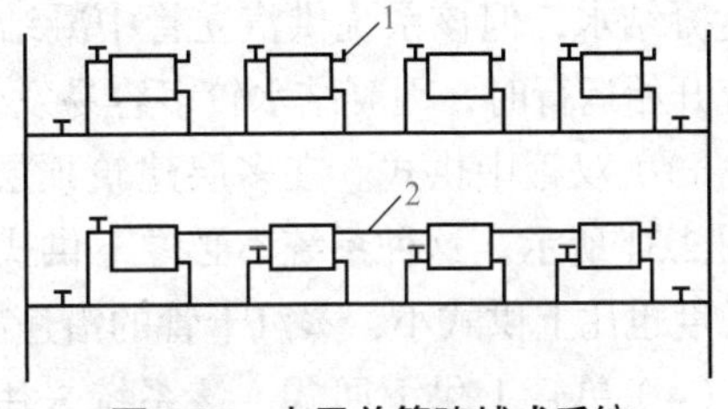

图 2.28　水平单管跨越式系统

1—冷风阀；2—空气管

二、散热器蒸汽采暖系统

水在锅炉中被加热成具有一定压力和温度的蒸汽，蒸汽靠自身压力作用通过管道流入散热器内，在散热器内放出热量后，蒸汽变成凝结水，凝结水靠重力经疏水器（阻汽疏水）后沿凝结水管道返回凝结水箱内，再由凝结水泵送入锅炉重新被加热变成蒸汽。

视频：散热器蒸汽采暖系统

蒸汽采暖系统按照供汽压力的大小可分为三类：供汽压力等于或低于 70 kPa 时，称为低压蒸汽采暖；供汽压力高于 70 kPa 时，称为高压蒸汽采暖系统；当系统中的压力低于大气压时，称为真空蒸汽采暖。

1. 低压蒸汽采暖系统

（1）双管上供下回式。如图 2.29 所示为双管上供下回式系统。该系统是低压蒸汽采暖系统常用的一种形式。从锅炉产生的低压蒸汽经分汽缸分配到管道系统，蒸汽在自身压力的作用下，克服流动阻力经室外蒸汽管道、室内蒸汽主管、蒸汽干管、立管和散热器支管进入散热器。蒸汽在散热器内放出汽化潜热变成凝结水，凝结水从散热器流出后，经凝结水支管、立管、干管进入室外凝结水管网流回锅炉房内凝结水箱，再经凝结水泵注入锅炉，重新被加热变成蒸汽后送入采暖系统。

（2）双管下供下回式。如图 2.30 所示为双管下供下回式系统。该系统的室内蒸汽干管与凝结水干管同时敷设在地下室或特设地沟。在室内蒸汽干管的末端设置疏水器以排除管内

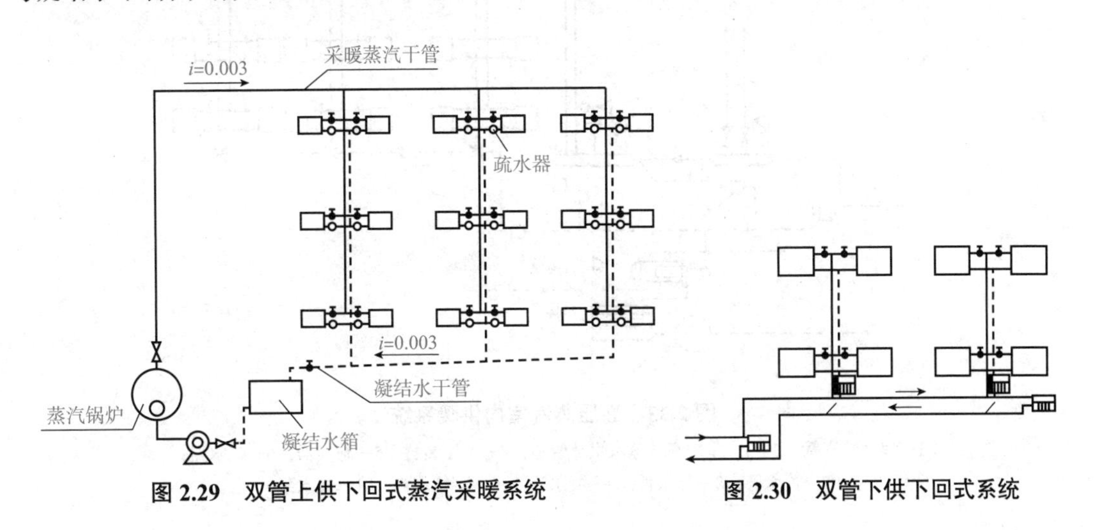

图 2.29　双管上供下回式蒸汽采暖系统　　图 2.30　双管下供下回式系统

沿途凝结水，但该系统供汽立管中凝结水与蒸汽逆向流动，运行时容易产生噪声，特别是系统开始运行时，因凝结水较多容易发生水击现象。

（3）双管中供式。在多层建筑顶层或顶棚下不便设置蒸汽干管时可采用中供式系统，如图 2.31 所示。这种系统不必像下供式系统那样需设置专门的蒸汽干管末端疏水器，总立管长度也比上供式小，蒸汽干管的沿途散热也可得到有效的利用。

（4）单管上供下回式。该系统采用单根立管，可节省管材，蒸汽与凝结水同向流动，不易发生水击现象，但低层散热器易被凝结水充满，散热器内的空气无法通过凝结水干管排除，如图 2.32 所示。

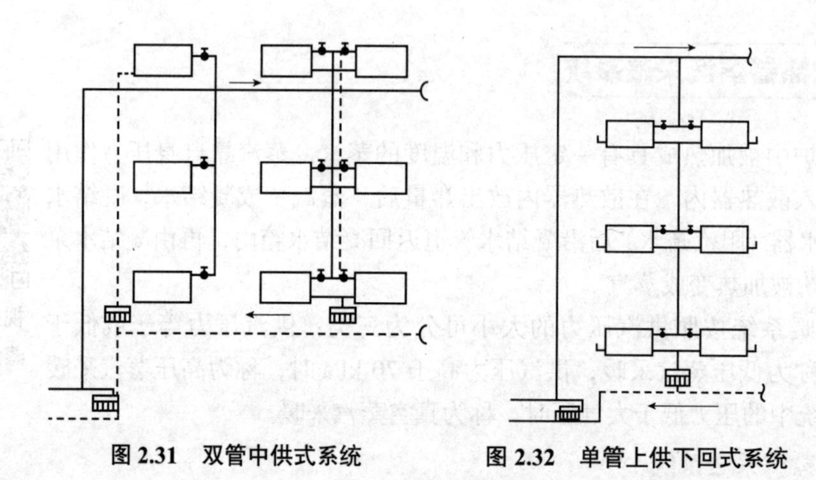

图 2.31　双管中供式系统　　**图 2.32　单管上供下回式系统**

2. 高压蒸汽采暖系统

如图 2.33 所示为一个带有用户入口的室内高压蒸汽供暖系统。当车间宽度较大时，需要在中间柱子上布置散热器，因为车间中部地面上不便敷设凝水管，有时要把凝水干管敷设在散热器上方（图 2.34）。实践证明，这种提升凝水的方式运行和使用效果一般较差。

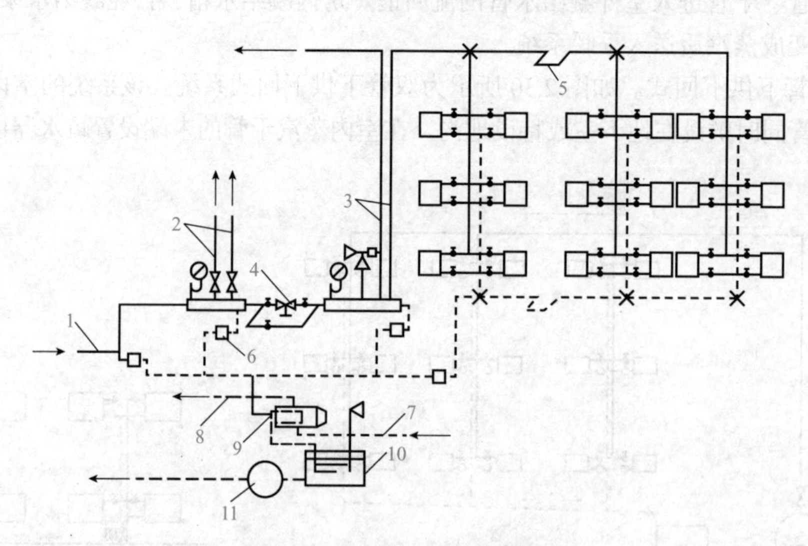

图 2.33　高压蒸汽室内供暖系统

1—室外蒸汽管；2、3—室内高压蒸汽供热管道；4—减压装置；5—补偿器；6—疏水器；
7—冷水管；8—热水管；9—凝水管；10—凝结水箱；11—凝水泵

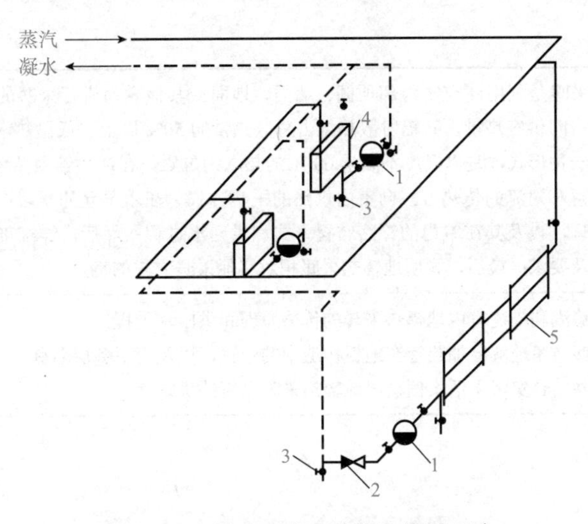

图 2.34　上供上回式高压蒸汽供暖系统

1—疏水器；2—止回阀；3—泄水阀；4、5—散热器

三、热水采暖与蒸汽采暖比较

与热水采暖系统相比，蒸汽采暖系统具有以下特点：

（1）在低压或高压蒸汽采暖系统中，散热器内热媒的温度等于或高于 100 ℃，高于低温热水采暖系统中热媒的温度。所以，蒸汽采暖系统所需要的散热器片数要少于热水采暖系统。在管路造价方面，蒸汽采暖系统也比热水采暖系统要少。

（2）蒸汽采暖系统管道内壁的氧化腐蚀速度要比热水采暖系统的快，特别是凝结水管道更易损坏。

（3）在高层建筑采暖时，蒸汽采暖系统不会产生很大的静水压力。

（4）真空蒸汽采暖系统要求的严密度很高，并需要有抽气设备。

（5）蒸汽采暖系统的热惰性小，即系统的加热和冷却过程都很快，它适用于间歇供暖的场所，如剧院、会议室等。

（6）热水采暖系统的散热器表面温度低，供热均匀；蒸汽采暖系统的散热器表面温度高，容易使有机灰尘剧烈升华，对卫生不利。

单元三　低温热水地板辐射采暖系统

单元设计

学习任务	一、低温热水地板辐射采暖的原理及敷设方式 二、低温热水地板辐射采暖的特点及适用场合

续表

任务分析	辐射采暖是利用建筑物内部顶棚、墙面、地面或其他表面进行采暖的系统。其主要靠辐射散热方式向房间供应热量，其辐射散热量占总散热量的 50% 以上。低温热水地板辐射采暖系统是辐射采暖的一种形式，是以温度不高于 60 ℃的热水为热媒，在加热管内循环流动，加热地板，通过地面以辐射和对流的传热方式向室内供热的采暖方式。在本单元的学习内容中，首先介绍地辐热采暖的原理，以及其在室内的管路布置方式和供回水过程；然后，详细剖析加热管道在地板中的铺设位置及要求；最后，说明地辐热采暖相对其他采暖方式的特点
学习目标	1. 能够流利描述室内地辐热采暖的传热原理和供回水过程； 2. 能够清楚地解释加热管在地板构造中的位置，以及上下各层名称，并能解释其设置原因； 3. 能够结合实际生活案例说出地辐热采暖系统的优缺点

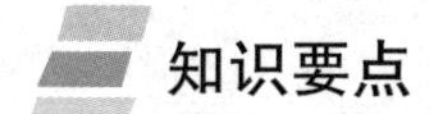

知识要点

视频：低温热水地板辐射采暖系统

一、低温热水地板辐射采暖的原理及敷设方式

低温热水地板辐射采暖是一种利用建筑物内部地面进行采暖的系统，是将塑料管敷设在楼面现浇混凝土层内，热水温度不超过 55 ℃，工作压力不大于 0.4 MPa 的地板辐射采暖系统。该系统以整个地面作为散热面，地板在通过对流换热加热周围空气的同时，还与人体、家具及四周的围护结构进行辐射换热，从而使其表面温度提高，其辐射换热量占总换热量的 50% 以上，是一种理想的采暖系统，可以有效地解决散热器采暖存在的问题。

图 2.35　建筑水暖管井管道布置

低温热水地板辐射采暖系统的热源同样来自室外集中热源，室外热源接入室内后，通过设置在管道井内的采暖供回水立管与每户的室内管网连接，如图 2.35 所示。

楼内的采暖管道一般通过设置在每户内的分水器、集水器与户内管路系统连接。分水器、集水器常组装在一个分水器、集水器箱体内，每套分水器、集水器宜连接 3 ～ 5 个回路，不超过 8 个。分水器、集水器适宜布置在厨房、盥洗间、走廊两头等既不占用主要使用面积，又便于操作的部位，并留有一定的检修空间，且每层安装位置应相同，建筑设计时应给予考虑。如图 2.36 所示为分水器、集水器安装，如图 2.37 所示为室内地辐热采暖管道布置。

图 2.36　分水器、集水器安装

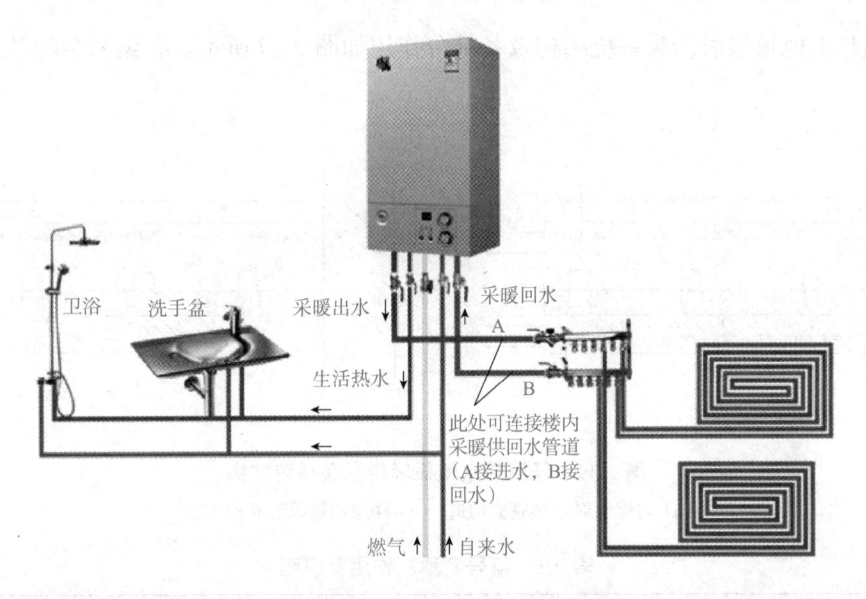

图 2.37　室内地辐热采暖管道布置

图 2.37 中的采暖系统属于局部采暖，热源为户内壁挂炉，以燃气为燃料，将供入的自来水加热，加热后的水分两部分使用：一部分用于室内淋浴器、洗手盆等生活热水使用场合；另一部分用于房间的地热采暖。所不同的是，生活热水供应只供不回，与生活用冷水系统通过混合龙头使用，用后直接排入建筑排水系统。而室内地辐热采暖系统需要通过分水器将水送至每个采暖房间，在地板下循环流动并放热后返回至集水器，集水器收集所有回水后统一返回热源重新加热。实际应用时，热源形式可以改变，如图 2.37 所示，将局部热源换成室外集中热源。

地板辐射热加热管道在室内地板下的铺设方式有直列式、旋转式和往复式三种，如图 2.38 所示。直列式最为简单，但其板面温度随着水的流动逐渐降低，首尾部温差较大，板面温度场不均匀；旋转式和往复式虽然铺设复杂，但地板温度场均匀，高、低温管间隔布置，采暖效果较好。应根据房间的具体情况选择适合的系统形式，也可混合使用，热损失明显不均匀的房间，宜采用将高温管段优先布置于房间热损失较大的外窗或外墙侧的方式。为了使每个分支环路的阻力损失易于平衡，较小房间可几个房间合用一个环路，较大房间可以一个房间布置几个环路，住宅的各主要房间宜分别设置分支环路。

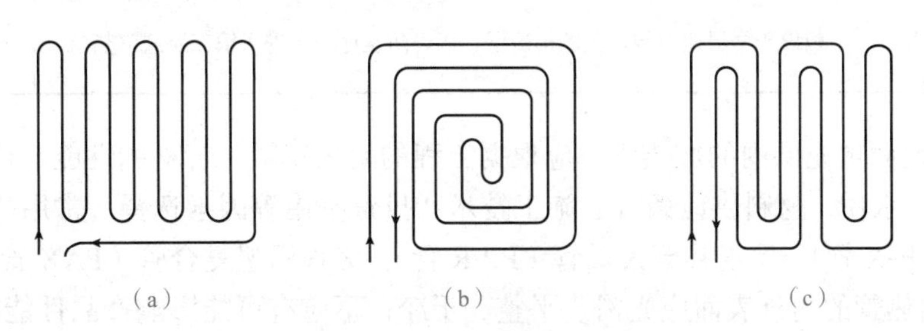

图 2.38　加热管道铺设方式

（a）直列式；（b）旋转式；（c）往复式

低温热水地板辐射采暖系统结构及各部分作用如图 2.39 所示。各编号名称及其作用见表 2.1。

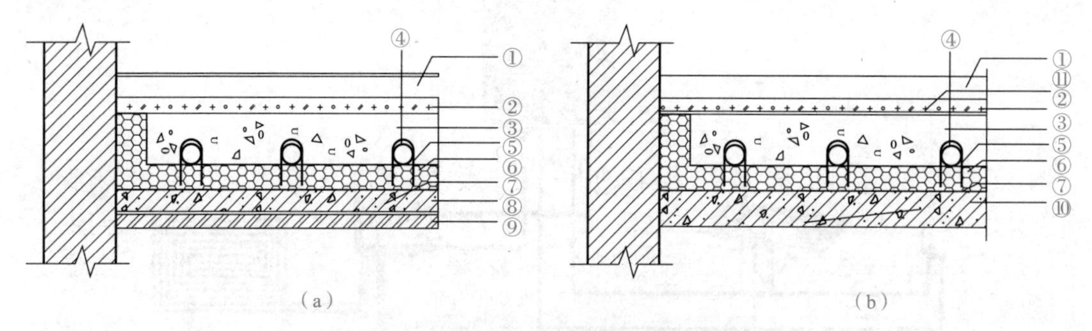

图 2.39　低温热水地板辐射采暖系统结构

(a) 首层辐射采暖底板构造；(b) 楼层辐射采暖底板构造

表 2.1　编号名称、作用及说明

编号	名称	作用	说明
①	面层	直接承受各种物理和化学作用的表面层	
②	找平层	整平、找坡或加强作用的构造层	水泥砂浆
③	填充层	用以埋设加热管，保护加热管并使地面温度均匀的构造层	细石混凝土
④	加热层	敷设加热管	
⑤	塑料卡钉	将加热管直接固定在复合隔热层上	
⑥	隔热层	敷设于填充层之下和沿外墙周边的构造层，用以减少热损失	竖向隔热层在外墙内侧设置
⑦	防潮层	敷设于土层之上的构造层，用以防止水汽进入隔热层	仅在首层土壤上设置
⑧	垫层	承受并传递地面荷载于基土上的构造层	
⑨	土壤	—	
⑩	楼板	—	
⑪	防水层	敷设于楼层地面层以上的构造层，用以防止地面水进入填充层或隔热层	仅在楼层潮湿的房间

敷设于地面填充层内的加热管，应根据工程的耐久年限、管材的性能、热水温度和工作压力、系统水质、材料供应条件、施工技术和投资费用等因素选择。常用的管材有交联聚乙烯管（PE-X 管）、无规共聚聚烯管（PP-R 管）、交联铝塑复合管（PAX 管）、聚丁烯管（PB）等。加热管的内外表面应光滑、平整、干净，不应有可能影响产品性能的明显划痕、凹陷、气泡等缺陷。

PP-R 管、PB 管可采用同材质的连接件热熔连接；PE-X 管、铝塑复合管采用专用管件连接。不同材质的管材、阀件连接时，应采用过渡性管件。分水器、集水器（含连接件等）的材质宜为铜质。绝热材料应采用热导率小、难燃或不燃并具有足够承载能力的材料，且不含有殖菌源，不得散发异味或有危害健康的挥发物，常用的绝热材料为聚苯乙烯泡沫塑料。

二、低温热水地板辐射采暖的特点及适用场合

低温热水地板辐射采暖与散热器采暖在建筑采暖领域都有着广泛的应用。散热器采暖是一种传统的采暖方式，在我国的建筑采暖中占据着主导地位。近年来，随着人们生活水平的提高，人们对建筑的舒适性要求越来越高。地辐热采暖凭借着它的功能性、舒适性及节能性等主要的突出特点，已被广泛地应用于住宅、老年社区、幼儿园、公寓、别墅等建筑。

低温热水地板辐射采暖与散热器采暖相比较，具有以下特点。

1. 节能与舒适性方面

地板辐射采暖主要靠辐射采暖，计算热负荷时，室内计算温度的取值应比对流采暖系统的室内计算温度低 2 ℃，或取对流采暖系统计算总热负荷的 90% ～ 95%。研究表明，室温每降低 1 ℃能源费可以节省 10% 左右。由于地板采暖辐射热损失小，热舒适度高，16 ℃的地板采暖室温相当于 18 ℃～ 20 ℃的散热器采暖所能达到的舒适度，地板采暖的室温可比散热器采暖的室温降低 2 ℃～ 4 ℃，这正是诸多资料中所表述的地板采暖可节约能源费 20% ～ 30% 的来源。

2. 安装布置与温度调节方面

散热器及与其相连接的管路大多明装在房间内，占用了室内空间，还会因散热器的样式及其安装的位置影响美观和家具的摆放。地板采暖的管道全部在地面以下，使室内没有散热器和供热的立管及支管，只要将一个分水器、集水器安装在厨房的暗柜里、台盆下等比较隐蔽的地方即可，不占用使用面积，增加了室内使用面积。另外，地板采暖的各房间每一环路的管道均连接在集中设置的分集水器上，且接口处设有阀门，住户可根据需要对各分区的房间温度进行独立的调节控制。

3. 系统使用寿命及安全性能方面

地板采暖盘管埋在地板内，上面有填充层和装饰面层，在采暖运行中，管道中的水温不高，不易结垢，管材（塑料管或铝塑复合管）也比钢材更具有耐腐蚀性，且管材制造长度可做到一个环路的地板采暖的盘管采用一整根管子，埋设部分无接头，易于施工，不易渗漏，只需要定期更换过滤器，维修简单，节约维修费用，系统使用寿命长。而散热器采暖的管材易腐蚀，管路连接点多，则会给住户带来跑、冒、滴、漏水和维修的烦恼，系统使用寿命也不及地板采暖系统。

4. 卫生与健康方面

地板采暖方式与空调、散热器等通过强对流循环热风的采暖方式相比，空气中灰尘流动要小得多，不会有空调装置的噪声，不会使室内污浊的空气产生强对流，从而保证了室内空气洁净，有利于人体的健康。同时，地板采暖的室内温度比散热器采暖的室内温度低，

且地板采暖的室内空气对流极小，使水分散失相对较少，保证了室内空气的相对湿度。相对而言，散热器采暖会更容易造成室内燥热、使人感到口干舌燥等不适。

5. 楼间热传递、热稳定性与隔声效果方面

地板采暖由于其本身的要求是在结构板上设有绝热层（图 2.39），则楼间的热传递相对较小。地板采暖的混凝土填充层有较好的蓄热性能，热惰性大，在间歇供热的条件下，室内温度波动也比散热器等对流采暖系统的明显小，热稳定性能好。另外，由于绝热层采用的泡沫塑料或发泡水泥均为孔状，具有一定的吸声作用，楼层间的隔声效果要稍好些，可降低噪声污染。

单元四　散热设备及附件

单元设计

学习任务	一、散热设备 二、热水采暖系统附件 三、蒸汽采暖系统附件
任务分析	建筑采暖系统中除需要管道系统保证热媒的按时按量送至用户及返回热源，还需要管路中间及末端安装一系列附属设备及配件，来保证采暖系统运行的安全、高效及节能。这其中就包括了安装于供回水管道交界处，用来传递热量的散热设备，以及安装于热水及蒸汽采暖管路中间的各种排气、储水、除污、减压等大大小小的设备附件。在本单元的学习内容中，首先介绍了散热设备的主要类型，包括散热器（暖气片）、暖风机及辐射板；其次，介绍了热水采暖系统的附件，大到膨胀水箱、集气罐，小到自动排气阀、除污器，温度调节装置等；最后，介绍了蒸汽采暖系统的附件，重点讲述了疏水器在蒸汽采暖中的重要作用
学习目标	1. 能够准确辨认不同类型的散热器，并流利说出其区别及特征； 2. 能够解释暖风机、辐射板作为散热设备的原理，并说出其与散热器的不同； 3. 能够说出几种热水采暖系统需要设置的附件名称、位置及工作原理； 4. 能够掌握疏水器在蒸汽采暖系统中的作用，指出其安装位置

知识要点

一、散热设备

采暖系统中，热媒是通过采暖房间内设置的散热设备而传热的。目前，常用的设备有散热器、暖风机和辐射板等。

1. 散热器

散热器是安装在采暖房间内的散热设备，热水或蒸汽在散热器内流过，它们所携带的热量便通过散热器以对流、辐射方式不断地传给室内空气，达到采暖的目的。

常见的散热器类型如下：

（1）铸铁散热器。铸铁散热器是由铸铁浇铸而成的，结构简单，具有耐腐蚀、使用寿命长、热稳定性好等特点，因而被广泛应用。工程中，常用的铸铁散热器有翼形和柱形两种。

1）翼形散热器。翼形散热器外表面有许多肋片，可分为长翼形和圆翼形。长翼形散热器如图 2.40 所示，其，外表面上有许多竖向肋片，内部为扁盒状空间；圆翼形散热器是一根内径为 75 mm 的管子，外面带有许多圆形肋片的铸件，如图 2.41 所示。

翼形散热器制造工艺简单，造价也较低，金属热强度和传热系数比较低，外形不美观，灰尘不易清扫，单体散热量较大，设计选用时不易恰好组成所需的面积，因而使用较少。

2）柱形散热器（图 2.42）。柱形散热器是呈柱状的单片散热器，每片各有几个中空的立柱相互连通，常用的有二柱散热器和四柱散热器两种。

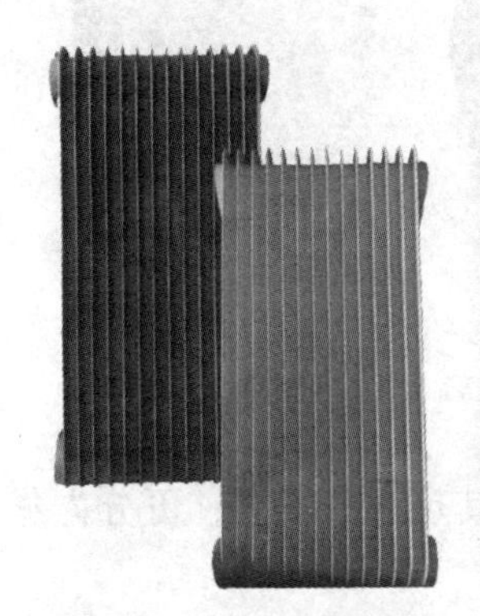

图 2.40　长翼形散热器

图 2.41　圆翼型散热器

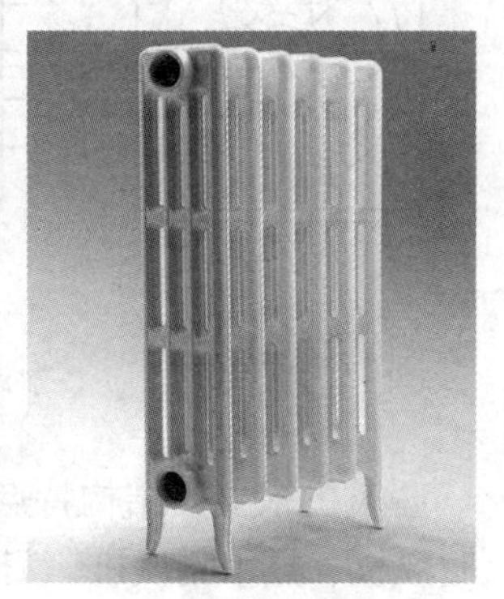

图 2.42　柱形散热器

（2）钢制散热器。钢制散热器与铸铁散热器相比具有金属耗量少、耐压强度高、外形美观整洁、体积小、占地少、易于布置等优点，但易受腐蚀，使用寿命短，多用于高层建筑和高温水采暖系统中，不能用于蒸汽采暖系统，也不宜用于湿度较大的采暖房间。

钢制散热器的主要形式有闭式钢串片散热器（图 2.43）、板式散热器（图 2.44）和钢制柱形散热器（图 2.45）等。

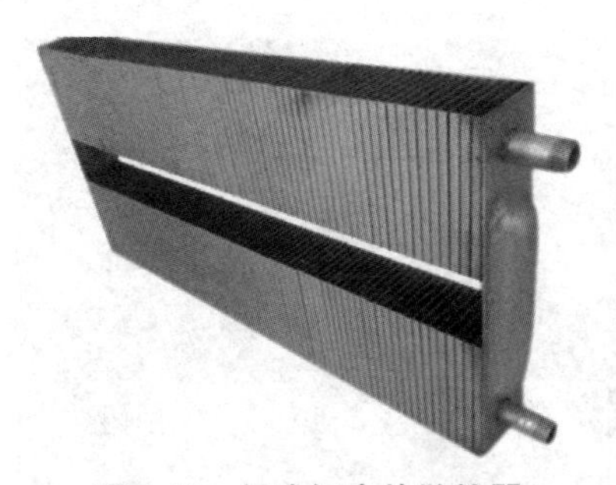

图 2.43　闭式钢串片散热器

图 2.44　板式散热器

图 2.45　钢制柱形散热器

（3）铝合金散热器（图 2.46）。铝合金散热器是近年来我国工程技术人员在总结吸收国内外经验的基础上，潜心开发的一种新型、高效散热器。其造型美观大方，线条流畅，占地面积小，富有装饰性；其质量约为铸铁散热器的 1/10，便于运输安装；其金属热强度高，约为铸铁散热器的 6 倍；节省能源，采用内防腐处理技术。

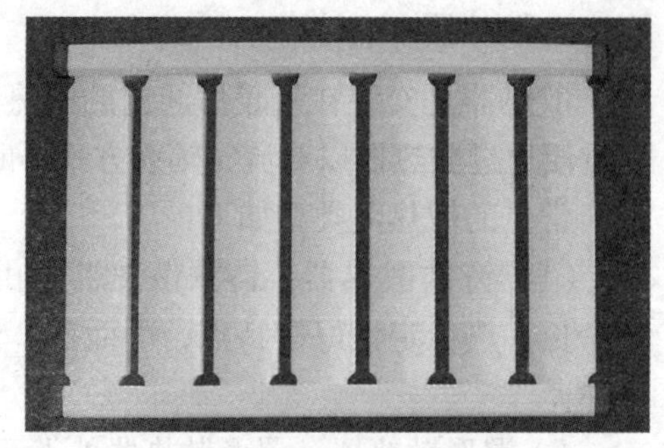

图 2.46　铝合金散热器

2. 暖风机

暖风机是由吸风口、风机、空气加热器和送风口等联合构成的通风供暖联合机组，如图 2.47 所示 。在风机的作用下，室内空气由吸风口进入机体，经空气加热器加热变成热风，然后经送风口送至室内，以维持室内一定的温度。

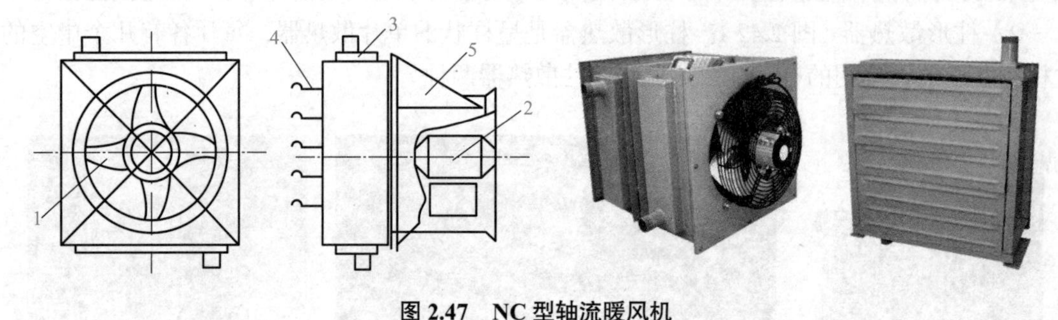

图 2.47　NC 型轴流暖风机

1—轴流式风机；2—电动机；3—加热器；4—百叶片；5—支架

暖风机根据其结构特点，可分为轴流式与离心式两种；根据其热媒的不同，可分为蒸汽暖风机、热水暖风机、蒸汽热水两用暖风机。

轴流式暖风机体积小，送风量和产热量大，金属耗量少，结构简单，安装方便，用途多样；但它的出风口送出的气流射程短，出口风速小。这种暖风机一般悬挂或支架在墙或柱子上，热风经出风口处百叶板调节，直接吹向工作区。

离心式暖风机是用于集中输送大量热风的、热风采暖设备。由于其配用的风机为离心式，拥有较多的剩余压头和较高的出风速度，所以它比轴流式暖风机气流射程长，送风量和产热量大；可大大减少温度梯度，减少屋顶热耗；减少了占用的面积和空间；便于集中控制和维修。

3. 辐射板

散热设备是以对流和辐射两种方式进行散热的。一般铸铁散热器对流散热占总散热量的 75% 左右，暖风机采暖时对流散热接近 100%。而辐射板主要是依靠辐射传热的方式，尽量放出辐射热，使一定的空间里有足够的辐射强度，以达到采暖的目的。根据辐射散热设备的构造不同，辐射板可分为单体式的（块状、带状辐射板、红外线辐射器）和与建筑物构造相结合的辐射板（顶棚式、墙面式、地板式等），如图 2.48 所示。

图 2.48　低温热水辐射板

二、热水采暖系统附件

1. 膨胀水箱

膨胀水箱是用来贮存热水采暖系统加热的膨胀水量。在自然循环上供下回式系统中还起着排气作用，同时能够恒定采暖系统的压力。膨胀水箱一般采用钢板制成，通常是圆形或矩形。水箱上连有膨胀管、溢流管、信号管、排水管及循环管等管路。膨胀水箱在系统中的安装位置如图 2.49 所示。

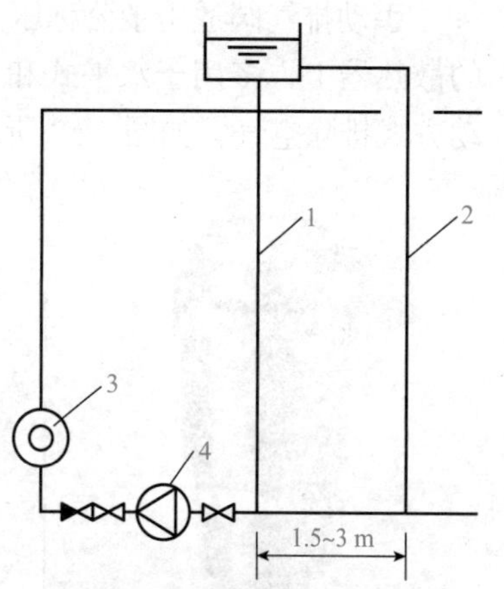

图 2.49　膨胀水箱与机械循环热水采暖系统的连接方式

1—膨胀管；2—循环管；3—锅炉；4—循环水泵

2. 集气罐

集气罐一般是用直径为 100 ～ 250 mm 的钢管焊制而成的，可分为立式和卧式两种，如图 2.50 所示。一般设于热水采暖系统供水干管的最高处，供水干管应向集气罐方向设上升坡度，以使管中水流方向与空气气泡的浮升方向一致，有利于空气聚集到集气罐的上部，定期排除。当系统充水时，应打开排气阀，直至有水从管中流出时方可关闭排气阀。系统运行期间，应定期打开排气阀排除空气。

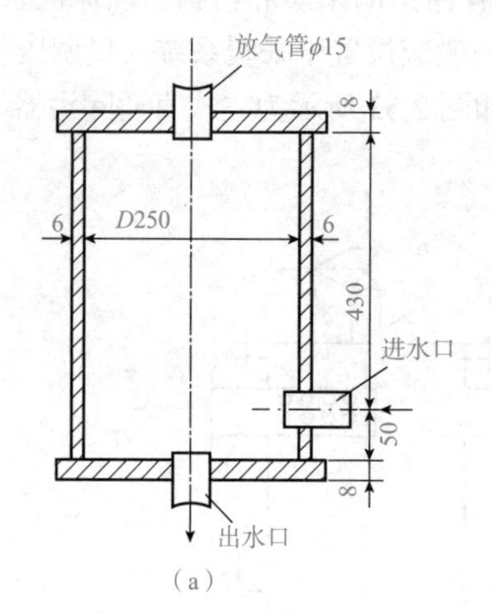

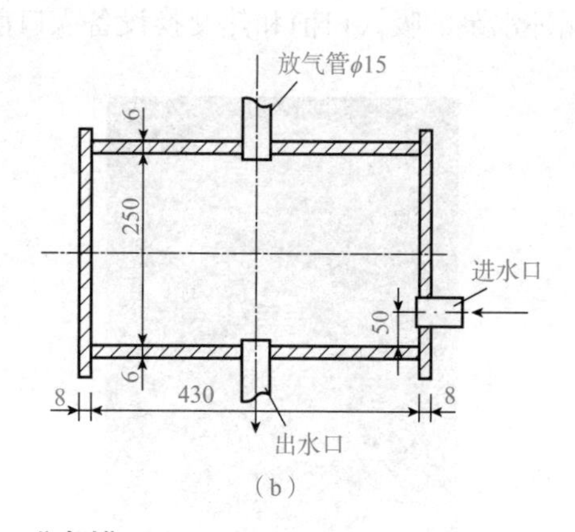

图 2.50　集气罐

（a）立式；（b）卧式

3. 自动排气阀

当系统充满水时，水中的气体因为温度和压力变化不断逸出向最高处聚集，当气体压力大于系统压力时，浮筒便会下落带动阀杆向下运动，阀口打开，气体不断排出。当气体压力低于系统压力时，浮筒上升带动阀杆向上运动，阀口关闭。自动排气阀就是这样不断地循环运作。自动排气阀必须垂直安装，即必须保证其内部的浮筒处于垂直状态，以免影响排气。自动排气阀在安装时，最好与隔断阀一起安装，这样当需要拆下排气阀时进行检修时，能保证系统的密闭，水不致外流。自动排气阀一般安装在系统容易集气的管道部位，如系统的最高点、一段管路的最高点，有利于顺利排气，如图 2.51 所示。

4. 手动排气阀

手动排气阀适用于公称压力 $P \leqslant 600$ kPa，工作温度 $t \leqslant 100$ ℃的热水或蒸汽采暖系统的散热器上，多用于水平式和下供下回式系统中，旋紧在散热器上部专设的丝孔上，以手动方式排除空气，如图 2.52 所示。

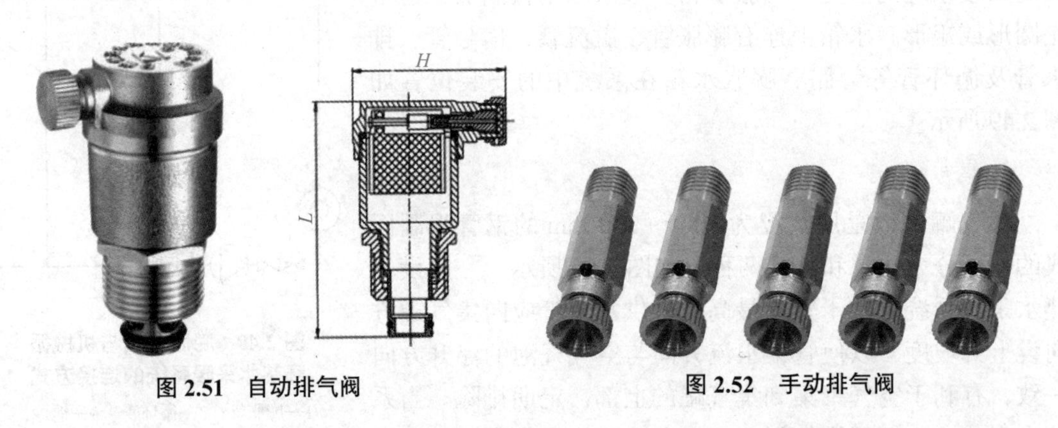

图 2.51　自动排气阀　　　　图 2.52　手动排气阀

5. 除污器

除污器是一种钢制筒体，它可用来截流、过滤管路中的杂质和污物，以保证系统内水质洁净，减少阻力，防止堵塞压板及管路。除污器一般应设置于采暖系统入口调压装量前、锅炉房循环水泵的吸入口前和热交换设备入口前。如图 2.53 所示为立式直通除污器。

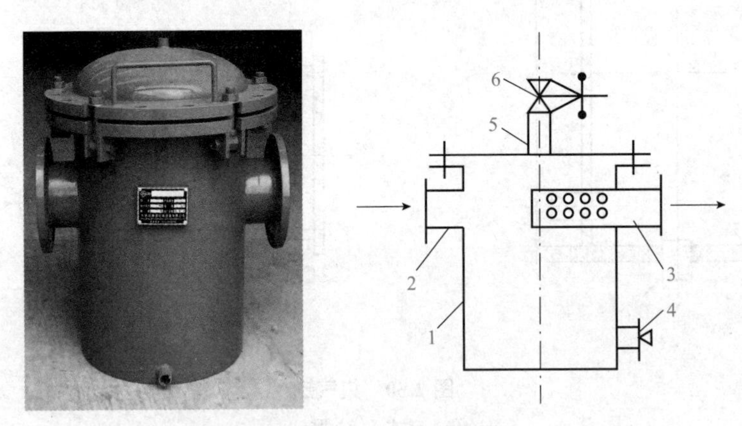

图 2.53　立式直通除污器

1—筒体；2—进水管；3—出水管；4—排污丝堵；5—排气管；6—阀门

6. 散热器温控阀

散热器温控阀是一种自动控制散热器散热量的设备，它由阀体部分和感温元件部分组成，如图 2.54 所示。当室内温度高于给定的温度值时，感温元件受热，其顶杆压缩阀杆，将阀口关小，进入散热器的水流量会减小，散热器的散热量也会减小，室温随之降低。当室温下降到设置的低限值时，感温元件开始收缩，阀杆靠弹簧的作用抬起，阀孔开大，水流量增大，散热器散热量也随之增加，室温开始升高。控温范围为 13 ℃～ 28 ℃，温控误差为 ±1 ℃。

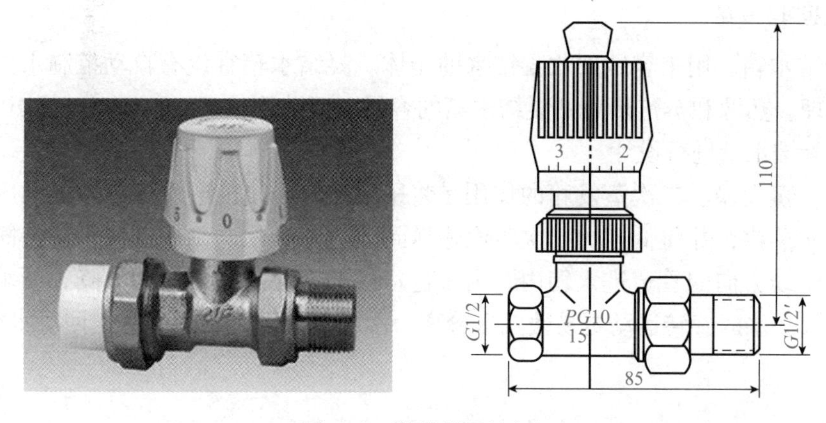

图 2.54　散热器温控阀

三、蒸汽采暖系统附件

1. 疏水器

疏水器也称为疏水阀或自动排水器或凝结水排放器。其可在蒸汽系统和气体系统使用。蒸汽疏水器安装在蒸汽管路终端，其作用是自动且迅速地排出用热设备及管道中的凝水，并能阻止蒸汽逸漏。在排出凝水的同时，排出系统中积留的空气和其他非凝性气体。

疏水器根据作用原理不同，可分为机械型疏水器、热静力型疏水器、热动力型疏水器三种类型，如图 2.55 所示。选择疏水器时，要求疏水器在单位压降凝结水排量大，漏汽量小，并能顺利排除空气，对凝结水流量、压力和温度波动的适应性强，而且结构简单，活动部件少，便于维修，体积小，金属耗量少，使用寿命长。

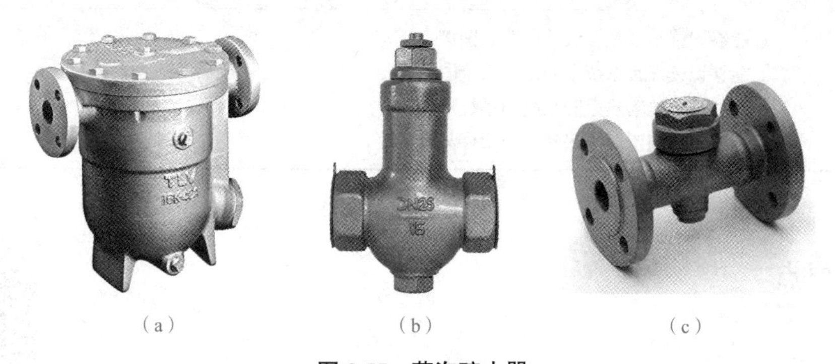

（a）　（b）　（c）

图 2.55　蒸汽疏水器

（a）机械型自由浮球式蒸汽疏水器；（b）热静力型波纹管疏水器；（c）热动力型疏水器

2. 减压阀

减压阀通过控制阀体内的启闭件的开度来调节介质的流量，将介质的压力降低，同时借助阀后压力的作用调节启闭件的开度，使阀后压力保持在一定范围内，在进口压力不断变化的情况下，保持出口压力在设定的范围内。

3. 凝水回收设备

（1）凝结水箱。用来容纳回收凝结水的箱体。凝结水箱宜设有自动控制水位装置，以便于运行管理。热源和蒸汽热力站凝结水箱的容量一般分别按 20 ～ 40 min 或 10 ～ 20 min 的最大小时凝结水量进行设计。

（2）二次蒸发箱。二次蒸发箱的作用是将采暖系统排出的凝水，在较低的压力下分离出一部分二次蒸汽，并将低压的二次蒸汽输送到热用户利用。二次蒸发箱构造简单，高压含汽凝水沿切线方向的管道进入箱内，由于进口阀的节流作用，压力下降，凝水分离出一部分二次蒸汽。水的旋转运动更易使汽水分离，水向下流动，沿凝水管送回凝水箱。

单元五　建筑采暖系统施工图识读

单元设计

学习任务	一、建筑采暖施工图识读基础 二、建筑采暖施工图识读实例
任务分析	采暖系统施工图的识读是建立在认知给水排水系统施工图基础上的，采暖系统的管材、管件、附件、增压贮水设备的图例大部分与建筑给水排水相近，图纸构成也基本相同，都由平面图、系统图、详图等组成，因此识图难度大大降低。在学习时需要掌握采暖系统特有的散热器、集气罐、疏水器等附件在图中的表示方法，同时，对散热器、地热两种采暖系统进行对比分析。 本单元以某宿舍散热器采暖系统施工图为例，分析了建筑中典型采暖系统的布置形式，识读图纸时需将采暖系统基础知识与识图方法相结合，做到融会贯通，举一反三
学习目标	1. 能够识读采暖系统设计说明、图例； 2. 能够识读采暖系统平面图、系统图、详图； 3. 能够识读地辐热采暖系统的系统形式； 4. 能够识别施工图中采暖系统附件与设备

知识要点

视频：建筑采暖系统施工图识读

一、建筑采暖施工图识读基础

1. 采暖设计说明识读

设计图纸无法表达的问题一般用设计说明来表达。设计说明是设计图的重要补充。其主要内容如下：

（1）建筑物的采暖面积、热源的种类、热媒参数、系统总热负荷。

（2）采用散热器的型号及安装方式、系统形式。

（3）安装和调整运转时应遵循的标准和规范。

（4）在施工图上无法表达的内容，如管道保温、油漆等。

（5）管道连接方式，所采用的管道材料。

（6）在施工图上未做表示的管道附件安装情况，如在散热器支管与立管上是否安装阀门等。

为了便于施工备料，保证安装质量和避免浪费，使施工单位能按设计要求选用设备和材料，一般的施工图均应附有设备及主要材料表，简单项目的设备材料表可列在主要图纸内。设备材料表的主要内容有编号、名称、型号、规格、单位、数量、质量、附注等。

2. 采暖平面图识读

采暖平面图是表示建筑物各层采暖管道及设备的平面布置，一般有以下内容：

（1）建筑的平面布置（各房间分布、门窗和楼梯间位置等）。在图上应注明轴线编号、外墙总长尺寸、地面及楼板标高等与采暖系统施工安装有关的尺寸。

（2）散热器的位置（一般用小长方形表示）、片数及安装方式（明装、半暗装或暗装）。

（3）干管、立管（平面图上为小圆圈）和支管的水平布置，同时注明干管管径和立管编号。

（4）主要设备或管件（如支架、补偿器、膨胀水箱、集气罐等）在平面上的位置。

（5）用细虚线画出的采暖地沟、过门地沟的位置。

3. 采暖系统图识读

系统图又称流程图或系统轴测图，与平面图配合，表明了整个采暖系统的全貌。系统图包括水平方向和垂直方向的布置情况。散热器、管道及其附件（阀门、疏水器）均在图上表示出来。另外，还应标注各立管编号、各段管径和坡度、散热器片数、干管的标高。

系统图主要包括以下内容：

（1）采暖管道的走向、空间位置、坡度、管径及变径的位置，管道与管道之间连接方式；

（2）散热器与管道的连接方式；

（3）管路系统中阀门的位置、规格，集气罐的规格、安装形式（立式或卧式）；

（4）疏水器、减压阀的位置，其规格及类型；

（5）立管编号。

4. 采暖详图识读

详图是当平面图和系统图表示不够清楚而又无标准图时所绘制的补充说明图。它用局部放大比例来绘制，能表示采暖系统节点与设备的详细构造及安装尺寸要求，包括节点图、大样图和标准图。

（1）节点图：能清楚地表示某一部分采暖管道的详细结构和尺寸，但管道仍然用单线条表示，只是将比例放大，使人能看清楚。

（2）大样图：管道用双线图表示，看上去有真实感。

（3）标准图：是具有通用性质的详图，一般由国家或有关部委出版标准图集。

二、建筑采暖施工图识读实例

1. 施工说明识读

（1）本工程采用低温水供暖，供回水温度分别为 95 ℃～70 ℃；

（2）系统采用上分下回单管顺流式；

（3）管道采用焊接钢管，*DN*32 以下为丝扣连接，*DN*32 以上为焊接；

（4）散热器选用铸铁器柱 813 型，每组散热器设手动放气阀；

（5）集气罐采用《采暖通风国家标准图集》（N103）中Ⅰ型卧式集气阀；

（6）明装管道和散热器等设备，附件及支架等刷红丹防锈漆两遍，银粉两遍；

（7）室内地沟断面尺寸为 500 mm × 500 mm，地沟内管道刷防锈漆两遍，50 mm 厚岩棉保温，外缠玻璃纤维布；

（8）图中未注明管径的立管均为 *DN*20，支管为 *DN*15；

（9）其余未说明部分，按施工及验收规范有关规定进行。

2. 采暖平面图识读

在首层平面图（图 2.56）中，热力入口设置在靠近⑥轴右侧位置，供回水干管管径均为 *DN*50；供水干管引入室内后，在地沟内敷设，地沟断面尺寸为 500 mm × 500 mm；主立管设置在⑦轴处；在二层平面图（图 2.57）中，供水干管分成两个分支，右侧分支连接 7 根立管，左侧分支连接 8 根立管，干管末端分别设置卧式集气罐，放气管管径为 *DN*15，引至二层水池；首层平面图中回水干管在过门和厕所内局部作地沟；建筑物内各房间散热器均设置在外墙窗下，一层走廊、楼梯间因有外门，散热器设在靠近外门内墙处，二层设置在外窗下；散热器片数标注在散热器旁。

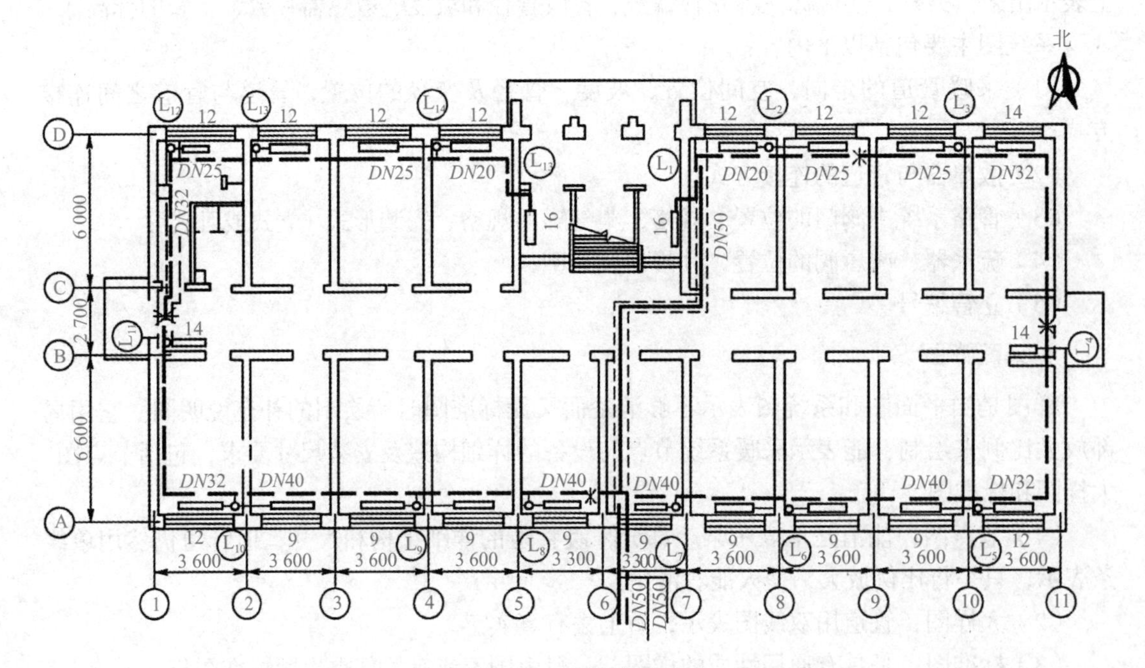

图 2.56　一层采暖平面图

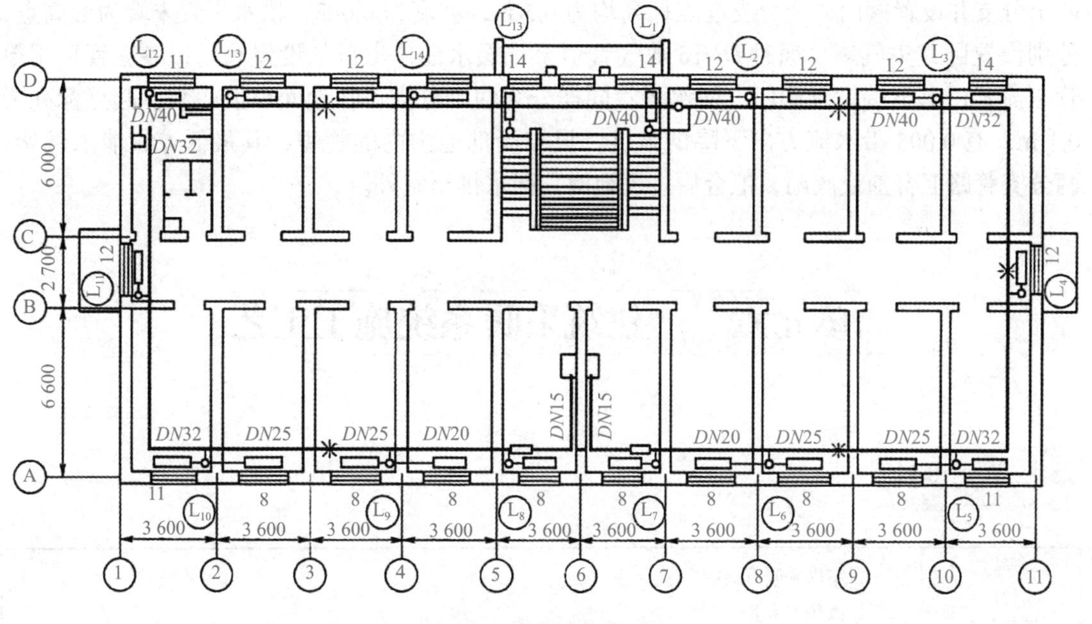

图 2.57　二层采暖平面图

3. 采暖系统图识读

如图 2.58 所示，热力入口供回水总管均为 *DN*50，并设同规格阀门，标高为 –0.900 m；引入室内后，供水总管标高为 –0.300 m，有 0.003 上升的坡度；经主立管引到二层后，分为

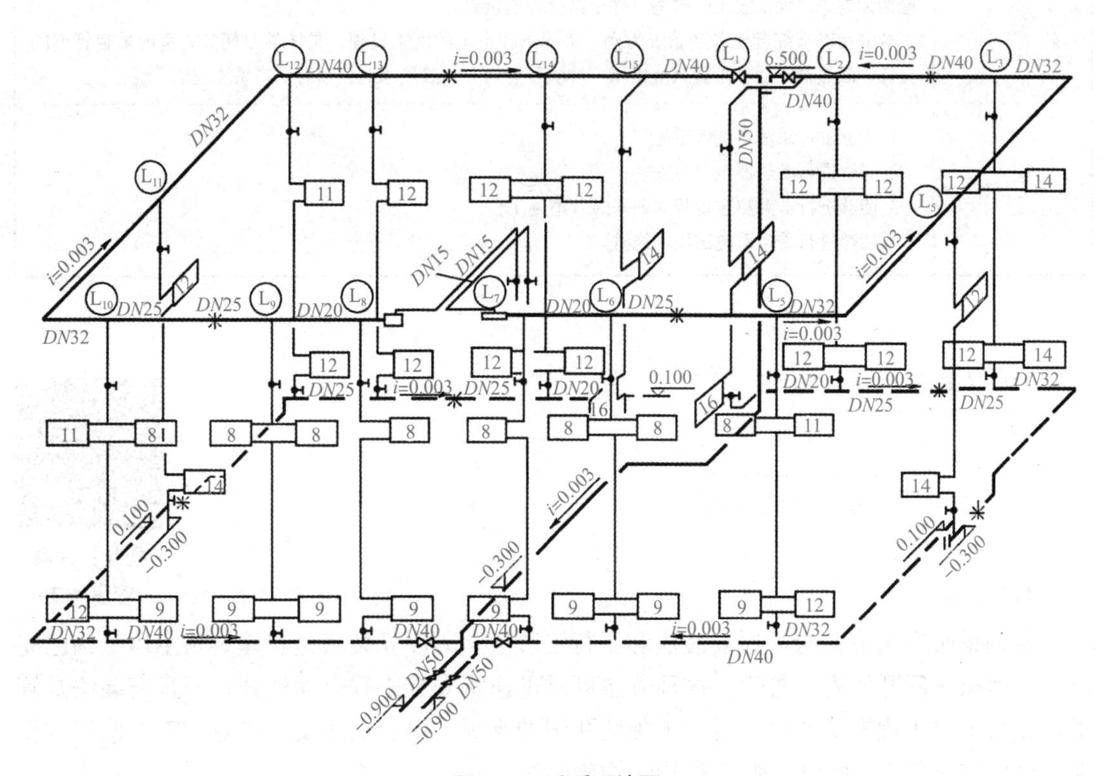

图 2.58　采暖系统图

两个分支并设置阀门，两分支起点标高均为 6.5 m，坡度为 0.003，供水干管末端为最高点，分别设置卧式集气罐，通过 *DN*15 放气管引至二层水池，出口处设置阀门；各立管采用单管顺流式，上下端设置阀门。回水干管同样分为两个分支，在地面以上明装，起点标高为 0.1 m，有 0.003 沿水流方向下降的坡度。设在局部地沟内的管道，其最低点设泄水丝堵；两分支管路汇合前设阀门，汇合后进入地沟，回水排至室外。

单元六　建筑采暖系统施工工艺

单元设计

学习任务	一、室内采暖管道的安装 二、散热器安装 三、采暖系统试压、冲洗和通热 四、低温热水地板辐射采暖系统施工
任务分析	建筑采暖系统施工程序有两种：一种是先安装散热器，再安装干管，最后配立管、支管；另一种是先安装干管、配立管，再安装散热器、配支管。也可以采用散热器和干管同时安装方法，施工进度要与土建进度配合。安装时，应弄清楚管道、散热器与建筑物墙、地面的距离及竣工后的地面标高等，保证竣工时这些尺寸全面符合质量要求。 本单元以某综合楼采暖系统为例，讲述采暖系统的施工过程。具体学习任务有室内采暖管道的安装、散热器安装、采暖系统试压、冲洗和通热、低温热水地板辐射采暖系统施工
学习目标	1. 能够进行采暖系统管道施工； 2. 能够进行散热器组对及安装； 3. 能够进行低温热水地板辐射采暖管道施工； 4. 能够进行采暖系统试压与清洗

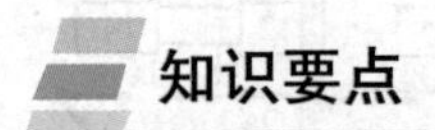

知识要点

一、室内采暖管道的安装

视频：采暖管道施工

1. 施工准备

室内采暖管道安装分顺序安装法和平行安装法。顺序安装法是在建筑物主体结构已完成、墙面抹灰后开始安装管道，这种方法可以迅速将安装工程全面铺开；平行安装法是管道安装与土建工程齐头并进，省去了预留孔洞的麻烦。但与土建交叉作业，工人调配较复杂，容易出现窝工，所以一般多采用顺序施工法。

2. 室内采暖管道安装

室内采暖管道的安装一般是从总管或入口装置开始的，并按总管—干管—立管—支管的施工顺序进行，同时，应在每一部位的管道安装中或安装后使其保持相对稳定。

（1）总管的安装室内采暖总管由供水（汽）总管和回水（凝结水）总管组成，一般并行穿越基础预留孔引入室内。下分式系统总管可敷设于地下室、楼板下或地沟内；上分式系统可将总管由总立管引至顶层屋面下进行安装。

总立管可经竖井敷设或明装，一般由下而上穿预留洞进行安装。立管下部应设置刚性支座支撑，楼层间立管连接的焊口应置于便于焊接的高度。安装一层总立管时，应立即以立管卡或角钢U形管卡固定。立管顶部如分为两个水平干管时，应用羊角弯连接并用固定支架固定，如图2.59所示。

（2）干管安装。干管是供热管及回水管与数根采暖立管相连的水平管道部分。干管要有正确的坡度、坡向，应在室内采暖管道的高点设置放气装置，在其低点设置泄水装置。回水或凝水干管一般应敷设在地下室顶板之下或底层地面以下的地沟内，地沟应设有活动盖板或检修人孔，沟底应有1‰～2‰的坡度，并在最低点设置积水井。

干管安装时，首先将管子调直、刷防锈漆；其次给管子定位放线，安装支架；最后管子进行地面组装、调整、上架连接。

干管变径时，热水采暖系统应采用上平偏心变径，蒸汽采暖系统应采用下平偏心变径。立管位置与变径处距离应为200～300 mm，如图2.60所示。

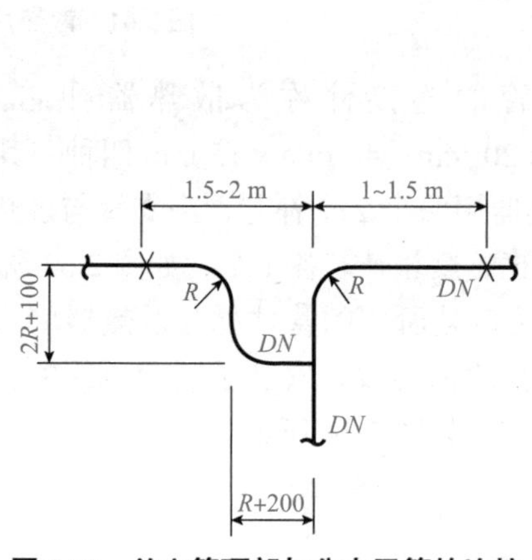

图2.59　总立管顶部与分支干管的连接

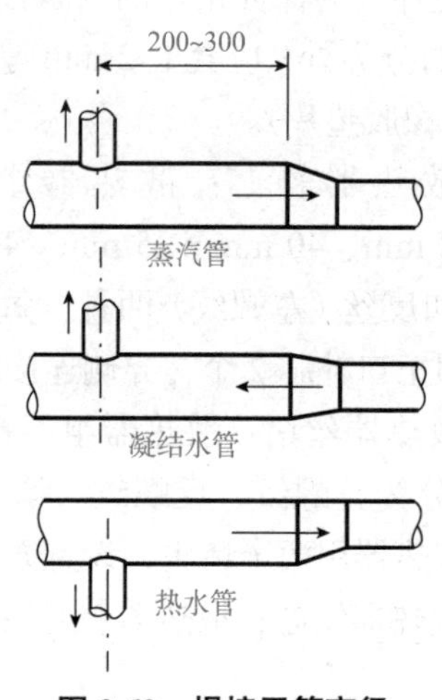

图2.60　焊接干管变径

（3）立管安装。采暖立管有单管、双管两种类型，安装方法有明装、暗装两种形式，立管与散热器支管的连接又可分为单侧和双侧连接，因此，安装前应对照图纸予以明确。采暖立管安装的关键是垂直度和量尺下料的准确性，否则，难以保证散热器支管的坡度。采暖立管宜在各楼层地坪施工完毕或散热器挂装后进行，这样便于立管的预制和量尺下料。

（4）支管安装。散热器支管安装一般是在立管和散热器安装完毕后进行。首先应检查散热器安装位置及立管预留口是否准确，然后量出支管尺寸并进行加工。散热器供、回支管均应设置坡度坡向散热器。散热器支管长度超过1.5 m时，中间应加装一个托钩或管卡固定。支管与散热器的连接必须是可拆卸连接，而不允许焊死。

二、散热器安装

1. 材料准备

（1）散热片的质量检查。散热片在组对前应检查散热器的型号、规格、使用压力是否符合设计要求，钢制散热器应造型美观，丝扣端正，松紧适宜，油漆完好，整组炉片不翘楞。

（2）散热片的除锈、刷油。外表面除锈一般用钢丝刷，接口内螺纹和接口端点的清理常用砂布。对除完锈的散热器片应及时刷一层防锈漆，晾干后再刷一道面漆。刷完漆的散热器片应按内螺纹的正、反扣和上下端有秩序地放好，以便组对。

2. 散热器组对及水压试验

散热器组对材料如下：

（1）散热片：应按设计图纸中的要求准备片数。柱型散热器挂装时，均为中片组对，立地安装时每组至少用两个足片，超过 14 片时应用 3 个足片，且第三个足片应置于散热器组中间。足片和中片如图 2.61 所示。

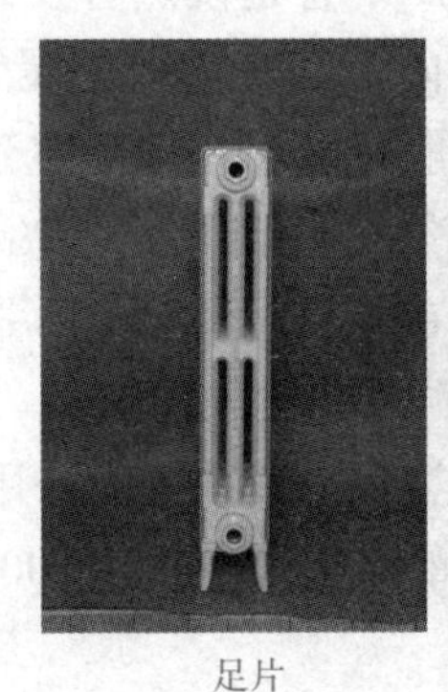
足片

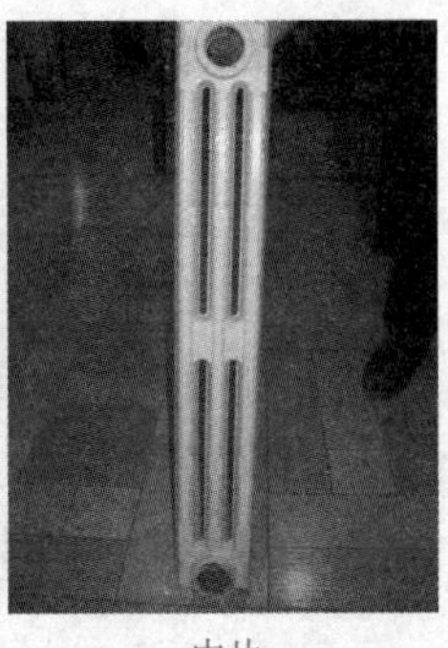
中片

图 2.61　散热片

（2）对丝：散热片的组对连接件称为对丝。对丝的规格为 *DN*40，如图 2.62 所示。

（3）垫片：为保证接口的严密性，对丝的中部（正反螺纹的分界处）应套上 2 mm 厚的石棉橡胶垫片（或耐热橡胶垫片）。

（4）散热器补芯：散热器组与接管的连接件称为散热器补芯。其规格有 40 mm × 32 mm、40 mm × 25 mm、40 mm × 20 mm、40 mm × 15 mm 四种。其螺纹有正丝（右螺纹）和反丝（左螺纹）两种。每组散热器用两个 2 个补芯，当支管与散热器组同侧连接时，均用正口补芯 2 个，异侧连接时，用正、反扣补芯各 1 个，如图 2.63 所示。

（5）散热器丝堵：散热器组不接管的接口处所用的管件称为散热器堵头。其规格为 *DN*40，也分为正螺纹、反螺纹。堵头上钻孔攻内螺纹，安装手动放风阀的，称为放风堵头。每组散热器用两个堵头，设置方式同补芯，如图 2.64 所示。

（6）散热器钥匙：散热器组对用的工具，如图 2.65 所示。

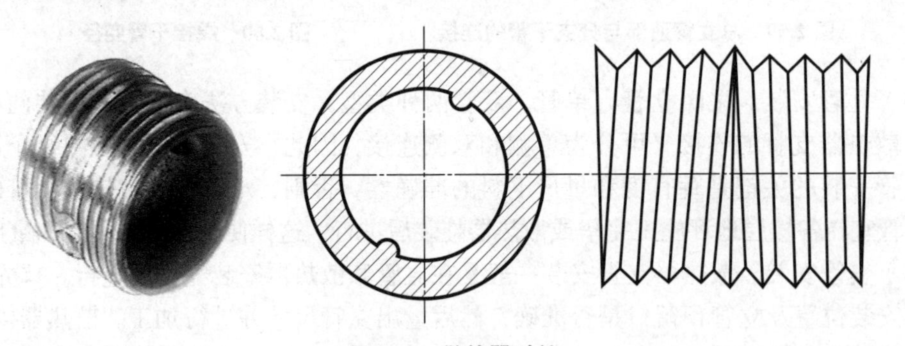

图 2.62　散热器对丝

图 2.63　散热器补芯

图 2.64　散热器丝堵

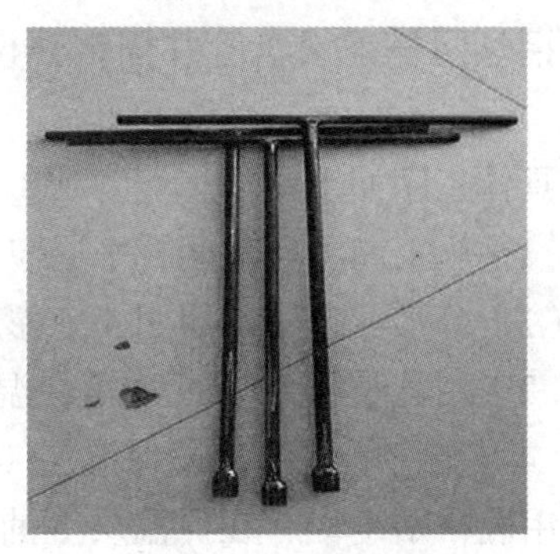

图 2.65　散热器钥匙

组对散热器片前，做好丝扣的选试。组对时两人一组摆好第一片，拧上对丝一扣，套上石棉橡胶垫，将第二片反扣对准对丝，找正后两人各用一手扶住散热片，另一手将对丝钥匙插入对丝内径，先徐徐倒退，然后顺转，使两端入扣，同时缓缓均衡拧紧，照此逐片组对至所需的片数为止。散热器组对完成后，必须做水压试验，合格后方可进行安装。

知识拓展：散热器水压试验技术要求

3. 散热器安装工序

（1）散热器位置确定。散热器的安装位置根据设计要求确定。有外墙的房间，一般将散热器垂直安装在房间外墙下，以抵挡冷空气直接进入室内。散热器底部距离地面不应小于 100 mm，顶端距离窗台板地面不小于 50 mm。散热器中心线应与窗台中心线重合，正面水平，侧面垂直。

（2）托钩和固定卡安装。用錾子或冲击钻等在墙上按画出的位置打孔洞。固定卡孔洞的深度不少于 80 mm，托钩孔洞的深度不少于 120 mm，现浇混凝土墙的深度为 100 mm（使用膨胀螺栓应按膨胀螺栓的要求深度）。用水冲净洞内杂物，填入 M20 水泥砂浆到洞深的一半时，将固卡、托钩插入洞内，塞紧，用画线尺或 $\phi70$ 管放在托钩上，用水平尺找平找正，填满砂浆抹平。

（3）散热器安装。待墙洞混凝土达到有效强度的 75% 后，就可将散热器抬挂在支、托钩上，并轻放。散热器安装应着重强调稳固性，当管道与各散热器组连接好后，与管道一起再刷一道面漆。

三、采暖系统试压、冲洗和通热

知识拓展：采暖系统试压、冲洗和通热技术要求

室内采暖系统按质量标准检查合格后，必须进行系统水压试验、冲洗和通热。

四、低温热水地板辐射采暖系统施工

1. 施工工艺流程及工序

土建结构具备地暖施工作业面→固定分水器、集水器→粘贴边角保温→铺设聚苯板→

铺设钢丝网→铺设盘管并固定→设置伸缩缝、伸缩套管→中间试压→回填混凝土→试压验收。

具体工序如下：

（1）施工前，楼地面找平层应检验完毕。

（2）分水器、集水器用 4 个膨胀螺栓水平固定在墙面上，安装要牢固。

（3）用乳胶将 10 mm 边角保温板沿墙粘贴，要求粘贴平整，搭接严密。

（4）在找平层上铺设保温层（如 2 cm 厚聚苯保温板、保温卷材或进口保温膜等），板缝处用胶粘贴牢固，在保温层上铺设铝箔纸或粘一层带坐标分格线的复合镀铝聚酯膜，保温层要铺设平整。

（5）在铝箔纸上铺设一层 $\phi 2$ 钢丝网，间距为 100 mm × 100 mm，规格为 2 m × 1 m，铺设要严整严密，钢网间用扎带捆扎，不平或翘曲的部位用钢钉固定在楼板上。设置防水层的房间（如卫生间、厨房等）固定钢丝网时不允许打钉，管材或钢网翘曲时应采取措施防止管材露出混凝土表面。

（6）按设计要求间距将加热管（PEX 管、PP-C 管或 PB 管、XPAP 管），用塑料管卡固定在苯板上，固定点间距不大于 500 mm（按管长方向），大于 90° 的弯曲管段的两端和中点均应固定。管子弯曲半径不宜小于管外径的 8 倍。在安装过程中要防止管道被污染，每回路加热管铺设完毕，要及时封堵管口。

（7）检查铺设的加热管有无损伤、管间距是否符合设计要求后，进行水压试验，从注水排气阀注入清水进行水压试验，试验压力为工作压力的 1.5 ～ 2 倍，但不小于 0.6 MPa，稳压 1 h 内压力降不大于 0.05 MPa，且不渗不漏为合格。

（8）辐射供暖地板当边长超过 8 m 或面积超过 40 m^2 时，要设置伸缩缝，缝的尺寸为 5 ～ 8 mm，高度同细石混凝土垫层。塑料管穿越伸缩缝时，应设置长度不小于 400 mm 的柔性套管。在分水器及加热管道密集处，管外用不短于 1 000 mm 的波纹管保护，以降低混凝土热膨胀。在缝隙中填充弹性膨胀膏（或进口弹性密封胶）。

（9）加热管验收合格后，回填细石混凝土，加热管保持不小于 0.4 MPa 的压力；垫层应用人工抹压密实，不得用机械振捣，不允许踩压已铺设好的管道，施工时应派专人日夜看护，垫层达到养护期后，管道系统方允许泄压。

（10）分水器进水处装设过滤器，防止异物进入地板管道环路，水源要选用清洁水。

（11）抹水泥砂浆找平，做地面。

（12）立管与分水器、集水器连接后，应进行系统试压。

2. 检查、调试及验收

（1）中间验收。

1）地板辐射采暖系统，应根据工程施工特点进行中间验收。中间验收过程，从加热管道敷设和分集水器安装完毕进行试压起至混凝土填充层养护期满再次进行时试压止，由施工单位会同建设单位或监理单位进行。

2）加热盘管隐蔽前必须进行试压试验，试验压力为工作压力的 1.5 倍，并不小于 0.6 MPa。

（2）试压。

1）浇捣混凝土填充层之前和混凝土养护期满后，应分别进行系统水压试验。冬季进行水压试验，应采用可靠的防冻措施，或进行气压试验。

2）系统水压试验应符合下列条件：

①热熔连接的管道应在熔接完毕 24 h 后方可进行水压试验；

②水压试验之前，应对试压管道和构件采取安全有效的固定和保护措施；

③试验压力应以系统定点工作压力加 0.2 MPa，且系统定点的工作压力不小于 0.4 MPa。

3）水压试验的步骤：

①经分水器缓慢注水，同时将管道空气排空；

②充满水后，进行水密性检查；

③采用手压泵缓慢升压，升压时间不得小于 15 min；

④ 使用复合管的采暖系统应再试验压力下 10 min 内压力降不大于 0.02 MPa，降至工作压力后检查，不渗、不漏；使用塑料管的采暖系统应再试验压力下 1 h 内压力降不大于 0.05 MPa，然后降压至工作压力的 1.15 倍，稳压 2 h，压力降不大于 0.03 MPa，同时各连接处不渗、不漏。稳定 1 h 后，补压至规定试验压力值，15 min 内压力降不超过 0.05 MPa 为合格。

（3）调试。

1）地板辐射采暖系统未经调试，严禁运行使用。

2）具备采暖条件时，调试应竣工验收前进行，不具备采暖条件时，经与工程建设单位协商，可延期进行调试。

3）调试工作由施工单位在工程使用单位配合下进行，调试前应对管道系统进行冲洗，然后冲热水调试。

4）调试时初次通暖应缓慢升温，先将水温控制为 25 ℃～ 30 ℃ 范围内运行 24 h，以后每隔 24 h 升温不超过 5 ℃，直至达到设计温度。

5）调试过程应持续在设计水温条件下连续采暖 24 h，调节每一环路水温达到正常范围，使各环路的回水温度基本相同。

知识拓展

建筑采暖新技术

1. 太阳能采暖

太阳能采暖是将太阳光能转化为热能进行采暖的方式。太阳能采暖系统是指将分散的太阳能通过集热器（如平板太阳能集热板、真空太阳能管、太阳能热管等吸收太阳能的收集设备）把太阳能转换成方便使用的热水，并将热水输送到发热末端（如地板采暖系统、散热器系统等）为房间采暖的系统。太阳能热水器按其结构形式可分为真空的管式太阳能热水器及平板式太阳能热水器，我国主要应用的是以真空管道式为主的太阳能热水器。

视频：安全施工，节能减排

太阳能取暖设备主要由太阳能集热器（平板太阳能集热器、全玻璃真空管太阳能集热器、热管太阳能集热器、U 形管太阳能集热器等）、储热水箱、控制系统、管路管件及相关辅材、建筑末端散热设备等组成。

太阳能热水器的工作原理是太阳光照射真空管，真空管集热器把水加热，通过循环系统将热水储存在保温水箱中。如图 2.66 所示，集热器可以将水加热到 50 ℃，此时箭头所示为加热水循环，水温可达到系统要求，所以电加热是关闭的状态。水温达到系统要求，通过换热器将热量换到地暖盘管中，再由地面均匀地向室内敷设热量，地板采暖系统如箭头所示进行系统循环。当太阳能集热达不到地暖系统所需温度，开启电加热保证水温，电加热为开启状态。

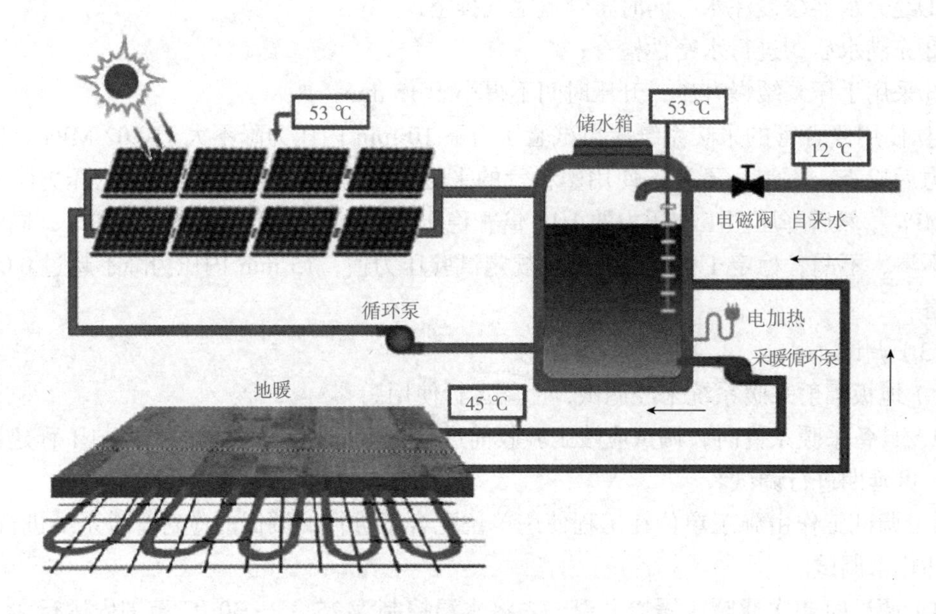

图 2.66　太阳能采暖原理

2. 空气能热泵热水采暖

随着空气能热泵技术的成熟与发展，空气能热泵热水采暖以其良好的节能环保性能逐步走入寻常百姓家。空气能热泵热水采暖的能量主要源于空气中大量的低品位的热量，以少量电力作为驱动力，通过压缩机循环做功，将产生的电能和空气能传递给热水，通过热水提高室内温度，同时保证热水供应。空气能热泵热水采暖之所以节能就是尽可能多地利用空气中的大量免费的空气能，所以选择合适的空气能热泵主机就显得尤为重要，可根据采暖面积和热水供应吨位来选择空气能热泵热水采暖主机，只可大不可小，否则会造成小马拉大车的情况，费电耗时，采暖效果不理想，热水达不到指定温度。

由图 2.67 可知，空气能热泵热水采暖的介质是保温水箱中的水，通过水的循环流动，实现能量的传递，能量来源有电能和空气热能两部分，最高出水温度可达到 60 ℃，之所以选择水作为导热介质，是因为水一方面具有很好的流动性；另一方面水的导热效果理想，采暖温度稳定持续，最接近人体体温的变化，不会因为室内温度的提升，带走空气中大量的水分，造成空气干燥，从而造成人体因为缺水而出现嗓子沙哑、头晕烦闷等各种身体不适。

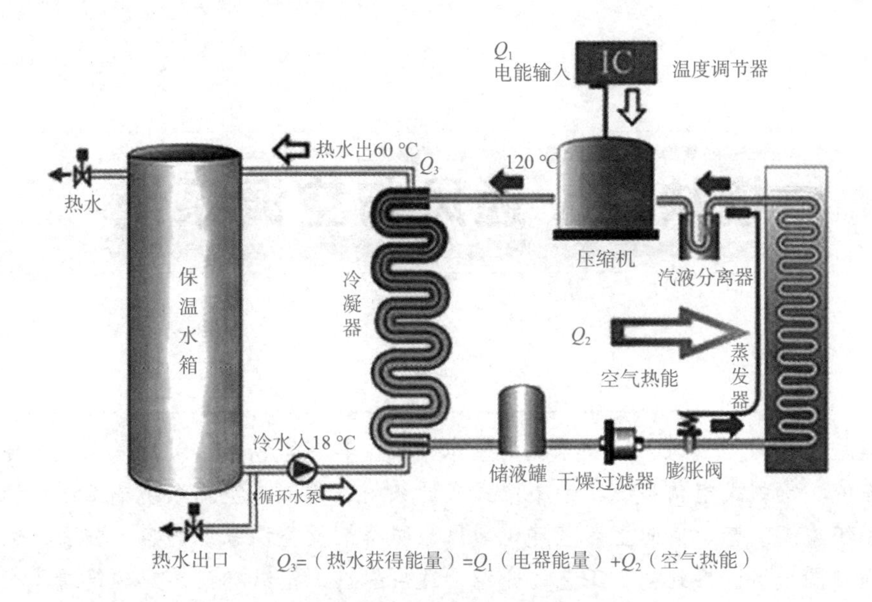

图 2.67　空气能热泵热水采暖原理

3. 地源热泵采暖

地源热泵是以岩土体、地层土壤、地下水或地表水为低温热源，由水地源热泵机组、地热能交换系统、建筑物内系统组成的供热中央空调系统。根据地热能交换系统形式的不同，地源热泵系统可分为地埋管地源热泵系统、地下水地源热泵系统和地表水地源热泵系统。地源热泵是陆地浅层能源通过输入少量的高品位能源（如电能等）实现由低品位热能向高品位热能转移的装置。通常，地源热泵消耗 1 kW · h 的能量，用户可以得到 4 kW · h 以上的热量或冷量。

地源热泵采暖空调系统主要分为室外地源换热系统、地源热泵主机系统和室内末端系统三部分。其工作原理是利用水与地能（地下水、土壤或地表水）进行冷热交换来作为地源热泵的冷热源，冬季把地能中的热量“取”出来，供给室内采暖，此时地能为“热源”；夏季把室内热量取出来，释放到地下水、土壤或地表水中，此时地能为“冷源”（图 2.68）。

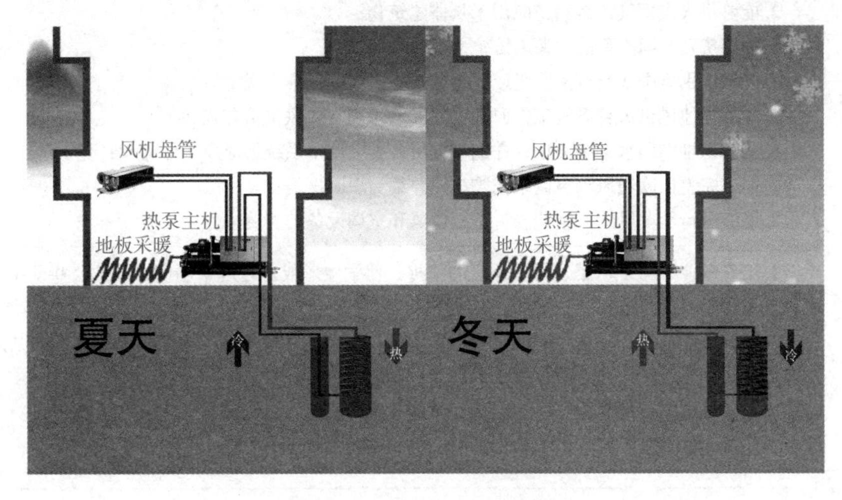

图 2.68　地源热泵采暖原理

模块三　通风与空调系统

模块概述

本模块主要介绍通风、空调系统的基本知识。其内容包括建筑通风系统、建筑防火与排烟系统、集中式空调系统、半集中式空调系统、通风与空调系统施工图识读、通风与空调系统施工工艺。横向上覆盖建筑通风、防排烟及空调系统的各个方面；纵向上从系统认知到图纸识读再到施工工艺的介绍，逐层递进、横纵交错地对建筑通风与空调系统知识体系做了较为全面的介绍。

学习目标

知识目标	1. 理解自然通风作用机理，熟悉机械通风分类和组成； 2. 了解建筑火灾烟气特性，掌握建筑火灾烟气控制措施； 3. 了解空调系统的组成及分类； 4. 掌握集中式空调系统的组成及形式； 5. 掌握风机盘管系统的组成，并熟悉其工作原理、特点及新风供给方式； 6. 熟悉空调水系统类别及其工作流程，并掌握各类别组成； 7. 掌握通风、空调系统施工图的识读方法； 8. 了解风管、空调水、通风和空调设备的施工工艺、安装方法及运行调试
能力目标	1. 能够辨认机械通风系统，并能够说出各组成部分及其特点； 2. 能够将火灾烟气控制措施应用于具体建筑物； 3. 能够辨别不同类型的空调系统； 4. 能够识别集中式空调系统组成，会认知不同类型的集中式空调系统； 5. 能够描述风机盘管系统工作原理，并能够辨别其新风供给方式； 6. 能够识别空调水系统类型，并能够分析各类空调水系统组成及工作流程； 7. 能够完整识读通风、空调系统施工图并编写识图报告； 8. 能够进行简单风管、空调水管道、通风和空调设备的安装操作
素质目标	1. 培养敬业、勇于奉献、勇于承担的精神，使学生形成遵守规章制度，维护公共秩序，敬畏生命的意识； 2. 体会节能减排、绿色生态的重要性，增强人与自然环境和谐共生意识，明确人类共同发展进步的历史担当； 3. 对通风、空调的新设备、新工艺、节能技术等探索，从而培养大胆突破、勇于创新、不断攀升的精神

知识体系

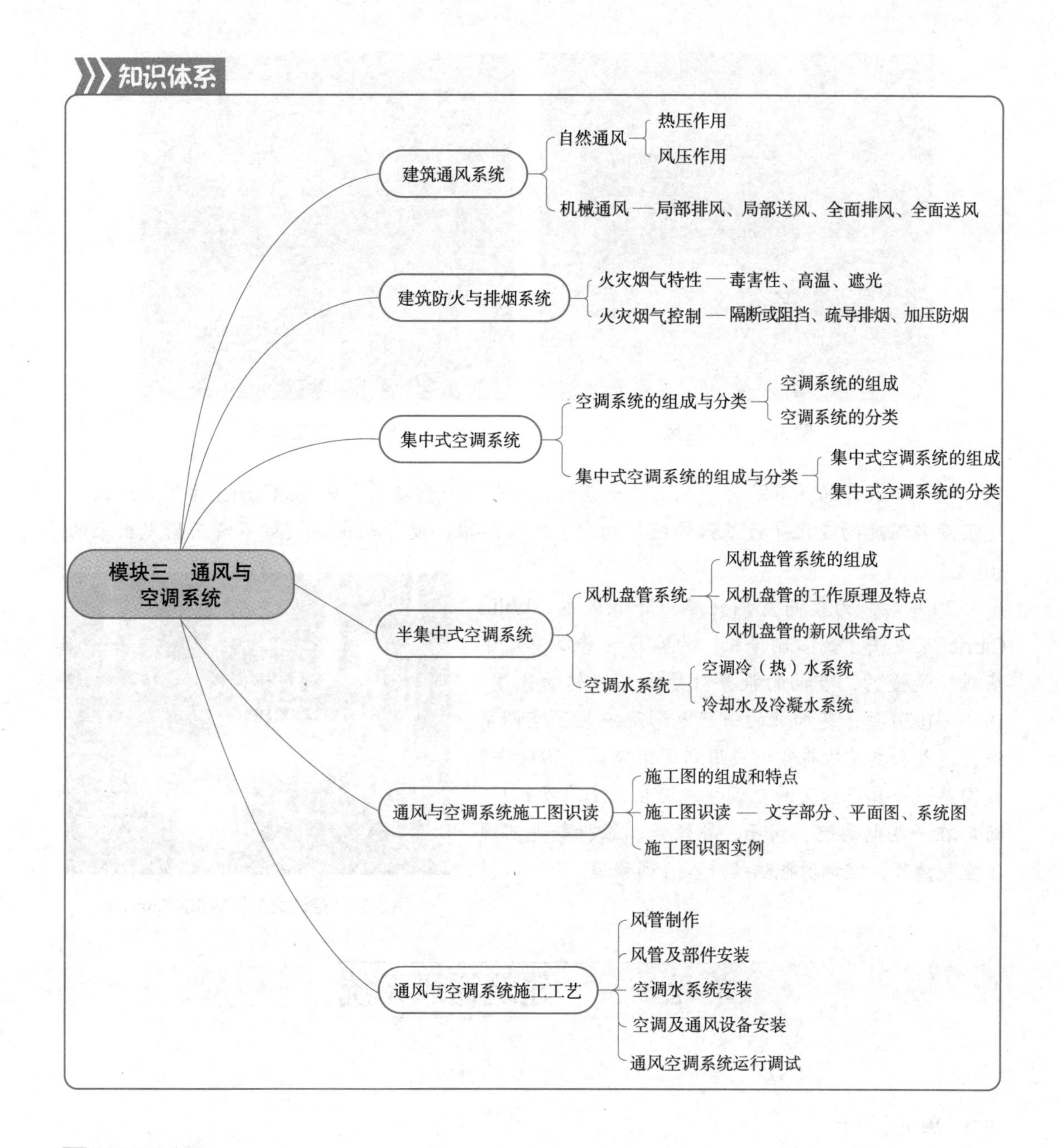

模块导入

有趣的空调演化史

曾经，为了能躲避炎炎夏日，原始人只能选择躲避于天然洞穴或下河游泳、冲凉来解决酷暑问题。后来，到了封建王朝时代，权贵们不再需要自己动手，有仆人扇风（图 3.1）。在西汉时期长安有名的机械师丁缓发明了七轮扇，这是在一个轮轴上装有 7 个扇轮的风扇，以人力推动机轮运转（图 3.2）。

而后西方的第一次工业革命各种工业大发展，半自动风扇于 1830 年发明，一开始是机械发条结构驱动，有了电之后，风扇工艺随之改革。

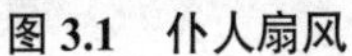

图 3.1　仆人扇风

图 3.2　宫廷风扇

空调，最开始并不是为了人生产出来的，而是“空调之父”Willis Carrier 为了防止因空气湿度与温度的变化导致纸张伸缩不均匀、定位不准，使印刷出品模糊不清而研发出来的（图 3.3）。

20 年后，为提高空调效率、降低成本，Willis Carrier 又发明了离心制冷机，为空调的普及奠定了基础。慢慢的，空调的服务对象由工业转为民用。1919—1920 年，芝加哥的一家电影院安装了空调系统，这是人类首次将空调应用到民用建筑。1931 年，我国第一个真正意义的空调系统诞生在上海纺织厂，随后在一些电影院、商场、餐饮店、银行等也实现了空气调节，空调器也陆续进入普通家庭。

图 3.3　“空调之父”Willis Carrier

单元一　建筑通风系统

单元设计

学习任务	一、自然通风 二、机械通风
任务分析	本单元以某综合楼通风空调系统为例，对通风空调系统的组成、原理、形式等进行分析。 通风空调系统分析应首先了解通风空调系统的目的及种类；然后分析通风空调系统的组成及原理，选择系统所需要的材料和设备；最后进行通风空调系统布置
学习目标	通过本单元的学习，能够分析通风系统的组成和原理，分析不同系统的特点及适用性；能够分析民用建筑防火、排烟系统组成及特点

知识要点

通风是将被污染的空气直接或经净化后排出室外，把新鲜空气补充进来，使室内达到符合卫生标准及满足生产工艺的要求。通风的主要目的是置换室内的空气，改善室内空气品质，是以建筑物内的污染物为主要控制对象的。

对民用建筑，发热量小、污染轻的工业厂房，通常只要求室内空气新鲜、清洁，并在一定程度上改善室内空气温度、湿度及流速，可通过开窗换气，穿堂风处理即可。

通风根据换气方法不同可分为排风和送风。排风是在局部地点或整个房间把不符合卫生标准的污染空气直接或经过处理后排至室外；送风是把新鲜或经过处理的空气送入室内。

对于为排风和送风设置的管道及设备等装置分别称为排风系统和送风系统，统称为通风系统。

另外，如果按照系统作用的范围大小还可分为全面通风和局部通风两类。通风方法按照空气流动的作用动力可分为自然通风和机械通风两种。

一、自然通风

自然通风是在自然压差作用下，使室内外空气通过建筑物围护结构的孔口流动的通风换气。根据压差形成的机理，可分为热压作用下的自然通风、风压作用下的自然通风，以及热压和风压共同作用下的自然通风。

视频：建筑通风方式

1. 热压作用下的自然通风

热压是由于室内外空气温度不同而形成的重力压差，如图 3.4 所示。这种以室内外温度差引起的压力差为动力的自然通风，称为热压差作用下的自然通风。

热压作用产生的通风效应又称为“烟囱效应”。“烟囱效应”的强度与建筑高度和室内外温差有关。一般情况下，建筑物越高，室内外温差越大，“烟囱效应”越强烈。

2. 风压作用下的自然通风

当风吹过建筑物时，在建筑的迎风面一侧压力升高了，相对于原来大气压力而言，产生了正压；在背风侧产生涡流及在两侧空气流速增加，压力下降了，相对原来的大气压力而言，产生了负压。

建筑在风压作用下，具有正值风压的一侧进风，而在负值风压的一侧排风，这就是在风压作用下的自然通风。通风强度与正压侧与负压侧的开口面积及风力大小有关，如图 3.5 所示。

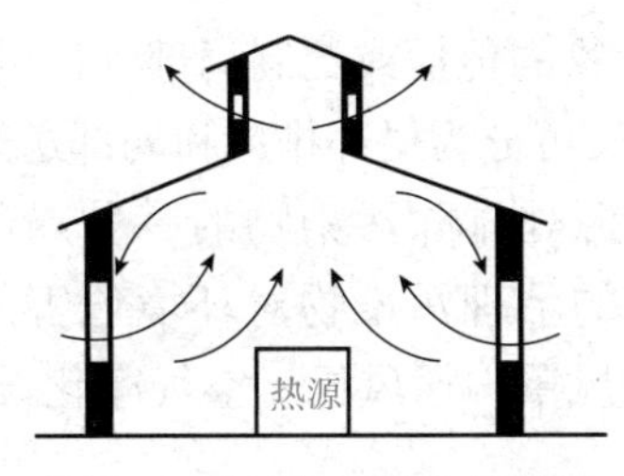

图 3.4　热压作用的自然通风

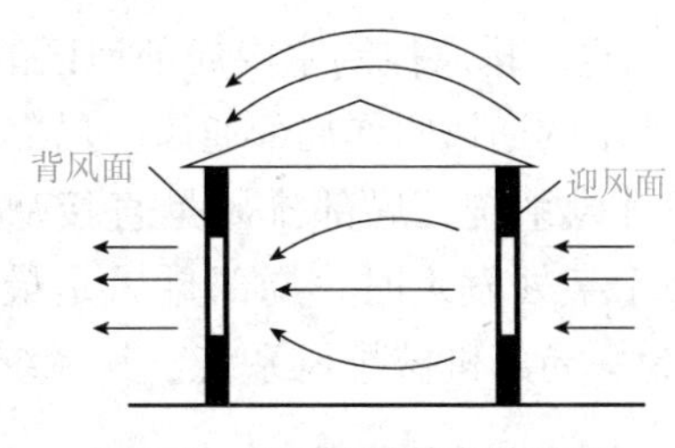

图 3.5　风压作用的自然通风

3. 热压和风压共同作用下的自然通风

热压和风压共同作用下的自然通风可以简单地认为它们是效果叠加的。设有一建筑，室内温度高于室外温度。当热压和风压共同作用时，在下层迎风侧进风量增加了，下层的背风侧进风量减少了，甚至可能出现排风；上层的迎风侧排风量减少了，甚至可能出现进风，上层的背风侧排风量加大了；在中和面附近迎风面进风、背风面排风（图 3.6）。

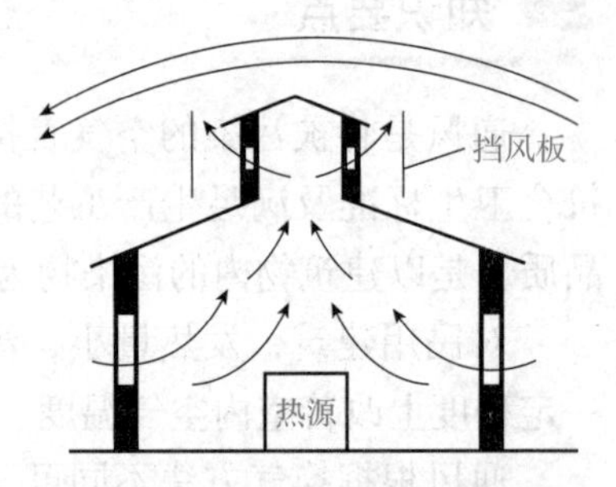

图 3.6　利用风压和热压的自然通风

建筑中压力分布规律究竟谁起主导作用呢？实测及原理分析表明：对于高层建筑，在冬季（室外温度低）时，即使风速很大，上层的迎风面房间仍然是排风的，热压起了主导作用；高度低的建筑，风速受邻近建筑影响很大，因此也影响了风压对建筑的作用。

风压作用下的自然通风与风向有着密切的关系。由于风向的转变，原来的正压区可能变为负压区，而原来的负压区可能变为正压区。风向是不受人的意志所控制的，并且大部分城市的平均风速较低。因此，由风压引起的自然通风的不确定因素过多，无法真正应用风压的作用原理来设计有组织的自然通风。

二、机械通风

依靠通风机提供的动力来迫使空气流通来进行室内外空气交换的方式叫作机械通风。

与自然通风相比，机械通风具有以下优点：送入车间或工作房间内的空气可以经过加热或冷却、加湿或减湿的处理；从车间排除的空气，可以进行净化除尘处理，保证工厂附近的空气不被污染；按能够满足卫生和生产所要求造成房间内人为的气象条件；可以将吸入的新鲜空气按照需要送到车间或工作房间内各个地点，同时，也可以将室内污浊的空气和有害气体从产生地点直接排除到室外；通风量在一年四季中都可以保持平衡，不受外界气候的影响，必要时，根据车间或工作房间内生产与工作情况，还可以任意调节换气量。

但是，机械通风系统中需设置各种空气处理设备、动力设备（通风机），各类风道、控制附件和器材，故初次投资和日常运行维护管理费用远大于自然通风系统；另外，各种设备需要占用建筑空间和面积，并需要专门人员管理，通风机还将产生噪声。

机械通风可根据有害物分布的状况，按照系统作用范围大小可分为局部通风和全面通风两类。局部通风包括局部送风系统和局部排风系统；全面通风包括全面送风系统和全面排风系统。

1. 局部通风

利用局部的送、排风控制室内局部地区的污染物的传播或控制局部地区的污染物浓度达到卫生标准要求的通风叫作局部通风。局部通风又可分为局部排风和局部送风。

（1）局部排风系统。局部排风是直接从污染源处排除污染物的一种局部通风方式。当污染物集中于某处发生时，局部排风是最有效的治理污染物对环境危害的通风方式。如图 3.7 所示为一局部机械排风系统。其系统由排风罩、通风机、空气净化设备、风管和排风帽组成。

（2）局部送风系统。在一些大型的车间中，尤其是有大量余热的高温车间，采用全面通风已经无法保证室内所有地方都达到适宜的程度。在这种情况下，可以向局部工作地点送风，造成对工作人员温度、湿度、清洁度合适的局部空气环境，这种通风方式叫作局部送风。直接向人体送风的方法又称岗位吹风或空气淋浴。如图 3.8 所示为车间局部送风系统，是将室外新风以一定风速直接送到工人的操作岗位，使局部地区空气品质和热环境得到改善。

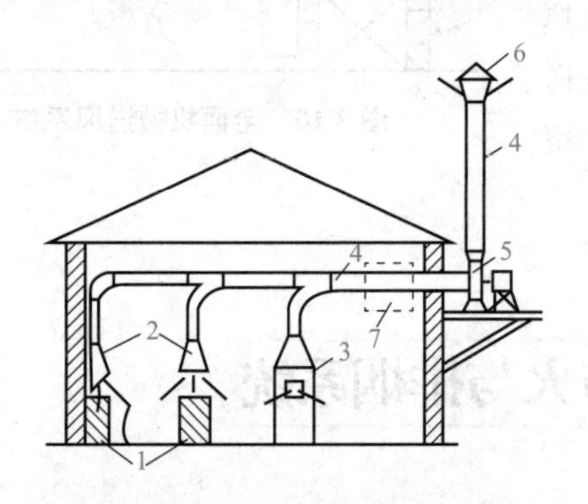

图 3.7　局部机械排风系统

1—工艺设备；2—局部排气罩；3—局部排气柜；4—风道；5—通风机；6—排风帽；7—排气处理装置

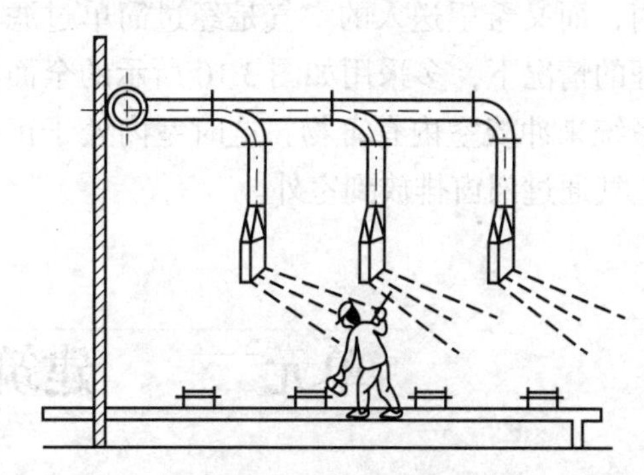

图 3.8　局部送风系统

2. 全面通风

全面通风又称稀释通风，原理是向某一房间送入清洁新鲜空气，稀释室内空气中的污染物的浓度，同时，把含污染物的空气排放到室外，从而使室内空气中污染物的浓度达到卫生标准的要求。

全面通风适用于有害物产生位置不固定的地方；面积较大或局部通风装置影响操作；有害物扩散不受限制的房间或一定的区段。这就是允许有害物散入室内，同时引入室外新鲜空气稀释有害物浓度，使其降低到合乎卫生要求的允许浓度范围，然后从室内排出去。

全面通风包括全面送风和全面排风，两者可同时或单独使用。单独使用时需要与自然送、排风方式相结合。

（1）全面排风。为了使室内产生的有害物尽可能不扩散到其他区域或邻室去，可以在有害物比较集中产生的区域或房间采用全面机械排风。如图 3.9 所示就是全面机械排风。

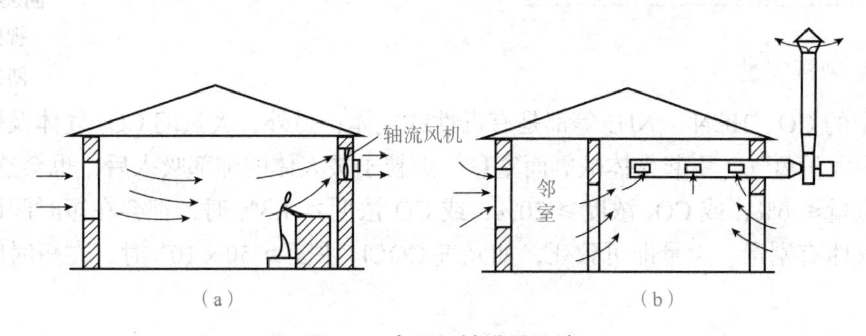

图 3.9　全面机械排风系统

（a）墙上设轴流风机；（b）室内设排风装置

如图 3.9（a）所示为在墙上装有轴流风机的最简单全面排风。图 3.9（b）所示为室内设有排风口，含尘量大的室内空气从专设的排气装置排入大气的全面机械排风系统。

（2）全面送风。当不希望邻室或室外空气渗入室内，而又希望送入的空气是经过简单过滤、加热处理的情况下，多采用如图 3.10 所示的全面机械送风系统来冲淡室内有害物，这时室内处于正压，室内空气通过门窗排放到室外。

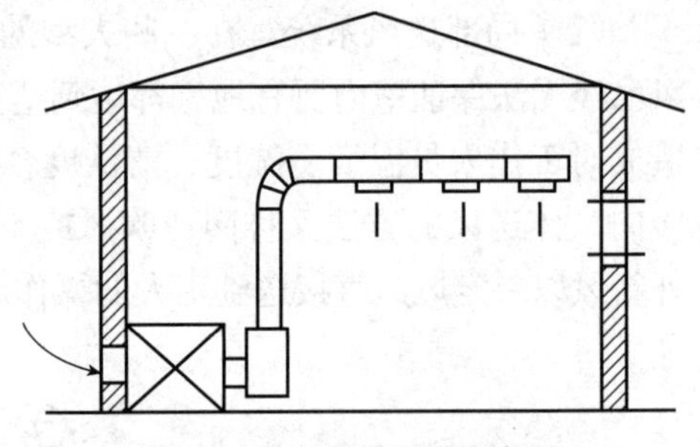

图 3.10　全面机械送风系统

单元二　建筑防火与排烟系统

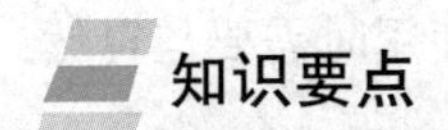

单元设计

学习任务	一、建筑火灾烟气的特性分析 二、火灾烟气控制
任务分析	建筑火灾烟气是造成人员伤亡的主要原因，因为烟气的有害成分或缺氧使人直接中毒或窒息死亡；烟气的遮光作用又使人逃生困难而被困于火灾区；烟气的高温危害会导致金属材料强度降低，进而导致结构倒塌，人员伤亡。烟气不仅造成人员伤亡，也给消防队员扑救带来困难。本单元首先了解火灾烟气的特性，在此基础上，学习火灾烟气控制的方法
学习目标	通过本单元的学习，了解火灾烟气的特性，掌握控制火灾中烟气的几种方式

知识要点

视频：建筑防排烟系统

一、建筑火灾烟气的特性分析

1. 烟气的毒害性

烟气中的 CO、HCN 、NH_3 等都是有毒性的气体；另外，大量的 CO_2 气体及燃烧后消耗了空气中大量氧气，引起人体缺氧而窒息。烟粒子被人体的肺部吸入后，也会造成危害。空气中含氧量≤ 6%，或 CO_2 浓度≥ 20%，或 CO 浓度≥ 1.3% 时，都会在短时间内致人死亡。有些气体有剧毒，少量即可致死，如光气 $COCl_2$ 浓度≥ 50×10^{-6} 时，在短时间内就能致人死亡。

2. 烟气的高温危害

火灾时，物质燃烧产生大量热量，使烟气温度迅速升高。火灾初起（5 ～ 20 min）烟气温度可达 250 ℃；随后由于空气不足，温度有所下降；窗户爆裂后，燃烧加剧，短时间内温度可达 500 ℃。燃烧的高温使火灾蔓延，使金属材料强度降低，导致结构倒塌，人员伤亡。高温还会使人昏厥、烧伤。

3. 烟气的遮光作用

当光线通过烟气时，致使光强度减弱，能见距离缩短，称为烟气的遮光作用。能见距离是指人肉眼看到光源的距离。能见距离缩短不利于人员的疏散，使人感到恐慌，造成局面混乱，自救能力降低；同时，也影响消防人员的救援工作。实际测试表明，在火灾烟气中，对于一般发光型指示灯或窗户透入光的能见距离仅为 0.2 ～ 0.4 m，对于反光型指示灯仅为 0.07 ～ 0.16 m。如此短的能见距离，不熟悉建筑物内部环境的人就无法逃生。

建筑火灾烟气是造成人员伤亡的主要原因。火灾发生时应及时对烟气进行控制，并在建筑物内创造无烟（或烟气含量极低）的水平和垂直的疏散通道或安全区，以保证建筑物内人员安全疏散或临时避难和消防人员及时到达火灾区扑救。

二、火灾烟气控制

烟气控制的主要目的是在建筑物内创造无烟或烟气含量极低的疏散通道或安全区。

烟气控制的实质是控制烟气合理流动，也就是使烟气不流向疏散通道、安全区和非着火区，而向室外流动，主要方法有隔断或阻挡、疏导排烟和加压防烟。

1. 隔断或阻挡

墙、楼板、门等都具有隔断烟气传播的作用。

所谓防火分区，是指用防火墙、楼板、防火门或防火卷帘等分隔的区域，可以将火灾限制在一定局部区域内（在一定时间内），不使火势蔓延。

所谓防烟分区，是指在设置排烟措施的过道、房间中用隔墙或其他措施（可以阻挡和限制烟气的流动）分隔的区域，防烟分区在防火分区中分隔。防火分区、防烟分区的大小及划分原则参见《建筑设计防火规范（2018 年版）》（GB 50016—2014）。如图 3.11 所示为用梁或挡烟垂壁阻挡烟气流动。

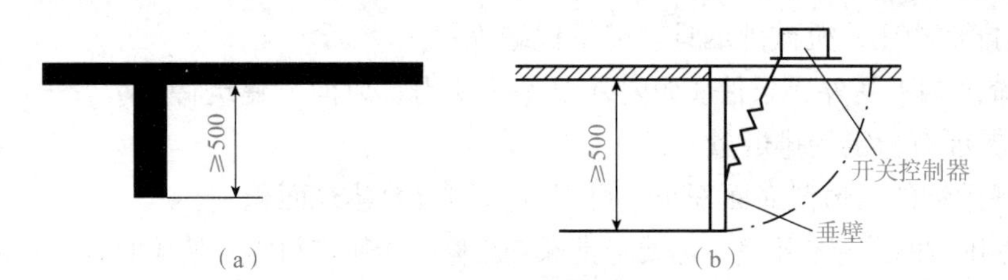

图 3.11　用梁和挡烟垂壁阻挡烟气流动

（a）下凸≥ 500 mm 的梁；（b）可活动的挡烟垂壁

2. 疏导排烟

利用自然或机械作用力将烟气排到室外，称为排烟。利用自然作用力的排烟称为自然排烟；利用机械（风机）作用力的排烟称为机械排烟。

排烟的部位有着火区和疏散通道两类。着火区排烟的目的是将火灾发生的烟气（包括空气受热膨胀的体积）排到室外，降低着火区的压力，不使烟气流向非着火区，以利于着火区的人员疏散及救火人员的扑救。对于疏散通道的排烟是为了排除可能侵入的烟气，以保证疏散通道无烟或少烟，以利于人员安全疏散及救火人员通行。

（1）自然排烟。自然排烟是利用热烟气产生的浮力、热压或其他自然作用力使烟气排出室外。这种排烟方式设施简单，投资少，日常维护工作少，操作容易；但排烟效果受室外很多因素的影响与干扰，并不稳定，因此它的应用有一定限制。虽然如此，在符合条件时宜优先采用。

自然排烟有两种方式：一是利用外窗或专设的排烟口排烟；二是利用竖井排烟。

如图 3.12（a）所示是利用可开启的外窗进行排烟。如果外窗不能开启或无外窗，可以专设排烟口进行自然排烟，如图 3.12（b）所示。图 3.12（c）所示是利用专设的竖井进行排烟，即相当于专设一个烟囱。

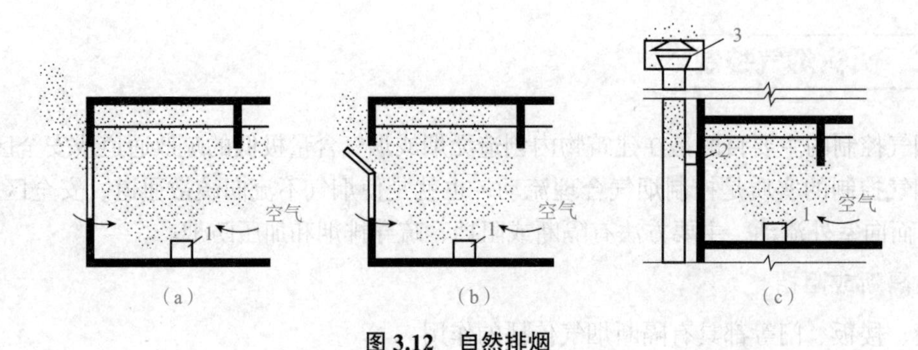

图 3.12 自然排烟

（a）利用可开启外窗排烟；（b）利用专设排烟口排烟；（c）利用竖井排烟

1—火源；2—排烟口；3—排烟帽

自然排烟是利用热烟气产生的浮力、热压或其他自然作用力使烟气排出室外。这种排烟方式实质上是利用烟囱效应的原理。

（2）机械排烟。当火灾发生时，利用风机做动力向室外排烟的方法叫作机械排烟。机械排烟系统实质上就是一个排风系统。

与自然排烟相比，机械排烟具有以下优缺点：

1）机械排烟不受外界条件（如内外温差、风力、风向、建筑特点、着火区位置等）的影响，而能保证有稳定的排烟量。

2）机械排烟的风道截面面积小，可以少占用有效建筑面积。

3）机械排烟的设施费用高，需要经常保养维修，否则有可能在使用时因故障而无法启动。

4）机械排烟需要有备用电源，防止火灾发生时正常供电系统被破坏而导致排烟系统不能运行。

5）机械排烟系统通常负担多个房间或防烟分区的排烟任务，它的总风量不像其他排风系统那样将所有房间风量叠加起来。

3. 加压防烟

加压防烟是用风机把一定量的室外空气送入一房间或通道内，使室内保持一定压力或门洞处有一定流速，以避免烟气侵入。图 3.13 所示是加压防烟的两种情况。其中，图 3.13（a）是当门关闭时房间内保持一定正压值，空气从门缝或其他缝隙处流出，防止了烟气的侵入；图 3.13（b）是当门开启时送入加压区的空气以一定风速从门洞流出，阻止烟气流入。

（a）　（b）

图 3.13　加压防烟

（a）门关闭；（b）门打开

通过上述两种情况可以看到，为了阻止烟气流入被加压的房间，必须达到两点要求：一是门开启时，门洞有一定向外的风速；二是门关闭时，房间内有一定正压值。这也是设计加压送风系统的两条原则。

单元三　集中式空调系统

单元设计

学习任务	一、空调系统的组成与分类 二、集中式空调系统的组成与分类
任务分析	集中式空调系统是主要用于公共建筑的一类空调系统，学习这部分内容对于熟悉空调系统十分重要。本单元首先是对空调系统认识，了解其定义、组成、分类；其次是对集中式空调系统的认识，从其组成部分出发，到其不同的类别，对集中式空调的认知为后续学习空调系统识图和施工工艺奠定了基础
学习目标	1. 掌握空调系统的基本组成； 2. 熟悉空调系统各种分类方法，并能辨别不同类型的空调系统； 3. 能够辨别集中式空调系统各组成部分，并会分析各部分作用； 4. 掌握集中式空调系统的三种类型

知识要点

对某一房间或空间内的温度、湿度、洁净度和空气流速等进行调节与控制，并提供足够量的新鲜空气的系统，简称空调系统。空调系统可实现对建筑热湿环境、空气品质进行全面控制，其包含了采暖和通风的部分功能。

视频：集中式空调系统

一、空调系统的组成与分类

1. 空调系统的组成

（1）工作区（也称为空调区）。工作区通常是指距离地面 2 m、距离墙面 0.5 m 以内的空间。在此空间内，应该保持所要求的室内空气参数。

（2）空气处理设备。空气处理设备是对空气进行加热、冷却、加湿、减湿等热湿处理和净化的设备，如喷水室、表面式换热器、电加热器、加湿器、冷冻减湿机、空气过滤器等。

（3）空气输送和分配设备。空气输送设备的作用是不断地将空气处理设备处理好的空气输送到空调房间，并不断地从空调房间排出空气，主要由送风机、回风机、送风管、回风管及风量调节装置组成。

空气分配设备的作用是合理地组织空调房间的空气流动，保证空调房间工作区内的空气温度、湿度均匀一致，主要由送风口和回风口等组成。

（4）处理空气所需的冷热源。处理空气所需的冷热源是指为空气处理提供冷量和热量的设备，主要有冷冻站、冷水机组、锅炉等。冷热能量的输送和分配设施由水泵、冷热水管道、阀门等组成。

2. 空调系统的分类

随着空调技术的不断发展和新的空调设备不断推出，空调系统的种类日益增多。空调系统的分类方法也有许多。下面主要介绍几种常用的分类。

（1）按空气处理设备的设置情况分类。

1）集中式空调系统。集中式空调系统的空气处理设备中的过滤器、喷水室、加热器，以及风机、水泵等都集中设在专用的机房内，空气处理后经风道输送到各空调房间，其处理的空气量大、有集中的冷源和热源、运行可靠、便于管理和维修，但机房占地面积较大。其主要用于工业建筑、公共建筑。

2）半集中式空调系统。半集中式空调系统除设有集中在空调机房的空气处理设备处理一部分空气外，另一部分处理设备（末端装置）设置在空调房间。它们可以对室内空气进行就地处理或对来自集中处理设备的空气进行补充处理，以满足不同房间对送风状态的不同要求，多用于宾馆、办公楼等民用公共建筑。

3）分散式空调系统。分散式空调系统又称局部空调系统，是将冷（热）源、空气处理、空气输送及分配设备、风机等组装在一个空调机组内，组成整体式或分体式等空调机组，可根据需要，灵活、方便地布置在不同的空调房间，如窗式空调器、立式空调柜等。该系统主要用于办公楼、住宅等民用建筑。

（2）按负担室内负荷所用的介质分类。

1）全空气系统。全空气系统是指空调房间的室内负荷全部由经过处理的空气来承担的空调系统，如图 3.14（a）所示。由于空气的比热容较小，需要用较多的空气量才能达到消除余热余湿的目的，因此要求有较大断面的风道，占用建筑空间较多。全空气系统可分为定风量式系统（单风道式、双风道式）和变风量式系统。

2）全水系统。全水系统是指空调房间的热湿负荷全部靠水作为冷热介质来承担的空调系统，如图 3.14（b）所示。由于水的比热容比空气大得多，所以在相同条件下只需较小的水量，这样输送管道所占用的空间较少。但是仅靠水来消除余热余湿并不能解决房间的通风换气问题，室内空气品质较差，因而通常不单独采用这种方法。

3）空气—水系统。由空气和水共同负担空调房间热湿负荷的空调系统称为空气—水系统，如图 3.14（c）所示。该系统有效地解决了全空气系统占用建筑空间大和全水系统中空调房间通风换气的问题。

4）冷剂系统。冷剂系统是将制冷系统的蒸发器直接放在空调房间来吸收余热余湿，常用于分散安装的局部空调机组，如图 3.14（d）所示。

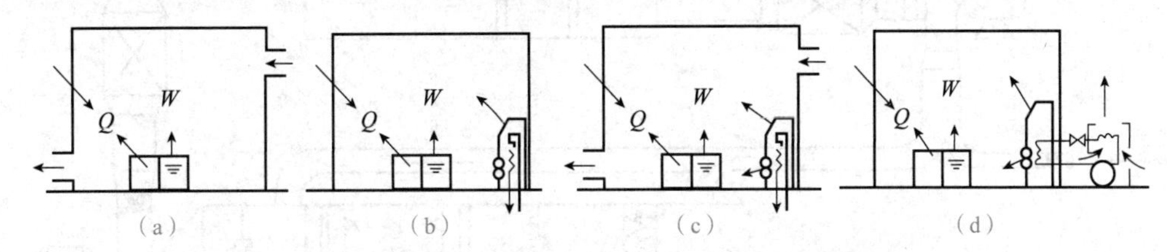

图 3.14　按负担室内负荷所用的介质分类的空调系统

（a）全空气系统；（b）全水系统；（c）空气—水系统；（d）冷剂系统

Q—热负荷；*W*—湿负荷

二、集中式空调系统的组成与分类

集中式空调系统属于典型的全空气系统。该系统的特点是服务面大，处理空气多，便于集中管理。但其往往只能送出同一参数的空气，难于满足用户的不同要求。从经济角度看，它适宜于满负荷运行的大型场所，如体育场馆、剧场、商场等。

1. 集中式空调系统的组成

集中式空调系统一般由空气处理设备、空气输送设备、空气分配装置和冷热源等四个基本部分组成，如图 3.15 所示。

（1）空气处理设备。空气处理设备主要包括过滤器、预热器、表面式换热器、喷水室、再热器等。它们的作用是对空气进行净化过滤和热湿处理，使室内空气达到预定的温度、湿度和洁净度。

（2）空气输送设备。空气输送部分主要包括送风机、回风机、风管系统和安装在风管上的风道调节阀、防火阀、消声器、风机减震器等配件。它们的作用是将经处理的空气按照要求输送到各空调房间，并从空调房间抽回或排出一定量的室内空气，实现室内的通风换气，保证室内空气品质。

（3）空气分配装置。空气分配装置主要包括设置在空调房间不同位置的各类送风口。其作用是合理地组织室内空气流动，保证工作区（一般是 2 m 以下的空间）内的温度和相对湿度均匀一致，空气流速不致过大，以免对室内的工作人员和生产形成不良的影响。

（4）冷热源设备。空气处理设备对空气进行制冷或制热时所需的冷量或热量，就由冷热源设备提供。冷源设备主要是各种冷水机组；热源设备主要有锅炉、电加热器等。

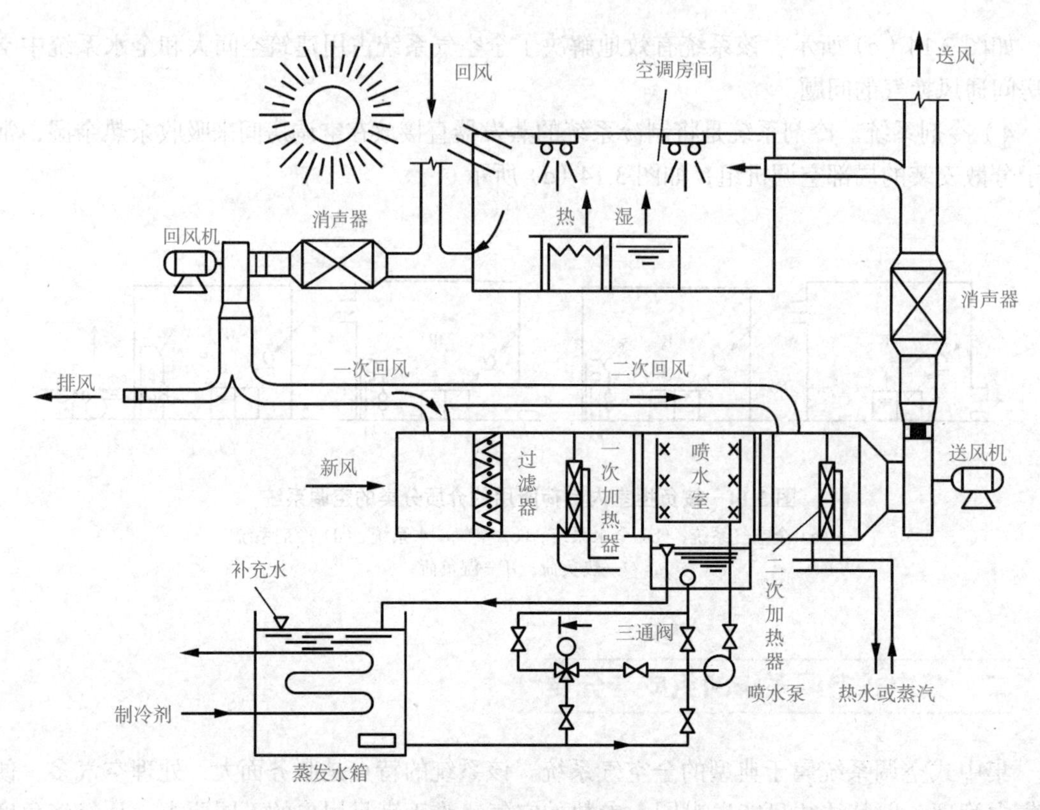

图 3.15　集中式空调系统

2. 集中式空调系统的分类

集中式空调系统根据所处理的空气来源不同，可分为封闭式、直流式和混合式三种。

（1）封闭式系统。封闭式系统所处理的空气全部来自空调房间本身，没有室外空气补充，全部为再循环空气。因此，房间和空气处理设备之间形成了一个封闭环路，如图 3.16（a）所示。该系统冷、热消耗量最省，但室内卫生效果差。它只适用于密闭空间且无法（或不需）采用室外空气的场合，如无人或很少有人进出但又需保持一定温湿度的库房等。当室内有人长期停留时，必须考虑空气的补充。

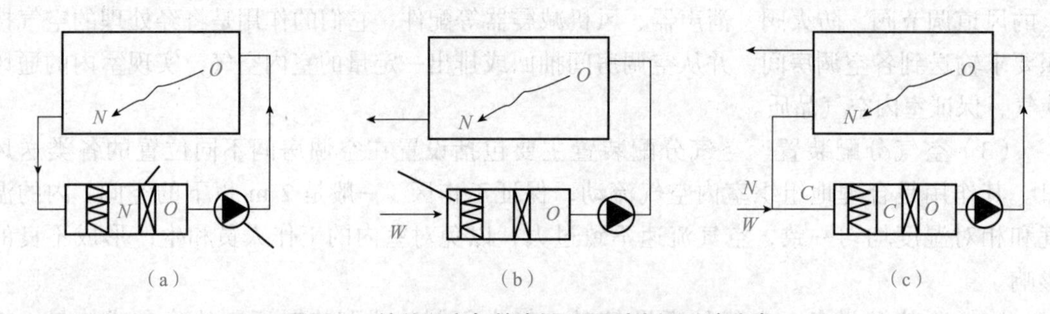

图 3.16　按处理空气的来源不同对空调系统分类

(a) 封闭式；(b) 直流式；(c) 混合式

（2）直流式系统。直流式系统所处理的空气全部来自室外，经处理后送入室内，消除余热、余湿后全部排至室外，如图 3.16（b）所示。该系统耗能最多，但卫生效果好。这种系统适用于不允许采用回风的场合，如产生剧毒物质、病菌及散发放射性有害物的房间等。

（3）混合式系统。封闭式系统不能满足卫生要求，直流式系统不经济，所以两者都只在特定情况下使用，对于绝大多数场合，往往需要综合两者的特点，采用室外空气混合一部分室内空气的混合式系统。如图 3.16（c）所示，将室外空气（新风）和室内再循环空气（回风）经混合后进行过滤，以及冷却、减湿（夏季）或加热、加湿（冬季）等各种处理，以达到符合要求的空调送风状态，然后由风机送入各空调房间。该系统既能满足卫生要求，又经济合理，故应用最广。

混合式系统又可分为一次回风系统和二次回风系统。将回风全部引至空气处理设备之前与室外空气混合，称为一次回风，如图 3.17（a）所示。将回风分为两部分，一部分引至空气处理设备之前；另一部分引至空气处理设备之后，称为二次回风系统，如图 3.17（b）所示。在相应条件下，后者比前者经济、节能，但室内卫生条件相对较差。

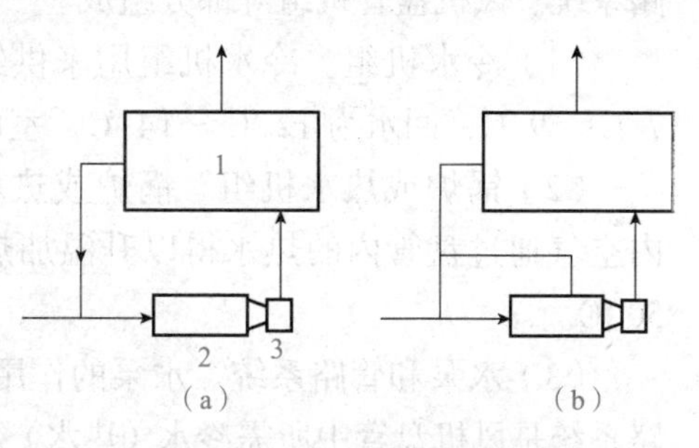

图 3.17　混合式空调系统

（a）一次回风系统；（b）二次回风系统
1—空调房间；2—空调机组；3—送风机

单元四　半集中式空调系统

单元设计

学习任务	一、风机盘管系统 二、空调水系统
任务分析	半集中式空调系统是广泛用于宾馆、办公楼这类民用公共建筑的空调系统，这部分内容的学习与集中式空调系统同样重要。本单元首先是对典型半集中式空调—风机盘管系统的认识，了解其组成、工作原理、特点及新风供给方式；其次是对空调水系统的认知，熟悉空调系统中各类水系统。对风机盘管及空调水系统的掌握为后续学习空调系统识图和施工工艺奠定了基础
学习目标	1. 掌握风机盘管系统组成，并能够说出各组成作用； 2. 能够描述风机盘管系统的工作原理，了解其特点； 3. 能够辨别风机盘管机组的新风供给方式，并能分析各方式特点； 4. 能够分辨不同类型的空调水系统； 5. 掌握冷（热）水、冷却水系统的组成，熟悉其工作流程

知识要点

半集中式空调系统是在克服集中式和分散式空调系统的缺点而取其优点的基础上发展起来的。其主要包括诱导器系统和风机盘管系统两种。这里着重介绍目前得到广泛应用的风机盘管系统。

视频：半集中式空调系统

一、风机盘管系统

1. 风机盘管系统的组成

风机盘管空调系统如图 3.18 所示。其主要由冷水机组、锅炉或热水机组、水泵及其管路系统、风机盘管机组等部分组成。

（1）冷水机组。冷水机组用来供给风机盘管需要的低温水，制备的冷水温度一般为 7 ℃～ 9 ℃，回水为 12 ℃～ 14 ℃，室内空气通过盘管内的低温水得以降温冷却。

（2）锅炉或热水机组。锅炉或热水机组用于供给风机盘管制热时所需要的热水，室内空气通过盘管内的热水得以升温加热。空调用热水温度一般为 60 ℃，回水温度一般为 50 ℃。

（3）水泵和管路系统。水泵的作用是为冷水（热水）在制冷（热）系统中提供动力。管路系统是风机盘管中所需冷水（热水）循环的通道，有双管、三管和四管系统。目前我国使用较广泛的是双管系统。

（4）风机盘管机组。风机盘管机组是半集中式空调系统的末端装置。它由风机、冷热盘管（换热器）及电动机、空气过滤器、室温调节器和箱体组成，如图 3.19 所示。

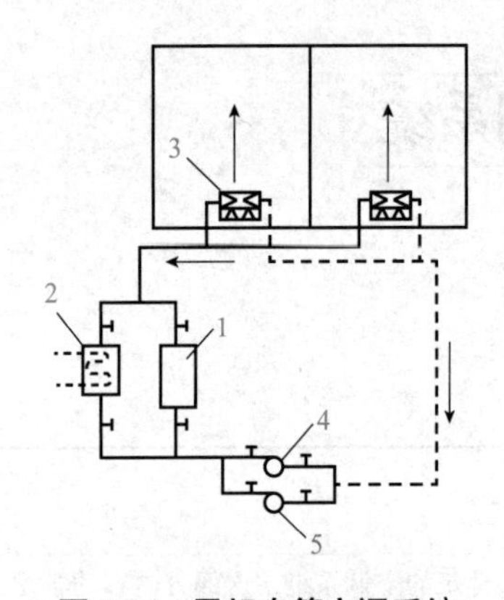

图 3.18 风机盘管空调系统

1—冷水机组；2—换热器；
3—风机盘管机组；4、5—循环水泵

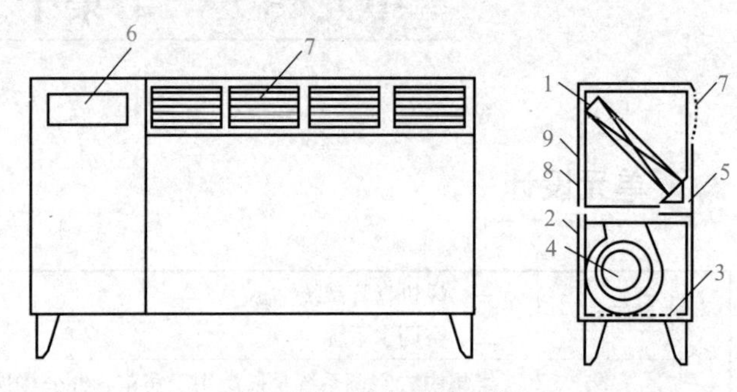

图 3.19 风机盘管机组

1—盘管；2—电动机；3—循环进风口；4—风机；5—凝水盘；
6—控制器；7—出风格栅；8—吸声材料；9—箱体

2. 风机盘管的工作原理及特点

风机盘管机组的工作是借助机组中的风机不断地循环室内空气，使之通过盘管被冷却或加热，以保持室内有一定的温度、湿度。盘管使用的冷水和热水，由集中冷源和热源供应。机组有变速装置，可调节风量，以达到调节冷（热）和噪声的目的。

风机盘管系统的优点是冷源和热量集中，便于维护和管理；布置灵活方便，易与装饰装修工程配合；各房间能独立调节，互不影响；各房间之间空气互不串通；机组定型化、规格化，易于选择和安装。该系统的缺点是风机盘管机组布置分散，维护管理不便；机组没有新风系统同时工作时，冬季室内相对湿度偏低，故不能用于全年室内湿度有要求的地方；空气过滤效果差；水系统复杂，容易漏水；盘管冷热兼用时，容易结垢，不易清洗。

3. 风机盘管的新风供给方式

风机盘管机组的新风供给方式主要有以下三种：

（1）靠室内机械排风渗入新风［图 3.20（a)］。室内不设新风系统，靠设在浴室或厕所等处的机械排风在房间内形成负压，促使新风经门窗缝隙渗入室内。该新风供给方式投资和运行费用经济，但新风量无法控制，室内卫生条件差；室内温度、湿度分布不均匀。它仅适用于室内人少、旧建筑物布置新风管困难等场合。

（2）墙洞引入新风［图 3.20（b)］。在风机盘管机组背后的墙壁上开设新风引入口，并用短管与机组相连，就地引入新风。这种方式投资省，节约建筑空间，但随着新风负荷的变化，室内参数将直接受到影响，而且新风口破坏建筑物立面，增加室内污染和噪声。它只适用于室内参数要求不高的场合。

（3）独立的新风系统。将室外新风处理到一定参数后，由风管系统直接送入各房间［图 3.20（c)］，或送入风机盘管机组中［图 3.20（d)］。风机盘管加独立新风系统是目前应用比较广泛的。该系统具有布置、调节和运行灵活，各房间可独立调节，噪声较小，占建筑空间少，室内无人时可停止运行，经济节能等优点。但其也有机组分散设置，台数多时，维护管理工作量大，因有凝水产生，故需经常清理，否则易产生霉菌等缺点。

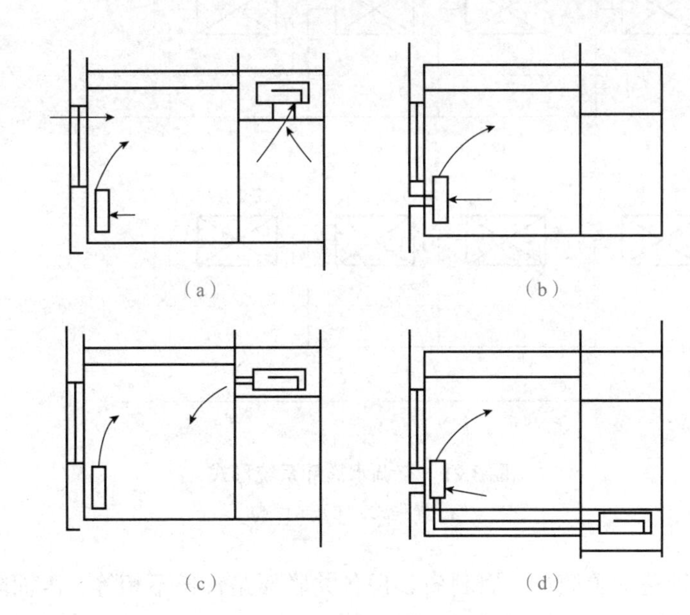

图 3.20　风机盘管新风供给方式

(a) 室外渗入新风；(b) 墙洞引入新风；(c) 独立新风系统（上部送入）；(d) 独立新风系统送入风机盘管

二、空调水系统

通过对集中式、半集中式空调系统的学习，空调工程除采用空气作为热传递的介质外，还常采用水作为热传递的介质，通过水管路系统将冷、热源产生的冷、热量输送给各种空调设备，并最终将这些冷、热量提供给空调房间。

视频：空调水系统

空调水系统一般包括冷（热）水系统、冷却水系统和冷凝水系统。

1. 空调冷（热）水系统

冷（热）水系统是指将冷冻站或锅炉房提供的冷水或热水送至空调机组或末端空气处理设备的水路系统。其承担了空调系统的冷热负荷，系统组成较复杂，投资及运行费用都较高。冷（热）水系统由空调冷冻水系统和空调热水系统组成。

空调冷（热）水系统有多种形式，下面主要介绍两类形式。

（1）双管制和四管制。

1）双管制：采用两根水管，一根供水管，一根回水管。冬季供热水，夏季供冷水。

2）四管制：设两根供水管，两根回水管。其中一组供冷水，一组供热水。

四管制初期投资高，但若采用建筑物内部热源的热泵提供热量时，运行很经济，且容易满足不同房间的空调要求（如有的房间要供冷，有点要供热）。所以多用于对舒适性要求很高的场合。双管制由于系统简单实用、投资少，在我国高层建筑中得到广泛应用。

（2）异程式与同程式。风机盘管分设在各个房间内，按其并联于供水干管和回水干管的各机组的循环管路，总长是否相等，可分为异程式与同程式两种，如图 3.21 所示。

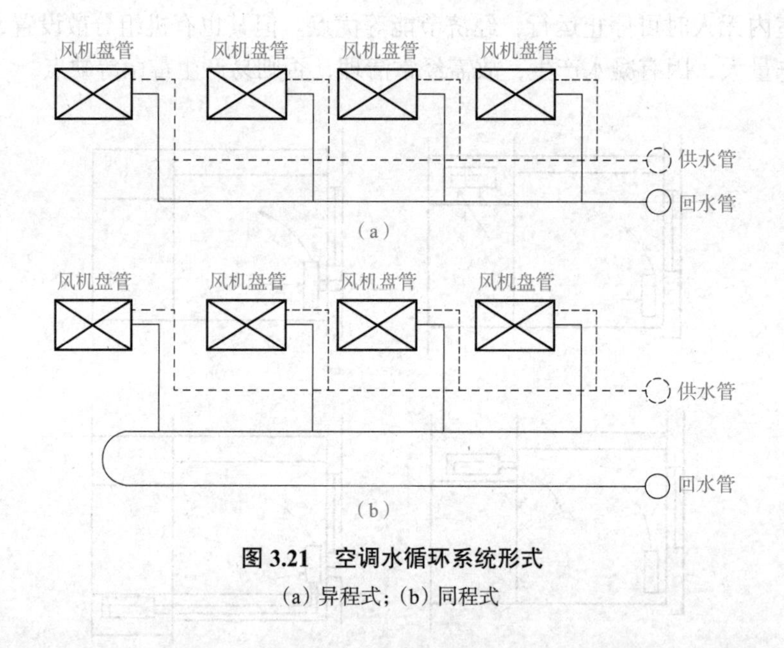

图 3.21　空调水循环系统形式

（a）异程式；（b）同程式

1）异程式：管路配置简单，管材省，但各并联环路管长不相等，因而阻力不等，流量分配不平衡，增加了初次调整的困难。

2）同程式：各并联环路管长相等，阻力大致相同，流量分配较平衡，可减少初次调整的困难，但初期投资相对较高。

2. 冷却水及冷凝水系统

（1）冷却水系统。冷却水系统是指将冷冻机中冷凝器的散热带走的水系统。对于风冷式冷冻机组，则不需要冷却水系统，它是专为水冷式冷水机组或水冷直接蒸发式空调机组而设置的。

冷却水系统按供水方式可分为直流供水系统和循环冷却水系统两种。直流供水系统的冷却水经过冷凝器等用水设备后，直接排入原水体（不得造成污染），一般适用于水源水量充足（如有丰富的江、河、湖泊等地面水源或地下水源）的地方；循环冷却水系统是将通过冷凝器后的温度较高的冷却水，经过降温处理后再送入冷凝器循环使用的冷却系统。冷却水循环使用，只需要补充少量补给水。

目前的民用建筑特别是高层民用建筑，大量采用循环水冷却方式，以节省水资源。利用循环水冷却的冷却水系统组成如图 3.22 所示。循环冷却水系统是用水管将制冷机冷凝器和冷却塔、冷却水泵等串联组成的循环水系统。

来自冷却塔的较低温度的冷却水（通常为 32 ℃），经冷却水泵加压后进入冷水机组，带走冷凝器的散热量。高温的冷却回水（通常为 37 ℃）重新送至冷却塔上部喷淋。由于冷却塔风扇的运转，使冷却水在喷淋下落过程中，不断与塔下部进入的室外空气进行热湿交换，冷却后的水落入冷却塔集水盘，由水泵重新送入冷水机组循环使用。

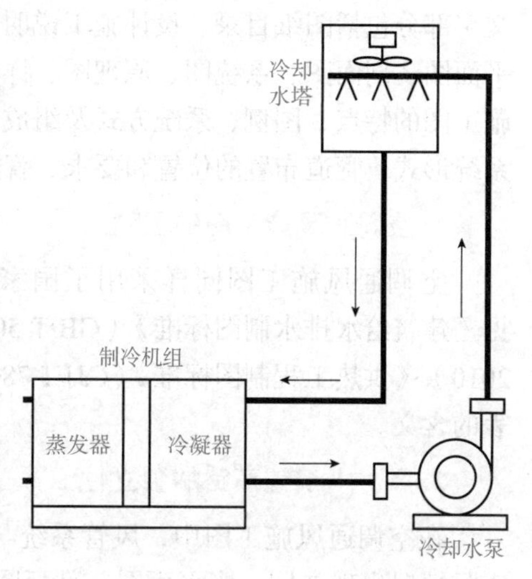

图 3.22 冷却水系统组成

（2）冷凝水系统。夏季，各种空调设备（如风机盘管、新风机组、组合式空调机组）的表冷器表面温度通常低于空气的露点温度，因而表面会结露，产生凝结水汇集在设备的集水盘中，需用水管将空调器底部的集水盘与下水管或地沟连接，以及时排放集水盘所接的冷凝水。这些排放空调器表冷器表面因结露形成的冷凝水的水管就组成了冷凝水排放系统。

单元五 通风与空调系统施工图识读

单元设计

学习任务	一、通风与空调施工图的组成和特点 二、通风与空调施工图识读 三、空调施工图识图实例
任务分析	本单元从了解通风空调施工图的组成及特点出发，对文字说明部分、平面图、风管系统图等部分图纸识读，并以实际通风空调系统为例，对通风空调施工图进行识读，从而掌握整套通风空调图纸的识读方法及识读要点
学习目标	1. 熟悉通风、空调施工图的组成及特点； 2. 能够认知通风、空调系统中的图例； 3. 掌握通风、空调图纸文字部分、系统图、平面图的识读方法及要点； 4. 能够识读整套空调工程施工图

知识要点

一、通风与空调施工图的组成和特点

视频：通风空调系统施工图识读

通风与空调工程施工图一般由两大部分组成，即文字部分和图纸部分。文字部分包括图纸目录、设计施工说明、设备及主要材料表，图纸部分包括平面图、剖面图、系统图、原理图、详图等。识读时，应首先熟悉通风空调施工图的特点、图例、系统方式及组成，然后进行识读。识图中应重点关注系统形式、管道布置的位置和要求、管道安装的要求。

1. 空调通风施工图的图例

空调通风施工图同样采用了国家规定的统一的图例符号来表示，其施工图图例详见《建筑给水排水制图标准》（GB/T 50106—2010）、《暖通空调制图标准》（GB/T 50114—2010）、《供热工程制图标准》（CJJ/T 78—2010）。阅读前，应首先了解并掌握图例符号所代表的含义。

2. 风、水系统环路的独立性

在空调通风施工图中，风管系统与水管系统（包括冷冻水、冷却水系统）按照它们的实际情况出现在同一张平面图、剖面图中，但是在实际运行中，风系统与水系统具有相对独立性。因此，在阅读施工图时，首先将风系统与水系统分开阅读，然后综合起来。

3. 风、水系统环路的完整性

空调通风系统无论是水管系统还是风管系统，都可以称为环路，这就说明风、水管系统总是有一定来源，并按一定方向，通过干管、支管，最后与具体设备相接，多数情况下又将回到它们的来源处，形成一个完整的系统，如图 3.23 所示。

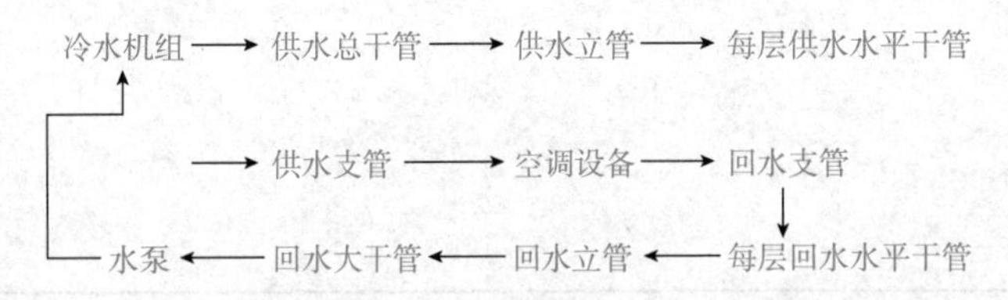

图 3.23　冷媒管道系统

可见，系统形成了一个循环往复的完整环路。可以从冷水机组开始阅读，也可以从空调设备处开始，直至经过完整的环路又回到起点。

风管系统同样可以写出如图 3.24 所示的环路。

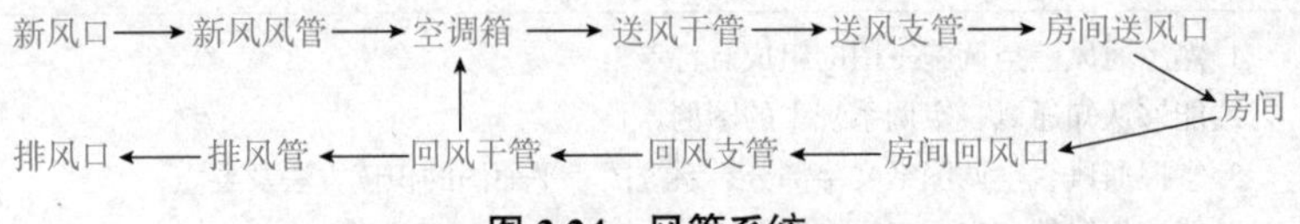

图 3.24　风管系统

对于风管系统，可以从空调箱处开始阅读，逆风流动方向看到新风口，顺风流动方向看到房间，再至回风干管、空调箱，再看回风干管到排风管、排风口这一支路。也可以从房间处看起，研究风的来源与去向。

4. 空调通风系统的复杂性

空调通风系统中的风管系统与水管系统在空间的走向往往是纵横交错，在平面图上很难表示清楚，因此，空调通风系统的施工图中除大量的平面图、立面图外，还包括许多剖面图与系统图，它们对读懂图纸有重要帮助。

5. 与土建施工的密切性

空调通风系统中的设备、风管、水管及许多配件的安装都需要土建的建筑结构来容纳与支撑，因此，在阅读空调通风施工图时，要关注与土建的配合，并及时对土建施工提出要求。

二、通风与空调施工图识读

1. 图纸目录与设备材料表识读

通过识读图纸目录可了解该套图纸包含的所有图纸名称、图号、工程号、图幅大小、备注等。识读《设备材料表》可清楚该工程包含的主要设备与材料的型号、数量、具体要求等。

2. 设计施工说明识读

设计施工说明包括采用的气象数据、空调通风系统的划分及具体施工要求等。具体地说，主要包括以下内容：

（1）空调通风系统的建筑概况。

（2）空调通风系统采用的设计气象参数。

（3）空调房间的设计条件。包括冬季、夏季的空调房间内空气的温度、相对湿度（或湿球温度）、平均风速、新风量、噪声等级、含尘量等。

（4）空调系统的划分与组成。包括系统编号、系统所服务的区域、送风量、设计负荷、空调方式、气流组织等。

（5）空调系统的设计运行工况（只有要求自动控制时才有）。

（6）风管系统。包括统一规定、风管材料及加工方法、支吊架要求、阀门安装要求、减振做法、保温等。

（7）水管系统。包括统一规定、管材、连接方式、支吊架做法、减振做法、保温要求、阀门安装、管道试压、清洗等。

（8）设备。包括制冷设备、空调设备、供暖设备、水泵等的安装要求及做法。

（9）油漆。包括风管、水管、设备、支吊架等的除锈、油漆要求及做法。

（10）系统调试和试运行方法及步骤。

（11）应遵守的施工规范、规定等。

3. 平面图及剖面图识读

平面图包括建筑物各层面各空调通风系统的平面图、空调机房平面图、制冷机房平面图等。

（1）空调通风系统平面图。空调通风系统平面图主要说明通风空调系统的设备、系统风道、冷热媒管道、凝结水管道的平面布置。在本单元“三、空调施工图现图实例”中将通过实例详细介绍其识读方法。

（2）空调机房平面图。如图 3.25 所示为某大楼底层空调机房平面图。

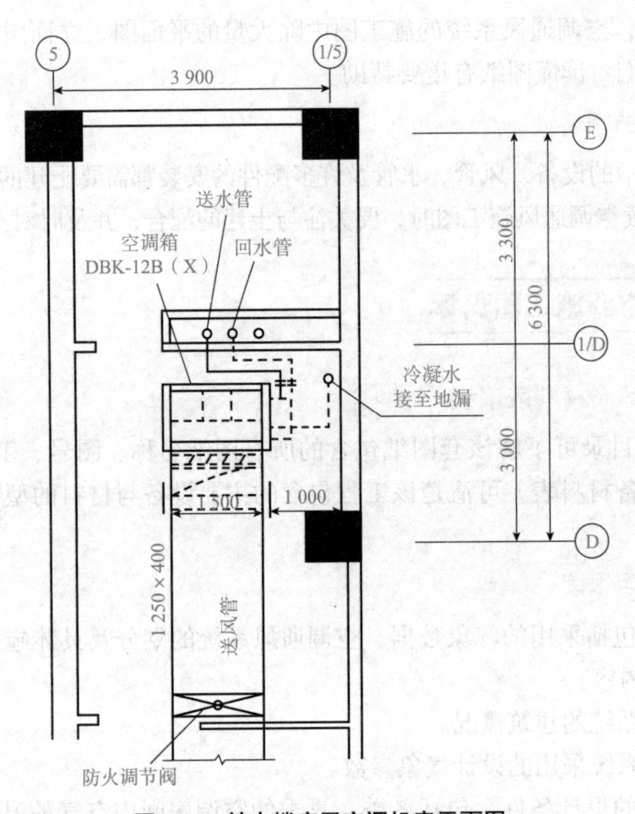

图 3.25　某大楼底层空调机房平面图

空调机房平面图一般包括以下内容：

1）空气处理设备。注明按标准图集或产品样本要求所采用的空调器组合段代号，空调箱内风机、加热器、表冷器、加湿器等设备的型号、数量，以及该设备的定位尺寸。

2）风管系统。用双线表示，包括与空调箱相连接的送风管、回风管、新风管。

3）水管系统。用单线表示，包括与空调箱相连接的冷、热媒管道及凝结水管道。

4）尺寸标注。包括各管道、设备、部件的尺寸大小、定位尺寸。

其他的还有消声设备、柔性短管、防火阀、调节阀门的位置尺寸等。

（3）冷冻机房平面图。冷冻机房与空调机房是两个不同的概念。冷冻机房内的主要设备为空调机房内的主要设备（空调箱）提供冷媒或热媒。也就是说，与空调箱相连接的冷、热媒管道内的液体来自冷冻机房，而且最终又回到冷冻机房。因此，冷冻机房平面图的内容主要有制冷机组的型号与台数、冷冻水泵和冷凝水泵的型号与台数、冷（热）媒管道的布置，以及各设备、管道和管道上的配件（如过滤器、阀门等）的尺寸大小和定位尺寸。

（4）剖面图识读。剖面图总是与平面图相对应的，用来说明平面图上无法表明的情况。因此，与平面图相对应的空调通风施工图中剖面图主要有空调通风系统剖面图、空调通风机房剖面图和冷冻机房剖面图等。具体剖面和位置，在平面图上都有说明。剖面图上的内容与平面图上的内容是一致的，有区别的是：剖面图上还标注有设备、管道及配件的高度。

4. 系统图与原理图识读

系统图包括该系统中设备、配件的型号、尺寸、定位尺寸、数量，以及连接于各设备之间的管道在空间的曲折、交叉、走向和尺寸、定位尺寸等，还应注明系统的编号。系统图可用单线绘制，也可双线绘制。如图 3.26 所示为某空调通风系统的系统图。

原理图一般为空调原理图，它主要包括系统的原理和流程；空调房间的设计参数、冷热源、空气处理和输送方式；控制系统之间的相互关系；系统中的管道、设备、仪表、部件；整个系统控制点与测点间的联系；控制方案及控制点参数；用图例表示的仪表、控制元件型号等。

通过以上这几类图纸的识读基本就可以完整地了解空调通风工程的相关内容，施工人员根据这些图纸的识读可进行施工、安装工作。

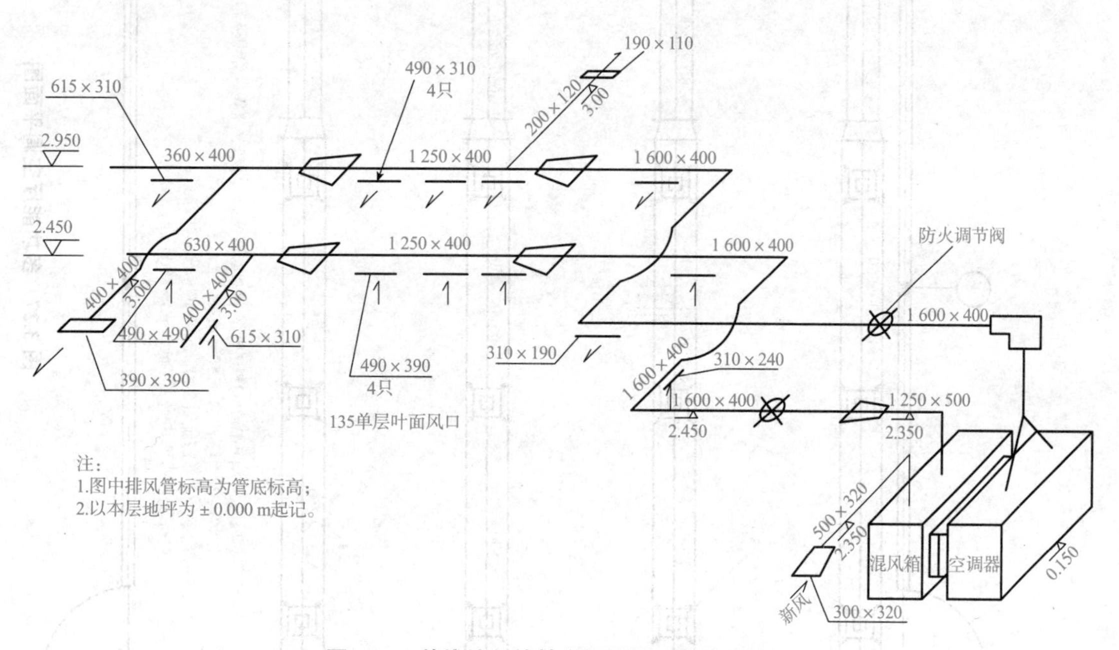

图 3.26　单线绘制的某空调通风系统的系统图

三、空调施工图识图实例

1. 某大厦多功能厅空调施工图识读

如图 3.27 所示为多功能厅空调平面图，如图 3.28 所示为其剖面图，如图 3.29 所示为风管系统轴测图。从图上可以看出，多功能厅采用的是集中式中央空调，由空调机房供出风管分成 4 个支管。每个支管上设有 6 个方形散流器向下送风。

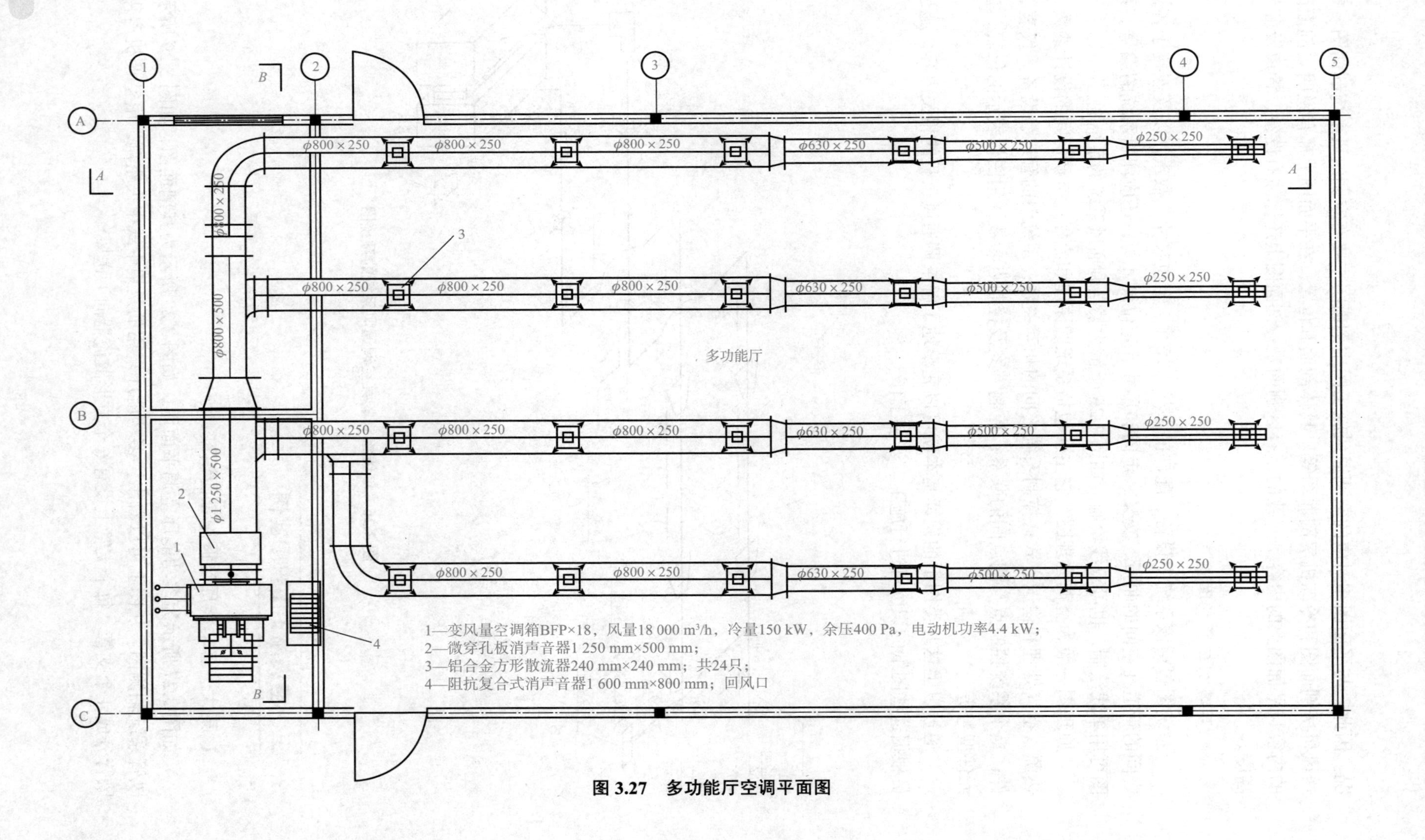

图 3.27　多功能厅空调平面图

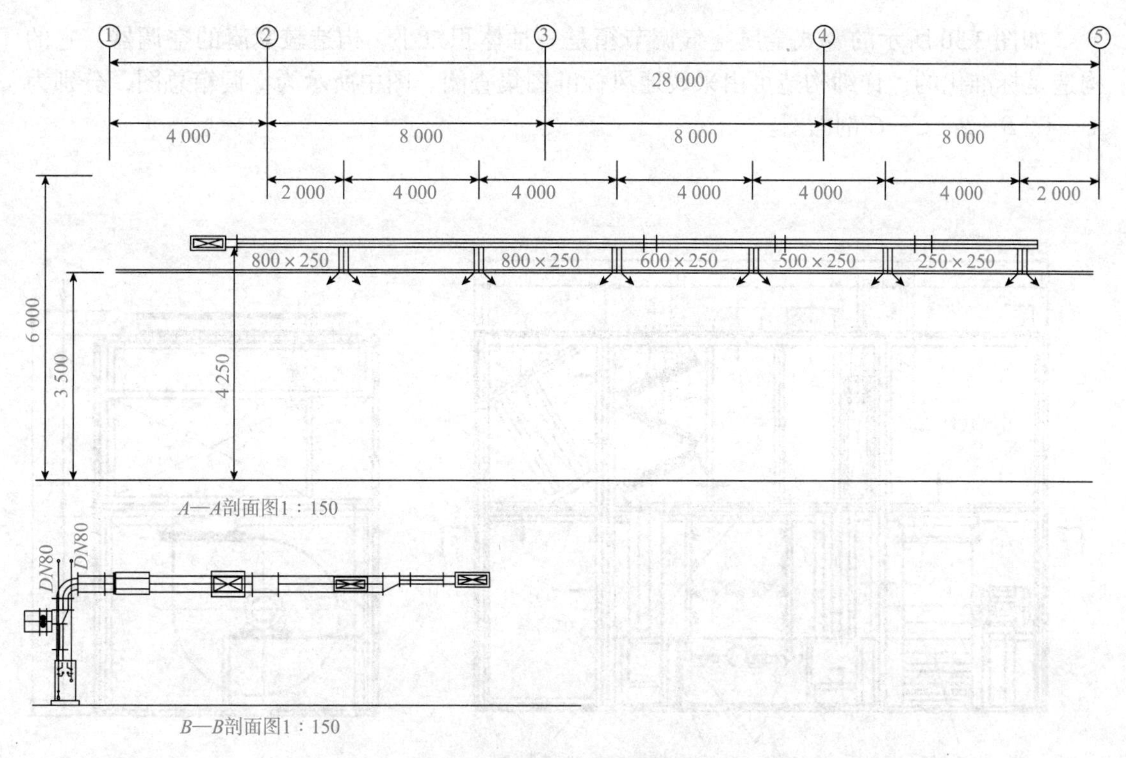

图 3.28　多功能厅空调剖面图

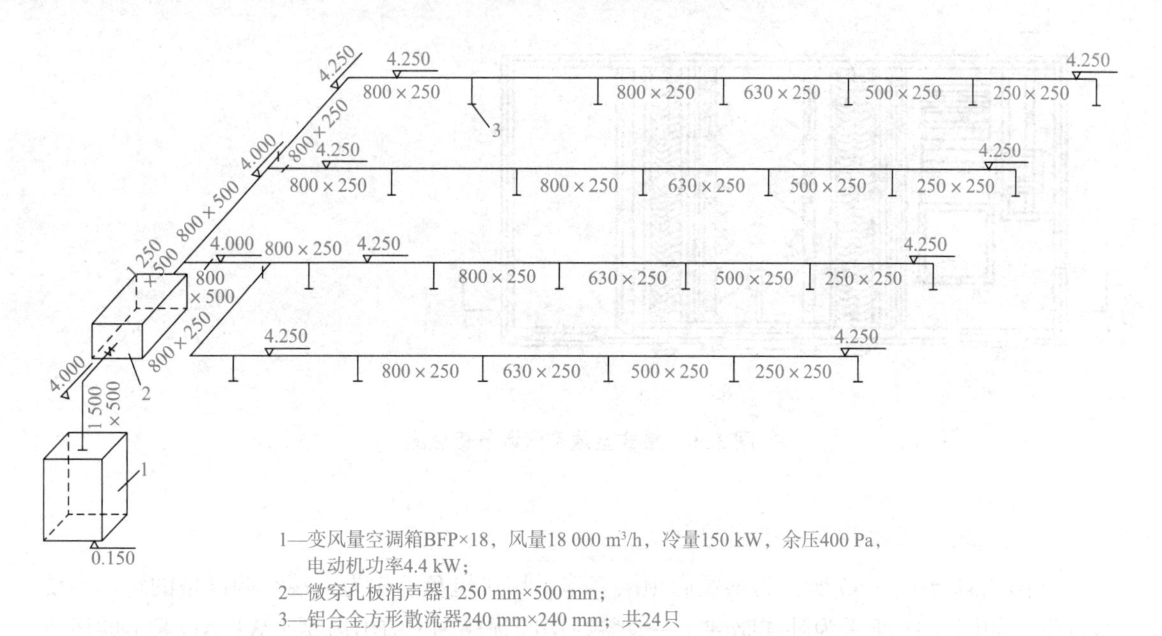

图 3.29　多功能厅空调风管系统轴测图

2. 金属空调箱详图识读

在看设备的制造或安装详图时，一般是在概括了解该设备在管道系统中的地位、用途和工作情况后，从主要的视图开始，找出各视图间的投影关系，并参考明细表，再进一步了解它的构造及零件的装配情况。

如图 3.30 所示的叠式金属空气调节箱是一种体积较小、构造较紧凑的空调器，它的构造是标准化的，详细构造可由采暖通风标准图集查阅。图中所示为空调箱总图，分别为 *A*—*A*、*B*—*B*、*C*—*C* 剖面图。

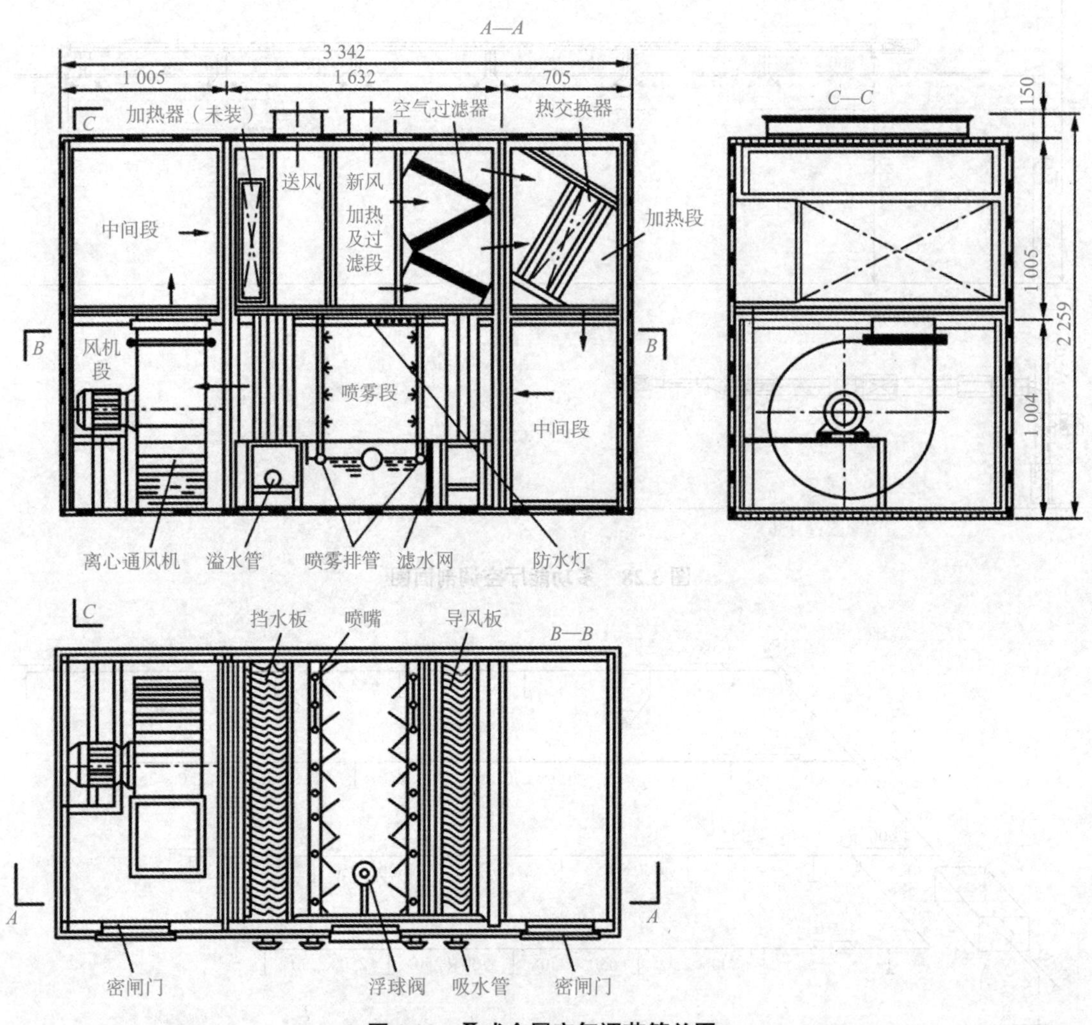

图 3.30 叠式金属空气调节箱总图

3. 某饭店空气调节管道布置图识读

如图 3.31 ～图 3.35 所示为某饭店顶层客房采用风机盘管作为末端空调设备的空调系统布置图。如图 3.31 所示为卧式暗装（一般装在房间顶棚内）前出风型（WF-AQ 型）的风机盘管构造。如图 3.32 为客房层风管系统布置平面图，如图 3.33 所示为风机盘管水系统的平面图（部分），如图 3.34 所示为风管系统的系统图，如图 3.35 所示为水系统的系统图。从客房层风管系统布置平面图可以看到，风管从空调机房引出经走廊供给各个房间的风机盘管。水系统采用双管式，实线为供水管，虚线为回水管。

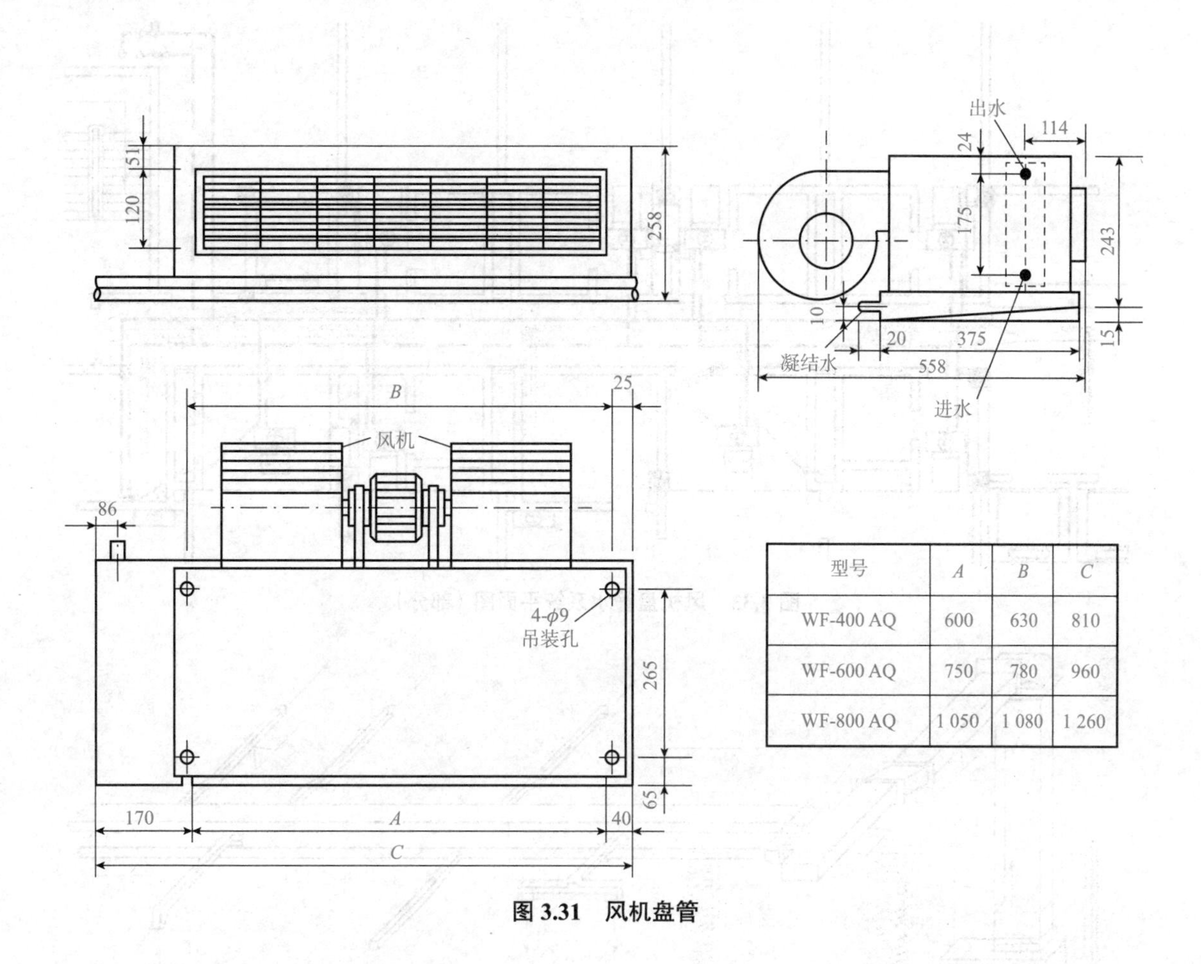

型号	*A*	*B*	*C*
WF-400 AQ	600	630	810
WF-600 AQ	750	780	960
WF-800 AQ	1 050	1 080	1 260

图 3.31　风机盘管

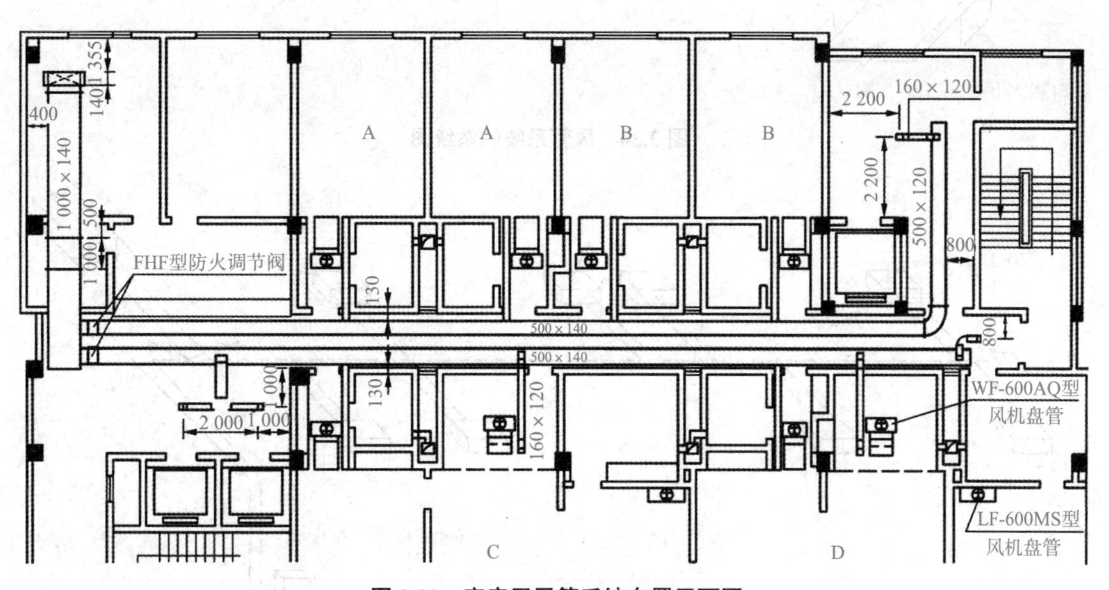

图 3.32　客房层风管系统布置平面图

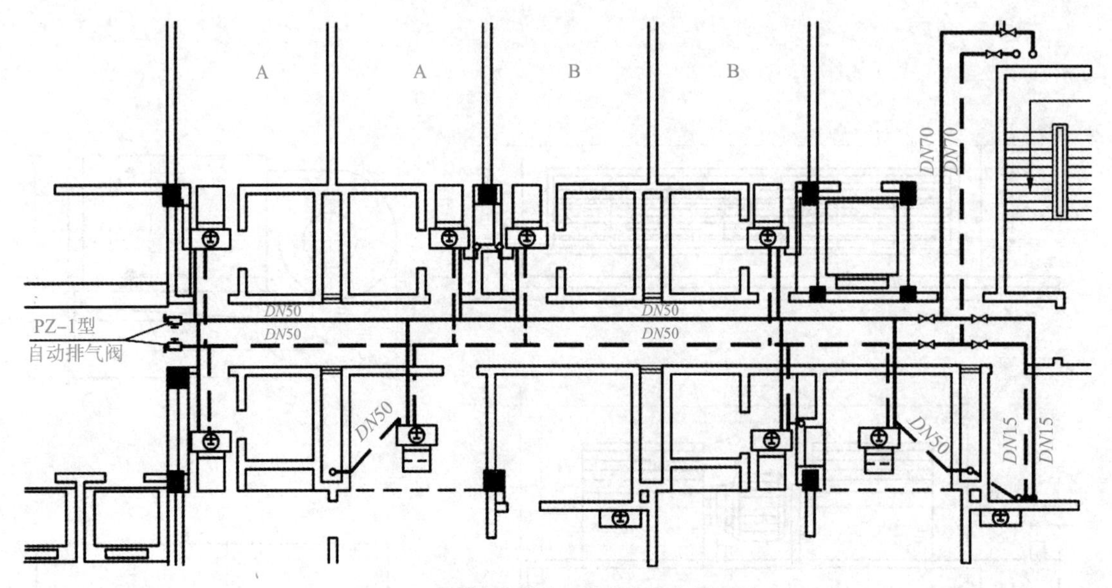

图 3.33　风机盘管水系统平面图（部分）

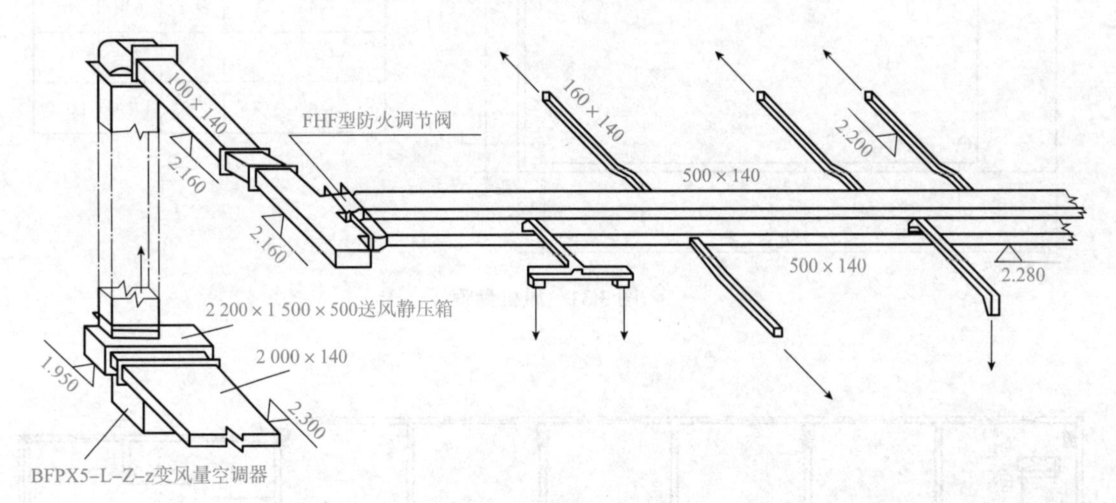

图 3.34　风管系统的系统图

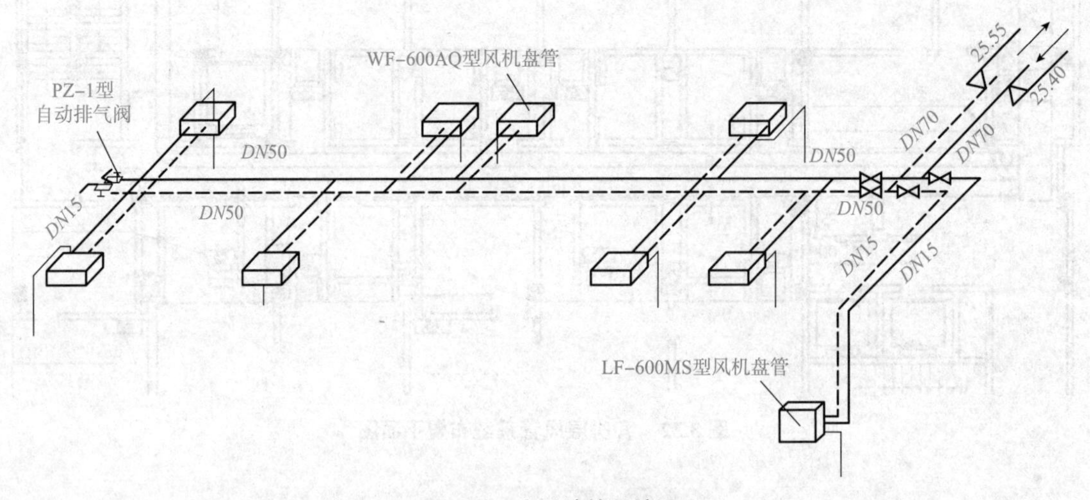

图 3.35　水系统的系统图

单元六　通风与空调系统施工工艺

单元设计

学习任务	一、风管制作 二、风管及部件安装 三、空调水系统安装 四、空调及通风设备安装 五、通风空调系统运行调试
任务分析	通风工程和空调工程在施工安装方面的基本内容是相同的，都包括风管及其部配件的制作安装；风机及空气处理设备的安装；系统的调节、试运转。 通风和空调的施工安装过程，可分为加工和安装两大步骤。加工是指构成整个系统的风管、部配件的制作过程，也是从原材料到成品、半成品的成型过程；安装是把组成系统的所用配件，包括风管及其部配件、设备、器具等，按设计要求在建筑物中组合连接成系统的过程
学习目标	通过本单元的学习，能编制通风与空调系统施工准备计划；能合理选择管道的加工机具、编制加工机具、工具需求计划；能编制通风与空调系统施工方案、组织加工并进行安装；能在施工过程中收集验收所需要的资料；能进行通风与空调系统质量检查与验收

知识要点

一、风管制作

金属风管主要指的是用普通薄钢板、镀锌薄钢板、不锈钢钢板及铝板制作的风管，加工工艺基本上可划分为放样和剪切、折方和卷圆、连接、法兰制作等工序。

通风管道规格的验收，风管是以外径或外边长为准的，风道是以内径或内径长为准的。

1. 放样和剪切

（1）放样。放样就是按 1 ∶ 1 的比例将风管和管件及配件的展开图画在金属薄板上，以作为下料剪切的依据。放样是一项基本的操作技能，必须熟练掌握。

（2）剪切。金属薄板的剪切就是按放样的形状进行裁剪下料。板材剪切前必须进行下料的复核，以免有误，按放样形状用机械剪刀和手工剪刀进行剪切。

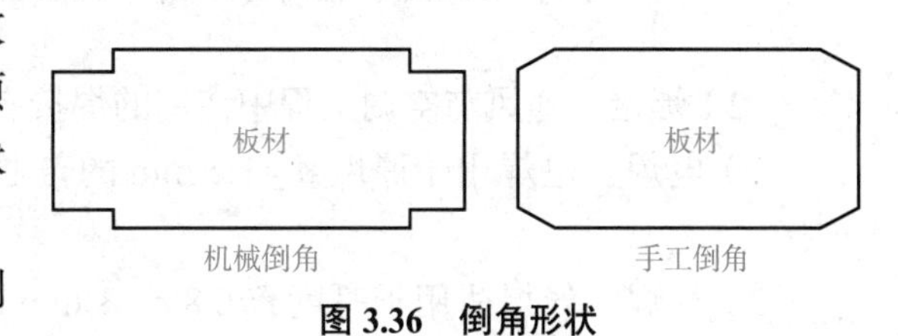

图 3.36　倒角形状

板材下料后在轧口之前，必须用倒角机或剪刀进行倒角工作。倒角形状如图 3.36 所示。

2. 连接

按金属板材连接的目的，金属板材的连接可分为拼接、闭合接和延长接三种。拼接是指两张钢板板边连接，以增大其面积；闭合接是指将板材卷成风管或配件时对口缝的连接；延长接是指两段风管之间的连接。

视频：风管的加工与连接

按金属板材连接的方法，金属板材的连接可分为咬接、铆接和焊接三种。其中，咬接使用最广。咬接或焊接使用的界限见表 3.1。

表 3.1　金属风管的咬接或焊接界限

板厚 / mm	材质		
	钢板（不包括镀锌钢板）	不锈钢板	铝板
$\delta \leqslant 1.0$	咬接	咬接	咬接
$\delta >1.5$		焊接（氩弧焊及电焊）	
$1.0< \delta \leqslant 1.2$	焊接（电焊）		焊接（气焊或氩弧焊）
$1.2< \delta \leqslant 1.5$			

（1）咬口连接。常用的咬口形式有单平咬口、立咬口、转角咬口、联合角咬口和按扣式咬口等（图 3.37）。

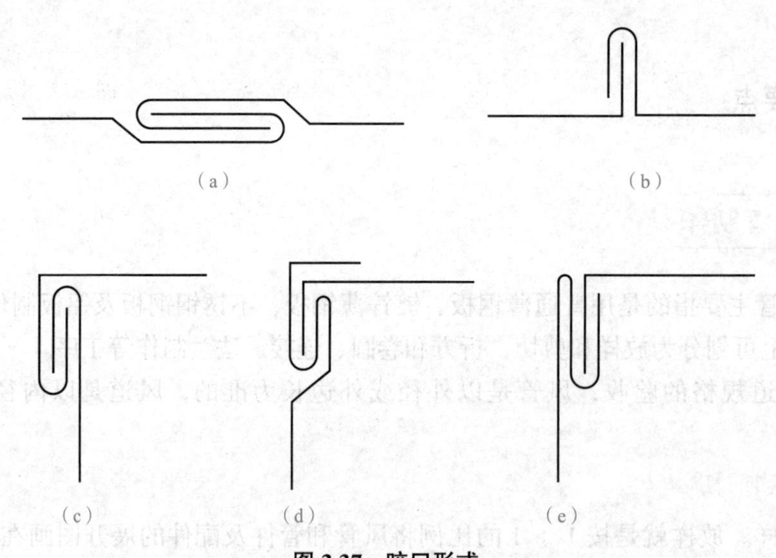

图 3.37　咬口形式

(a) 单平咬口；(b) 立咬口；(c) 转角咬口；(d) 联合角咬口；(e) 按扣式咬口

（2）焊接。通风与空调工程中使用的焊接有电焊、气焊、氩弧焊和锡焊。

1）电焊。电焊用于厚度 $\delta >1.2$ mm 的普通薄钢板的连接及钢板风管与角钢法兰间的连接。

2）气焊。气焊适用于厚度 $\delta=0.8 \sim 3$ mm 的薄钢板板间连接，也用于厚度 $\delta >1.5$ mm 的铝板板间连接。

3）氩弧焊。不锈钢钢板厚度δ>1 mm 和铝板厚度δ>1.5 mm时，可采用氩弧焊焊接。

4）锡焊。锡焊仅用于厚度δ<1.2 mm的薄钢板的连接。锡焊焊接强度低，耐温低，故一般用于镀锌钢板风管咬接的密封。

焊缝形式应根据风管的构造和焊接方法而定，可选图3.38所示的几种形式。

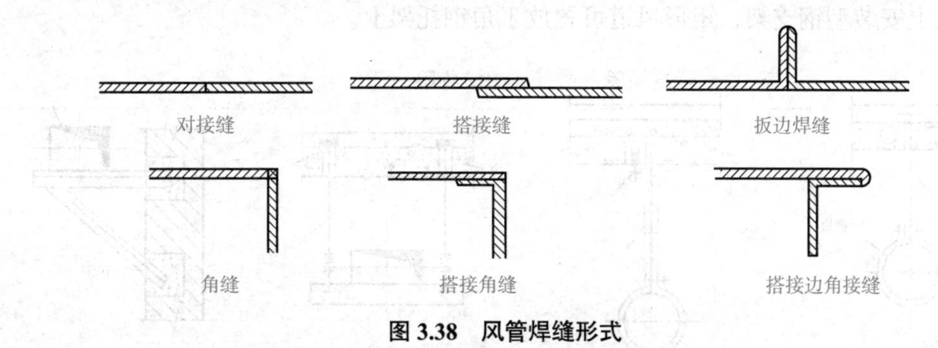

图3.38　风管焊缝形式

（3）铆钉连接。铆钉连接主要用于风管与角钢法兰之间的固定连接。当管壁厚度$\delta \leqslant 1.5$ mm时，采用翻边铆接，如图3.39所示。

铆钉连接时，必须使铆钉中心线垂直于板面，铆钉连接应压紧板材密合缝，铆接牢固，铆钉应排列整齐均匀，不应有明显错位现象。板材之间铆钉连接，一般中间可不加垫料，设计有规定时，按设计要求进行。

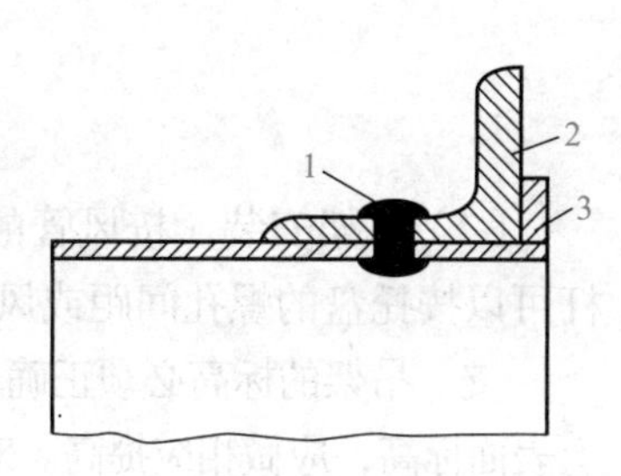

图3.39　铆钉连接

1—铆钉；2—法兰；3—风管壁翻边

3. 折方和卷圆

（1）折方。将咬口后的板料画好折方线放在折方机上，置于下模的中心线。操作时使机械上刀片中心线与下模中心线重合，折成所需要的角度。

（2）卷圆。制作圆风管时，将咬口两端拍成圆弧状放在卷圆机上圈圆，按风管圆径规格适当调整上、下辊间距，操作时，手不得直接推送钢板。

折方或卷圆后的钢板用合口机或手工进行合缝。操作时，用力均匀，不宜过重。单、双口确实咬合，无胀裂和半咬口现象。

二、风管及部件安装

风管安装工艺流程：安装准备→制作吊架→设置吊点→安装吊架→风管排列→风管连接→安装就位找平找正→检验→评定。

1. 安装准备

风管系统安装前，应进一步核实风管及送回（排）风口等部件的标高是否与设计图纸相符，并检查土建预留的孔洞，预埋件的位置是否符合要求。将预制加工的支架、风管及管件运输至施工现场。

2. 吊架制作安装

（1）吊架制作。标高确定后，按照风管系统所在的空间位置，确定风管支、吊架形式。风道支架多采用沿墙、柱敷设的托架及吊架。其支架形式如图 3.40 所示。圆形风管多采用扁钢管卡吊架安装，对直径较大的圆形风管可采用扁钢管卡两侧做双吊杆，以保证其稳固性。吊杆采用圆钢，圆钢规格应根据有关施工图集规定选择。矩形风管多采用双吊杆吊架及墙、柱上安装型钢支架，矩形风道可置放于角钢托架上。

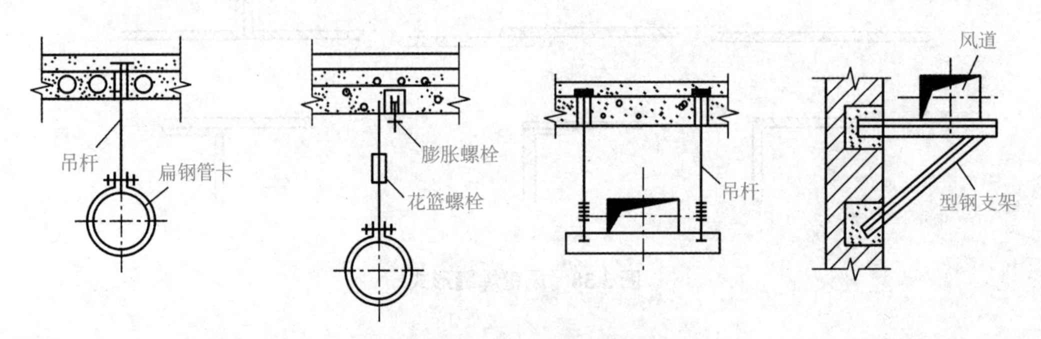

图 3.40　风管支、吊架形式

（2）吊架安装。按风管的中心线找出吊杆敷设位置，单吊杆在风管的中心线上；双吊杆可以按托盘的螺孔间距或风管的中心线对称安装。

支、吊架的标高必须正确，如圆形风管管径由大变小，为保证风管中心线水平，支架型钢上表面标高，应做相应提高。对于有坡度过要求的风管，托架的标高也应按风管的坡度要求。

风管支、吊架间距如无设计要求时，对于不保温风管应符合表 3.2 的要求。对于保温风管，支、吊架间距无设计要求时按表间距要求值乘以 0.85。螺旋风管的支、吊架间距可适当增大。

表 3.2　支、吊架间距

圆形风管直径或 矩形风管长边尺寸	水平风管间距	垂直风管间距	最少吊架数
≤ 400 mm	不大于 4 m	不大于 4 m	2 付
≤ 1 000 mm	不大于 3 m	不大于 3.5 m	2 付
>1 000 mm	不大于 2 m	不大于 2 m	2 付

支、吊架不得安装在风口、阀门，检查孔等处，以免妨碍操作。吊架不得直接吊在法兰上。

保温风管的支、吊装置宜放在保温层外部，但不得损坏保温层。保温风管不能直接与支、吊托架接触，应垫上坚固的隔热材料，其厚度与保温层相同，防止产生“冷桥”。

3. 风管连接与安装

（1）风管排列法兰连接。风管与风管、风管与配件部件之间的组合连接采用法兰连接，安装和拆卸都比较方便，日后的维护也容易进行。

为保证法兰接口的严密性，法兰之间应有垫料。在无特殊要求情况下，法兰垫料按表 3.3 选用。

表 3.3　法兰垫料选用

应用系统	输送介质	垫料材质及厚度 / mm		
一般空调系统及送排风系统	温度低于 70 ℃的洁净空气或含温气体	8501 密封胶带	软橡胶板	闭孔海绵橡胶板
		3	2.5 ～ 3	4 ～ 5
高温系统	温度高于 70 ℃的空气或烟气	石棉绳	耐热胶板	
		ϕ8	3	
化工系统	含有腐蚀性介质的气体	耐酸橡胶板	软聚氯乙烯板	
		2.5 ～ 3	2.5 ～ 3	
洁净系统	有净化等级要求的洁净空气	橡胶板	闭孔海绵橡胶板	
		5	5	
塑料风道	含腐蚀性气体	软聚氯乙烯板		
		3 ～ 3.5		

（2）风管排列无法兰连接。由于受到材料、机具和施工的限制，每段风管的长度一般在 2 m 以内。因此，系统内风管法兰接口众多，很难做到所有的接口严密，风管的漏风量也因此比较大。无法兰连接施工工艺把法兰及其附件取消，取而代之的是直接咬合、加中间件咬合、辅助加紧件等方式完成风管的横向连接。

无法兰连接的接头连接工艺简单，加工安装的工作量也小，同时，漏风量也小于法兰连接的风管，即使漏风也容易处理，而且省去了型钢的用量，降低了风管的造价。

无法兰连接适用于通风与空调工程中的宽度小于 1 000 mm 风管的连接。

无法兰连接的方式主要如下：

1）抱箍式连接：主要用于钢板圆风管和螺旋风管连接，先把每一管段的两端轧制出鼓筋，并使其一端缩为小口。安装时按气流方向把小口插入大口，外面用钢制抱箍将两个管端的鼓箍抱紧连接，最后用螺栓穿在耳环中固定拧紧（图 3.41）。

2）插接式连接：主要用于矩形或圆形风管连接。先制作连接管，然后插入两侧风管，再用自攻螺钉或拉铆钉将其紧密固定（图 3.42）。

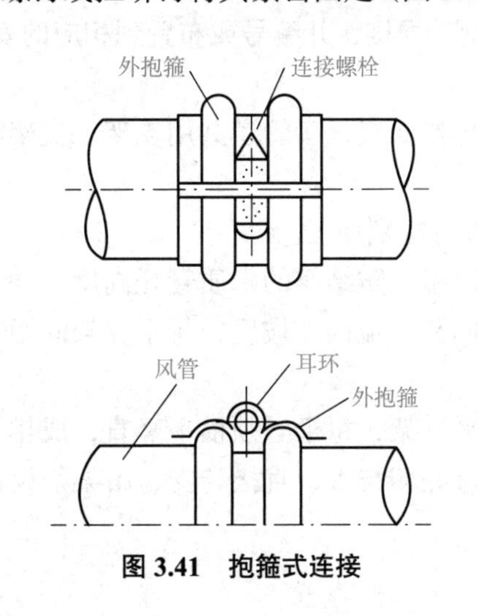

图 3.41　抱箍式连接

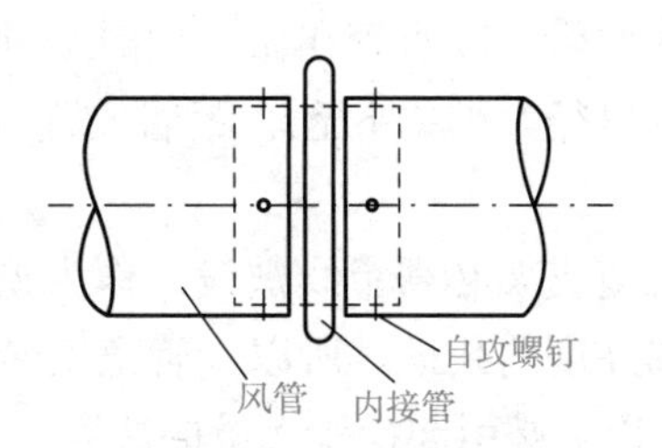

图 3.42　插接式连接

3）插条式连接：主要用于矩形风管连接。将不同形式的插条插入风管两端，然后压实。其形状和接管方法如图 3.43 所示。

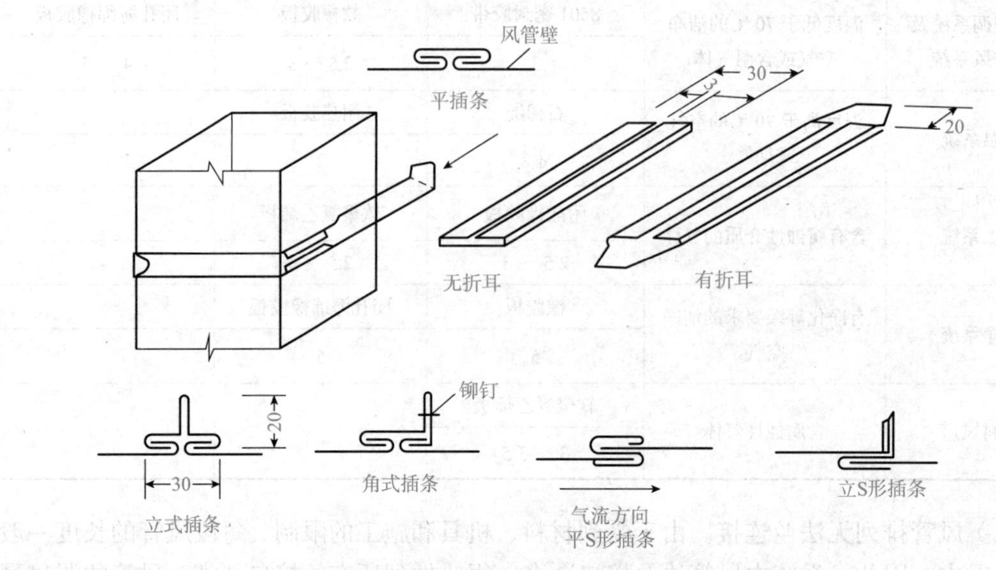

图 3.43　插条式连接

4）软管式连接：主要用于风管与部件（如散流器，静压箱侧送风口等）的相连。安装时，软管两端套在连接的管外，然后用特制软卡把软管箍紧。

（3）风管安装。根据施工现场情况，可以在地面连成一定的长度，然后采用吊装的方法就位；也可以把风管一节一节地放在支架上逐节连接，一般安装顺序是先干管后支管。

三、空调水系统安装

空调水系统，当管径≤*DN*125 时，可采用镀锌钢管，当管径 >*DN*125 时，采用无缝钢管。高层的建筑一般采用无缝钢管。

（1）根据图纸设计的要求，进行选材、切割、焊接，并编号或布置到相应的安装区域，支架安装前一定要先涂好防锈漆。

（2）空调水管的支、吊架采用角钢或槽钢焊接而成，多管道共用支架，支架间距根据现场梁柱间距调整，并进行复核。

（3）由于大口径管道支、吊架的制作需要进行特别加工。

（4）热水管、冷水管在做支架时必须考虑保温、防结露的木质管托高度，并考虑支架上各条管道口径大小（外径）、距墙位置、相互间距、流向、坡度，每个支架间距可按图纸施工。

（5）管道支架必须牵线敷设，作为型钢水平支架，每个必须横平竖直，成排支架的平面必须有调高度的余地。所以，管道安装的质量好坏与否，直接与支、吊架敷设有相当大的联系，所以务必引起操作人员的注意。

四、空调及通风设备安装

1. 通风机安装

风机按其工作原理可分为离心式通风机和轴流式通风机两种。

通风机安装工艺流程：基础验收→开箱检查→搬运→清洗→安装、找平、找正→试运转、检查验收通风机安装质量标准。

风机安装质量标准：

（1）风机叶轮严禁与壳体碰擦。

检验方法：盘动叶轮检查。

（2）散装风机进风斗与叶轮的间隙必须均匀并符合技术要求。

检验方法：尺量和观察检查。

（3）地脚螺栓必须拧紧，并有防松装置；垫铁放置位置必须正确，接触紧密，每组不超过三块。

检验方法：小锤轻击，扳手拧拭和观察检查。

（4）试运转时，叶轮旋转方向必须正确。经不少于 2 h 的运转后，滑动轴承温升不超过 35 ℃，最高温度不超过 70 ℃，滚动轴承温升不超过 40 ℃，最高温度不超过 80 ℃。

检验方法：检查试运转记录或试车检查。

2. 风机盘管安装

风机盘管有立式和卧式两种；按安装方式可分为明装型和暗装型。其安装要点与要求如下：

（1）安装前应做水压试验，以检查其产品质量，性能应稳定，特别是检查电动机的绝缘和风机性能及叶轮转向是否符合设计要求，并检查各节点是否松动，防止产生附加噪声。

（2）风机盘管安装位置必须正确，螺栓应配制垫圈。风机盘管与风管连接处应用橡胶板连接，以保证严密性。

（3）卧式明装机组安装进出水管时，可在地面上先将进、出水管接出机外，吊装后再与管道相接；也可在吊装后将面板和凝水盘取下，再进行连接。立式明装机组安装进出水管时，可将机组风口、面板取下进行安装。

（4）安装时，要注意机组和供、回水管的保温质量，防止产生凝结水；机组凝水盘应排水畅通；机组的排水应有 3% 的坡度流向指定位置。

（5）风机盘管同热水管道应清洗排污后连接，最好在通向机组的供水支管上设置过滤器，防止堵塞热交换器。

（6）为便于拆卸、维修和更换风机盘管，顶棚应设置比暗装风机盘管每边尺寸均大 250 mm 的活动顶棚，活动顶棚内不得有龙骨挡位。

3. 柜式空调机组安装

（1）空调柜机采用吊装，支架就位尺寸正确，连接严密，四角垫弹簧减振器，各组减振器承受荷载应均匀，运行时不得移位。

（2）与机组连接的风管和水管的重量不得由机组承受。

（3）风机、风柜进出口与风管的连接处，应采用帆布或人造革柔性接头，接缝要牢固严密。

（4）空调水管与机组的连接宜采用法兰式橡胶软接头，以便拆修；机组外水管应装有阀门，用以调节流量和机修时切断水源，同时应装有压力表和温度计。

（5）凝结水管应有足够的坡度接至下水道排走。

（6）机组内热交换器的最低点应设置放水阀门，最高点设置排气阀。

4. 消声器安装

在通风与空调系统中，常用的消声器有管式消声器、声流式消声器和其他类型消声器。

（1）消声器运输，安装时防止损坏，充填吸音材料要均匀，不得下沉，面层要完整牢固，消声器安装的方向应正确。

（2）消声器片安装务必牢固，以防止使用后跌落，片距要均匀。

（3）消声器与风管的连接严密，消声器外用难燃烧（B1 级）橡胶闭孔发泡保温材料。

（4）消声器应单独设置支架，其重量不得由风管承受。

五、通风空调系统运行调试

空调系统的测试与调整统称为调试，这是保证空调工程质量，实现空调功能不可缺少的重要环节，对于新建成的空调系统，在完成安装交付之前，需要通过测试、调整和试运转，来检验设计、施工安装和设备性能等各方面是否符合生产工艺和使用要求，对于是已投入使用的空调系统，当发现某些方面不能满足生产工艺和使用要求时，也需要通过测试查明原因，以便采取措施予以解决。

（1）通风机、空气处理机组中的风机，叶轮旋转方向应正确、运转应平稳、应无异常振动与声响，电机运行功率应符合设备技术文件要求。在额定转速下连续运转 2 h 后，滑动轴承外壳最高温度不得大于 70 ℃，滚动轴承不得大于 80 ℃。

（2）水泵叶轮旋转方向应正确，应无异常振动和声响，紧固连接部位应无松动，电机运行功率应符合设备技术文件要求。水泵连续运转 2 h 滑动轴承外壳最高温度不得超过 70 ℃，滚动轴承不得超过 75 ℃。

（3）冷却塔风机与冷却水系统循环试运行不应小于 2 h，运行应无异常。冷却塔本体应稳固、无异常振动。

（4）通风与空调工程完工后，为了使工程达到预期的目标，规定应进行系统的测定和调整（简称调试）。它包括设备的单机试运转和调试及非设计满负荷条件下的联合试运转及调试两大内容。这是必须进行的工艺过程，其中，系统非设计满负荷条件下的联合试运转及调试，还可分为单个或多个子分部工程系统的联合试运转与调试，及整个分部工程系统的联合试运转与平衡调整。

知识拓展

通风与空调节能技术

1. 空调蓄能技术

空调蓄能技术是 20 世纪 90 年代以来在国内兴起的一门实用综合技术，它是利用蓄能设备在空调系统不需要能量或用能量小的时间段内将能量储存起来，在空调系统需求量大的时间将这部分能量释放出来。在蓄冷空调中，蓄冷材料的性能是关键，可以说蓄冷空调技术发展的历史就是蓄冷冷媒发展的历史。目前，用于空调的蓄冷方式按蓄冷介质主要分为水蓄冷、冰蓄冷、共晶盐蓄冷和气体水合物蓄冷。

视频：防排兼顾，节能优先

2. 热回收技术

热回收技术是通风空调系统的一项重要的节能措施，它是使室外新风和室内排风之间产生显热或全热交换，以回收冷（热）量的技术。空调系统的热量回收技术是在用户制冷机组上安装热量回收装置，回收制冷机组的冷凝热量，使空调机在制冷的同时制取生活用热水，非常适合那些既需要空调又需用热水的单位，如酒店、医院、大型工矿企业等。

3. 热泵技术

热泵技术是一种将低位热源的热能转移到高位热源的装置，也是全世界备受关注的新能源技术。热泵通常是先从自然界的空气、水或土壤中获取低品位热能，经过电力做功，然后向人们提供可利用的高品位热能。热泵的种类很多，大致可分为空气源热泵、水源热泵、土壤源热泵、水环热泵。

4. 太阳能空调系统

太阳能是最清洁、最可靠的巨大能源宝库。太阳向宇宙释放的辐射能功率约为 3.8×10^{23} kW，太阳能照射到地球的能量相当于全世界目前发电量的 8 万倍。人类利用太阳能的途径有光热转换、光电转换和光化转换。太阳能空调系统是一种光热转换系统，节省了将热转换为电能时所浪费的能量。太阳能空调系统主要由太阳能集热装置、热驱动制冷装置和辅助热源组成。太阳能集热装置的主要构件就是太阳能集热器，还包括储热罐和调节装置。太阳能集热器是用特殊的吸收装置将太阳的辐射能转换为热能。

5. 低温送风空调技术

低温送风空调技术即利用 1 ℃～ 4 ℃的冷冻水通过空调机组的表冷器获得 4 ℃～ 11 ℃的低温一次风，经高诱导比的末端送风装置进入空调房间。它是相对于常规送风而言的，常规送风系统从空气处理器出来的空气温度为 10 ℃～ 15 ℃。将低温送风技术和冰蓄冷技术相结合，可进一步减少空调系统的运行费用，降低一次性投资，提高空调品质，改善蓄冷空调系统的整体效能。

6. 分层空调节能技术

分层空调是指一般应用在高大建筑物中，仅对下部工作区进行空调，而对上部较大空间不予空调，或夏季采用上部通风排热的空调系统形式。分层空调是一种使高大空间下部工作区域的空气参数满足设计要求的空气调节方式。分层是以送风口中心线作为分层面，将建筑空间在垂直方向上分为 2 个区域，分层面以下空间为空调区域，分层面以上空间为非空调区域。采用分层空调与全室空调相比，可显著地节省冷负荷、初投资和运行能耗。

模块四　建筑电气系统

模块概述

本模块主要介绍建筑电气强电系统的基本知识。其内容包括建筑供配电系统、建筑照明系统、建筑防雷接地与安全用电、建筑电气系统施工图识读、建筑电气系统施工工艺。横向上覆盖建筑电气强电系统的各个方面；纵向上从系统认知到图纸识读再到施工方法的介绍，逐层递进、横纵交错地对建筑电气强电系统知识体系做了较为全面的介绍。

学习目标

知识目标	1. 了解电力系统的组成及各部分作用； 2. 熟悉电力系统额定电压、负荷分级； 3. 理解建筑供电系统、低压配电系统的方式及接地形式； 4. 熟悉照明的种类，掌握照明的供电方式及系统组成； 5. 熟悉绝缘导线、电缆的选用与敷设； 6. 熟悉防雷接地系统，了解电气危害、触电方式及触电保护措施； 7. 掌握建筑电气系统施工图的识读方法； 8. 了解室内线路、照明装置、防雷接地的施工工艺、安装方法
能力目标	1. 能够分辨建筑电力系统的负荷分级； 2. 能够分辨不同的建筑电气系统； 3. 能够分析一幢建筑照明供电方式及系统组成部分； 4. 能够辨别不同型号导线、电缆及其所用敷设方式； 5. 能够分析防雷、接地系统组成； 6. 能够完整识读建筑电气施工图并编写识图报告； 7. 能够进行简单建筑电气线路、装置的加工及连接操作
素质目标	1. 培养勤于思考、联系实际、解决问题的能力； 2. 积极掌握建筑电气行业的新技术、新设备、新工艺和新方法，激发学生应用现代技术的兴趣和开拓创新的精神； 3. 提高节约用电的节能意识；树立用电安全意识，牢记安全技术规范，形成科学、严谨的工作作风和良好的职业道德

知识体系

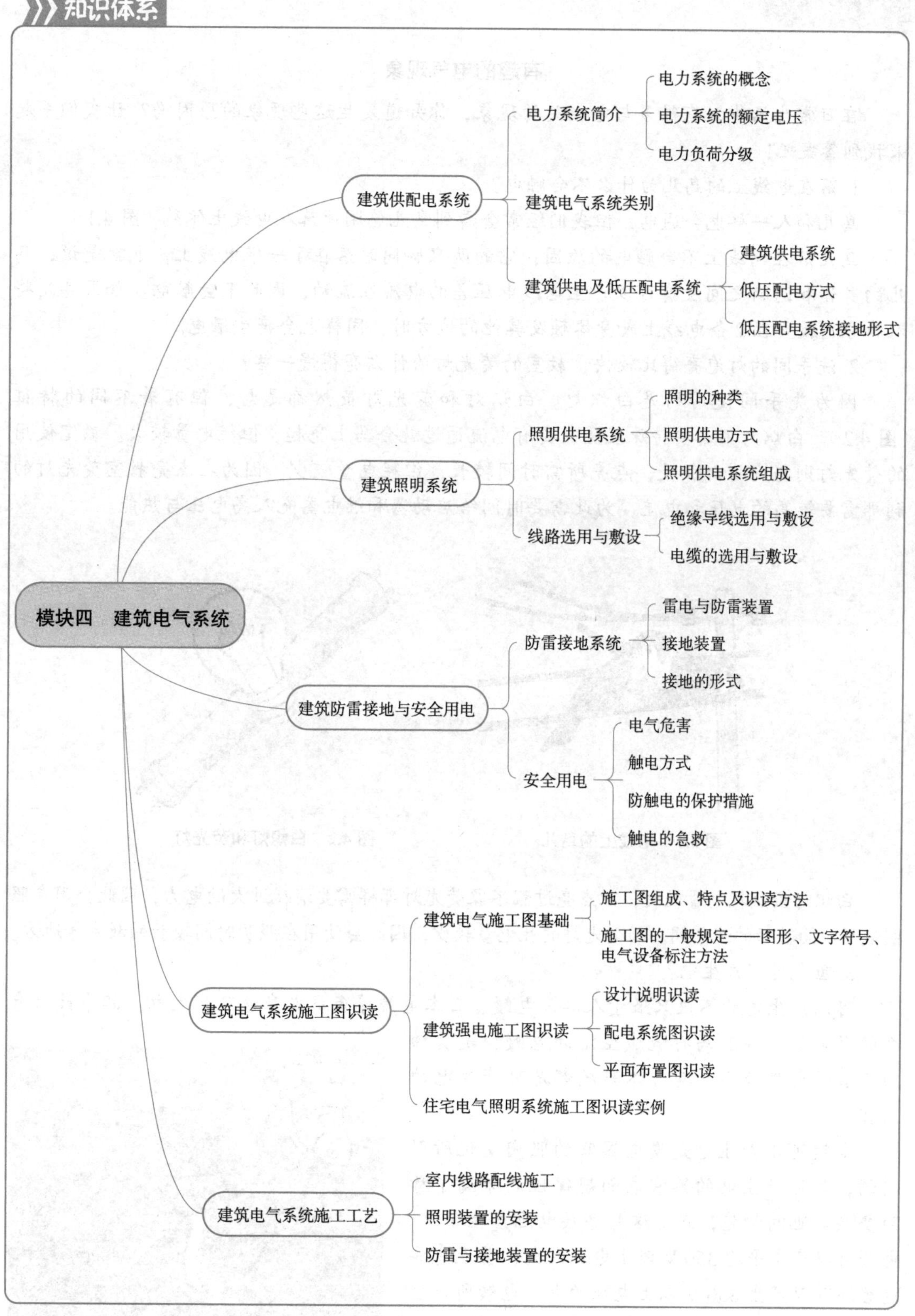

模块四 建筑电气系统
建筑供配电系统
电力系统简介
电力系统的概念
电力系统的额定电压
电力负荷分级
建筑电气系统类别
建筑供电及低压配电系统
建筑供电系统
低压配电方式
低压配电系统接地形式
建筑照明系统
照明供电系统
照明的种类
照明供电方式
照明供电系统组成
线路选用与敷设
绝缘导线选用与敷设
电缆的选用与敷设
建筑防雷接地与安全用电
防雷接地系统
雷电与防雷装置
接地装置
接地的形式
安全用电
电气危害
触电方式
防触电的保护措施
触电的急救
建筑电气系统施工图识读
建筑电气施工图基础
施工图组成、特点及识读方法
施工图的一般规定——图形、文字符号、电气设备标注方法
建筑强电施工图识读
设计说明识读
配电系统图识读
平面布置图识读
住宅电气照明系统施工图识读实例
建筑电气系统施工工艺
室内线路配线施工
照明装置的安装
防雷与接地装置的安装

模块导入

有趣的电气现象

在日常生活中，有很多与电相关的现象，你知道发生这些现象的原因吗？让我们一起来找到答案吧！

1. 落在电线上的鸟儿为什么不会触电？

鸟儿和人一样也会通电，但我们经常会看到鸟儿悠闲地落在电线上休憩（图 4.1）。

鸟儿落在电线上不会触电的原因：它的两只脚同时落在了一根电线上，也就是说，鸟儿的身体和两脚之间没有可以产生电线电压差的电流在流动，因此不会触电。如果鸟儿将双脚分别放置在 2 条电线上或身体触及其他的地方时，同样也会产生触电。

2. 洗手间的灯泡亮得比较快，教室的荧光灯为什么亮得慢一些？

因为洗手间使用的是白炽灯。白炽灯和荧光灯虽然都是灯，但有着不同的特征（图 4.2）。白炽灯不需要特殊装置只要有电流通过就会马上亮起，但耗电量较大。教室使用的荧光灯则与白炽灯相反，点亮所需时间较长，但耗电量较少。因为在点亮教室荧光灯的刹那需要较高的电压和电流，为此需要时间给启动器和继电器充入高电压与热能。

图 4.1　电线上的鸟儿

图 4.2　白炽灯和荧光灯

白炽灯虽然耗电量较大，但点亮过程不像荧光灯那样需要消耗过大的电力，因此会用在照明使用时间较短的洗手间。而荧光灯的耗电量较少，因此会使用在照明时间较长的教室等地方。

3. 鱼也可以产生电？

可以产生电的不仅只限于人类，电鳗、日本电鲼等鱼类本身也可产生电。其中最为有名的是电鳗。在亚马孙流域生活的电鳗，是长约为 2 m 的大型鱼类，其身体与尾部是可产生电的器官。

电鳗可以产生电是发电器官的肌肉变化所引起的，其可产生电的器官表面规律性的布满了称为叠层电池的细胞，正是这些叠层电池产生了电。电鳗可以产生平均 350 V 以上电压的电，甚至有些电鳗还可以产生 850 V 以上电压的电。电鳗所产生的电足以击晕像马一样的大型动物（图 4.3）。

图 4.3　电鳗

单元一　建筑供配电系统

单元设计

学习任务	一、电力系统简介 二、建筑电气系统类别 三、建筑供电及低压配电系统
任务分析	本单元的学习需要先理解电力系统组成、额定电压、负荷分级；然后熟悉建筑电气的五大系统；最后对建筑供电系统、低压配电系统方式进行分析，了解不同接地形式；从基本概念到系统认知，再到供配电方式分析，掌握建筑供配电系统的基本知识
学习目标	1. 了解电力系统的组成及各部分作用； 2. 熟悉电力系统额定电压，能分辨建筑电力系统的负荷分级； 3. 会分辨不同的建筑电气系统； 4. 理解建筑供电系统、低压配电系统的方式及接地形式

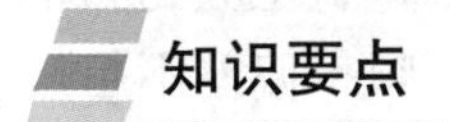

知识要点

视频：建筑供配电系统

一、电力系统简介

1. 电力系统的概念

电力系统是由生产、转换、分配、输送和使用电能的发电厂、变电站、电力线路与用电设备联系在一起组成的统一整体。如图 4.4 所示为电力系统。

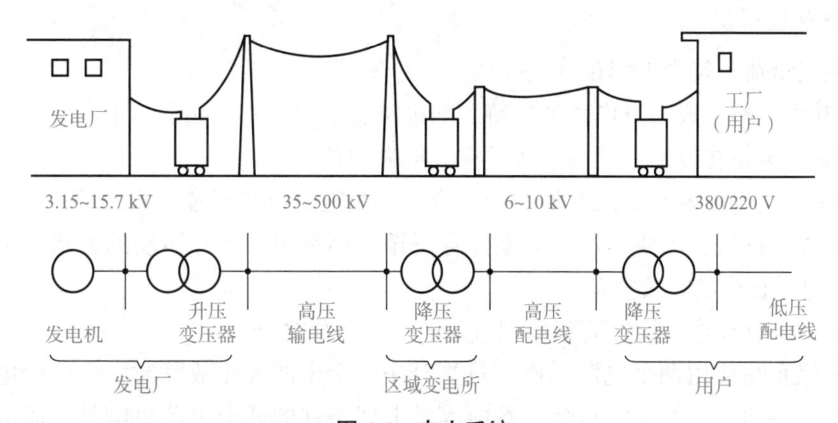

图 4.4　电力系统

（1）发电厂。发电厂是将自然界蕴藏的各种一次能源（如煤、水、风和原子能等）转换为电能（称二次能源），并向外输出电能的工厂。

（2）变电所。变电所是接受电能、变换电压和分配电能的场所，由电力变压器和高低压配电装置组成。变配电所是建筑供配电系统的重要组成部分，其安装工程也是建筑电气安装工程的重要组成部分。变电所担负着从电力系统受电、变电、配电的任务；配电所担负着从电力系统受电、配电的任务。

按照变压的性质和作用不同，变压器可分为升压变压器和降压变压器两种。

（3）电力网。在电力系统中除发电厂和用电设备外的部分称为电力网络，简称电网。一个电网由很多变电站和电力线路组成。其任务是将发电厂生产的电能输送、变换和分配到电能用户。

电力网按其功能常分为输电网和配电网两大类。由 35 kV 及以上的输电线路和与其连接的变电所所组成的电力网称为输电网，它是电力系统的主要网络。它的作用是将电能输送到各个地区或直接输送给大型用户。由 10 kV 及以下的配电线路和配电变压器所组成的电力网称为配电网。它的作用是将电能分配给各类不同的用户。

（4）电力用户。电力用户也称电力负荷，是所有用电设备的总称。一切消耗电能的用电设备均称为电力用户。

2. 电力系统的额定电压

一切电力设备都是在一定的电压和频率下工作的。电压和频率是衡量电能质量的两个基本参数。我国交流电力设备的额定频率为 50 Hz，此频率称为“工频”，工频的频率偏差一般不得超过 ±0.5 Hz，对于容量在 300 MW 或以上的电力系统，频率偏差不超过 ±0.2 Hz。对于建筑供配电系统来说，提高电能质量主要是提高电压的质量。

（1）输电电压。220 ～ 750 kV 电压一般为输电电压，完成电能的远距离传输功能。该电网称为高压输电网。

（2）配电电压。110 kV 及以下电压一般为配电电压，完成对电能进行降压处理并按一定方式分配至电能用户的功能。其中 35 ～ 110 kV 配电网为高压配电网，10 ～ 35 kV 配电网为中压配电网，1 kV 以下配电网称为低压配电网。3 kV、6 kV 是工业企业中压电气设备的供电电压。

3. 电力负荷分级

（1）一级负荷。符合下列条件之一的为一级负荷：

1）中断供电将造成人身伤亡的负荷，如医院急诊室、监护病房、手术室等处的负荷。

2）中断供电将在政治、经济上造成重大损失的负荷。

3）中断供电将影响有重大政治、经济意义的用电单位的正常工作的负荷，如重要交通枢纽、重要通信枢纽、重要宾馆、大型体育场馆、经常用于国际活动的大量人员集中的公共场所等用电单位中的重要负荷。

一级负荷中有普通一级负荷和特别重要的一级负荷之分。

普通一级负荷应由两个电源供电，且当其中一个电源发生故障时，另一个电源不应同时受到损坏。特别重要的一级负荷，除由满足上述条件的两个电源供电外，尚应增设应急电源专门对此类负荷供电。

（2）二级负荷。符合下列条件之一的为二级负荷。

1）中断供电将在政治、经济上造成较大损失的负荷。

2）中断供电将影响重要用电单位的正常工作的负荷。

二级负荷的电源宜由两回线路供电，当电源来自同一区域变电站的不同变压器时，即可认为满足要求。

在负荷较小或地区供电条件困难时，可由一回 6 kV 及以上专用的架空线路或电缆线路供电。当采用架空线时，可为一回架空线供电；当采用电缆线路时，应采用两根电缆组成的线路供电，且每根电缆应能承受 100% 的二级负荷。

（3）三级负荷。三级负荷为一般的电力负荷，不属于一、二级负荷者为三级负荷。

在一个工业企业或民用建筑中，并不一定所有用电设备都属于同一等级的负荷，因此，在进行系统设计时应根据其负荷级别分别考虑。

三级负荷对电源无特殊要求，一般以单电源供电即可。但在条件允许的情况下，应尽量提高供电的可靠性和连续性。

二、建筑电气系统类别

建筑电气系统根据划分的方式不同，可以有不同的分类。建筑电气系统按照功能不同可划分为供配电系统、建筑动力系统、建筑电气照明系统、防雷与接地系统和建筑弱电系统五大系统。

1. 供配电系统

供配电系统是指接受电网输入的电能，并进行检测、计量、变压等，然后向用户和用电设备分配电能的系统。它由变配电所、高低压线路、各种开关柜、配电箱等组成。供电、配电系统的方式等在“三、建筑供电及低压配电系统”做详细讲述。

2. 建筑动力系统

动力系统主要是指以电动机为动力的设备、装置及其启动器、控制柜（箱）和配电线路的系统。建筑电气中动力系统实质上是指照明电气中除普通照明、应急照明电源外，向电动机配电及对电动机进行控制的动力配置系统。诸如水泵房泵房机组、排水排污处理系统、暖通空调、洁净排烟消防风机系统、电梯系统等输送功率较大、由电能转换成热能、光能、风能等电力都可称为动力系统。

（1）动力配电设备。动力配电设备主要有双电源切换箱、动力配电箱、控制箱、插座箱、无功功率补偿箱以及低压电缆、低压绝缘导线等。

1）双电源切换箱。重要的动力设备应不间断地运行，双电源切换箱用来对重要动力设备的两路供电电源进行自动切换，当工作电源失电时，自动投入备用电源，一旦工作电源恢复供电，再自动切断备用电源，投入正常电源供电。

2）动力配电箱。常用动力配电箱有 XL 系列户内动力配电箱、XLW 型户外动力配电箱等，进出线形式有上进上出、上进下出、下进下出、下进上出等几种组合。箱体可与电缆桥架配套组装，最大额定容量可达 630 A。

（2）动力配电线路。室内动力配电线路一般使用 VV 型、VLV 型塑料绝缘电力电缆，也可用 YJV 型变联聚乙烯绝缘电力电缆，容量不大的动力线路还可用 BV 型塑料绝缘电线。

动力配电线路一般采用放射式方法进行配电，由低压配电室引出独立线路至相应的动力控制箱。动力线路的敷设可用电缆桥架、金属线槽、穿钢管敷设等方法进行。使用金属线槽、钢管敷设动力线路的方法与敷设照明线路的方法大体相同。

3. 建筑电气照明系统

电气照明系统是可以将电能转换为光能的电光源进行采光，以保证人们在建筑物内正常从事生产和生活活动，以及满足其他特殊需要的照明设施。它由灯具、开关、插座及配电线路等组成。电气照明系统将在本模块单元三部分做详细讲述。

4. 防雷与接地系统

防雷与接地其实是分开的概念。防雷系统就是避免雷电对人员和财产的损害所做的防护措施。而接地系统就是为防止建筑物或通信设施受到雷、雷电感应和沿管线传入的高电位等引起的破坏性后果，将雷电流安全泄掉的系统。防雷与接地系统将在本模块单元三做详细讲述。

5. 建筑弱电系统

建筑弱电是指将电能转换为信号能，保证信号准确接收、传输和显示，以满足人们对各种信息的需要和保持相互联系的各种系统。它由电视天线系统、数字通信系统和广播系统等组成。建筑弱电系统将在模块五进行详细讲述。

三、建筑供电及低压配电系统

供配电系统是电力系统的一个重要组成部分，包括电力系统中区域变电站和用户变电站，涉及电力系统电能发、输、配、用的后两个环节。一般工业与民用建筑，是从城市电力网取得高压 10 kV 或低压 380/220 V 作为电源供电，然后将电能分配到各用电负荷处配电。电源和负荷用各种设备（变压器、变配电装置和配电箱）与各种材料、元件（导线、电缆、开关等）连接起来，组成了建筑物的供配电系统。

建筑供配电系统电源的引入方式一般有架空线路和埋地电缆线路两种，具体根据城市电网方式选择。目前在低压配电线路中广泛采用电缆线路。

1. 建筑供电系统

建筑供电系统由高压电源、变配电所和输配电线路组成。其基本方式主要如下：

（1）大型民用建筑的电源进线可采用 35 kV。常用两级配电方式，即先将 35 kV 的电压降为 10 kV，由高压配电线输送到各建筑物变电所后，再降为 380/220 V 低压。

（2）用电负荷较大且使用多台变压器的民用建筑，一般采用 10 kV 高压供电，经高压配电后，分别送到各变压器，再将 10 kV 高压降为 380/220 V 低压，然后配电给用电设备。

（3）小型民用建筑的供电，只需要设置一个降压变电所，把 6 ～ 10 kV 的进线电压降到 380/220 V。

（4）小于 100 kW 的用电负荷，一般采用 380/220 V 低压供电，所以无须设置变压器室，只需设置低压配电室将电能分配给各用电负荷即可。

2. 低压配电方式

低压配电系统是指从终端降压变压器侧到民用建筑内部低压设备的电力线路，其电压一般为380/220 V。配电线路的接线方式一般有放射式、树干式和混合式三种，如图4.5所示。

（1）放射式配电接线方式，其特点是配电线路相互独立，因而具有较高的可靠性，某一配电线路发生故障或检修时不致影响其他配电线路。但放射式配电接线方式中，从低压配电柜引出的干线较多，使用的开关等材料也较多。这种接线方式一般适用于供电可靠性要求高的场所或容量较大的用电设备，如空调机组、消防水泵等。

（2）树干式配电接线方式是由配电装置引出一条线路同时向若干用电设备配电。其优点是有色金属耗量少、造价低；缺点是干线故障时影响范围大，可靠性较低，一般用于用电设备的布置比较均匀、容量不大、又无特殊要求的场合。

（3）混合式配电接线方式兼顾了放射式和树干式两种配电接线方式的特点，是将两者进行组合的配电方式，如高层建筑中，当每层照明负荷都较小时，可以从低压配电屏放射式引出多条干线，将楼层照明配电箱分组接入干线，局部为树干式。

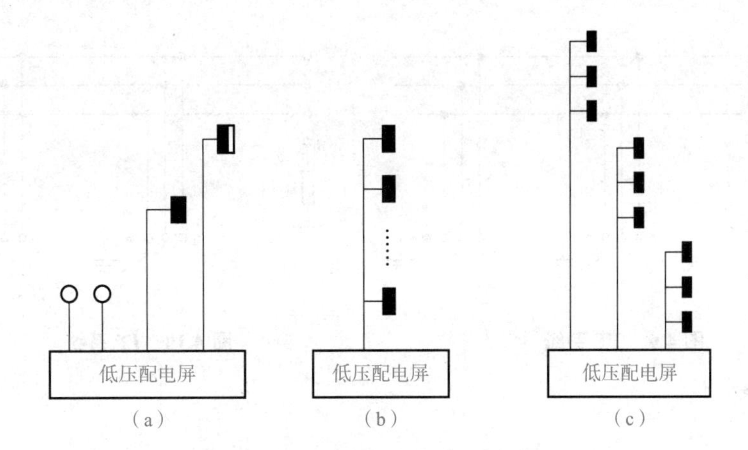

图4.5　低压配电系统的配电方式

（a）放射式配电方式；（b）树干式配电方式；（c）混合式配电方式

3. 低压配电系统接地形式

低压配电系统接地的形式根据电源端与地的关系、电气装置的外露可导电部分与地的关系分为TN、TT、IT系统。其中TN系统又可分为TN-S、TN-C、TN-C-S系统。

（1）TN系统。根据国家标准《供配电系统设计规范》（GB 50052—2009）的规定：TN电力系统有一点直接接地，电气设施的外露可导电部分用保护线与该点连接。

按中性线与保护线的组合情况，TN系统有以下三种形式：

1）TN-S系统。如图4.6所示，整个系统的中性线和保护线是分开的。

2）TN-C系统。如图4.7所示，整个系统的中性线和保护线是合一的。

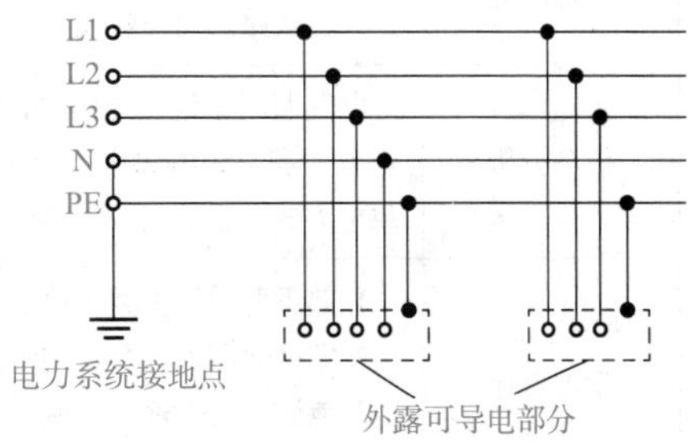

图4.6　TN-S系统

3）TN-C-S 系统。如图 4.8 所示，系统中有一部分中性线和保护线是合一的。

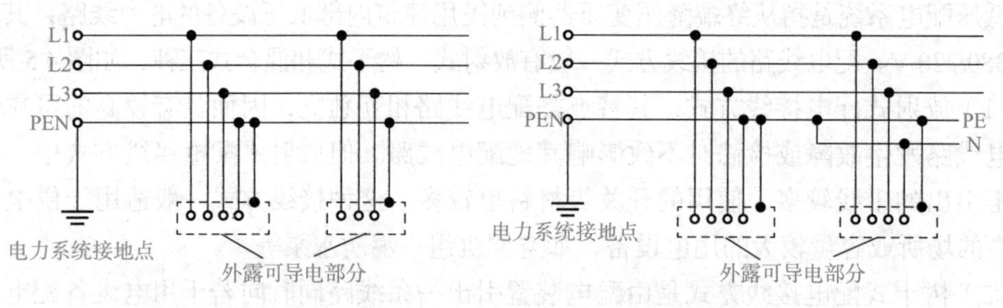

图 4.7　TN-C 系统　　**图 4.8　TN-C-S 系统**

（2）TT 系统。TT 系统有一个直接接地点，电气设施的外露可导电部分接至电气上与电力系统的接地点无关的接地极，如图 4.9 所示。

（3）IT 系统。IT 系统的带电部分与大地间不直接连接，而电气设施的外露可导电部分则是接地的，如图 4.10 所示。

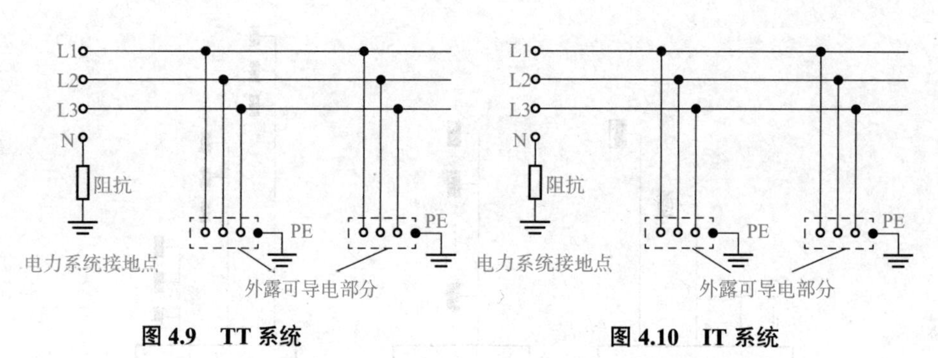

图 4.9　TT 系统　　**图 4.10　IT 系统**

单元二　建筑照明系统

单元设计

学习任务	一、照明供电系统 二、线路选用与敷设
任务分析	电气照明系统是建筑物的重要组成部分，学习本单元需要首先熟悉照明的种类；然后对照明供电方式和系统组成进行分析；最后掌握配电线路常用的绝缘导线和电缆的选用与敷设。从类别到供电方式和系统组成，再到常用线路材料认知与敷设，全方面地理解建筑照明系统
学习目标	1. 熟悉照明的种类、照明供电方式； 2. 掌握照明供电系统的组成； 3. 能够分析一幢建筑照明供电方式及系统组成部分； 4. 能够辨别不同型号导线、电缆及其所用敷设方式

电气照明是建筑物的重要组成部分，良好的照明环境是保证人们进行正常工作、学习和生活的必要条件。照明还能对建筑进行装饰，表现建筑物的美感。

视频：建筑电气照明系统

一、照明供电系统

1. 照明的种类

（1）工作照明。能保证完成正常工作和安全通行所设置的照明，称为工作照明。按照明范围，它又可分为一般照明、局部照明和混合照明三种方式。

1）一般照明。一般照明是为了使整个场所照度基本均匀而设置的照明。

2）局部照明。局部照明是指只限于某工作部位的照明。如机床上的工作灯就是一种局部照明。

3）混合照明。混合照明是指有一般照明和局部照明共同组成的照明。

（2）事故照明。当正常照明因故熄灭之后，而启用供继续工作或通行的备用照明系统，称为事故照明。它一般布置在主要设备和通道的出入口处。

（3）警卫值班照明。在非生产时间内为了保障建筑及生产的安全，供值班人员使用的照明，称为警卫值班照明。

（4）障碍照明。装设在高建（构）筑物尖顶上作为障碍标志用的照明，称为障碍照明，如在 100 m 的烟囱顶端和二分之一高度处所设置的红灯（障碍灯）。

2. 照明供电方式

室内照明电源是从室外低压配电线路上接线引入的。室外接入电源有 220 V 单相二线制和 380/220 V 三相四线制供电两种方式。

（1）220 V 单相二线制。一般照明供电负荷较小的住宅可用 220 V 单相交流制。它是由一根相线（A 或 B 或 C 相）和一根中性线（N）组成。“相”是指火线，中性线又称零线，如图 4.11 所示。

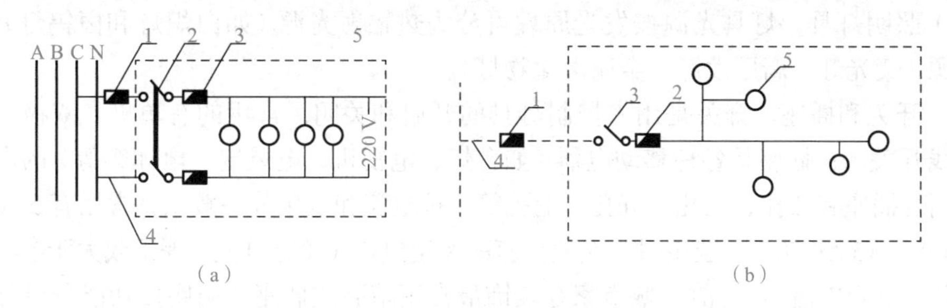

图 4.11　220 V 单相二线制供电

(a) 原理接线图；(b) 单线图

1—进户保险丝；2—保险丝；3—进户开关；4—进户线；5—电灯

（2）380/220 V 三相四线制。在照明供电负荷较大的建筑物中（负荷电流超过 30 A 的用户），如学校、办公室、宿舍等，可采用三相四线制供电。三相四线制是由三根相线（A、B、C）和一根中性线（N）组成的。将各组灯具按需配给 220 V 单相电压，并尽可能按三相均匀分配的远侧，分接在每一相线和中性线之间，如图 4.12 所示。

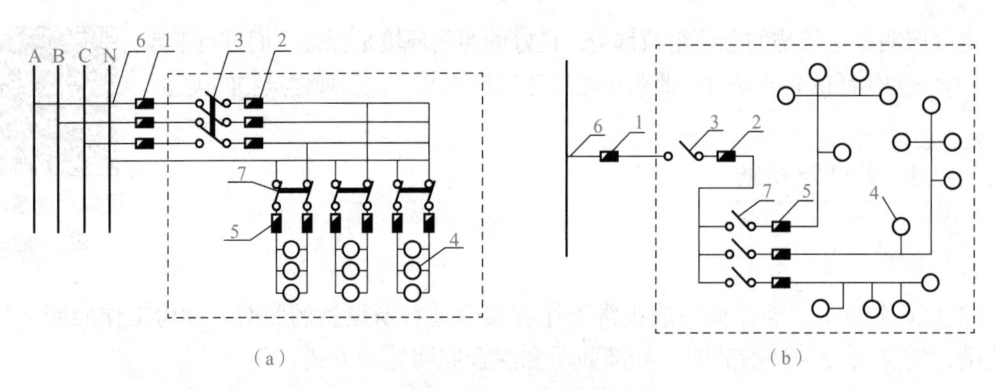

图 4.12　380/220 V 三相四线制供电

(a) 原理接线图；(b) 单线图

1—进户保险丝；2—保险丝；3—进户开关；4—电灯；5—分支保险丝；6—进户线；7—分支开关

3. 照明供电系统组成

照明供电系统一般由进户线、总配电箱（盘）、分配电箱（盘）、干线和支线、照明灯具、开关和插座等用电设备组成。

（1）进户线。进户线的引入方式主要有两种，即架空引入和电缆引入。架空引入是由建筑物外部低压架空供电线路的电杆上将电线接到外墙横担的绝缘子上，该设施称为进户装置，主要包括进户横担、引下线、进户线和进户管；电缆引入是将电缆由室外埋地穿过基础进入建筑物。电缆进线美观，对周围环境影响小，但施工复杂。

（2）配电箱（盘）。配电箱（盘）是用户用电设备的供电和配电点，是控制室内电源的设施。用电量较小的住宅可只设置一个配电箱，而多层建筑可在某层设置总配电箱，并由此引出干线，向其他各层分配电箱配电。配电箱里一般装有开关、熔断器和电能计量仪表（如电能表）等电气设备。

（3）干线和支线。干线是指从总配电箱到分配电箱的线路。支线是指从分配电箱到灯具或其他用电器具的线路。

（4）照明灯具。灯具光源按发光原理可分为热辐射光源（如白炽灯和卤钨灯）和气体放电光源（荧光灯、高压汞灯、金属卤化物灯）。

（5）开关和插座。开关是用来控制灯具的开启和关闭，常用的有单极、双极、三极开关及拉线开关等；插座是各种移动电器（如台灯、电视机、电风扇、电冰箱等）的电源接取口。常用的插座有二孔、三孔、五孔、七孔等，按电流和电压分一般家庭常用有 5 A/250 V、10 A/250 V、15 A/250 V。选用时，应使插座的额定电压（额定电流）等于或大于电器负载的额定电压（额定电流）。目前，城市家庭装饰最常用暗装式插座。插座按功能分可分为一般插座和专用插座。专用插座是指专门为某种用电设备设置的插座，如空调插座（K）、油烟机插座（Y）等。

二、线路选用与敷设

建筑物内无论是配电线路还是信号线路，按构造区分，均可分为导线和电缆两大类。导线可分为裸导线和绝缘导线两大类。民用建筑中一般不使用裸导线，故本部分主要讨论绝缘导线。

1. 绝缘导线选用与敷设

（1）绝缘导线的选用。绝缘导线按芯线材质可分为铜芯和铝芯两种；绝缘导线按绝缘材料可分为橡胶绝缘（如 BLX、BX、BLXF、BXF）和塑料绝缘（如 BLV、BV）两种。常用绝缘导线型号、名称及用途见表 4.1。塑料绝缘导线绝缘性能好，耐油和抗酸碱腐蚀，价格低，且节约大量橡胶和棉纱，因此，在室内明敷和穿管敷设中应优先选用塑料绝缘导线。但塑料绝缘在低温时易变硬发脆，高温时又易软化，因此室外敷设宜优先选用橡皮绝缘导线。正确选用绝缘导线，不仅关系到照明布线消耗金属材料的数量和线路投资，而且对保证线路安全、经济运行和供电质量也有着重要作用。

表 4.1　常用绝缘导线型号、名称及用途

<table>
<tr><th rowspan="2">类型</th><th rowspan="2">名称</th><th colspan="2">型号</th><th rowspan="2">用途</th></tr>
<tr><th>铜芯</th><th>铝芯</th></tr>
<tr><td rowspan="3">橡胶绝缘导线</td><td>棉纱纺织橡胶绝缘导线</td><td>BX</td><td>BLX</td><td rowspan="3">适用于交流 500 V 以下的电气设备及照明装置</td></tr>
<tr><td>氯丁橡胶绝缘导线</td><td>BXF</td><td>BLXF</td></tr>
<tr><td>橡胶绝缘软线</td><td>BXR</td><td></td></tr>
<tr><td rowspan="7">塑料绝缘导线</td><td>聚氯乙烯绝缘导线</td><td>BV</td><td>BLV</td><td rowspan="4">适用于各种交流、直流电器装置，电工仪表、仪器、电信设备，动力及照明线路固定敷设</td></tr>
<tr><td>聚氯乙烯绝缘聚氯乙烯护套圆形导线</td><td>BVV</td><td>BLVV</td></tr>
<tr><td>聚氯乙烯绝缘聚氯乙烯护套平形导线</td><td>BVVB</td><td>BLVVB</td></tr>
<tr><td>聚氯乙烯绝缘软导线</td><td>BVR</td><td></td></tr>
<tr><td>耐热 105 ℃聚氯乙烯绝缘软导线</td><td>BV-105</td><td></td><td rowspan="3">适用于各种交流、直流电器、电工仪表、家用电器、小型电动工具、动力及照明装置的连接</td></tr>
<tr><td>聚氯乙烯绝缘平形软导线</td><td>RVB</td><td></td></tr>
<tr><td>聚氯乙烯绝缘绞型软导线</td><td>RVS</td><td></td></tr>
</table>

（2）导线的敷设。绝缘导线的敷设方式可分为明敷（明配线）和暗敷（暗配线）两种。

1）明配线就是将导线沿墙壁、吊顶、桁架、柱子等明敷设。明配线通常有瓷（塑）夹板配线、瓷瓶配线、槽板配线、钢（塑料）管配线、塑料钢钉电线卡及钢索配线等。在现代建筑中已经较少采用明配线。

2）暗配线是将导线穿管埋设于墙壁、吊顶、地坪及楼板等处的内部，或在混凝土板孔内敷线。暗配线可以保持建筑内表面整齐美观、方便施工、节约线材。暗敷的管子可采用金属管或硬塑料管。穿管暗敷设时应沿最近的路径敷设，并应尽量减少弯曲，其弯曲半径不小于管外径的 10 倍。导线穿管敷设时，导线总截面（包括外护套）不应超过管子内截面面积的 40%。

2. 电缆的选用与敷设

（1）电缆的选用。电缆是一种多芯导线，即在一个绝缘软套内裹有多根相互绝缘的线芯。电缆种类较多，按用途可分为电力电缆、控制电缆、通信电缆等。电力电缆是专门用于输送和分配电能的传输介质。按绝缘材料的不同，电力电缆有油浸纸绝缘电力电缆、橡皮绝缘电力电缆、聚氯乙烯绝缘电力电缆三种类型；按缆芯数的不同，电力电缆有单芯、双芯、三芯、四芯之分。按电缆芯线的材料不同，电力电缆有铜芯和铝芯之分；常用电力电缆型号、名称及用途见表 4.2。电力电缆一般都是由线芯、绝缘层和保护层三部分组成的，如图 4.13 所示。

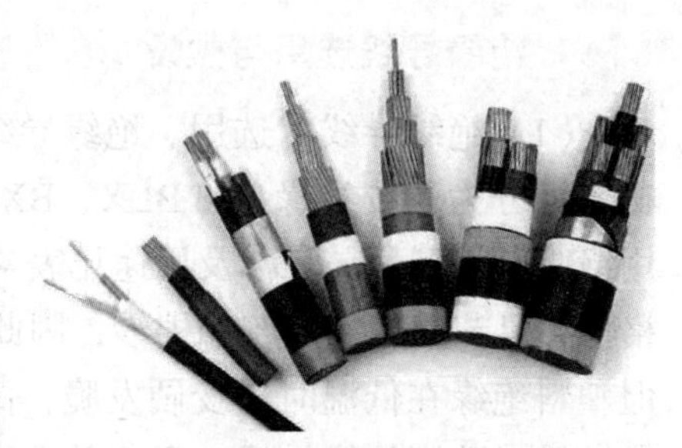

图 4.13 电力电缆

电缆线路的主要优点是运行可靠、不易受外界的影响、不占地面空间；主要缺点是成本高、敷设和维修困难、不易发现和排除故障等。目前，聚氯乙烯绝缘电力电缆广泛用于民用建筑的低压电力电缆线路中。

表 4.2 常用电力电缆型号、名称及用途

<table>
<tr><th colspan="2">型号</th><th rowspan="2">名称</th><th rowspan="2">用途</th></tr>
<tr><th>铜芯</th><th>铝芯</th></tr>
<tr><td>VV</td><td>VLV</td><td>聚氯乙烯绝缘聚氯乙烯护套电力电缆</td><td></td></tr>
<tr><td>VY</td><td>VLY</td><td>聚乙烯绝缘聚乙烯护套电力电缆</td><td></td></tr>
<tr><td>VV_{22}</td><td>VLV_{22}</td><td>聚氯乙烯钢带铠装聚氯乙烯护套电力电缆</td><td></td></tr>
<tr><td>YJV</td><td>YJLV</td><td>交联聚氯乙烯绝缘聚氯乙烯护套电力电缆</td><td rowspan="2">适用于室内、电缆沟、隧道及管道中，也可埋在松软的土壤中，电缆不能承受机械外力作用</td></tr>
<tr><td>YJY</td><td>YJLY</td><td>交联聚乙烯绝缘聚乙烯护套电力电缆</td></tr>
<tr><td>YJV_{22}</td><td>$YJLV_{22}$</td><td>交联聚氯乙烯绝缘钢带铠装聚氯乙烯护套电力电缆</td><td>适用于室内、隧道、电缆沟，及地下直埋敷设，电缆能承受机械外力，但不能承受大的拉力</td></tr>
</table>

（2）电缆的敷设。

1）直埋敷设。电缆直敷施工容易，造价小，散热好，故应优先考虑采用。但易受腐蚀和机械损伤，检修不方便，一般用于根数不多的地方。埋深一般不小于 0.7 m，上下各铺设 100 mm 厚的软土或砂层，上盖保护板，如图 4.14 所示。电缆应敷设于冻土层下，不得在其他管道上面或下面平行敷设。

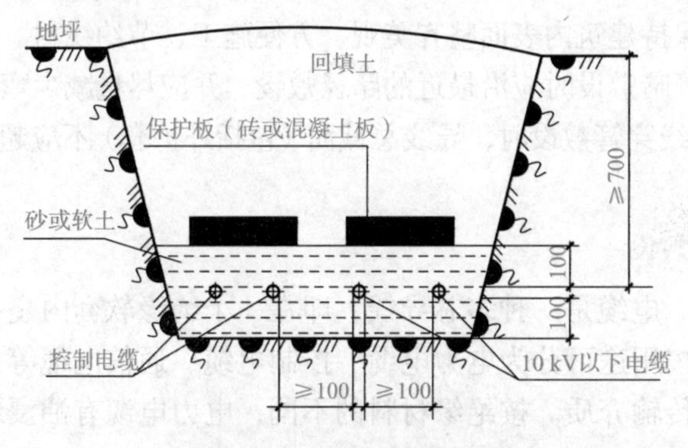

图 4.14 电缆直埋敷设

2）电缆沟敷设。电缆沟有室内电缆沟、室外电缆沟和厂区电缆沟之分。室内电缆沟的盖板应与室内地坪齐平。在易积水、易积灰处宜采用水泥砂浆或沥青将盖板缝隙抹死。经常开启的电缆沟盖板宜采用钢盖板。室外电缆沟的盖板宜高出地面 100 mm，以减少地面水流入沟内。当有碍交通和排水时，采用有覆盖层的电缆层，盖板顶低于地面 300 mm。电缆沟进户处应设有防火隔墙。如图 4.15 所示为电缆沟敷设。

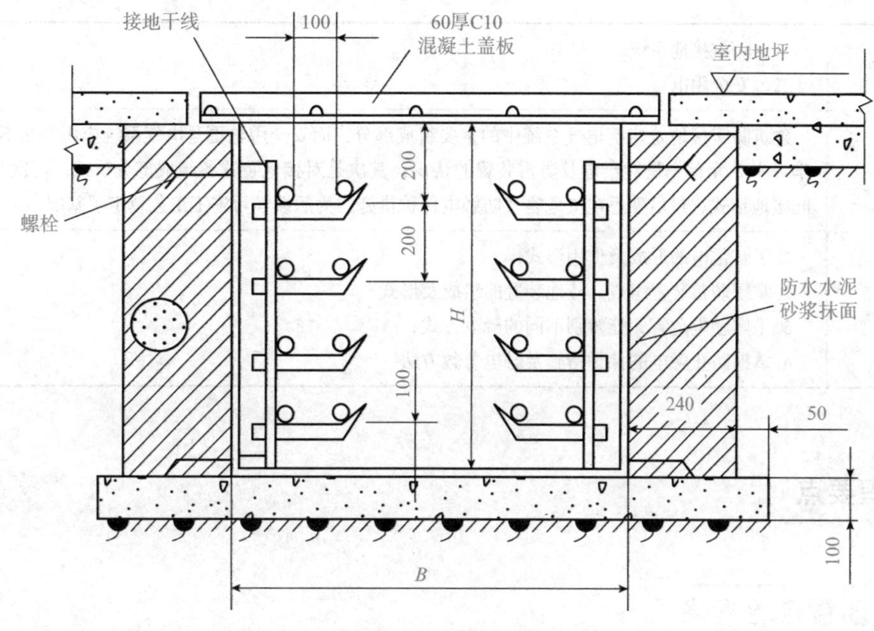

图 4.15　电缆沟敷设

3）电缆穿管敷设。电缆穿管敷设时管内径不能小于电缆外径的 1.5 倍。管的弯曲半径为管外径的 10 倍，且不应小于所穿电缆的最小弯曲半径。电缆在室内埋地、穿墙或穿楼板时，应穿管保护。水平明敷时距离地面应不小于 2.5 m；垂直明敷时高度在 1.8 m 以下部分应有防止机械损伤的措施。

4）电缆桥架敷设。电缆桥架可分为槽式、托盘式、梯架式和网格式等结构，由支架、托臂、线槽和盖板组成。建筑物内桥架可以独立架设，也可以附设在各种建（构）筑物和管廊支架上，应体现结构简单，造型美观、配置灵活和维修方便等特点，如图 4.16 所示。

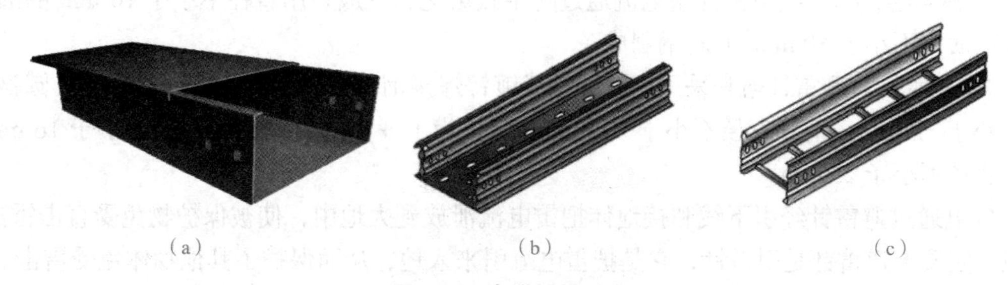

图 4.16　电缆桥架形式

（a）槽式桥架；（b）托盘式桥架；（c）梯式桥架

单元三　建筑防雷接地与安全用电

单元设计

学习任务	一、防雷接地系统 二、安全用电
任务分析	建筑防雷接地是建筑电气系统中的重要组成部分，而安全用电更是电气系统应用中必不可少的。学习本单元首先是对雷电及防雷装置的认识；其次是对接地装置各组成部分认识；再次是分析不同接地形式；最后熟悉电气危害及防触电保护措施，为后续学习施工工艺奠定了基础
学习目标	1. 了解雷电的形成及作用形式； 2. 掌握防雷装置组成、接地装置的组成及形式； 3. 了解触电危害，能辨别不同的触电方式； 4. 掌握防止触电的保护措施及触电急救方法

知识要点

一、防雷接地系统

1. 雷电与防雷装置

雷电根据造成危害的形式和作用，一般可分为直击雷、感应雷两大类。直击雷是雷云对地面直接放电；感应雷是雷云的二次作用（静电感应和电磁效应）造成的危害。无论是直击雷还是感应雷，都可能演变成雷电的第三种形式——高电位侵入，即很高的电压（可达数十万伏）沿着供电线路和金属管道，高速涌入变电所、建筑物等。

（1）防直击雷。防直击雷的主要措施是装设避雷针、避雷带、避雷网、避雷线。这些设备又称接闪器，避雷装置主要由接闪器、引下线和接地装置三部分组成。

接闪器（受雷装置）是接受雷电流的金属导体，常用的有避雷针、避雷线和避雷网（带）三种类型；引下线应保证雷电流通过时不致熔化，一般采用直径不小于 10 mm 的圆钢或截面面积不小于 80 mm^2 的扁钢制成。

1）避雷针。避雷针通常采用镀锌圆钢或镀锌焊接钢管制成。针长 1 m 以下时，圆钢直径不小于 12 mm，钢管直径不小于 20 mm；针长为 1 ～ 2 m 时，圆钢直径不小于 16 mm，钢管直径不小于 25 mm。

雷电通过避雷针经引下线和接地体把雷电流泄放到大地中，使被保护物免受直击雷击。所以，实质上避雷针是引雷针，它是把雷电流引来入地，从而保护了其他物体免受雷击。

2）避雷线：一般采用截面面积不小于 35 mm^2 的镀锌钢绞线。

3）避雷带和避雷网。避雷带和避雷网主要用于保护高层建筑免遭雷击，通常采用圆钢或扁钢焊接而成，并沿房屋边缘或屋顶敷设。注意：圆钢直径不小于 8 mm，扁钢截面面积不小于 48 mm^2，厚度不小于 4 mm。当烟囱上采用避雷环时，圆钢直径不小于 12 mm，扁钢截面面积不小于 100 mm^2，厚度不小于 4 mm。

（2）防感应雷。感应雷产生的感应电压可高达数十万伏。防止静电感应产生的高压，人们一般是在建筑物内，将金属设备、金属管道、结构钢筋予以接地，使感应电荷迅速入地，避免雷害。根据建筑物的不同屋顶，采取相应的防止静电感应措施，如金属屋顶，将屋顶妥善接地；对于钢筋混凝土屋顶，将屋面钢筋焊成 6 ～ 12 m 网格，连成通路，并予以接地；对于非金属屋顶，在屋顶上加装边长 6 ～ 12 m 金属网格，并予接地。屋顶或屋顶上的金属网格的接地不得少于两处，其间距不得大于 18 ～ 30 m。

防止电磁感应引起的高电压，一般采取金属线跨接措施，并可靠接地。

（3）防雷电侵入波。由于输电线路上遭受雷击，高压雷电波便沿着输电线侵入变配电所或用户，击毁电气设备或造成人身伤害，这种现象称雷电波侵入。据统计资料，电力系统中由于雷电波侵入而造成的雷害事故占整个雷害事故的近一半。因此，对雷电波侵入应予以相当重视，要采取措施，严加防护。避雷器就是防止雷电波侵入，造成雷害事故的重要电气设备。

2. 接地装置

接地是指电气设备的某部分与大地之间做良好的电气连接。接地装置广泛地存在于电气设备、线路和建筑物中，如图 4.17 所示。

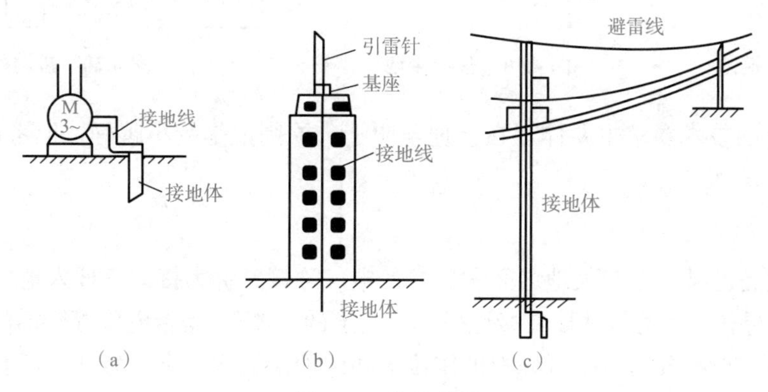

图 4.17　接地装置

（a）电动机保护接地；（b）为避雷针工作接地；（c）为避雷线工作接地

（1）接地装置。接地装置由接地体和接地线两部分组成。

1）接地体：接地体一般是直接与大地接触的金属导体。接地体可分为自然接地体和人工接地体。

①自然接地体：与大地有可靠接触的金属导体，如埋入地下的金属管道、建筑物的钢结构和钢筋、行车的钢轨、电缆金属外皮等都可作为自然接地体。

②人工接地体：采用钢管、圆钢、角钢、扁钢等钢材制成。垂直埋设的接地体一般用 ϕ38 ～ 50 mm 的钢管或 40 mm × 40 mm × 4 mm ～ 50 mm × 50 mm × 5 mm 的角钢。水平埋设的接地体一般用 ϕ16 mm 的圆管或 40 mm × 4 mm 的扁钢。

2）接地线：连接接地体与电气设备接地部分的金属导体。接地线一般用 20 mm × 4 mm ～ 40 mm × 4 mm 的扁钢。

（2）接地装置形式。按接地体的多少，接地装置可分为单极接地、多极接地及接地网络三种形式。

1）单极接地。由一支接地体构成，接地线一端与接地体相连接，另一端与设备的接地点直接连接，如图 4.18 所示。单极接地适用于接地要求不太高和设备接地点较少的场所。

2）多极接地。由两支或以上接地体构成，各接地体之间用接地干线连成一体，接地支线一端与接地干线相连接，另一端与设备的接地点直接连接，如图 4.19 所示。多极接地适用于接地要求较高而设备接地点较多的场所。

3）接地网络。用接地干线将多支接地体相互连接所形成的网络称为接地网络。图 4.20 所示为接地网络的常见形状。接地网络适用于配电场所及接地点较多、接地要求较高的场所。

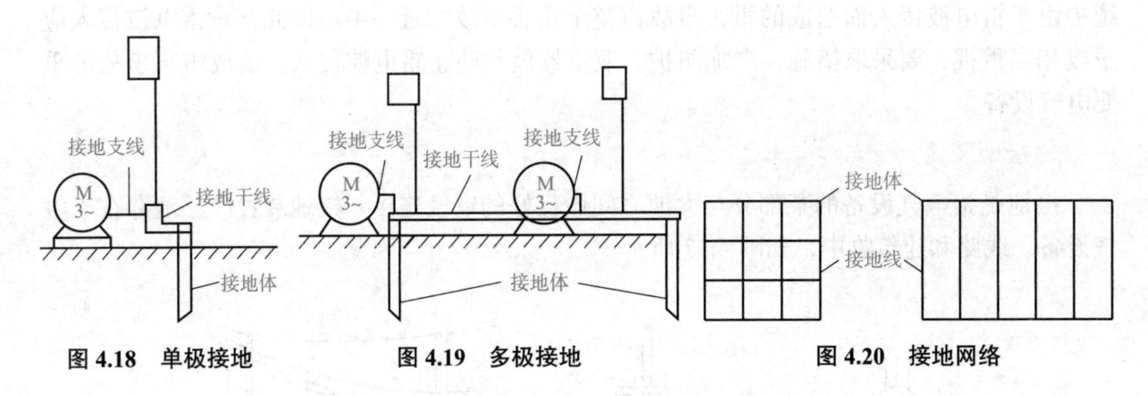

图 4.18 单极接地 **图 4.19 多极接地** **图 4.20 接地网络**

接地装置的技术要求主要体现在接地电阻上，原则上是越小越好，但考虑到经济性，以不超过规定值为准。

3. 接地的形式

将电气设备的某部分与大地之间做良好的电气连接，称为接地。埋入地中并直接与大地接触的金属导体，称为接地体或接地极。电气上的“地”，是指电位等于零的地方。电力系统及设备的接地，按其功能可分为工作接地和保护接地两大类。另外，还有为进一步保证接地的重复接地。

（1）工作接地形式。工作接地是为保证电力系统和设备达到正常工作要求而进行的一种接地，如电源中性点的接地、防雷接地等。各种工作接地都有各自的功能，如电源中性点直接接地，能在运行中维持三相系统的相线对地电压不变；电源中性点经消弧线圈接地，能在单相接地时消除接地点的断续电弧，防止系统出现过电压。至于防雷接地，功能更是显而易见，不进行接地就无法对地泄放雷电流。

（2）保护接地形式。保护接地是为保障人身安全、防止间接触电而将设备的外露可导电部分接地。

保护接地有两种形式：一种是设备的外露可导电部分经各自的接地线（PE 线）直接接地；另一种是设备的外露可导电部分经公共的 PE 线（TN-S 系统）或 PEN 线（TN-C 系统）接地。我国称前者为保护接地，称后者为保护接零。

（3）重复接地。为确保公共 PE 线或 PEN 线安全可靠，除在电源中性点进行工作接地外，专用保护线 PE（或 PEN 线）上一处或多处通过接地装置再次与大地相连接称为重复接地。

重复接地在降低漏电设备对地电压、减轻公共 PE 线或 PEN 线断线的危险性、缩短故障时间、改善防雷性能等方面起着重要的作用。

二、安全用电

电能是优质的二次能源，在人类生活中得到了充分的利用，但在造福人类的同时，也屡次对人类造成威胁。因此安全用电非常重要。当人身直接或间接接触带电体时，流过人体的电流很小时，对人体不会造成伤害。当流过人体的电流达到一定数值以后，对人体就会造成不同程度的伤害，无数触电事故告诫人们，思想麻痹大意往往是造成人身触电事故的主要因素。

1. 电气危害

电气危害有两个方面：一方面是对系统自身的危害，如短路、过电压、绝缘老化等；另一方面是对用电设备、环境和人员的危害，如触电、电气火灾、电压异常升高造成用电设备损坏等，其中尤以触电和电气火灾危害最为严重，触电可直接导致人员伤残、死亡。另外，静电产生的危害也不能忽视，它是电气火灾的原因之一，对电子设备的危害也很大。

人体接触带电导体或漏电的金属外壳，使人体任两点间形成电流，即触电事故。触电有两种类型，即电伤和电击。

（1）电伤。电伤是非致命的。电伤是指电流的热效应、化学效应、机械效应及电流本身作用造成的人体伤害。电伤会在人体皮肤表面留下明显的伤痕，常见的有灼伤、电烙伤和皮肤金属化等现象。

（2）电击。电击是指电流通过人体内部，破坏人体内部组织，影响呼吸系统、心脏及神经系统的正常功能，甚至危及生命。

在触电事故中，电击和电伤常会同时发生。

2. 触电方式

按照人体触带电体的方式和电流通过人体的路径，触电方式有单相触电、两相触电、接触电压触电及跨步电压触电。

（1）单相触电。人体的某部分在地面或其他接地导体上，另一部分触及一相带电体的触电事故称为单相触电。这时触电的危险程度取决于三相电网的中性点是否接地，一般情况下，接地电网的单相触电比不接地电网的危险性大。

图 4.21（a）表示供电网中性点接地时的单相触电，此时人体承受电源相电压；图 4.21（b）表示供电网无中线或中线不接地时的单相触电，此时电流通过人体进入大地，再经过其他两相对地电容或绝缘电阻流回电源，当绝缘不良时，也有危险。在工厂和农村，一般有接地系统多为 6 ～ 10 kV，若在该系统单相触电，由于电压高，因此触电电流大，是致命的。

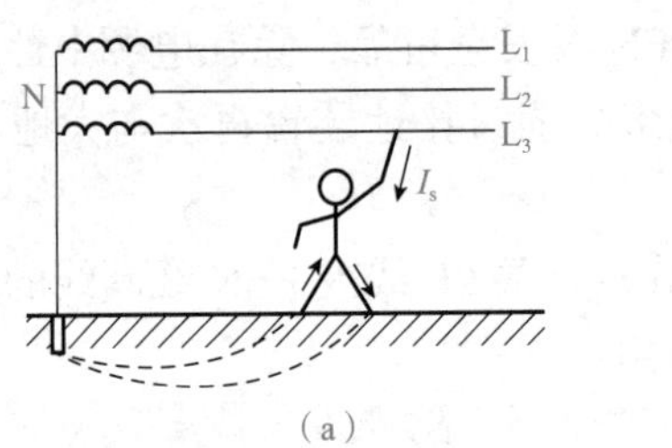

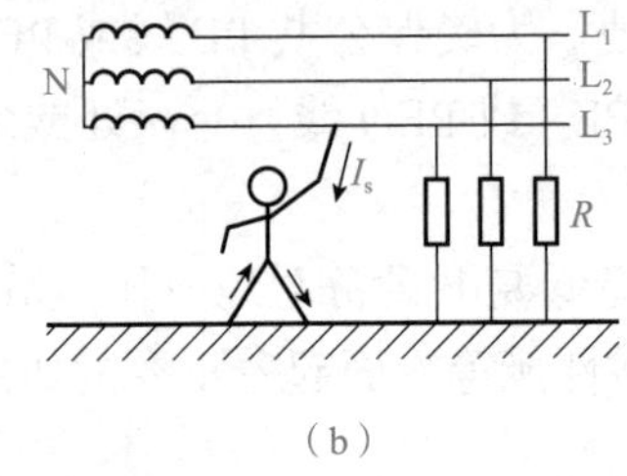

图 4.21　单相触电

(a) 中性点直接接地；(b) 中性点不直接接地

（2）两相触电。两相触电是指人体两处同时触及同一电源的两相带电体，以及在高压系统中，人体距离高压带电体小于规定的安全距离，造成电弧放电时，电流从一相导体流入另一相导体的触电方式，如图 4.22 所示。两相触电加在人体上的电压为线电压，因此无论电网的中性点接地与否，其触电的危险性都最大。

（3）接触电压触电。电气设备由于绝缘损坏、安装不良等原因致使设备金属外壳带电，人体与电气设备的带电外壳接触而引起的触电称为接触电压触电。人体触及带电体外壳会产生接触电压触电，人体站立点距离接地点越近，接触电压越小，如图 4.23 所示。

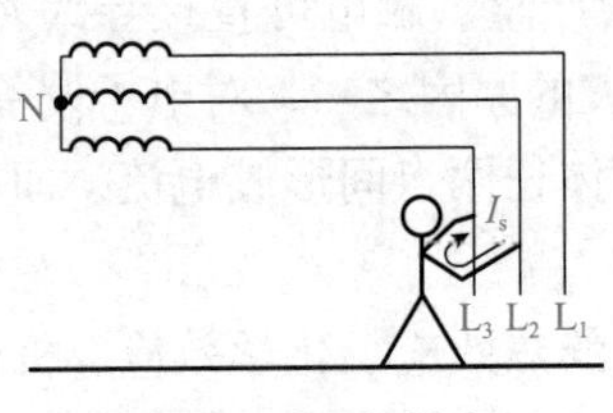

图 4.22　两相触电

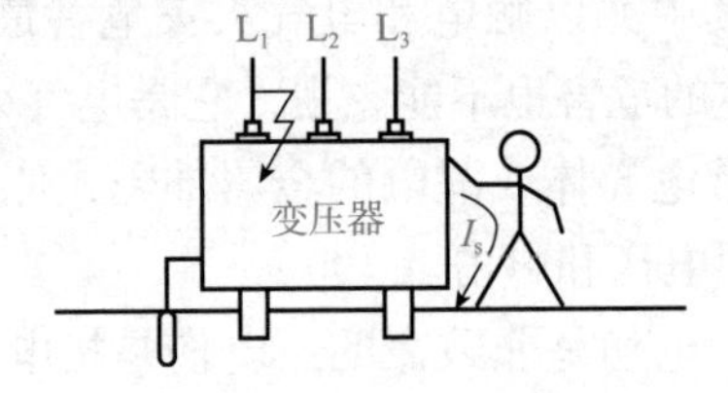

图 4.23　接触电压触电

（4）跨步电压触电。当带电体接地有电流流入地下时（如架空导线的一根断落地上时），在地面上以接地点为中心形成不同的电位，人在接地点周围，两脚之间出现的电位差即为跨步电压（图 4.24）。线路电压越高，距离落地点越近，触电危险性越大。

当架空线路的一根带电导线断落在地上时，落地点与带电导线的电势相同，电流就会从导线的落地点向大地流散，于是地面上以导线落地点为中心，形成了一个电势分布区域，距离落地点越远，电流越分散，地面电势也越低。如果人或牲畜站在距离电线落地点 10 m 以内，就可能发生触电事故，这就是跨步电压触电。人受到跨步电压时，电流虽然是沿着人的下身，从脚经腿、胯部又到脚与大地形成通路，没有经过人体的重要器官，好像比较安全。但实际并非如此，当人受到较高的跨步电压作用时，双脚会抽筋，使身体倒在地上，这不仅使作用于身体上的电流增加，而且使电流经过人体的路径改变，完全可能流经人体重要器官，如从头到手或脚。经验证明，人倒地后电流在体内持续作用 2 s，这种触电就会致命。

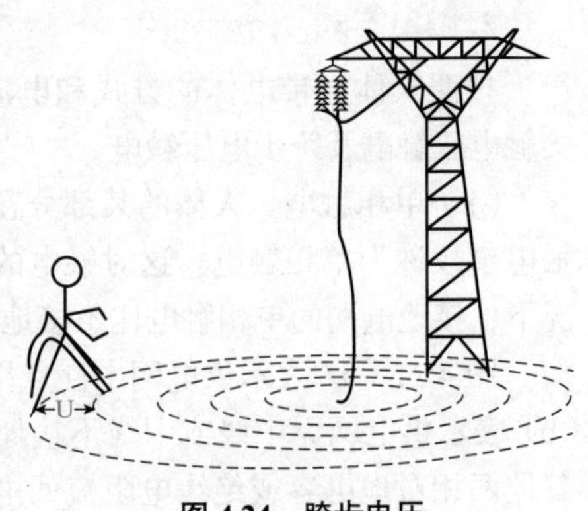

图 4.24　跨步电压

3. 防触电的保护措施

触电往往很突然，最常见的触电事故是偶然触及带电体或触及正常不带电而意外带电的导体。为了防止触电事故，除思想上重视外，还应健全安全措施。

（1）使用安全电压。在劳动保护措施中规定有安全电压。安全电压是指为了防止触电事故而采用的由特定电源供电的电压。该电压的最大值在任何情况（含故障、空载等情况）下，两导体之间或任一导体与大地之间都不得超过交流（50 ～ 500 Hz）有效值 50 V。我国规定的安全电压等级为 42 V、36 V、24 V、12 V、6 V。当设备采用超过 24 V 的安全电压时，必须采取防止直接接触带电体的安全措施。安全电压的供电电源通常采用安全隔离变压器。

在实际工作中，安全电压值的选择应根据设备操作特点及工作环境等因素确定。对于工作环境差、容易造成触电事故的场所，安全电压值应低一些。

（2）保护接地。保护接地就是在 1 kV 以下变压器中性点（或一相）不直接接地的电网中，电气设备的金属外壳和接地装置良好连接。当电气设备绝缘损坏，人体触及带电外壳时，由于采用了保护接地，人体电阻和接地电阻并联，人体电阻远远大于接地电阻，故流经人体的电流远远小于流经接地体的电流，并在安全范围内，就起到了保护人身安全的作用，如图 4.25 所示。

（3）保护接零。保护接零就是在 1 kV 以下变压器中性点直接接地的电网中，电气设备金属外壳与零线做可靠连接。低压系统电气设备采用保护接零后，如有电气设备发生单相碰壳故障时，形成一个单相短路回路。由于短路电流极大，使熔丝快速熔断，保护装置动作，从而迅速地切断了电源，防止了触电事故的发生，如图 4.26 所示。

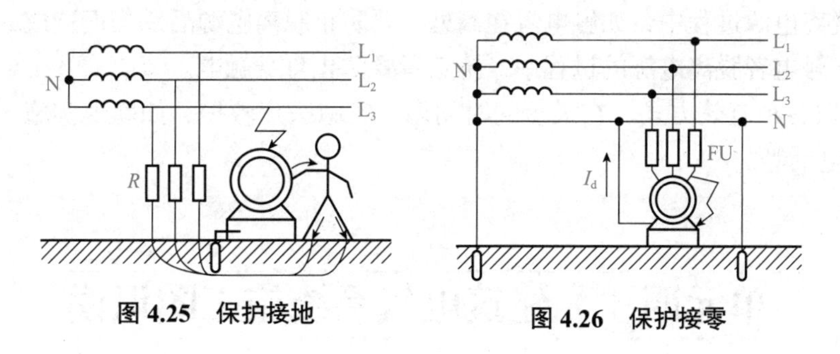

图 4.25　保护接地　　**图 4.26　保护接零**

（4）使用漏电保护装置。漏电保护装置按控制原理可分为电压动作型、电流动作型、交流脉冲型和直流型等。其中，电流动作型的保护性能最好，应用最为普遍。

电流动作型漏电保护装置是由测量元件、放大元件、执行元件和检测元件组成的，如图 4.27 示。

测量元件是一个高导磁电流互感器，相线和零线从中穿过，当电源供出的电流负载使用后又回到电源，互感器铁心中合成磁场为零，说明无漏电现象，执行机构不动作；当合成磁场不为零时，表明有漏电现象，执行机构快速动作，切断电源时间一般为 0.1 s，保证安全。

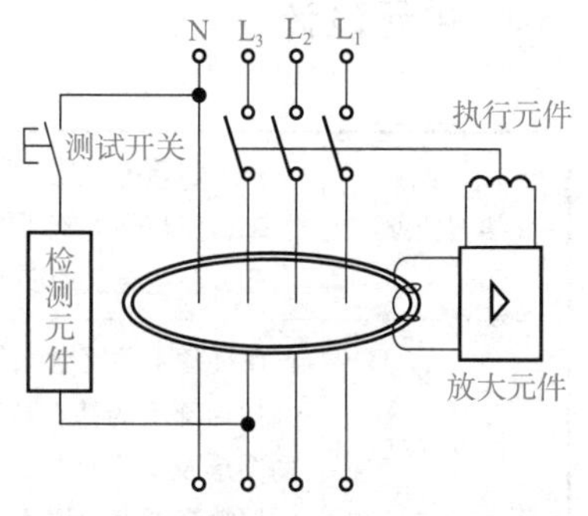

图 4.27　电流动作型漏电保护装置

在家庭中，漏电保护器一般连接在单相电能表和断路器胶盖闸刀后，是安全用电的重要保障。

（5）防火与防爆。电气设备的绝缘材料（包括绝缘油）多数是可燃物质。材料老化，渗入杂质因而失去绝缘性能时可能引起火花、电弧；过载、短路的保护电器失灵使电气设备过热；绝缘线端子螺钉松懈，使接触电阻增大而过热等，都可能使绝缘材料燃烧起来并波及周围可燃物而酿成火灾。应严格遵守安全操作规程，经常检查电气设备运行情况（特别要注意升温和异味）、定期检修，防止这类事故发生。

空气中所含可燃固体粉尘（如煤粉、鞭炮火药粉）或可燃气体达到一定程度时，遇到电火花、电弧或其他明火就会发生爆炸燃烧。在这类场合应选用防爆型的开关、变压器、电动机等电气设备。

4. 触电的急救

（1）脱离电源。人在触电后可能由于失去知觉或超过人的摆脱电流而不能自己脱离电源，此时抢救人员不要惊慌，要在保护自己不被触电的情况下使触电者脱离电源。脱离电源的方法如下：

1）如接触电器触电应立即断开近处的电源，可就近拔掉插头、断开开关或打开保险盒。

2）如果遇到破损的电线而触电，附近又找不到开关，可用干燥的木棒、竹竿等绝缘工具把电线挑开，挑开的电线要放置好，不要使人再接触到。

3）如一时不能实行上述方法，触电者又趴在电器上，可隔着干燥的衣物将触电者拉开。

4）在脱离电源过程中，如触电者在高处，要防止脱离电源后跌伤而造成二次受伤。

5）在使触电者脱离电源的过程中，抢救者要防止自身触电。

（2）采取各种有效方式，在最短的时间内，实施医疗救护，如就地实施人工呼吸、拨打 120 救护电话等。

单元四　建筑电气系统施工图识读

单元设计

学习任务	一、建筑电气施工图基础 二、建筑强电施工图识读 三、住宅电气照明系统施工图识读实例
任务分析	在具备了建筑电气供配电、照明及防雷接地系统等基础知识，识读电气施工图是全面了解系统，并指导施工的基本技能。学习本单元首先了解电气施工图的组成、特点及一般规定，熟悉施工图的图形及文字符号；然后分析强电施工图每部分的识读方法；最后以一套住宅楼电气图纸为例，掌握整套图纸的识读方法及识读要点

续表

学习目标	1. 熟悉电气施工图的组成及特点； 2. 能够认知电气图纸中的各类图形、文字符号及标注； 3. 掌握电气图纸文字部分、系统图、平面图的识读方法及识读要点； 4. 能够识读整套电气工程施工图

知识要点

一、建筑电气施工图基础

建筑电气施工图是用规定的图形及文字符号来表示线路和实物，具体表达电气动力、照明设备的安装位置、配线方式及其他安装要求。

视频：建筑电气工程施工图识读

1. 建筑电气施工图的组成

一套完整的电气工程施工图一般由图纸目录、设计说明、主要材料设备表、配电系统图、平面布置图、控制原理图、安装接线图、安装大样图（详图）等部分组成。

（1）图纸目录与设计说明。图纸目录与设计说明包括图纸内容、数量、工程概况、设计依据及图中未能表达清楚的各有关事项。如供电电源的来源、供电方式、电压等级、线路敷设方式、防雷接地、设备安装高度及安装方式、工程主要技术数据、施工注意事项等。

（2）主要材料设备表。主要材料设备表包括工程中所使用的各种设备和材料的名称、型号、规格、数量等，它是编制购置设备、材料计划的重要依据之一。

（3）配电系统图。配电系统图反映了系统的基本组成、主要电气设备、元件之间的连接情况，以及它们的规格、型号、参数等，如变配电工程的供配电系统图、照明工程的照明系统图、电缆电视系统图等。

（4）平面布置图。平面布置图是电气施工图中的重要图纸之一，用来表示电气设备的编号、名称、型号及安装位置、线路的起始点、敷设部位、敷设方式及所用导线型号、规格、根数、管径大小等，如变、配电所电气设备安装平面图、照明平面图、防雷接地平面图等。

（5）控制原理图。控制原理图包括系统中各所用电气设备的电气控制原理，用以指导电气设备的安装和控制系统的调试运行工作。

（6）安装接线图。安装接线图包括电气设备的布置与接线，应与控制原理图对照阅读，进行系统的配线和调校。

（7）安装大样图（详图）。安装大样图是详细表示电气设备安装方法的图纸，对安装部件的各部位注有具体图形和详细尺寸，是进行指导安装施工和编制工程材料计划的重要参考。

2. 建筑电气施工图的识读方法

一套建筑电气工程图所包含的内容较多，图纸往往有很多张，识读建筑电气工程图的方法没有统一的规定，在熟悉电气图例符号，弄清楚图例、符号所代表的内容后，针对一套电气施工图，一般应先按以下顺序阅读，有时还需要相互对照阅读，然后对某部分内容进行重点识读。

（1）看标题栏及图纸目录。了解工程名称、项目内容、设计日期及图纸内容、数量等。

（2）看设计说明。了解工程概况、设计依据等，了解图纸中未能表达清楚的各有关事项。

（3）看设备材料表。了解工程中所使用的设备、材料的型号、规格和数量。

（4）看系统图。了解系统基本组成，主要电气设备、元件之间的连接关系及它们的规格、型号、参数等，掌握该系统的组成概况。

（5）看平面布置图，如照明平面图、防雷接地平面图等。了解电气设备的规格、型号、数量及线路的起始点、敷设部位、敷设方式和导线根数等。平面图的阅读可按照以下顺序进行：电源进线→总配电箱→干线→支线→分配电箱→电气设备。

（6）看控制原理图。了解电气设备的电气自动控制原理，以指导设备安装调试工作。

（7）看安装接线图及大样图。了解电气设备的布置与接线、具体安装方法、安装部件的具体尺寸等。

以上图纸各自的用途不同，但相互之间是有联系并协调一致的。在识读时应根据需要，将各图纸结合起来识读，以达到对整个工程或分部项目全面了解的目的。

3. 建筑电气施工图的一般规定

（1）图形、文字符号。常用的电气工程图形及文字符号可参见《建筑电气工程设计常用图形和文字符号》（09DX001）。部分常用电气设备文字符号见表4.3，部分常用电气照明图形符号见表4.4。

表4.3　部分常用电气设备文字符号

设备、装置和元件名称	文字符号	设备、装置和元件名称	文字符号
低压配电柜	AN	低压母线、母线槽	WC
电能计量箱（柜、屏）	AM	低压配电线缆	WD
动力配电箱（柜、屏）	AP	电力线路	WP
应急动力配电箱（柜、屏）	APE	照明线路	WL
照明配电箱（柜、屏）	AL	过路接线盒、接线端子箱	XD
应急照明配电箱（柜、屏）	ALE	插座箱	XD
电能表箱（柜、屏）	AW	保护继电器	BB

（2）电气设备的标注方法。

1）电气箱（柜、屏）标注。

系统图标注：$a+b/c$

平面图标注：a

式中　a——设备种类代号；

b——设备安装位置的位置代号；

c——设备型号。

表 4.4　部分常用电气照明图形符号

图例	名称	图例	名称
	多种电源配电箱（屏）		灯或信号灯一般符号
	动力或动力—照明配电箱		防水防尘灯
	信号板信号箱（屏）		壁灯
	照明配电箱（屏）		球形灯
	单相插座（明装）		花灯
	单相插座（暗装）		局部照明灯
	单相插座（密闭、防水）		天棚灯
	单相插座（防爆）		荧光灯一般符号
	带接地插孔的三相插座（明装）	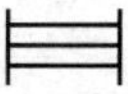	三管荧光灯
	带接地插孔的三相插座（暗装）		避雷器
	带接地插孔的三相插座（密闭、防水）		避雷针
	带接地插孔的三相插座（防爆）	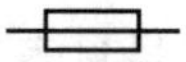	熔断器一般符号
	单极开关（明装）		接地一般符号
	单极开关（暗装）		多极开关一般符号　单线表示
	单极开关（密闭、防水）	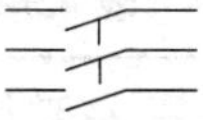	多极开关一般符号　多线表示
	单极开关（防爆）		分线盒一般符号
	开关一般符号		室内分线盒
	单极拉线开关	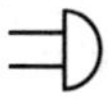	电铃
	动合（常开）触点 注：本符号也可用作开关一般符号	 kWh	电度表

常用照明配电箱型号的含义如图 4.28 所示，例如，型号为 XRM1—A312 M 的配电箱，表示该照明配电箱为嵌墙安装，箱内装设一个型号为 DZ20 的出线主开关，单相照明出线开关 12 个回路，进线主开关为三级开关。

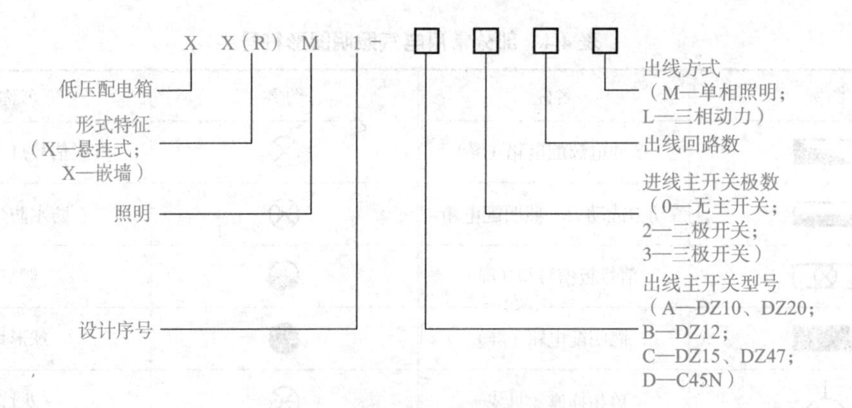

图 4.28 照明配电箱型号的含义

2）照明灯具的标注。灯具的标注是在灯具旁按灯具标注规定标注灯具数量、型号、灯具中的光源数量和容量、悬挂高度和安装方式。其一般标注格式为

$$a\text{–}b\ \frac{c\times d\times L}{e}\ f$$

式中 a——灯具的数量；

b——灯具的型号或编号（无则省略）；

c——每盏照明灯具的灯泡数；

d——每个灯泡的容量（W）；

e——灯泡安装高度（m）；

"——"——吸顶安装；

f——灯具安装方式，其代号见表 4.5；

L——光源的种类，紧凑型荧光灯（节能灯）用 FL 表示；管型荧光灯光源种类可省略；白炽灯用 IN 表示；钠灯用 Na 表示。

在同一房间内的多盏相同型号、相同安装方式和相同安装高度的灯具，可以标注一处。

表 4.5 灯具安装方式及其代号

序号	名称	文字代号	序号	名称	文字代号
1	线吊式	SW	7	顶棚内安装	CR
2	链吊式	CS	8	墙壁内安装	WR
3	管吊式	DS	9	支架上安装	S
4	壁装式	W	10	柱上安装	CL
5	吸顶式	C	11	座装	HM
6	嵌入式	R	12	台上安装	T

3）配电线路的标注。配电线路的标注用以表示线路的敷设方式及敷设部位。其一般标注格式为

$$a\text{–}b\ (c\times d)\ e\text{–}f$$

式中 a——线路的编号；

b——导线的型号；

c——导线的根数；

d——导线的截面面积（mm^2）；

e——敷设方式；

f——线路的敷设部位。

线路敷设方式及敷设部位符号见表 4.6、表 4.7。

4）电缆桥架标注。

桥架一般标注格式：

$$\frac{ab}{c}$$

式中 a——桥架宽度（mm）；

b——桥架高度（mm）；

c——桥架安装高度（m）。

表 4.6 导线或电缆敷设方式的标注

序号	名称	文字符号	序号	名称	文字符号
1	暗敷设	C	9	明敷设	E
2	穿焊接钢管敷设	SC	10	用钢索敷设	M
3	穿电线管敷设	MT	11	直接埋设	DB
4	穿硬塑料管敷设	PC	12	穿金属软管敷设	CP
5	穿阻燃半硬聚氯乙烯管敷设	FPC	13	穿塑料波纹电线管敷设	KPC
6	电缆桥架敷设	CL	14	电缆沟敷设	TC
7	金属线槽敷设	MR	15	混凝土排管敷设	CE
8	塑料线槽敷设	PR	16	瓷瓶或瓷柱敷设	K

表 4.7 导线敷设部位的标注

序号	名称	文字符号	序号	名称	文字符号
1	沿或跨梁敷设	AB	6	暗敷设在墙内	WC
2	暗敷设在梁内	BC	7	沿天棚或顶板面敷设	CE
3	沿或跨柱敷设	AC	8	暗敷设在屋面或顶板内	CC
4	暗敷设在柱内	CLC	9	吊顶内敷设	SCE
5	沿墙面敷设	WS	10	暗敷设地板或地面下	FC

二、建筑强电施工图识读

1. 设计说明识读

设计说明一般是一套电气施工图的第一张图纸。识读一套电气施工图，应首先仔细阅读设计说明，通过阅读，可以了解到工程的概况、施工所涉及的内容、设计的依据、施工中的注意事项及在图纸中未能表达清楚的事宜。

二维码为某公寓电气设计说明实例，通过识读它来初步了解电气施工图的设计说明。

知识拓展：某公寓电气设计说明

2. 配电系统图识读

配电系统图是用图形符号、文字符号绘制的，用以表示建筑配电系统供电方式、配电回路分布及相互联系的建筑电气工程图，能集中反映照明的安装容量、计算容量、计算电流、配电方式、导线或电缆的型号、规格、数量、敷设方式及穿管管径、开关及熔断器的规格型号等。通过配电系统图可以了解建筑物内部电气配电系统的全貌，它也是进行电气安装调试的主要图纸之一。

配电系统图包含的主要内容如下：

（1）电源进户线、各级照明配电箱和供电回路，表示其相互连接形式；

（2）配电箱型号或编号，总照明配电箱及分照明配电箱所选用计量装置、开关和熔断器等器件的型号、规格；

（3）各供电回路的编号、导线型号、根数、截面和线管直径，以及敷设导线长度等；

（4）照明器具等用电设备或供电回路的型号、名称、计算容量和计算电流等。

如图 4.29 所示为某商场楼层配电箱照明配电系统图。

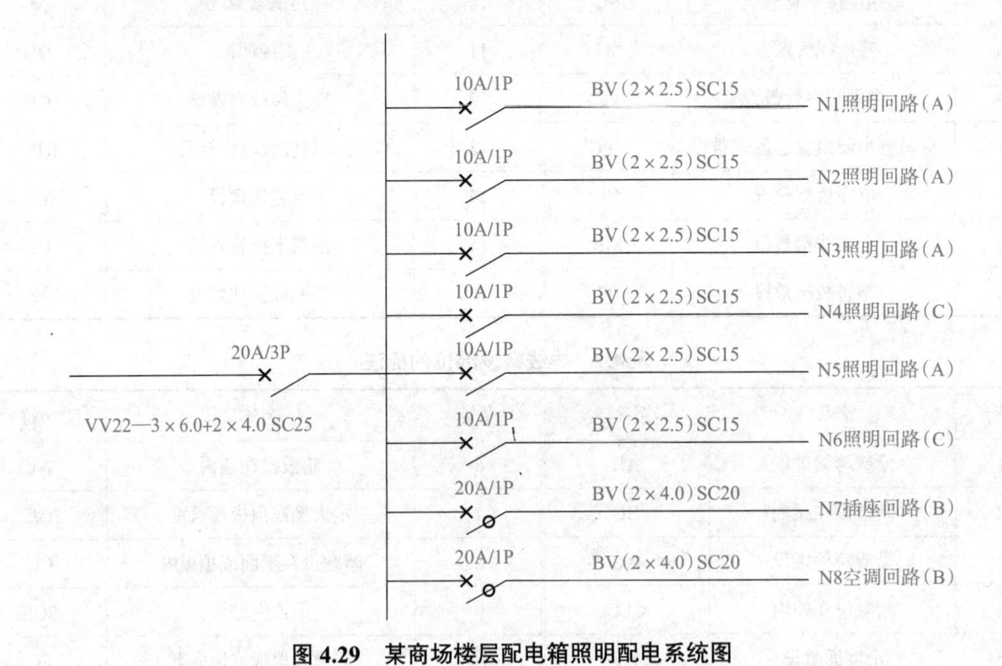

图 4.29　某商场楼层配电箱照明配电系统图

3. 平面布置图识读

（1）照明、插座平面图识读。照明平面图主要用来表示电源进户装置、照明配电箱、灯具、插座、开关等电气设备的数量、型号规格、安装位置、安装高度，表示照明线路的敷设位置、敷设方式、敷设路径、导线的型号规格等。如图 4.30、图 4.31 所示分别为某高层公寓标准层照明、插座平面图。

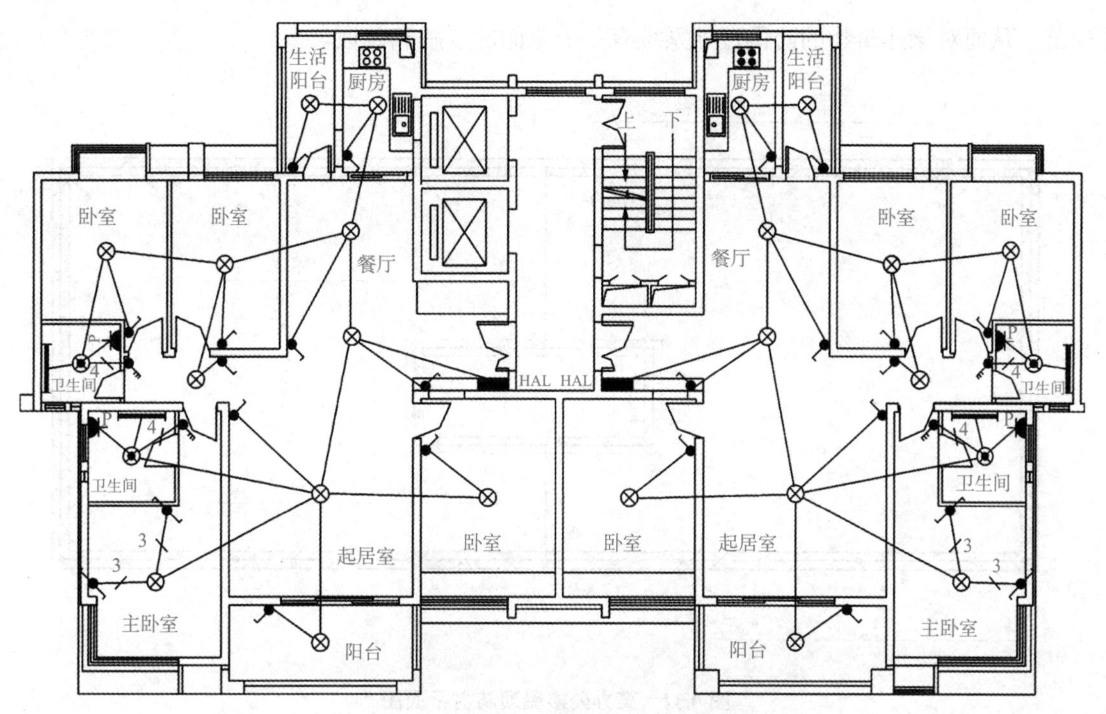

图 4.30　某高层公寓标准层照明平面图

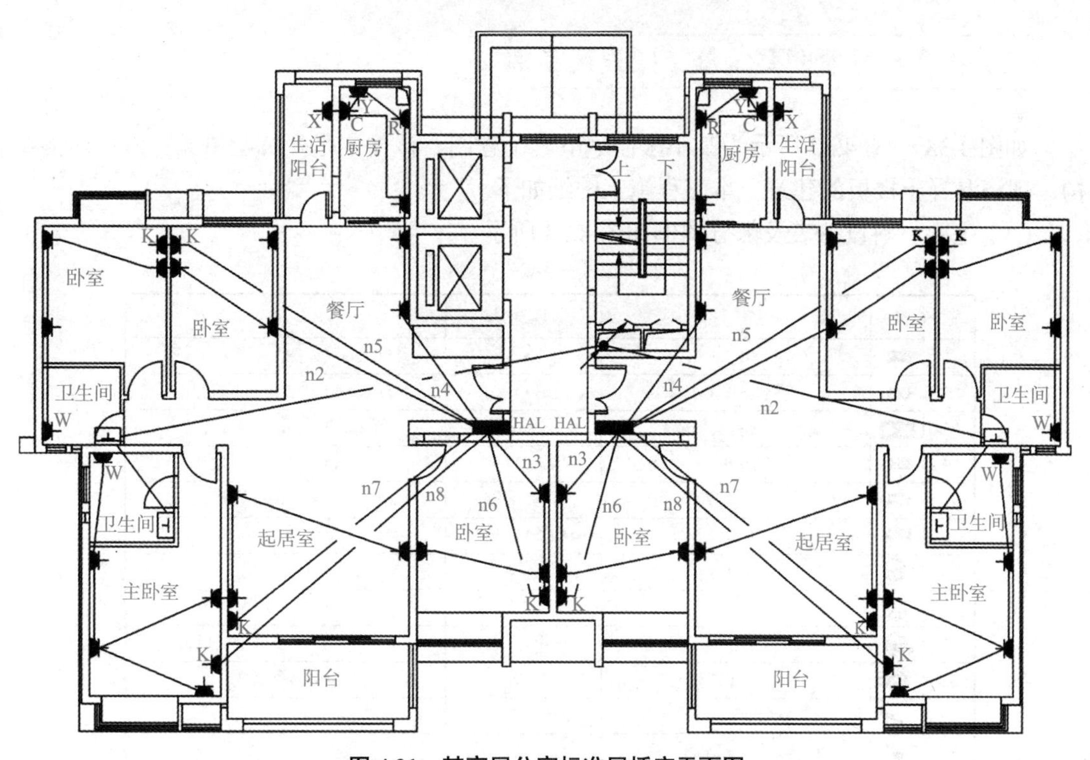

图 4.31　某高层公寓标准层插座平面图

（2）防雷平面图识读。防雷平面图是指导具体防雷接地施工的图纸，如图 4.32 所示。通过阅读，可以了解工程的防雷接地装置所采用设备和材料的型号、规格、安装敷设方法、各装置之间的连接方式等情况，在阅读的同时还应结合相关的数据手册、工艺标准及施工规范，从而对该建筑物的防雷接地系统有一个全面的了解和掌握。

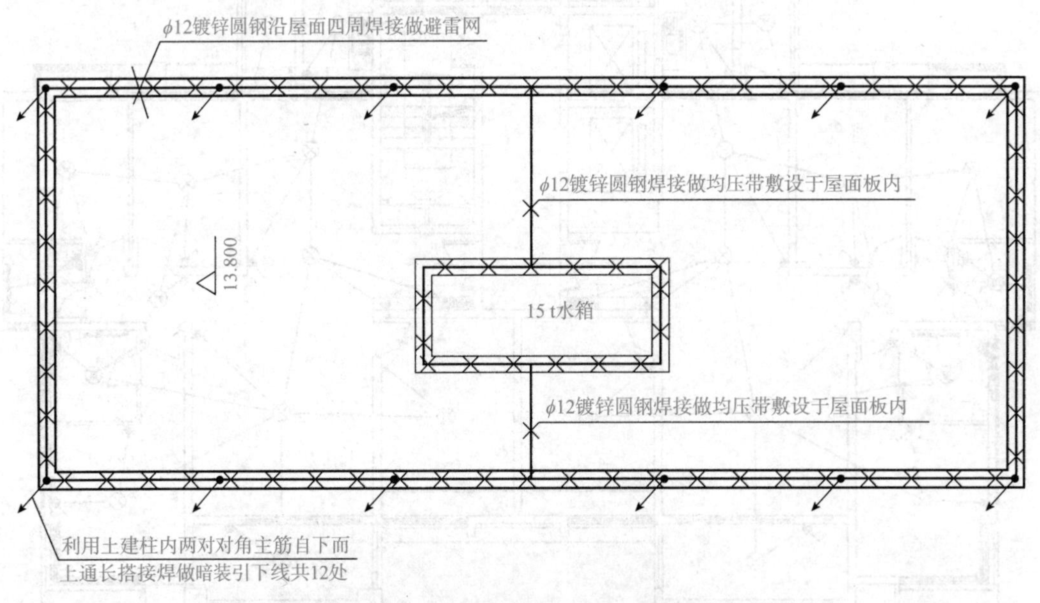

图 4.32　某办公楼屋顶防雷平面图

三、住宅电气照明系统施工图识读实例

如图 4.33 ～图 4.39 所示为某小区住宅电气工程图。该住宅是一栋三单元，六层砖混结构，现浇混凝土楼板的建筑。本工程施工图纸如下。

（1）主要材料设备表及部分图例如图 4.33 所示。

主要设计材料表

序号	图例	名　称	规 格	备 注
1		照明电表箱	SFBX–q/7	700 × 600 × 180　距地1.5 m
2		照明电表箱	SFBX–q/6	550 × 600 × 180　距地1.5 m
3		电缆π接箱	非标准型	500 × 600 × 180　距地0.5 m
4		户配电箱	XMR23–1	400 × 260 × 120　距地2.0 m
5		电视分配器箱	非标准型	250 × 300 × 150　距地2.2 m
6		电话组线箱	MXF604–30型	300 × 200 × 160　距地2.2 m
7		花灯	200 W	由甲方定型
8		吸顶灯	40 W	由甲方定型
9		壁灯	40 W	距顶0.2 m留出线口
10		局部照明灯	15 W	吸顶密闭型
11		暗装四极开关	250 V 10 A	距地1.3 m
12		暗装三极开关	250 V 10 A	安装高度见平面图
13		暗装双极开关	250 V 10A	安装高度见平面图
14		暗装单极开关	250 V 10 A	安装高度见平面图
15		安全型三极暗装插座	250 V 16 A	安装高度见平面图

图 4.33　主要材料设备表、部分图例

16		带开关三极暗装插座	250 V 10 A	安装高度见平面图
17		安全型带开关单相暗装插座	250 V 10 A	安装高度见平面图
18		密闭接地单相插座	250 V 10 A	安装高度见平面图
19		暗装接地五孔单相插座	250 V 10 A	安装高度见平面图
20		暗装接地五孔带熔断器插座	250 V 10 A	
21		电视插座		距地0.3 m
22		电话插座		距地0.3 m
23		对讲防护门系统	由甲方定型	
24		呼叫户内话机		

图 例	说 明
	一般插座距地0.3 m
	卫生间防水插座距地1.8 m
K	空调插座距地1.8 m
Y	油烟机插座距顶0.2 m 防溅型
	阳台插座距地1.8 m 带开关
	炊具插座距地0.5 m 带熔断器

图 4.33 主要材料设备表、部分图例（续）

（2）干线系统图如图 4.34 所示。

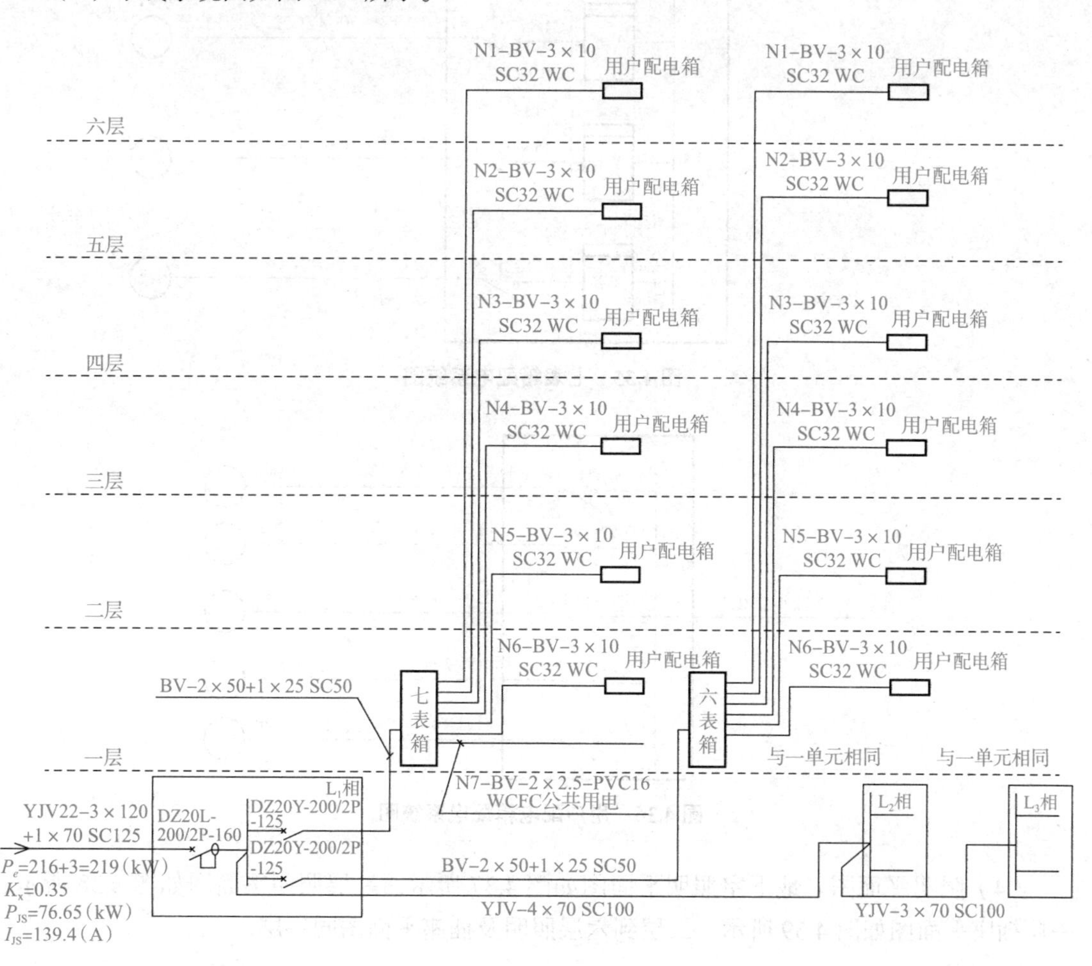

图 4.34 干线系统图

（3）配电系统图如图 4.35、图 4.36 所示。

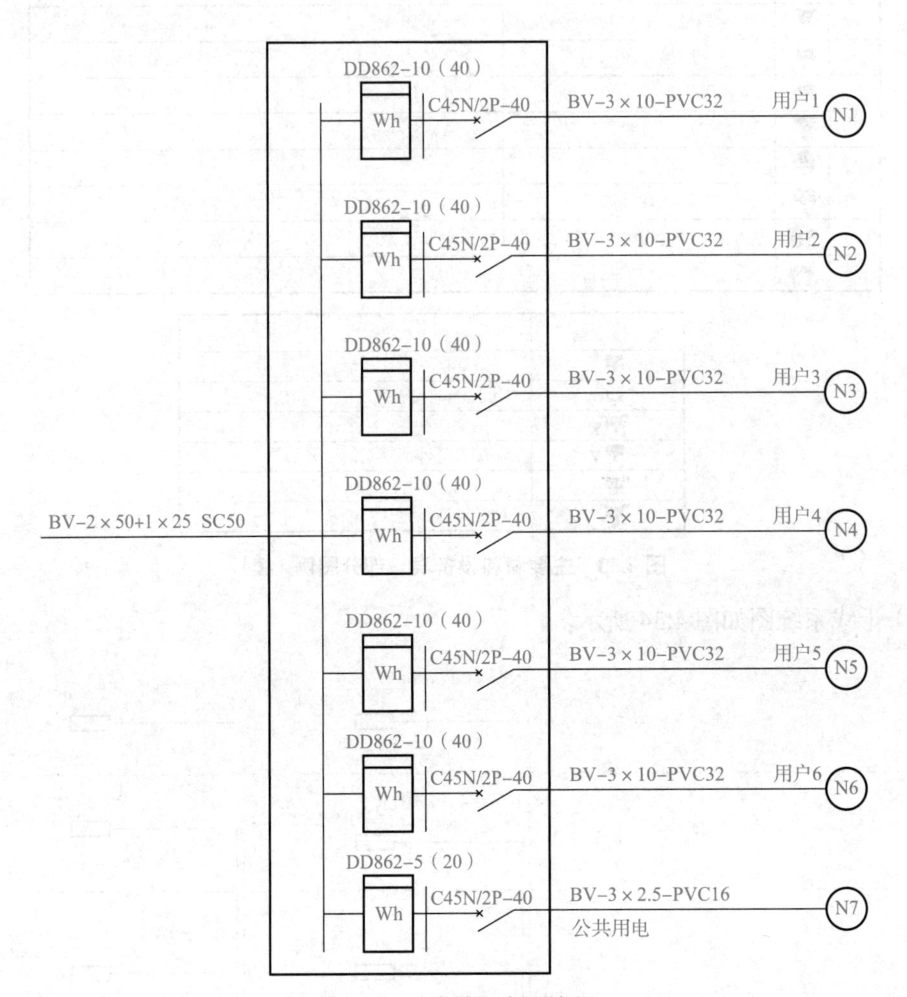

图 4.35　七表箱配电系统图

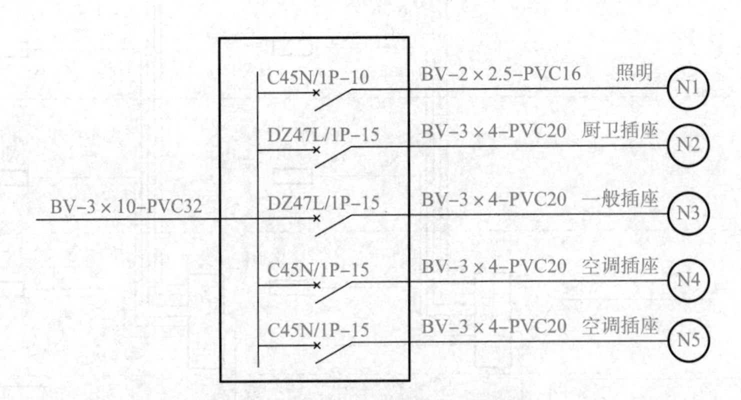

图 4.36　用户配电箱配电系统图

（4）照明平面图。地下室照明平面图如图 4.37 所示，一层照明平面图如图 4.38 所示，一层插座平面图如图 4.39 所示，二层到六层照明及插座平面图同一层。

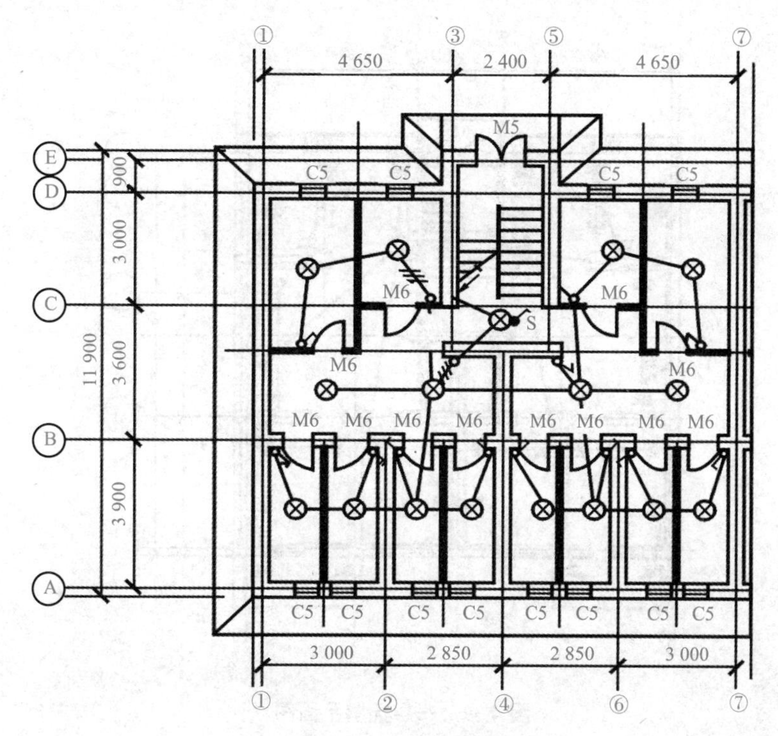

图 4.37　地下室照明平面图

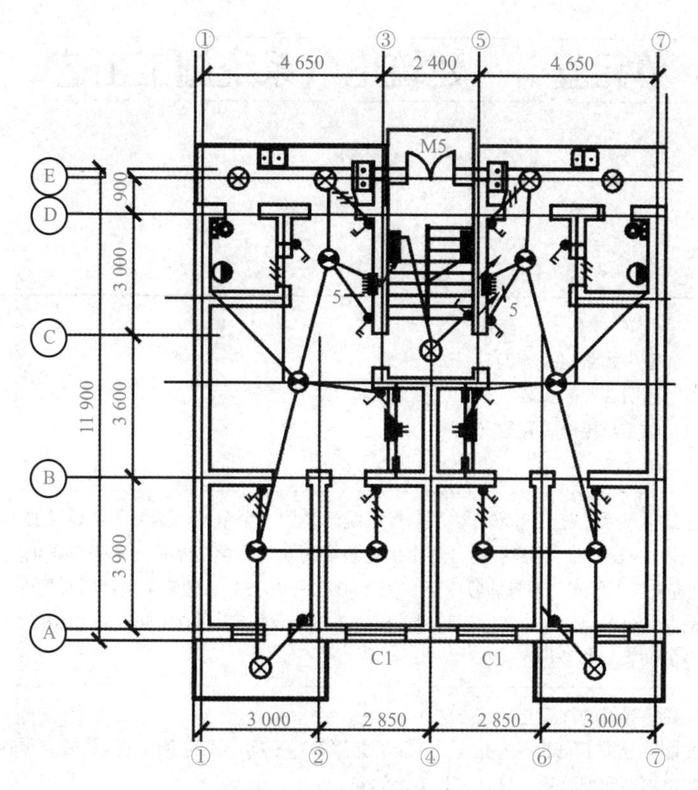

图 4.38　一层照明平面图

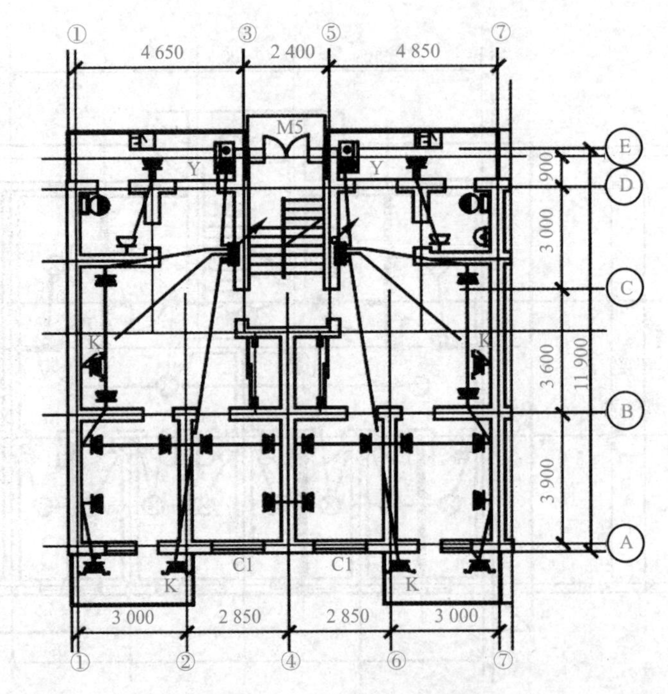

图 4.39　一层插座平面图

单元五　建筑电气系统施工工艺

单元设计

学习任务	一、室内线路配线施工 二、照明装置的安装 三、防雷与接地装置的安装
任务分析	建筑电气系统施工工艺是学习电气系统的最后一个单元，本单元从导线加工与连接、常用形式的室内配线施工，再到照明、防雷接地装置的安装。学习本单元首先熟悉电气施工相关规范，如《建筑电气工程施工质量验收规范》（GB 50303—2015）、《建筑电气照明装置施工与验收规范》（GB 50617—2010）、《1 kV 及以下配线工程施工与验收规范》（GB 50575—2010）等；然后理解系统各部分的装置安装及施工操作
学习目标	1. 熟悉导线的加工与连接方法。 2. 能够分辨不同的室内配线，并能够熟练描述不同形式的室内配线的安装步骤及注意事项。 3. 掌握照明配电箱、灯具、开关等的安装要求。 4. 掌握防雷、接地装置的安装方法、材料要求及安装注意事项，能够配合电气专业安装防雷接地装置

知识要点

知识拓展：导线加工

知识拓展：导线连接

一、室内线路配线施工

电气系统配线的施工首先要熟悉导线的加工与连接。

1. 室内配线的原则和要求

视频：室内线路配线施工

（1）所用导线的额定电压应大于线路的工作电压。导线的绝缘应符合线路的安装方式和敷设环境的条件。

（2）导线敷设时，应尽量避免接头。若必须接头时，应采用压接或焊接。穿在管内的导线，在任何情况下都不能有接头，必须接头时，可把接头放在接线盒或灯头盒、开关盒内。

（3）各种明配线应垂直和水平敷设，要求横平竖直，导线水平高度距离地离不应小于 5 m；垂直敷设不低于 1.8 mm，否则应加管、槽保护，以防止机械损伤。

（4）导线穿墙时应装过墙管保护，过墙管两端伸出墙面不小于 10 mm，当然太长也不美观。

（5）当导线沿墙壁或天花板敷设时，导线与建筑物之间的最小距离：瓷夹板配线不应小于 5 mm，瓷瓶配线不小于 10 mm。在通过伸缩缝的地方，导线敷设应稍有松弛。对于线管配线应设置补偿盒，以适应建筑物的伸缩性。当导线互相交叉时，为避免碰线，应在每根导线上套以塑料管，并将套管固定，避免窜动。

（6）为确保用电安全，室内电气管线与其他管道间应保持一定距离，见表 4.8。施工中如不能满足表中所列距离时，则应采取如下措施。

表 4.8　室内配线与管道间最小距离

管道名称		配线方式		
		穿管配线	绝缘导线明配线	裸导线配线
		最小距离 /mm		
蒸气管	平行	1 000/500	1 000/500	1 500
	交叉	300	300	1 500
暖、热水管	平行	300/200	300/200	1 500
	交叉	100	100	1 500
通风、上下水压缩空气管	平行	200	200	1 500
	交叉	100	100	1 500
注：表中分子数字为电气管线敷设在管道上面的距离、分母数字为电气管线在管道下面的距离。				

1）电气管线与蒸汽管不能保持表中距离时，可在蒸汽管外包以隔热层，这样平行净距可减到 200 mm；交叉距离须考虑施工维修方便，但管线周围温度应经常在 35 ℃以下。

2）电气管线与暖水管不能保持表中距离时，可在暖水管外包隔热层。

3）裸导线应敷设在管道上面，当不能保持表中距离时，可在裸导线外加装保护网或保护罩。

2. 塑料护套线配线

因塑料护套线具有防潮、耐酸、耐腐蚀及安装方便等优点，因而塑料护套线配线方式广泛地应用于家庭、办公场所等负荷较小的室内配线中。塑料护套线一般用铝片（俗称钢精轧头，如图 4.40 所示）或塑料线卡作为导线的支持物，直接敷设在建筑物的表面上。

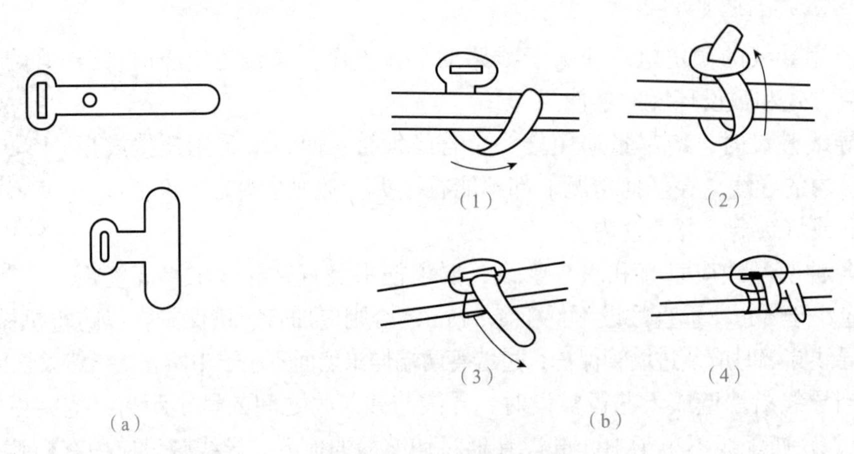

图 4.40　铝片及其绑扎

(a) 铝片线卡；(b) 铝片线卡的绑扎操作

（1）塑料护套线配线的步骤。

1）画线定位。先确定线路的走向和电器的安装位置，然后用弹线袋画线，同时每隔 150 ～ 300 mm 画出固定线卡的位置。在距离开关、插座、灯具等的木台 50 mm 处都需要设置线卡的固定点。

2）固定铝片卡或塑料卡。在木质结构或涂灰层的墙上，选择适当的小钢钉或小水泥钉即可将线卡钉牢；在砖墙和混凝土结构上，可用小水泥钉钉牢或用环氧树脂粘接固定，也可用木榫固定。

3）敷设导线。为使护套线敷设平直，可在直线部分各安装一副瓷夹。敷设时，先把护套线一端固定在瓷夹内，然后勒直并在另一端收紧护套线后固定在另一副瓷夹中，最后把护套线依次夹入线卡。

（2）注意事项。

1）室内配线时，铜芯线截面面积不小于 0.5 mm^2，铝芯线截面面积不小于 1.5 mm^2；室外配线时，铜芯线截面面积不小于 1.0 mm^2，铝芯线截面面积不小于 2.5 mm^2。

2）线路上不可直接连接。确需连接，必须通过瓷接头或接线盒或其他电器的接线桩来连接线头。

3）转弯时，应弯成一定的弧度，不能用力强扭成直角，且转弯前后各用一线卡夹住，如图 4.41（a）所示。

4）进入木台前，应安装一个线卡，如图 4.41（b）所示。

5）尽量避免护套线交叉。确有必要交叉时，应用 4 个线卡夹住，如图 4.41（c）所示。

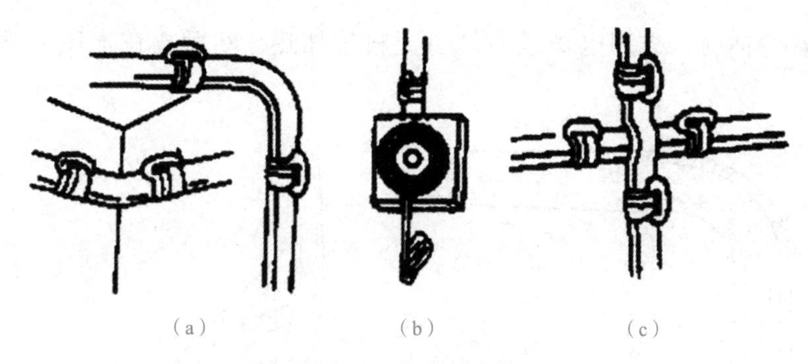

图 4.41　线卡的安装

(a) 以一定弧度转弯；(b) 进入木台前，加装线卡；(c) 对交叉线用 4 个线卡固定

3. 线管配线

(1) 线管配线的步骤与工艺要求。将绝缘导线穿在管内的敷设方式，称为线管配线。线管配线具有耐潮、耐腐且导线易遭受机械损伤等优点，但安装、维修不便且造价较高，适用于室内外照明和动力线路配线。线管配线有明装和暗转两种。采用明装时，线管沿墙壁或其他支撑物的表面敷设，要求线管横平竖直、整齐美观；采用暗装时，线管埋入地下墙体或吊顶上，要求线管短、弯头少。

1) 线管的选择。通常根据敷设场所选择线管类型，根据导线截面面积和根数选择线管的直径。在潮湿和有腐蚀性气体的场所，一般采用管壁较厚的镀锌管或高强度的 PVC 线管；在干燥场所，一般采用管壁较薄的 PVC 线管；腐蚀性较大的场所，一般采用硬塑料管。一般要求穿管导线的总截面面积（含绝缘层）不超过线管内空截面面积的 40%。

2) 落料。落料前应首先检查线管质量，如有无裂缝、瘪陷，管内有无杂物等。然后按两个接线盒之间为一个线段，并应考虑弯曲情况，确定线管根数和弯曲部位。

3) 弯管。对于直径在 50 mm 以下的管子，通常采用弯管器弯管，如图 4.42 所示。

弯管时，为便于线管穿越，管子的弯曲角度一般不应小于 90°，如图 4.43 所示。对于管壁较薄直径较大的线管，为避免钢管弯瘪，管内要灌满沙；如采用加热弯曲，还应采用干燥无水分的沙并在两头塞上木塞，如图 4.44 所示。有缝管弯曲时，应将接缝处放在弯曲的侧边，作为中间层，以防止焊缝裂开。

图 4.42　弯管器弯管

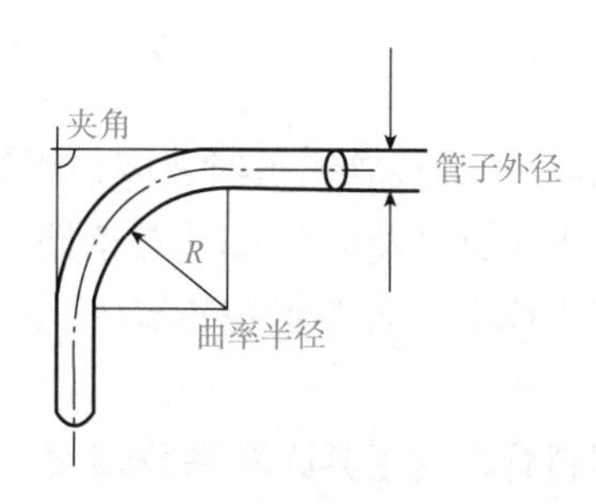

图 4.43　线管的弯曲

硬塑料管弯曲时，先用电炉或喷灯对塑料管加热，然后放在木坯上弯曲成型，如图 4.45 所示。

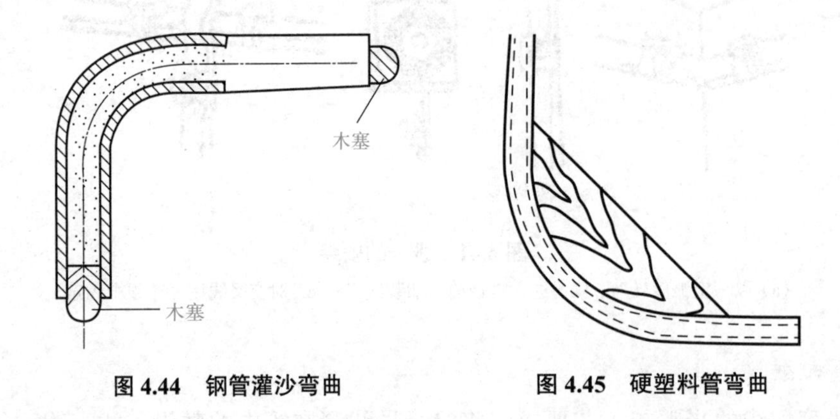

图 4.44 钢管灌沙弯曲　　图 4.45 硬塑料管弯曲

4）锯管、套丝。按实际长度，锯割所需的钢管，并锉去毛刺和锋口。为使线管与线管间、线管与接线盒间进行连接，应在管子端部进行攻螺纹。

5）线管连接。钢管与钢管间的连接，最好采用管箍连接，如图 4.46 所示。钢管与接线盒或配电箱间的连接采用锁紧螺母连接，如图 4.47 所示。硬塑料管的连接，可采用插入法或套接法连接，如图 4.48 所示。

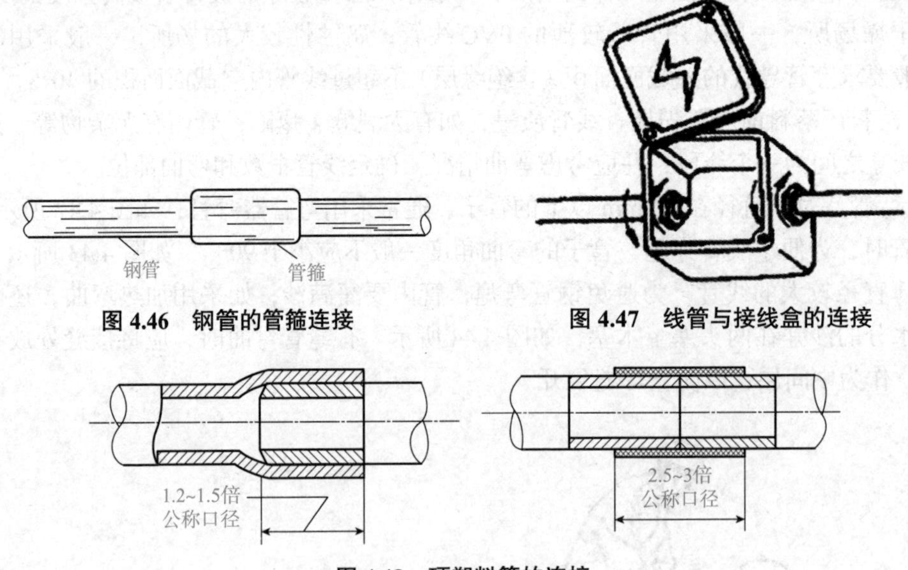

图 4.46 钢管的管箍连接　　图 4.47 线管与接线盒的连接

图 4.48 硬塑料管的连接

6）线管的固定。线管明敷时，应采用管卡固定。线管暗装时，若布置在现场浇制的混凝土构件内，可用钢丝将管子绑扎在钢筋上，也可将管子用垫块垫起、钢丝绑定，用钉子将垫块固定在木模上；若布置在砖墙内，一般应在土建砌砖时预埋，否则应先在砖墙上留槽或开槽。

对于硬塑料管，由于其膨胀系数较大，因此在敷设时，直线部分每隔 30 m 左右要装设一个温度补偿盒。

7）线管的接地。线管配线的钢管必须可靠接地。为此，在钢管与钢管、钢管与配电箱及接线盒等连接处，用直径为 6 ～ 10 mm 圆钢制成的跨接线连接（图 4.49），并在干线始末两端和分支管上分别与接地体可靠连接。

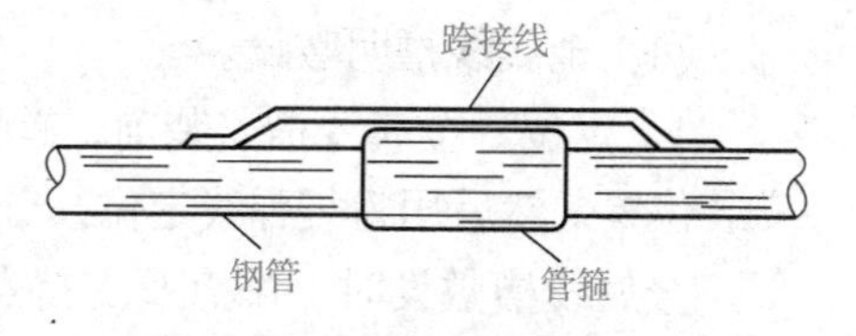

图 4.49　线管连接处的跨接线

8）穿线。穿线工作一般在土建工作结束后进行。穿线前，先清扫线管，除去管内杂物和水分。

穿线时，可选用直径为 1.2 mm 的钢丝做引线，如若线管较长或弯头较多，将钢丝引线从管子的一端穿入另一端有困难时，可将引线端弯成小钩，从管子的两端同时穿入钢丝引线，如图 4.50 所示。当钢丝引线在管中相遇时，用手转动引线使其钩在一起，然后把引线从一端拉出，即可将导线从另一端牵引入管。

导线穿入线管前，两端要做好标记，并按图 4.51 所示的方法与钢丝引线缠绕。穿线时，一人将导线理成平行束往线管内送，另一人在另一端缓慢地抽拉钢丝引线，如图 4.52 所示。

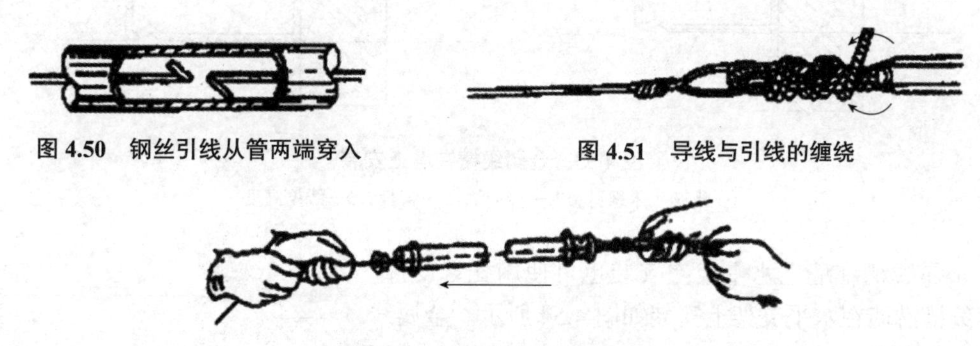

图 4.50　钢丝引线从管两端穿入

图 4.51　导线与引线的缠绕

图 4.52　导线穿入管内的方法

（2）注意事项。

1）对穿管导线的要求，其额定电压不低于 500 V，铜芯线截面面积不小于 1 mm^2，铝芯线截面面积不小于 2.5 mm^2。管里导线一般不超过 10 根。除直流回路导线和接地线外，不得在钢管内穿单根导线。

2）穿入线管的导线不准有接头；如若导线绝缘损坏，则不准穿入线管，即使绝缘破损后经过包缠恢复。

3）不同电压或不同电度表的导线不得穿在同一根线管内，但同一台电动机或同一台设备的导线允许穿在同一根线管内。

4）为便于穿线，当线管较长或转弯较多时，必须加装接线盒。

5）混凝土内敷设的线管，必须使用壁厚为 3 mm 的电线管。当电线管的外径超过混凝土厚度的 1/3 时，不准将电线管埋设在混凝土内，以免影响混凝土的强度。

4. 金属线槽配线

金属线槽一般由 0.4 ～ 1.5 mm 的钢板压制而成的具有槽盖的封闭式金属线槽。金属线槽一般适用于正常环境的室内场所明敷设，同时可暗装于地面内。

（1）金属线槽明敷设。

1）定位。金属线槽安装前，首先根据图纸确定出电源及箱（盒）等电气设备、器具的安装位置，然后用粉袋弹线定位，分匀档距标出线槽支、吊架的固定位置。

金属线槽敷设时，吊点及支持点的距离，应根据工程实际情况确定，一般在直线段固定间距不应大于 3 m，在线槽的首端、终端、分支、转角、接头及进、出接线盒处应不大于 0.5 m。

2）墙上安装。金属线槽在墙上安装时，可采用 $\phi 8 \times 35$ 半圆头木螺钉配塑料胀管的安装方式。金属线槽在墙上安装如图 4.53 所示。

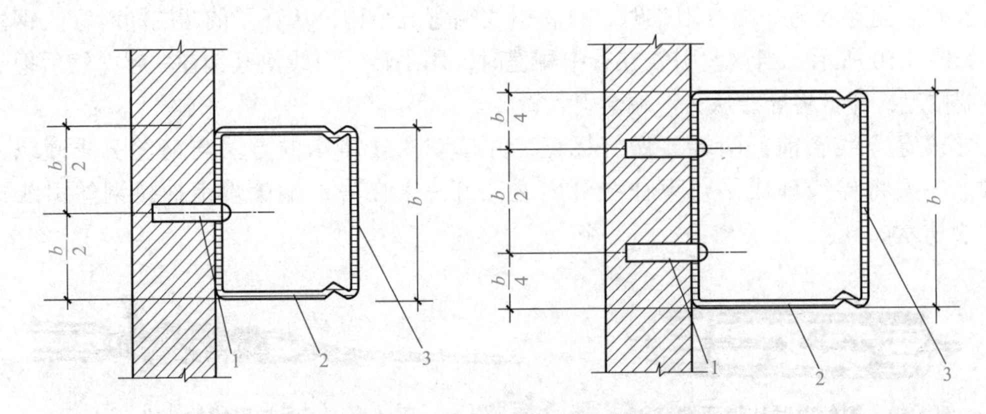

图 4.53　金属线槽在墙上安装

1—半圆头木螺钉；2—电线槽；3—盖板；*b*—线槽高度

金属线槽在墙上水平架空安装也可使用托臂支撑。金属线槽沿墙在水平支架上安装如图 4.54 所示。金属线槽沿墙垂直敷设时，可采用角钢支架或钢支架固定金属线槽，支架的长度应根据金属线槽的宽度和根数确定。

支架与建筑物的固定应采用 M10 × 80 的膨胀螺栓紧固，或将角钢支架预埋在墙内，线槽用管卡子固定在支架上。支架固定点间距为 1.5 m，底部支架与楼（地）面的距离不应小 0.3 m。

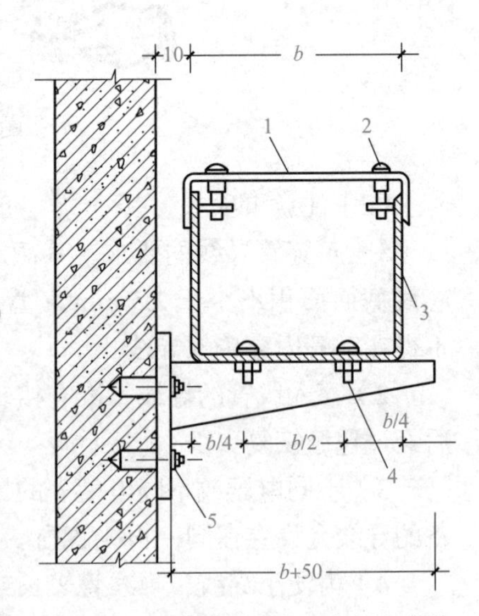

图 4.54　金属线槽在水平支架上安装

1—盖板；2—螺栓；3—电线槽；4—螺栓；5—膨胀螺栓；*b*—线槽高度

（2）地面内暗装金属线槽敷设。地面内暗装金属线槽由厚度 2 mm 的钢板制成，可直接敷设在混凝土地面、现浇混凝土楼板或预制混凝土楼板的垫层内。当暗装在现浇混凝土楼板内，楼板厚度不应小于 200 mm；当敷设在楼板垫层内时，垫层的厚度不应小于 70 mm。在现浇楼板内的安装如图 4.55 所示。

地面内暗装金属线槽，应根据施工图纸中线槽的形式，正确选择单压板或双压板支架，将组合好的线槽与支架，沿线路走向水平放置在地面或楼板的模板上，如图 4.56 所示，然后进行线槽的连接。

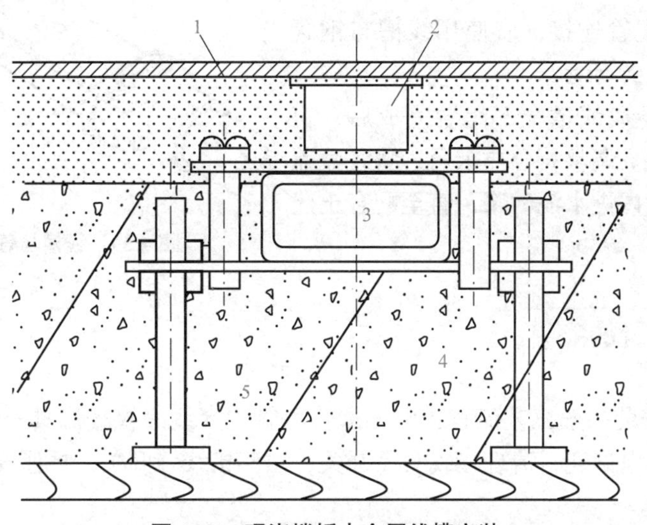

图 4.55　现浇楼板内金属线槽安装

1—地面；2—出线口；3—线槽；4—钢筋混凝土；5—模板

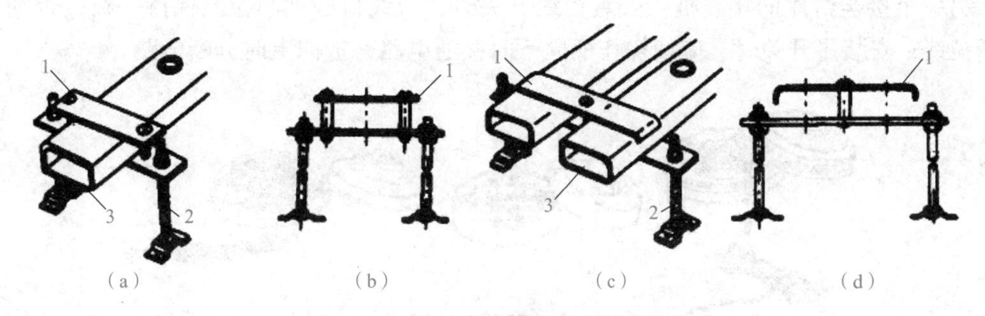

图 4.56　地面内线槽支架安装方法

(a) 单压板；

1—单压板；2—卧脚螺栓；3—线槽

(b)(d) 支架压板；

1—支架压板

(c) 双压板；

1—双压板；2—卧脚螺栓；3—线槽

地面暗装金属线槽的制造长度一般为 3 m，每 0.6 m 设置一出线口，当需要线槽与线槽相互连接时，应采用线槽连接头进行连接如图 4.57 所示。当遇到线路交叉、分支或弯曲转向时，应安装接线盒，如图 4.58 所示。

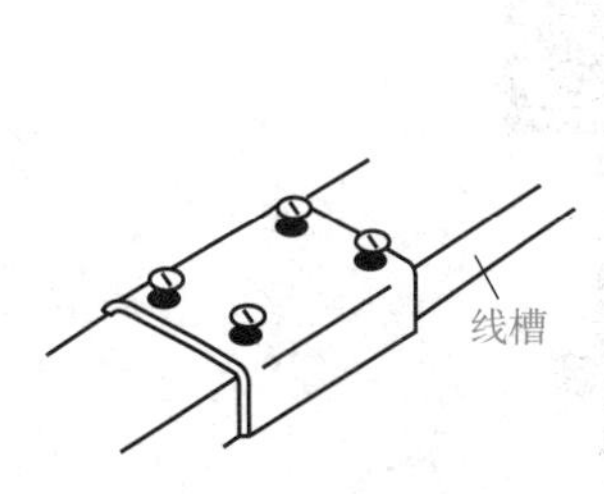

图 4.57　线槽连接

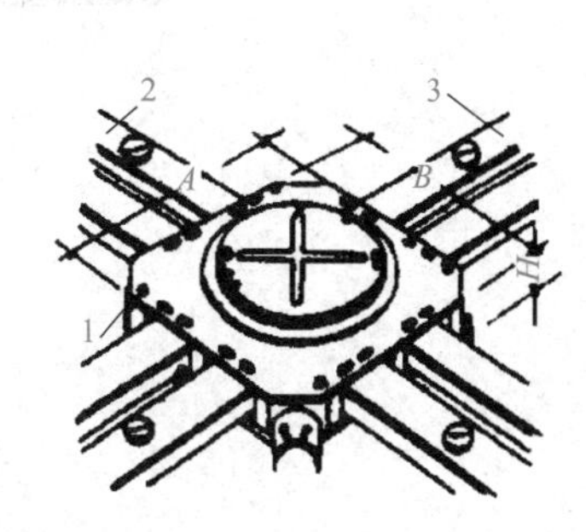

图 4.58　分线盒安装

1—分线盒；2、3—线槽

线槽端部与配管连接，应使用线槽与钢管过渡接头，如图 4.59 所示。

地面内暗装金属线槽全部组装完成后，应进行一次系统调整。调整符合要求后，将各盒盖好或堵严，防止盒内进水泥砂浆，直至配合土建施工结束为止。

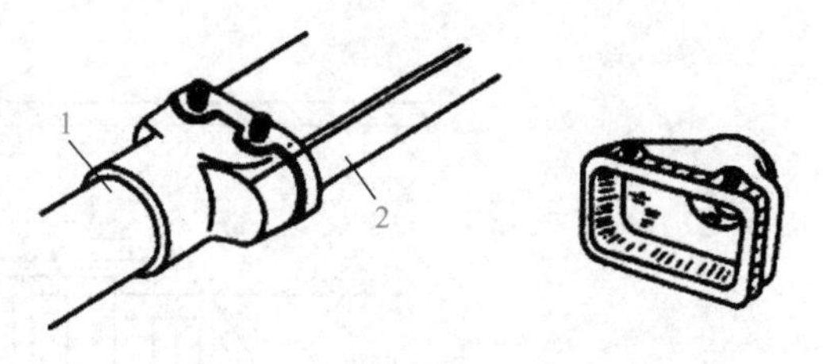

图 4.59　线槽与管过渡接头连接

1—钢管；2—线槽

二、照明装置的安装

照明装置的安装一般工艺流程：电气配管→管内穿线→检查灯具→灯具支吊架制作安装→灯具安装→通电试亮→清理接线盒→开关、插座接线→开关、插座安装。

1. 照明开关及灯座安装

电灯开关的内部接线桩如图 4.60 所示。电灯开关接线时，一个接线桩与电源的相线相连，另一个接至灯座的接线桩。安装拉线开关时，拉线口必须与拉向保持一致，否则容易磨断拉线；安装平开关时，应使操作柄向下时接通电路，扳向上时分断电路。

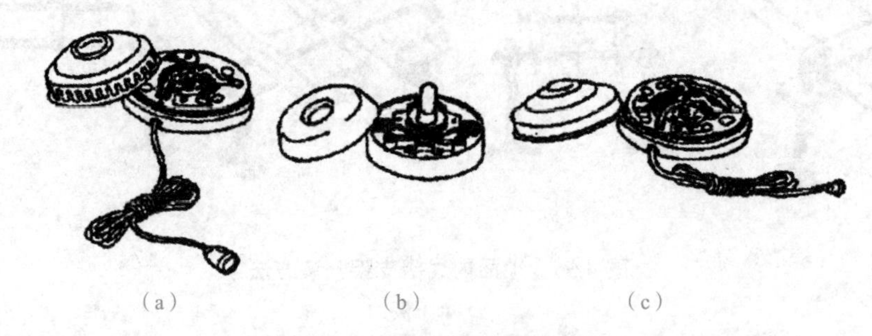

图 4.60　开关内部接线桩

(a) 接线式单联开关；(b) 平式单联开关；(c) 接线式双联开关

灯座安装应注意灯座上的两个接线桩：一个与电源的零线相连；另一个与来自开关的相线相连。螺口灯座接线时，零线必须连接在连通螺纹圈的接线桩上，来自开关的相线必须接在连通中心簧片的接线桩上，如图 4.61 所示。

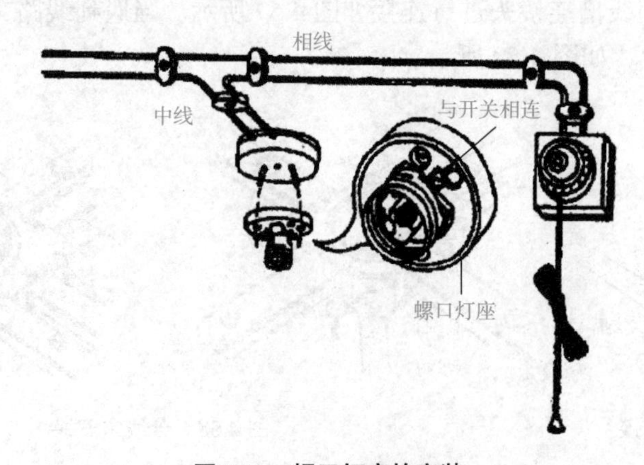

图 4.61　螺口灯座的安装

吊灯灯座必须采用塑料软线（或花线）作为电源的引线；在灯座接线桩的近端和灯座罩盖的近端均应打结，如图 4.62 所示。吊灯的挂线盒和平灯座均应安装在木台上。

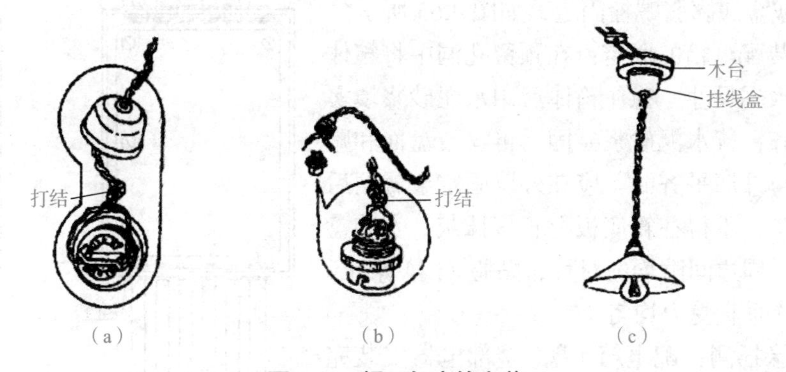

图 4.62　螺口灯座的安装

(a) 挂线盒安装；(b) 灯座安装；(c) 装成的吊灯

2. 插座与插头安装

（1）在两孔插座上，左方插孔“N”接线柱接电源的零线，右方插孔“L”接线柱接电源的相线。

（2）在三孔插座上，上方插孔旁边“E”接线柱接地线，左方插孔“N”接线柱接电源的零线，右方插孔“L”接线柱接电源的相线。

（3）插座安装的最低高度应在踢脚板的上檐以上，插座面底边与踢脚板的上檐间距不得小于 10 mm；插座不能安装在踢脚板下。

（4）一般场合插座最高高度为 1.3 ～ 1.4 m；幼儿园、小学校等场合的插座安装高度不应低于 1.8 m。

（5）同室内要求高度一致的插座高低差不应大于 ±5 mm。成排安装的插座不应大于 ±2 mm，并列安装的插座高度应一致。

（6）宾馆、公寓、娱乐场所的洗手间、浴洗间的洗手池台面、置物台、化妆台面上的插座，应距台面 150 mm 以上，以免水浸受潮。

（7）公寓、宾馆客房、居民住宅应使用安全插座。

（8）潮湿场所应用防潮插座。

（9）插座和照明开关等不应在同一面板上，但是控制插座本身电路的开关除外。

3. 配电箱安装

（1）安装准备：安装配电箱的木砖及铁件等均应预埋，挂式配电箱（盘）应采用膨胀螺栓固定。铁制配电箱均需要先刷一遍防锈漆，再刷灰油漆两遍。

（2）弹线定位：根据设计要求找出配电箱（盘）位置，并按照箱（盘）外形尺寸进行弹线定位。配电箱底边距离地面一般为 1.5 m，配电板底边距离地面不小于 1.8 m。在同一建筑物内，同类箱盘高度应一致，允许偏差为 10 mm。

（3）明装配电箱（盘）的固定：在混凝土墙上固定时，有暗配管及暗装分线盒和明配管两种方式。如有分线盒，先将分线盒内杂物清理干净，然后将导线理顺，分清支路和相序，按支路绑扎成束。待箱（盘）找准位置后，将导线端头引至箱内或盘上，逐个剥削导线端头，再逐个将线头压接在器具的接线桩上。最后将保护地线压在明显的地方，并将箱（盘）调整平直后用钢架或金属膨胀螺栓固定，如图 4.63 所示。

（4）暗装配电箱的固定：在预留孔洞中将箱体找好标高及水平尺寸，稳住箱体后用水泥砂浆填实周边并抹平齐，待水泥砂浆凝固后再安装盘面和贴脸，如箱底与外墙平齐时，应在外墙固定金属网后再做墙面抹灰，不得在箱底板上直接抹灰。安装盘面要求平整，周边间隙均匀对称，贴脸（门）平正，不歪斜，螺栓垂直受力均匀。

（5）绝缘摇测：配电箱（盘）全部电器安装完毕后，用 500 V 兆欧表对线路进行绝缘摇测。摇测项目包括相线与相线之间、相线与零线之间、相线与接地线之间、零线与接地线之间。两人进行摇测，同时做好记录，最后作为技术资料存档。

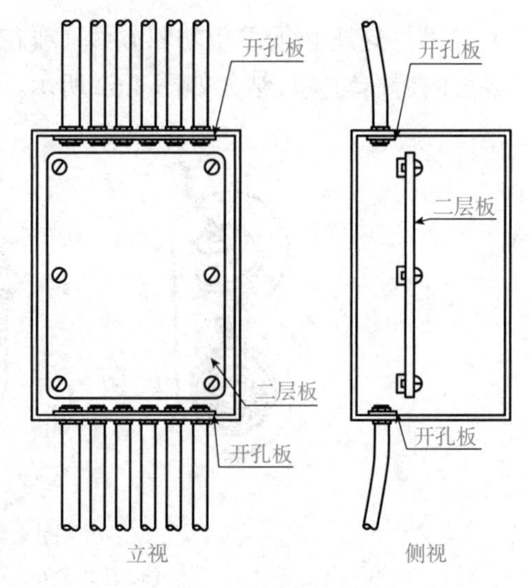

图 4.63　配电箱安装

三、防雷与接地装置的安装

防雷与接地装置安装一般工艺流程：接地体→接地干线→引下线暗敷（支架、引下线明敷）→避雷带或均压环→避雷针（避雷网）。

1. 防雷装置的安装

（1）避雷针的安装。避雷针通常采用镀锌圆钢或镀锌钢管制成。所采用的圆钢或钢管的直径不小于下列数值。当针长为 1 m 以下时：圆钢为 12 mm；钢管为 20 mm。当针长为 1 ～ 2 m 时：圆钢为 16 mm，钢管为 25 mm。烟囱顶上的避雷针：圆钢为 20 mm。

避雷针一般安装在支柱（电杆）上或其他构架、建筑物上。避雷针下端必须可靠地经引下线与接地体连接，可靠接地。装设避雷针的构架上不得架设低压线或通信线。

引下线一般采用圆钢或扁钢，其尺寸不小于下列数值：圆钢直径 8 mm；扁钢截面面积 48 mm^2，厚度 4 mm。所用的圆钢或扁钢均需镀锌。引下线的安装路径应短直，其紧固件及金属支持件均应镀锌。引下线距地面 1.7 m 处开始至地下 0.3 m 一段应加塑料管或钢管保护。

避雷针及其接地装置不能装设在人、畜经常通行的地方，距离道路应 3 m 以上，否则要采取保护措施。与其他接地装置和配电装置之间要保持规定距离：地面上不小于 5 m，地下不小于 3 m。

（2）避雷带、避雷网的安装。避雷带、避雷网普遍用来保护建筑物免受直击雷和感应雷。避雷带是沿建筑物易受雷击部位（如屋脊、屋檐、屋角等处）装设的带形导体。避雷网是将屋面上纵横敷设的避雷带组成的网格，网格大小按有关规范确定，对于防雷等级不同的建筑物，其要求不同。

避雷带一般采用镀锌圆钢或镀锌扁钢制成，其尺寸不小于下列数值：圆钢直径为

8 mm，扁钢截面面积 48 mm^2，厚度 4 mm，避雷带（网）距离屋面一般为 4 mm，支持支架间隔距离一般为 1 ～ 5 m，引下线采用镀锌圆钢或镀锌扁钢；圆钢直径不小于 8 mm，扁钢截面面积不小于 48 mm^2，厚度为 4 mm，引下线沿建（构）筑物的外墙明敷设，固定于埋设在墙里的支持卡子上，支持卡子的间距为 1.5 m。也可以暗敷，但引下线截面面积应加大。引下线一般不少于两根，对于第三类工业建筑，第二类民用建（构）筑物，引下线的间距一般不大于 30 m。

采用避雷带时，屋顶上任何一点距离避雷带不应大于 10 m。当有 3 m 及以上平行避雷带时，每隔 30 ～ 40 m 宜将平行的避雷带连接起来。屋顶上装设多支避雷针时，两针间距离不宜大于 30 m。屋顶上单支避雷针的保护范围可按 60° 保护角确定。

2. 接地装置的安装

接地装置的安装包括接地体的安装和接地线的安装。

（1）接地体的安装。接地体一般用结构钢制成，其规格要求：角钢的厚度不小于 4 mm，钢管的壁厚不小于 3.5 mm，圆钢的直径不小于 8 mm，扁钢的厚度不小于 4 mm、截面面积不小于 48 mm^2。同时，材料不应严重锈蚀，弯曲的材料需校正后才可使用。

接地体的安装方法有垂直安装法和水平安装法。

1）垂直安装法。先制作好接地体。垂直安装时，接地体通常用角钢或钢管制成，一般用 50 mm × 50 mm × 5 mm 镀锌角钢或 ϕ50 mm 镀锌钢管制成。长度一般为 2.5 m，其下端加工成尖形。其上端若用螺钉连接，应先钻好螺钉孔，如图 4.64 所示。

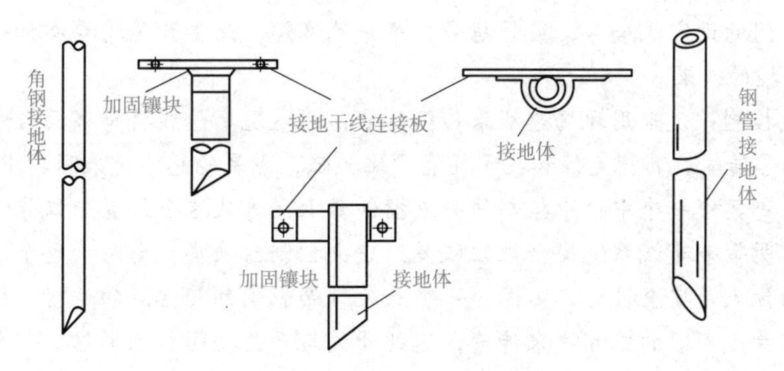

图 4.64　垂直安装时的接地体

接地体制作完成后，采用打桩法将其打入地下，并要求：接地体与地面垂直，不可歪斜，打入地面的有效深度不小于 2 m；多极接地或接地网的接地体与接地体之间在地面下应保持 2.5 m 以上的直线距离。

为减小接地电阻，接地体的四周要填土夯实。若土质情况较差，可采取换土、深埋（接触地下水）、添加食盐等方法以改善土壤环境。

2）水平安装法。水平安装接地体的方法一般只适用于土层浅薄的地方。此时，接地体常用扁钢或圆制成，一端弯成直角向上，以便于连接；若与接地线采用螺钉连接，则应先钻好螺钉孔；接地体的长度随安装条件和接地装置的结构形状而定。

具体安装时，采用挖沟填埋法。接地体应埋入在地面 0.6 m 以下的土壤中；若是多极接地或接地网，则接地体间的相隔距离应在 2.5 m 以上。

（2）接地线的安装。接地线是指接地干线与接地支线的总称，接地干线是指接地体之间的连接导线，接地支线是接地干线与设备接地点间的连接线。

接地线可选用铜芯线或铝芯线、绝缘线或裸线，也可选用扁钢、圆钢或镀锌钢丝绞线，其所选导线的截面面积不应低于具体接地装置的有关规定。同时，装于地下的接地线不得采用铝芯线，移动电具的接地支线必须采用铜芯绝缘软线。

知识拓展

智能开关

视频：安全用电，重于泰山

智能开关是指利用控制板和电子元器件的组合及编程，以实现电路智能开关控制的单元。由于这种控制方式简单且易于实现，因此在许多家用电器和照明灯具的控制中被采用。从技术角度智能开关主要分为以下4种：

（1）电力载波开关：采用电力线传送方式发送信息，开关需要设置编解码，会受电力线杂波干扰，使其工作十分不稳定，而经常导致开关失控。

（2）无线开关：无线开关采用射频方式来传送信息，开关会经常受无线电波干扰，使其频率不稳定而失去控制，并且每款产品都需要设置编解码，操作十分灯烦琐，每款产品售后也需要专门的设定编码号，数量越多，维护越麻烦。此类开关需要添加一条零线，以达到多控、互控的效果。

（3）总线控制：是采用现场总线来传输信号，通过现场总线将总线面板连接起来实现通信和控制信号传输，其稳定性和抗干扰能力比较强，最早的总线是采用集中式总线结构，将所有的电线都集中一个中央中控制网关或控制器上，再从这个位置分信号线到每个开关的位置，这样所带来布线系统安全性比较差，中央控制器瘫痪，会影响整个运行。分布式现场总线制的优点是安全性好，不因为一个点故障而影响到其他点的运行，稳定性和抗干扰能力强，信号走专门的信号线来传输，达到开关与开关之间相互通信。每个位置的智能面板可实现多点控制、总控、分组控制、点对点控制等多种功能。

（4）单火线控制：是一种类似GSM技术的无线通信，内置发射及接收模块，单火线输入，布线方法与传统开关相同，安装方便；缺点是无法实现网络控制开关操作。

智能开关相对于普通开关，功能更强大，使用方便且节能环保，提高了人们的生活品质。而且安装方便，无须重新布线，可直接替换原有开关，普通家庭随时替换安装开关也不会影响原有装修风格。

模块五　建筑智能化系统

模块概述

本模块主要介绍建筑智能化系统的基本知识。其内容包括智能建筑概述、火灾自动报警与消防联动系统、安全防护系统。首先对智能建筑的概况进行了大致介绍，使学生对智能建筑有一定的了解，然后详细介绍了与建筑密切相关火灾自动报警与消防联动系统。最后对生活中常用的安全防护系统进行了讲解，并安排认识智能楼宇实践环节，逐层深入，将理论与实践相结合。

学习目标

知识目标	了解智能建筑的基本概念及智能建筑的发展前景
能力目标	掌握智能建筑的系统集成和等级标准
素质目标	能运用所学知识，完成项目的论证和方案的实施

知识体系

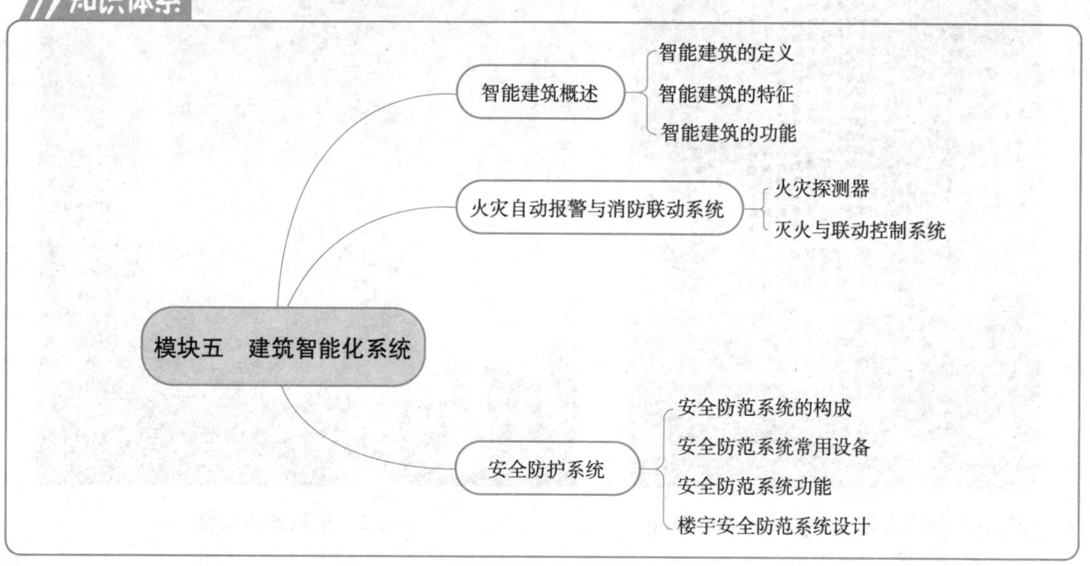

模块导入

智能建筑的由来

1984年1月，由美国联合技术公司（United Technology Corp，UTC）的一家子公司——联合技术建筑系统公司，在美国康涅狄格州的哈特福德市改建了一幢旧金融大厦，称为都市大厦（City Place Building）（图5.1）。改建后的都市大厦里增添了计算机、数字程控交换机通信、文字处理、电子邮件传递、市场行情查询、情报资料检索、科学计算等服务，将传统建筑与新兴信息技术相结合，以当时最先进的技术实现了大厦内的暖通、给水排水、消防联动、保安、供配电、照明、交通等系统的自动化综合管理，实现了舒适性、安全性的办公环境，并具有高效、经济的特点，使大厦功能发生质的飞跃，从此诞生了世界上公认的第一座智能建筑（Intelligent Building）。

1985年8月，日本建造的东京青山大楼具有建筑的综合服务功能，采用了门禁管理系统、电子邮件等办公自动化系统、安全防火系统、防灾系统、节能系统等，建筑少有柱子和隔墙，用户可以自由分隔空间，以便于满足各种商业用途（图5.2）。

美国和日本最早的智能楼宇勾画了日后兴起的智能建筑的基本特征，计算机技术、控制技术、通信技术在建筑物中的应用，造就了新一代的建筑——智能建筑。

图5.1　都市大厦（City Place Building）

图5.2　东京青山大楼

单元一　智能建筑概述

单元设计

学习任务	一、智能建筑的定义 二、智能建筑的特征 三、智能建筑的功能
任务分析	本单元主要介绍智能建筑的发展过程、概念和构成和主要功能，重点学习智能建筑的组成结构及各主要部分的功能。学生学习后能了解每一部分的功能，以及国内外智能建筑的发展趋势
学习目标	了解智能建筑的基本概念及智能建筑的发展前景，掌握智能建筑的系统集成和等级标准，能运用所学知识，完成项目的论证和方案的实施

知识要点

一、智能建筑的定义

智能建筑是现代建筑技术与现代通信技术、计算机技术、控制技术相结合的产物，具有十分鲜明的信息社会的时代特征。概括来说，智能建筑是以建筑为平台，利用系统集成方法，将智能型计算机、通信及信息技术与建筑艺术相结合，通过对设备的自动监控，对信息资源的管理和对使用者的信息服务及其与建筑的优化组合，所获得的投资合理，适合信息社会需要并且安全、高效、舒适、便利和灵活及更具人性化的建筑物。智能建筑的“智能化”主要是在一座建筑物内进行信息管理和对信息综合利用的能力。这个能力涵盖了信息的采集和综合、信息的分析和处理及信息的交换和共享。也可以理解为智能建筑就是具备了综合信息应用和设备监控与管理自动化能力的建筑，它依托 4C［即 Computer（计算机技术）、Control（自动控制技术）、Communication（通信技术）、CRT（图形显示技术）］技术，构建楼宇设备自控系统、通信网络系统、物业管理自动化系统，并把现有分离的设备、功能、信息等综合集成一个相互关联、统一、协调的系统，用以提供高技术的智能化服务与管理。

二、智能建筑的特征

智能建筑是指在结构、系统、服务运营及其相互联系上全面综合而达到最佳组合，获得高效率、高功能、高舒适性和安全性有保障的大楼。智能建筑通常有四大主要特征，即楼宇自动化、通信自动化、办公自动化和综合布线系统。由此可见，智能建筑是计算机技术、控制技术、通信技术、微电子技术、建筑技术和其他多种先进技术等相互结合的产物，是以最优化的设计，提供一个投资合理又拥有高效率的幽雅舒适、便利快捷、高度安全的环境空间，是具有安全、高效、舒适、便利、灵活和生活环境优良、无污染的建筑物。

三、智能建筑的功能

1. 办公自动化系统（OAS）

办公自动化系统是将计算机技术、通信技术、系统科学、行为科学等应用于传统数据处理技术难以处理的、数量庞大且结构不明确的业务上的所有技术的总称。它通过利用先进的科学技术，不断使人的部分办公业务活动物化于人以外的各种设备中，并由这些设备与办公人员构成服务于某种目标的人机信息处理系统。其目的是尽可能利用先进的信息处理设备，提高人的工作效率，辅助决策，以实现办公自动化的目标，即在办公室工作中，以微机为中心，采用传真机、复印机、打印机、电子邮件（E-mail）等一系列现代办公及通信设施，全面而又广泛地收集、存储、加工和使用信息，为科学管理和科学决策服务。

办公自动化系统（OAS）主要有以下 3 项任务：

（1）电子数据处理（EDP）。即处理办公中大量烦琐的事务性工作，如发送通知、打印文件、汇总表格、组织会议等。

（2）管理信息系统（MIS）。对信息流的控制管理是每个部门最本质的工作。MIS 是管理信息的最佳手段，它把各项独立的事务处理通过信息交换和资源共享联系起来以获得准确、快捷、及时、优质的功效。

（3）决策支持系统（DSS）。决策是根据预定目标做出的决定，是最高层次的管理工作。决策过程包括提出问题、搜集资料、拟订方案、分析评价、最后选定等一系列的活动。

OAS 系统能自动地分析、采集信息，提供各种优化方案，辅助决策者做出正确、迅速的决定。

2. 通信自动化系统（CAS）

通信自动化系统能高速进行智能建筑内各种图像、文字、语言及数据之间的通信。它同时与外部通信网相连，交流信息。通信自动化系统可分为语音通信、图文通信、数据通信及卫通信 4 个子系统。

（1）语音通信。语音通信是智能化建筑通信的基础，是人们使用最广泛、功能最多、数量不断增多的一项业务。

（2）图文通信。图文通信主要是传递文字和图像信号，共由 3 部分组成。一是用户电报和智能用户电报。用户电报是用户利用装设在办公室或住所的电报终端设备，由市内电信线路与电信局连通，通过电信局的用户电报网，与本地或国内外各地用户之间直接通信的一种业务。智能用户电报又称高速用户电报，是一种远程信息处理业务，其终端内有微处理机、数据存储器及报文编辑功能处理机。它的通信过程与用户电报不同，它不是双方操作人员之间的人工通信，而是双方终端存储器之间的自动通信，可在公用电话网、分组交换网和综合数字网上进行。二是传真通信，是利用扫描技术，通过电话电路实现远距离精确传送固定的文字和图像等信息的通信技术，可以形象地形容为远距离复印技术。三是电子邮件（E-mail），是一种基于计算机网络的信息传递业务，消息可以是一般的电文、信函、数字传真、图像、数字化语音或其他形式的信息，按处理的信息不同，可分为语音信箱、电子信箱和传真邮箱。

（3）数据通信。数据通信技术是计算机与电信技术相结合的新兴通信技术，操作人员使用数据终端设备与计算机，或计算机与计算机之间的通信，通过通信线路和按照通信协议实现远程数据通信，数据通信实现了通信网资源、计算机资源与信息资源等共享及远程数据处理，服务性质可分为公用数据通信和专用数据通信；按组网形式可分为电话网上的数据通信、用户电报网上的数据通信和数据通信网通信；按交换方式可分为非交换方式、电路交换数据通信和分组交换数据通信。

（4）卫星通信。卫星通信是近代航空技术和电子技术相结合产生的一种重要通信手段。它利用赤道上空 35 739 km 高度装有微波转发器的同步人造地球卫星作中继站，与地球上若干个信号接收站构成通信网，转接通信信号，实现长距离、大容量的区域通信乃至全球通信。地球同步轨道上的通信卫星可覆盖 18 000 km^2 范围的地球表面，即在此范围内的地球站经卫星一次转接便可通信。卫星通信系统主要由同步通信卫星和各种卫星地球站组成。它突破了传统地域观念，实现了相距万里却近在眼前的国际信息交往联系。今天的现代化建筑已不再局限在几个有限的大城市范围内。它真正提供了强有力的缩短空间和时间的手段。因此，通信系统起到了零距离、零时差交换信息的重要作用。

3. 楼宇自动化系统（BAS）

楼宇自动化系统（BAS）以中央计算机为核心，对建筑物内的设备运行状况进行实时控制和管理，从而使办公室成为温度、湿度、光度稳定和空气清新的办公室。按设备的功能、作用及管理模式，该系统可分为火灾报警与消防联动控制系统、空调及通风监控系统、供配电及备用应急电站的监控系统、照明监控系统、保安监控系统、给水排水监控系统和交通监控系统。其中，交通监控系统包括电梯监控系统和停车场自动监控系统；保安监控系统包括紧急广播系统和巡更对讲系统。楼宇自动化系统日夜不停地对建筑内各种机电设备的运行情况进行监视，采用各处现场资料自动处理，并按预置程序和随机指令进行控制。

4. 安全自动化系统（SAS）

安全自动化系统（SAS）主要有两类：一类为消防系统；另一类为安保系统。消防系统具有火灾自动报警与消防联动控制功能，是一个专用计算机系统。安保系统常设有闭路电视监控系统（CCTV）、通道控制（门禁）系统、防盗报警系统、巡更系统等。SAS 系统 24 h 连续工作，监视建筑物的重要区域与公共场所，一旦发现危险情况或事故灾害的预兆，立即报警并采取对策，以确保建筑物内人员与财物的安全。

5. 综合布线系统（GCS）

综合布线系统（GCS）是在智能建筑中构筑信息通道的设施。它采用光纤通信电缆、铜芯通信电缆及同轴电缆，布置在建筑物的垂直管井与水平线槽内，一直通到每一层面的每个用户终端，可以各种传输速率（从 9 600 bit/s 到 1 000 Mbit/s）传送语音、图像、数据信息。OAS、CAS、BAS 及 SAS 等的信号从理论上都可由 GCS 沟通。因而，有人称 GCS 为智能建筑的神经系统。

6. 建筑物管理系统（BMS）

建筑物管理系统（BMS）是为了对建筑设备实现管理自动化而设置的计算机系统，它把相对独立的 BAS、SAS 和 OAS 采用网络通信的方式实现信息共享与互相联动，以保证高效的管理和快速的应急响应。这一系统目前尚无统一的定义，有的称其为系统集成，有的称其为 IBMS（Intelligent Building Management System），有的称其为 I2BMS（Integrated Intelligent Building Management System），也有的称其为 I13BMS（Intranet Integrated Intelligent Building Management System）。虽然不同称呼下的技术方案有一些区别，但是基本功能是相近的。

7. 智能建筑管理系统（IBMS）

智能建筑管理系统（Intelligent Building Management System）是一个具有高生产力、低营运成本和高安全性的智能化综合管理系统。它能够利用收集到的建筑物相关资料，分析整理成具有高附加值的信息，运用先进技术和方法使建筑设备的作业流程更有效、运行成本更低、竞争力更强。同时，它能使大楼内各个实时子系统高度集成，做到保安、防火、设备监控三位一体，实现 BMS、OAS 和 CNS 集成在一个图形操作界面上对整个建筑物进行全面监视、控制和管理，提高大厦全局事件和物业管理的效率与综合服务的功能。

单元二　火灾自动报警与消防联动系统

单元设计

学习任务	一、火灾探测器 二、灭火与联动控制系统
任务分析	了解火灾探测器及常见的几种形式，掌握消防联动系统的工作流程
学习目标	通过本单元的学习，能够掌握火灾自动报警与消防联动系统的工作原理

知识要点

一、火灾探测器

可燃物的燃烧过程依次是产生烟雾→周围环境温度逐渐上升→产生可见光或不可见光。也就是说，可燃物从最初燃烧到酿成大火是需要一定时间的，有一个发展过程。火灾探测器的作用是及时感觉、观察到可燃物最初燃烧的参数，并将火灾参数转变为电信号或开关信号，提供给火灾报警控制器（图 5.3）。根据火灾早期产生的烟雾、温度和光参数，有感烟、感温和感光三种类型的火灾探测器，应用最广泛的是感烟探测器，因为感烟探测器是实现早期报警的较理想器件。感温探测器具有性能稳定可靠、误报率低的特点，应用也很广泛。

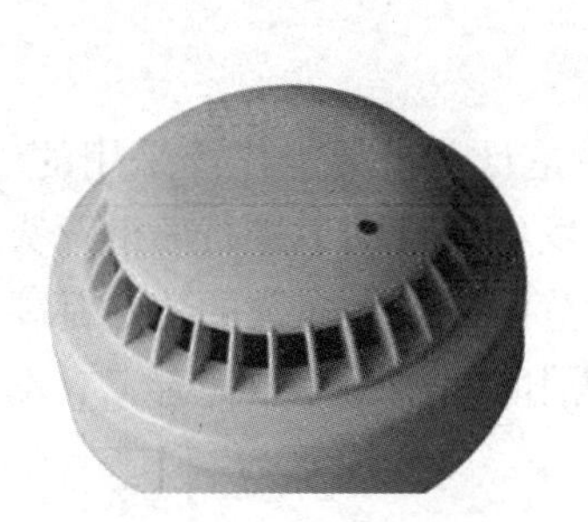

图 5.3　火灾探测器

1. 感烟探测器

烟雾是指人的肉眼可见的燃烧生成物，是粒子直径为 0.01 ～ 10 μm 的液体或固体微粒。烟雾具有很大的流动性，能潜入建筑的任何空间。火灾产生的烟雾具有毒性，对人的生命具有特别大的威胁。因为感烟探测器对火灾早期报警很有效，所以应用很广泛。感烟探测器可探测 70% 及以上的火灾，其适用于场所为饭店、旅馆、教学楼、办公楼的厅堂、卧室、计算机房、通信机房、电影或电视放映室、楼道、走廊、电梯机房、书库、档案库等。常用的感烟探测器有离子式感烟探测器、光电式感烟探测器、红外光束式感烟探测器和电容式感烟探测器。

2. 感温探测器

物质在燃烧过程中释放出大量热量，环境温度升高，火灾探测器中的热敏元件发生物理变化，由光信号转变的电信号被传递给火灾报警控制器，火灾报警控制器发出火灾报警信号。在火灾初期，使用热敏元件探测火灾的发生是一种有效的手段，特别是那些经常存在大量粉尘、油雾、水蒸气的场所，无法使用感烟探测器，用感温探测器比较合适。在某些重要的场所，为了提高火灾监控系统的可靠性，或者保证自动灭火系统的准确性，要求同时使用感烟探测器和感温探测器。感温探测器主要由温度传感器和电子线路组成，根据温度传感器的作用原理可分为定温式探测器、差温式探测器及差定温式探测器。

3. 感光探测器

感光探测器主要指火焰光探测器。火焰光探测器可以对火焰辐射出的红外线、紫外线、可见光予以响应，能够对迅速发生的火灾或爆炸及时响应。

4. 可燃气体探测器

可燃气体通常包括煤气、石油液化气、石油蒸气、酒精蒸气和天然气。这些气体主要含有烷类、烃类、烯类、醇类、苯类和一氧化碳、氢气等成分，是易燃易爆的有毒有害气体，可燃气体探测器就是对空气中可燃气体的含量（浓度）进行检测的器件，它和与其配套的火灾报警控制器共同组成可燃气体浓度检测报警装置。

5. 复合火灾探测器

复合火灾探测器是对两种或两种以上火灾参数响应的火灾探测器，主要包括感温感烟探测器、感温感光探测器和感烟感光探测器。

二、灭火与联动控制系统

自动喷淋灭火系统属于固定灭火系统，是目前世界上广泛采用的一种固定消防设施，具有价格低、灭火效率高等特点，能在火灾发生后自动地进行喷淋灭火，并能在喷淋灭火的同时发出警报。在一些发达国家的消防规范中，绝大多数的建筑都要求采用自动喷淋灭火系统。在我国，随着建筑业的快速发展及消防法规的逐步完善，自动喷淋灭火系统得到了广泛的应用（图 5.4）。

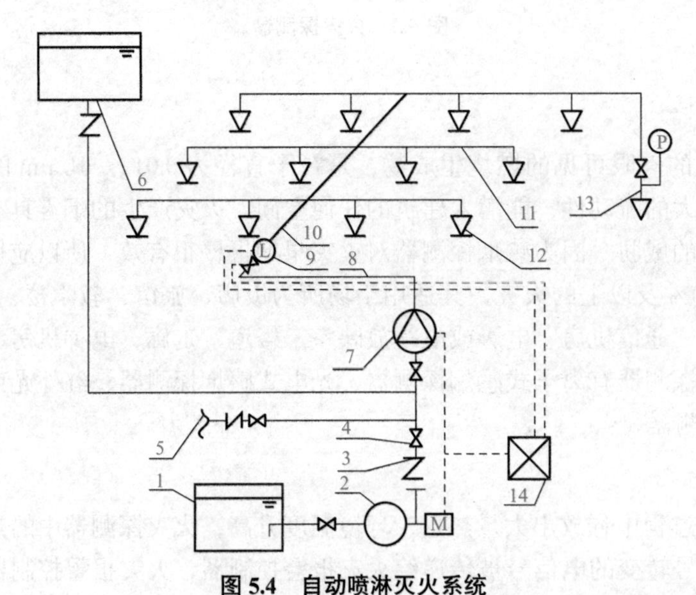

图 5.4　自动喷淋灭火系统

P—压力表；M—驱动电机；L—水流指示器

1—水池；2—消防水泵；3—止回阀；4—闸阀；5—水泵接合器；6—消防水箱；7—湿式报警阀组；8—配水干管；9—水流指示器；10—配水管；11—配水支管；12—闭式喷头；13—末端试水装置；14—报警控制器

1. 自动喷淋灭火系统的分类

自动喷淋灭火系统可分为湿式喷水灭火系统、自动启动灭火系统、干式喷水灭火系统、干湿两用式喷水灭火系统、预作用喷水灭火系统、雨淋喷水灭火系统、水幕灭火系统、水喷雾灭火系统、轻装简易灭火系统、泡沫雨淋灭火系统、大水滴（附加化学品）灭火系统等。

下面以湿式喷水灭火系统为例进行介绍。

2. 湿式喷水灭火系统的结构组成

湿式喷水灭火系统是一种应用广泛的固定灭火系统，该系统的配水管网内充满压力水，长期处于备用工作状态，适用于在 4 ℃～ 70 ℃的环境温度中使用，当保护区内某处发生火灾时，环境温度升高，喷头的温度敏感元件（玻璃球）破裂，喷头自动启动将水直接喷向火灾发生区域，并发出火灾报警信号，达到报警、灭火、控火的目的。

湿式喷水灭火系统主要由以下几部分组成：

（1）水箱。水箱在正常状态下维持配水管网的压力，在火灾初期给配水管网提供灭火用水。

（2）水力报警阀。水力报警阀用于湿式、干式、干湿两用式、雨淋和预作用喷水灭火系统中，是自动喷淋灭火系统中的重要部件。当火灾发生时，水力报警阀流出带有一定压力的水驱动水力警铃报警，当水力警铃流量等于或大于一个喷头的流量时，水力报警阀立即动作。

（3）湿式报警阀。湿式报警阀安装在总供水干管上，连接供水设备和配水管网，一般采用止回阀的形式。当配水管网中有喷头喷水时，破坏了阀门上下的平衡压力，使阀板开启，接通水源和配水管网。同时部分水流通过阀座上的环形槽，经信号管道流至水力警铃，发出火灾报警信号。

（4）消防水泵结合器。消防水泵结合器用于给消防车提供水口。

（5）控制箱。控制箱安装在消防控制室内，用于接收系统传来的电信号及发出控制指令。

（6）压力罐。压力罐用于自动启停消防水泵。当配水管网中的水压过低时，与压力罐连接的压力开关发出信号给控制箱，控制箱接到信号后发出指令启动消防水泵给配水管网增压。当配水管网水压达到设定值后消防水泵停止供水。

（7）消防水泵。消防水泵给配水管网补水。

（8）喷头。喷头可分为易熔金属式、双金属片式和玻璃球式喷头 3 种。其中，玻璃球式喷头应用最广泛。在正常情况下，喷头处于封闭状态；当有火灾发生且温度达到动作值时，喷头开始喷水灭火。

（9）水流指示器。水流指示器的原理是当水流指示器感应到水流时，其电触点动作，接通延时电路（延时 20 ～ 30 s）。延时时间到后，水流指示器通过继电器触发，发出声光信号给消防控制室，以识别火灾区域。

（10）压力开关。压力开关是自动喷淋灭火系统的自动报警和控制附件，能将水压力信号转变为电信号。当压力超过或低于预定工作压力时，电路就闭合或断开，输出信号至火灾报警控制器或直接控制启动其他电气设备。

（11）延时器。延时器是一种罐式容器，安装在水力报警阀与水力警铃之间，可以对水压突然发生变化引起的水力报警阀短暂开启或对因水力报警阀局部渗漏而进入水力警铃管道的水流起一个暂时容纳的作用，避免虚假报警。只有当真正发生火灾时，喷头和水力报警阀相继打开，水流源源不断地流入延时器，经 30 s 左右充满整个延时器后，水流才会冲入水力警铃管道。

（12）试警铃阀。试警铃阀用于人工测试。打开试警铃阀泄水，水力报警阀自动打开，水流充满延迟器后可使压力开关及水力警铃动作报警。

（13）放水阀。放水阀用于检修时放空配水管网中的余水。

（14）末端试水装置。末端试水装置设置在配水管网末端，用于自动喷淋灭火系统等流体工作系统。该试水装置相当于一个标准喷头流量的接头，打开该试水装置，可进行系统模拟试验调试。利用此试水装置可对系统进行定期检查，以确定系统是否能正常工作。

3. 湿式喷水灭火系统的工作原理

当发生火灾时，温度上升，喷头上装有热敏液体的玻璃球达到动作温度，由于液体的膨胀，玻璃球炸裂，喷头开始喷水灭火。喷头喷水导致配水管网的压力下降，水力报警阀压力下降使阀板开启，接通配水管网和水源以供水灭火。火力报警阀动作后，水力警铃经过延时器的延时（大约 30 s）后发出火灾报警信号。配水管网中的水流指示器感应到水流时，经过一段时间的延时，发出电信号到消防控制室。当配水管网压力下降到一定值时，配水管网中的压力开关发出电信号到消防控制室，启动消防水泵开始供水。

单元三　安全防护系统

单元设计

学习任务	一、安全防范系统的构成 二、安全防范系统常用设备 三、安全防范系统功能 四、楼宇安全防范系统设计
任务分析	安全防范是指以维护社会公共安全为目的，采取防入侵、防破坏、防爆炸、防盗窃、防抢劫和安全检查等措施
学习目标	通过本单元的学习，能够掌握智能建筑的 6 个子系统组成及功能

知识要点

安全防范是社会公共安全科学技术及其产业的一个分支，是指以维护社会公共安全为目的，采取防入侵、防破坏、防爆炸、防盗窃、防抢劫和安全检查等措施。安全防范就手段而言包括人力防范、实体（物）防范和技术防范 3 个范畴。人力防范和实体防范是传统的防范手段，是安全防范的基础。随着科技的进步，以电子技术、传感器技术、通信技术、自动控制技术、计算机技术为基础的安全防范技术器材与设备逐渐应用于安全防范，形成一个完整的安全防范自动化系统，简称安防系统。

在现代物业管理中，楼宇、工厂等建筑的大型化、多功能化、高层次和高技术的特点对安防系统提出了更高的要求，一般要求实现防范、报警、监视记录功能，具体要求如下：

（1）防范。安防系统应对安防区域内的财物、人身或重要的数据等进行安全保护。安防系统应把防范放在首位，防止罪犯进入安防区域或在罪犯企图犯罪时及时察觉并采取相应的保护处理措施。

（2）报警。当发现设备遭到破坏时，安防系统应及时在安防中心和相关区域发出特定的声光报警信号，并将声光报警信号通过网络传送到相关的安防部门。

（3）监视记录。在发出声光报警信号的同时，安防系统应迅速地把出事地点的现场录像和声音传到安防中心进行监视并实时记录下来便于查阅。

一、安全防范系统的构成

智能建筑的安全防范系统是智能建筑设备管理自动化一个重要的子系统，是向大厦内工作和居住的人们提供安全、舒适及便利工作生活环境的可靠保证。

智能建筑的安全防范系统一般共由 6 个系统组成，闭路电视监控和防盗报警系统是其中两个主要的组成部分。

（1）闭路电视监控系统（CCTV）。CCTV 的主要任务是对建筑物内重要部位的事态、人流等动态状况进行宏观监视、控制，以便对各种异常情况进行实时取证、复核，达到及时处理的目的。

（2）防盗报警系统。对于重要区域的出入口、财物及贵重物品库的周界等特殊区域与重要部位，需要建立必要的入侵防范警戒措施，这就是防盗报警系统。

（3）巡更系统。安保工作人员在建筑物相关区域建立巡更点，按所规定的路线进行巡逻检查，以防止异常事态的发生，便于及时了解情况、加以处理。

（4）通道控制系统。通道控制系统对建筑物内通道、财物与重要部位等区域的人流进行控制，还可以随时掌握建筑物内各种人员出入活动情况。

（5）访客对讲（可视）、求助系统。访客对讲（可视）、求助系统也可称为楼宇保安对讲（可视）、求助系统，适用于高层及多层公寓（包括公寓式办公楼）、别墅住宅的访客管理，是保障住宅安全的必备设施。

（6）停车库管理系统。停车库管理系统对停车库 / 场的车辆进行出入控制、停车位与计时收费管理等。

二、安全防范系统常用设备

（1）云台（图 5.5）。云台是两个交流电组成的安装平台，可以向水平方面和垂直方向运动。控制系统在远端可以控制其云台的转动方向。云台有多种类型：按使用环境可分为室内型和室外型（室外型密封性能好，防水、防尘，负载大）；按安装方式可分为侧装和吊装（云台是安装在吊顶上还是安装在墙壁上）；按外形可分为普通型和球型。球型云台是把云台安置在一个半球形、球形防护罩中，除防止灰尘干扰图像外，还具有隐蔽、美观、快速的优点。

图 5.5　云台

（2）监视器。监视器是监控系统的标准输出，用来显示前端送过来的图像。监视器分为彩色、黑白两种，尺寸有 9、10、12、14、15、17、21（in）等，常用的是 14 in（1 in=2.54 cm）。监视器也有分辨率，同摄像机一样用线数表示，实际使用时一般要求监视器线数要与摄像机匹配。另外，有些监视器还有音频输入、S-Video 输入、RGB 分量输入等，除音频输入监控系统会用到外，其余功能大部分用于图像处理。

（3）视频放大器。当视频传输距离比较远时，最好采用线径较大的视频线，同时可以在线路内增加视频放大器增强信号强度达到远距离传输目的。视频放大器可以增强视频的亮度、色度和同步信号，但线路内干扰信号也会被放大，另外，回路中不能串接太多视频放大器，否则会出现饱和现象，导致图像失真。

（4）视频分配器。一路视频信号对应一台监视器或录像机，若想一台摄像机的图像送给多个管理者看，最好选择视频分配器。因为并联视频信号衰减较大，送给多个输出设备后由于阻抗不匹配等原因，图像会严重失真，线路也不稳定。视频分配器除阻抗匹配外，还有视频增益，使视频信号可以同时送给多个输出设备而不受影响。

（5）视频切换器。多路视频信号要送到同一处监控，可以每一路视频对应一台监视器。但监视器占地大，价格高，如果不要求时刻监控，可以在监控室增设一台切换器。把摄像机输出信号接到切换器的输入端，切换器的输出端接监视器。切换器的输入端分为 2、4、6、8、12、16 路，输出端分为单路和双路，而且还可以同步切换音频（视型号而定）。切换器有手动切换、自动切换两种工作方式。手动方式是想看哪一路就把开关拨到哪一路；自动方式是让预设的视频按顺序延时切换，切换时间通过一个旋钮可以调节，一般为 1 ～ 35 s。切换器在一个时间段内只能看输入的一个图像。要在一台监视器上同时观看多个摄像机图像，则需要用到画面分割器。

（6）画面分割器。画面分割器有 4 分割、9 分割、16 分割几种，可以在一台监视器上同时显示 4、9、16 个摄像机的图像，也可以送到录像机上记录。4 分割是最常用的设备之一，其性能价格比也较好，图像的质量和连续性可以满足大部分要求。大部分分割器除可以同时显示图像外，也可以显示单幅画面，还可以叠加时间和字符，设置自动切换，连接报警设备等。

（7）录像机。监控系统中最常用的记录设备是民用录像机和长延时录像机。延时录像机可以长时间工作，可以录制 24 h（用普通 VHS 录像带）甚至上百小时的图像；可以连接报警设备，收到报警信号自动启动录像；可以叠加时间日期，可以编制录像机自动录像程序，以选择录像速度，录像带到头后是自动停止还是倒带重录等。

（8）探测器。探测器也称为入侵探测器，是用于探测入侵者移动或其他动作的器件，可称为安防的“哨兵”。

（9）控制器。报警控制器由信号处理器和报警装置组成，是对信号中传来的探测信号进行处理，判断出信号中“有”或“无”危险信号，并输出相应的判断信号。若有入侵者侵入的信号，处理器会发出报警信号，报警装置发声光报警，引起保安人员的警觉，或起到威慑入侵者的作用。

（10）报警中心。为实现区域性的防范，可将几个需要防范的区域连接到一个接警中心，称为报警中心。

三、安全防范系统功能

1. 防盗入侵报警系统

智能建筑的入侵报警系统负责对建筑内外各个点、线、面和区域的侦测任务。它一般由探测器、区域控制器和报警控制中心 3 个部分组成。

最底层是探测器和执行设备，负责探测人员的非法入侵，有异常情况时会发出声光报警，同时向区域控制器发送信息。区域控制器负责下层设备的管理，同时向控制中心传送相关区域内的报警情况。一个区域控制器和一些探测器、声光报警设备就可以组成一个简单的报警系统，但在智能建筑中还必须设置监控中心。监控中心由微型计算机、打印机与 UPS 电源等部分组成。其主要任务是对整个防盗报警系统的管理和系统集成。

目前，防盗入侵报警器主要有开关式报警器、主动与被动红外报警器、微波报警器、超声波报警器、声控报警器、玻璃破碎报警器、周界报警器、视频报警器、激光报警器、无线报警器，振动及感应式报警器等，它们的警戒范围各不相同，有点控制型、线控制型、面控制型、空间控制型之分。

另外，还有诸如各种类型的汽车防盗报警器、防抢防盗安全包、安全箱、防盗保险柜、防盗安全保险门等。根据报警器的性能、使用环境要求，它们被合理选择并应用在机关、企业乃至家庭的安全防范方面，起防盗报警、打击犯罪的作用。

2. 闭路电视监控系统

在智能建筑安全防范系统中，闭路电视监控系统可使管理人员在控制室中观察到所有重要地点的人员活动状况，为安全防范系统提供动态图像信息，为消防等系统的运行提供监视手段。闭路电视系统主要由前端（摄像）、传输、终端（显示与记录）与控制 4 个部分组成，具有对图像信号的分配、切换、存储、处理、还原等功能。

（1）前端（摄像）部分。前端（摄像）部分包括安装在现场的摄像机、镜头、防护罩、支架和电动云台等设备。其任务是获取监控区域的图像和声音信息，并将其转换成电信号。

（2）传输部分。传输部分包括视频信号的传输和控制信号的传输两部分，由线缆、调制和解调设备、线路驱动设备等组成。传输系统将电视监控系统的前端设备和终端设备联系起来，将前端设备产生的图像视频信号、音频监听信号和各种报警信号送至中心控制室的终端设备，并把控制中心的控制指令送到前端设备。

（3）终端（控制、显示与记录）部分。终端设备安装在控制室内，完成整个系统的控制与操作功能，可分为控制、显示与记录 3 部分。它主要包括显示、记录设备和控制切换设备等，如监视器、录像机、录音机、视频分配器、时序切换装置、时间信号发生器、同步信号发生器及其他一些配套控制设备等。它是电视监控系统的中枢，主要任务是将前端设备送来的各种信息进行处理和显示，并根据需要向前端设备发出各种指令，由中心控制室进行集中控制。

（4）控制部分。控制部分包括视频切换器、画面分割器、视频分配器、矩阵切换器等。控制设备是实现整个系统的指挥中心。控制部分主要由总控制台（有些系统还设有副控制台）组成。总控制台的主要功能有视频信号的放大与分配、图像信号的处理与补偿、图像信号的切换、图像信号（或包括声音信号）的记录、摄像机及其辅助部件（如镜头、云台、防护罩等）的控制（遥控）等。

显示部分一般由多台监视器（或带视频输入的普通电视机）组成。它的功能是将传输过来的图像显示出来，通常使用黑色、白色或彩色专用监视器。

记录功能由总控制台上设置的录像机完成，可以随时把发生情况的被监视场所的图像记录下来，以便备查或作为取证的重要依据。

3. 数字化图像监控系统

（1）数字化监控系统及其优势。20 世纪 80 年代末到 90 年代中期，随着国外新型安保理念的引入，各行各业及居民小区纷纷建立起了各自独立的闭路电视监控系统或报警联网系统。传统的视频监控及报警联网系统受到当时技术发展水平的局限，电视监控系统大多只能在现场进行监视，联网报警网络虽然能进行较远距离的报警信息传输，但传输的报警信息简单，不能传输视频图像，无法及时准确地了解事发现场的状况、报警事件确认困难，系统效率较低，增大了安保人员的工作负担。对于银行、电力等地域分布式管理的行业，远距离监控是行业管理的必要手段。随着数字技术的飞速发展和成熟，数字式监控系统随之诞生和发展。目前，数字监控系统已受到远端监控领域的广泛关注，一些金融系统已率先采用了这一新技术，完成了监控系统由模拟向数字化的过渡。

典型的数字监控系统应该由图像源（包括各种 CCD 摄像机、计算机摄像机、网络摄像机等）、视频图像信号的处理（包括图像信号的数字化、压缩等）、信号传输、图像的显示与处理、硬盘录像、系统的管理和控制（包括网络的管理、视频切换控制、前端云台等设备的控制等）组成。

数字监控系统与模拟系统相比，无论在画面质量、传输存储方式，还是在工程费用等各方面都具有无法比拟的优势，数字监控系统正在取代模拟系统，成为市场的主流。

（2）数字式监控系统的组成。数字式电视监控系统主要由摄像机组、控制计算机和硬盘录像机（数字视频录像机 DVR）3 部分构成，与防盗报警系统结合就成为数字式电视监控报警系统。

数字监控系统中的一些重要组成部分是数字监控计算机主机、数字视频录像机（DVR）、IP 摄像机及 IP 网关。

四、楼宇安全防范系统设计

楼宇中的安全防范技术工程主要涉及上面叙述的 6 个组成部分，工程实施按照我国公安行业标准执行。工程由建设单位提出委托，由持省市级以上公安技术防范管理部门审批、发放的设计、施工资质证书的专业设计、施工单位进行设计与施工。工程的立项、设计、委托、施工、验收必须按照公安主管部门要求的程序进行。

安全防范技术工程按风险等级或工程投资额划分工程规模，分为以下三级：

（1）一级工程：一级风险或投资额为 100 万元以上的工程。

（2）二级工程：二级风险或投资额超过 30 万元不足 100 万元的工程。

（3）三级工程：三级风险或投资额为 30 万元以下的工程。

知识拓展：安全防范技术工程实施过程的要求和内容

知识拓展

全球智能建筑代表作

物联网不仅使我们的设备更智能，更互联，还使建筑物更智能。

1. 新加坡首都大厦

这座52层高的办公楼因其建筑和设计及其能源和用水效率而获得了“绿色标志”白金奖。首都大厦内置了许多智能能效系统，包括空调装置中的能量回收轮系统，该系统可回收冷空气以保持冷水机组的效率。安装在电梯大堂和卫生间的运动探测器可以节省能源，而双层玻璃窗则可以减少热量的渗透并最大限度地降低能耗。为了减少用水，建筑物使用了空气处理单元的冷凝水。设备监控二氧化碳和一氧化碳，确保整个建筑物的最佳空气质量。这座占地超过6 300 m^2的建筑还提供许多便利设施，包括可欣赏新加坡天际线全景的空中大堂、健身中心、游泳池、育儿和餐饮场所（图5.6）。

2. 澳大利亚辛德马什郡议会企业中心

在设计Hindmarsh Shire委员会办公室时，总部位于墨尔本的建筑师事务所k20 Architecture希望提高能源效率，同时，也改善员工的办公环境。该建筑位于极端温度条件的区域，建筑师希望利用此优势。他们在地板下建造了一系列地下热室和通风系统，以从外部吸入新鲜空气。地球自然冷却或加热空气，然后通过建筑物将其重新分配回去。LED照明系统减少了能源消耗和维护，而屋顶太阳能电池板从太阳中收集能量。横流通风和分区运动检测照明还提高了能源效率，而垂直的绿色墙壁则可提高室内空气质量（图5.7）。

图5.6　新加坡首都大厦

图5.7　澳大利亚辛德马什郡议会企业中心

3. 英国北卡罗来纳州夏洛特市杜克能源中心

这座51层的摩天大楼由富国银行（Wells Fargo）拥有，并且是杜克能源公司（Duke Energy）的所在地。它拥有最高的绿色认证——LEED白金。该建筑每年能够再利用大约3.78×104 m^3的采水——包括地下水、雨水和HVAC冷凝水，满足大约80%的冷却塔水需求和100%的灌溉需求。

有一个景观美化的屋顶花园，可减少雨水径流并利用植物吸收多余的热量。日光收集百叶窗随着太阳的角度移动，以将光反射到更深的内部，从而提供更多的自然光。建筑物的外观看起来像是切割后的水晶，并包括超过 45 000 个 LED 灯，它们在夜间照亮建筑物。

富国银行（Wells Fargo）用各种颜色点亮杜克能源中心，以支持夏洛特市的各项活动，包括当地非营利组织和与社区直接相关的活动（图 5.8）。

4. 英国伦敦水晶大厦

水晶大厦作为全球最大的未来城市展示中心，是西门子首座专为城市可持续发展建造的展示中心。这座外形如同水晶的大楼集会议中心、城市对话平台技术创新中心于一体，由威尔金森·艾尔（Wilkinson Eyre）建筑设计事务所设计，历时一年半建成。作为伦敦全新的地标性建筑，水晶大厦也是全球最绿色建筑之一。

这座建筑是 100% 电动的，太阳能屋顶板提供了大约 20% 的电力。它还广泛监测其能源使用情况，因此，其碳排放量比英国同类办公楼低约 70%。在室内，有绿色植物墙欢迎客人。该建筑回收了大量的水，并利用太阳能加热热水。建筑能源管理系统控制建筑中所有的电气和机械系统，包括采暖、制冷和通风系统、照明和太阳能热水系统（图 5.9）。

图 5.8　杜克能源中心

图 5.9　伦敦水晶大厦

5. 阿联酋迪拜哈利法塔

迪拜是智能建筑运动的世界领导者。哈利法塔有 160 层，高约为 827 m，是世界上最高的建筑，而且它一直处于创新的边缘。在霍尼韦尔（多元化高科技和制造企业，其全球业务涉及航空产品和服务、楼宇、家庭和工业控制技术、汽车产品、涡轮增压器以及特殊材料，总部位于美国新泽西州莫里斯镇）的帮助下，它现在是智能和可持续的建筑之一。霍尼韦尔与建筑管理人员合作，在其主要场馆实施了几个智能建筑项目，为居民改善了空气质量、照明和温度。智能楼宇自动化系统将实时信息传递给霍尼韦尔的物联网平台，该平台使用智能算法识别异常和维护问题。设施管理人员可以使用这些信息来改善建筑物的维护和资产的可靠性。自从在哈利法塔启用该系统以来，设施管理人员将总维护时间减少了 40%（图 5.10）。

图 5.10　迪拜哈利法塔

参考文献

[1] 王增长，岳秀萍 . 建筑给水排水工程 [M] .8 版 . 北京：中国建筑工业出版社，2021.

[2] 毛辉，贾永康 . 供热通风与空调工程施工技术 [M] .3 版 . 北京：机械工业出版社，2021.

[3] 刘昌明 . 建筑供配电与照明技术 [M] . 北京：中国建筑工业出版社，2013.

[4] 沈瑞珠 . 建筑智能化技术 [M] . 北京：中国建筑工业出版社，2021.

[5] 王锋 . 建筑设备工程施工与组织 [M] . 北京：中国水利水电出版社，2009.

[6] 王鹏，李松良，王蕊 . 建筑设备 [M] .3 版 . 北京：北京理工大学出版社，2022.

[7] 周业梅 . 建筑设备识图与施工工艺 [M] .3 版 . 北京：北京大学出版社，2022.

[8] 中华人民共和国住房和城乡建设部 .GB 50015—2019 建筑给水排水设计标准 [S] . 北京：中国计划出版社，2019.

[9] 中华人民共和国住房和城乡建设部 .GB 50974—2014 消防给水及消火栓系统技术规范 [S] . 北京：中国计划出版社，2014.

[10] 中华人民共和国住房和城乡建设部 .GB 50084—2017 自动喷水灭火系统设计规范 [S] . 北京：中国计划出版社，2017.

[11] 中华人民共和国住房和城乡建设部 .GB 50016—2014 建筑设计防火规范（2018 年版）[S] . 北京：中国计划出版社，2018.

[12] 中华人民共和国住房和城乡建设部 .GB 50013—2018 室外给水设计规范 [S] . 北京：中国计划出版社，2019.

[13] 中华人民共和国住房和城乡建设部 .GB 50014—2021 室外排水设计标准 [S] . 北京：中国计划出版社，2021.

[14] 中华人民共和国住房和城乡建设部 .CJJ 142—2014 建筑屋面雨水排水系统技术规程 [S] . 北京：中国建筑工业出版社，2014.

[15] 中华人民共和国建设部 .GB 50242—2002 建筑给水排水及采暖工程施工质量验收规范 [S] . 北京：中国标准出版社，2004.

[16] 中华人民共和国住房和城乡建设部 .GB 50736—2012 民用建筑供暖通风与空气调节设计规范 [S] . 北京：中国建筑工业出版社，2012.

[17] 中华人民共和国住房和城乡建设部 .GB 51251—2017 建筑防烟排烟系统技术标准 [S] . 北京：中国计划出版社，2018.

[18] 中华人民共和国住房和城乡建设部 . GB 50243—2016 通风与空调工程施工质量验收规范 [S] . 北京：中国计划出版社，2017.

［19］中华人民共和国住房和城乡建设部 .GB 51348—2019 民用建筑电气设计标准［S］. 北京：中国建筑工业出版社，2020.
［20］中华人民共和国住房和城乡建设部 .GB 50034—2013 建筑照明设计标准［S］. 北京：中国建筑工业出版社，2014.
［21］中华人民共和国住房和城乡建设部 .GB 50303—2015 建筑电气工程施工质量验收规范［S］. 北京：中国建筑工业出版社，2016.
［22］中华人民共和国住房和城乡建设部 .GB 50314—2015 智能建筑设计标准［S］. 北京：中国计划出版社，2015.

《建筑设备》

配套任务测评

班级：________________

姓名：________________

学号：________________

北京理工大学出版社
BEIJING INSTITUTE OF TECHNOLOGY PRESS

CONTENTS 目录

CONTENTS

模块一　建筑给水排水系统

任务一　建筑给水系统定义、分类及组成

一、完成下列表格，掌握建筑给水系统定义。

“建筑给水系统的概念”学习任务

<table>
<tr><td colspan="6">任务：任选校内一幢建筑，观察其室内给水部分，完成下列填表任务</td></tr>
<tr><td colspan="3">建筑名称：</td><td colspan="2">建筑类型：</td><td>建筑层数：</td></tr>
<tr><td colspan="3">供水水源：</td><td colspan="3">水温：</td></tr>
<tr><td rowspan="6">用
水
设
备</td><td>名称</td><td>用途</td><td>水质要求</td><td>水量要求</td><td>水压要求</td></tr>
<tr><td>1. 洗脸盆</td><td></td><td></td><td></td><td></td></tr>
<tr><td>2. 蹲便器</td><td></td><td></td><td></td><td></td></tr>
<tr><td>3. 污水盆</td><td></td><td></td><td></td><td></td></tr>
<tr><td>4. 消火栓</td><td></td><td></td><td></td><td></td></tr>
<tr><td></td><td></td><td></td><td></td><td></td></tr>
<tr><td></td><td></td><td></td><td></td><td></td><td></td></tr>
<tr><td></td><td></td><td></td><td></td><td></td><td></td></tr>
<tr><td colspan="6">总结：什么是建筑给水系统？</td></tr>
<tr><td colspan="6">注：①建筑类型填写（公共建筑 / 住宅建筑）；
②供水水源填写（市政给水管网 / 自备水源）；
③各用水设备的用途（填写该用水设备在本建筑中的功能；水质、水量、水压要求分别填写该用水设备对水质优劣、水量大小、水压高低的要求）；
④各组可将卫生器具拍摄照片发送学习群</td></tr>
</table>

二、补充完整下表内容，掌握建筑给水系统类型。

按用途分类	供水对象	供水要求	划分子类型
生活给水系统	民用住宅、公共建筑，工业企业中的生活部分	水量、水压满足用户要求；水质符合（水质标准）	直饮水系统 杂用水系统

三、认真识读下图中的给水管道系统，回答下列问题。

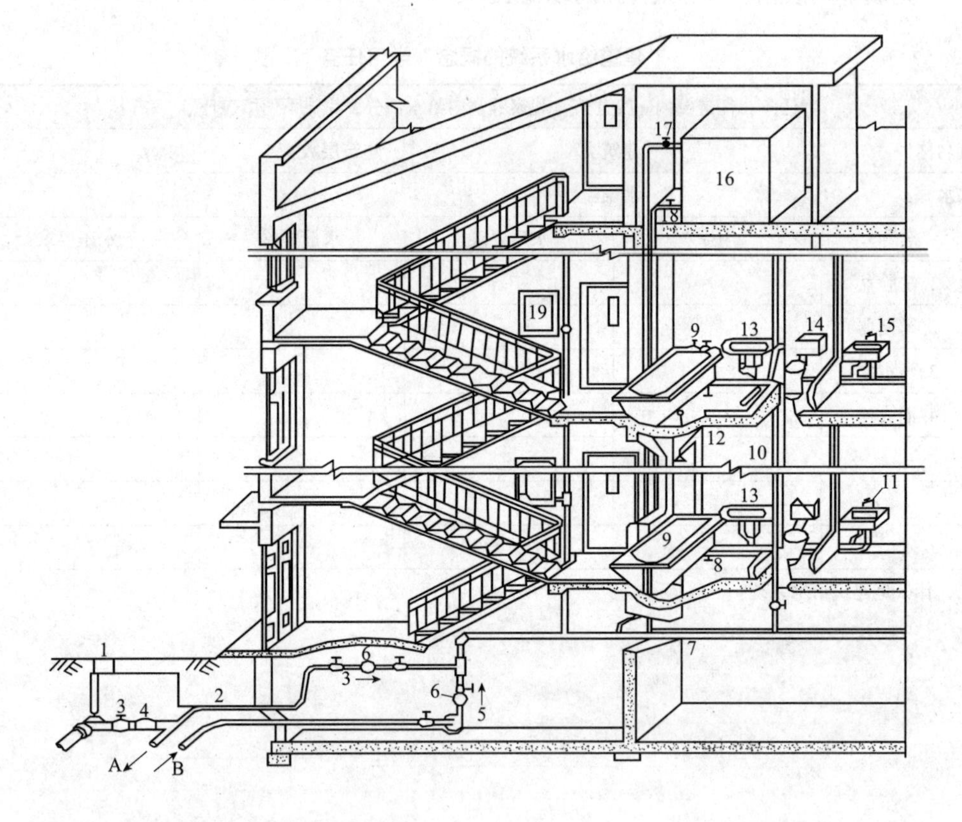

1. 请描述A和B在该系统中的作用。

2. 水箱在系统中有什么作用？运行方式是怎样的？

3. 该图中消防给水系统和生活给水系统是共用的吗？你觉得这种方式是否适合所有建筑，谈谈你的看法。

____

____

____

四、识读下列水表节点图并回答问题。

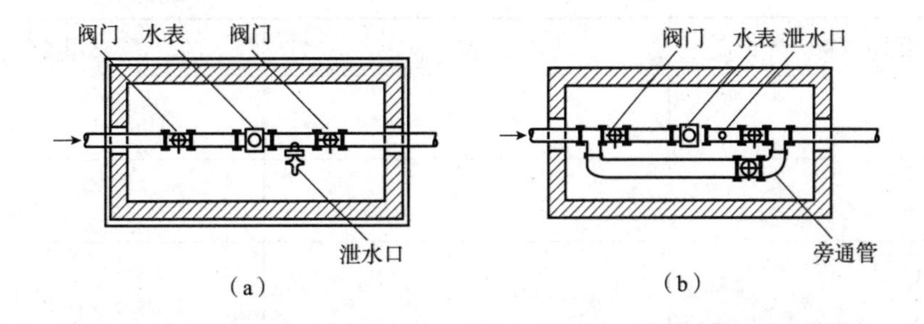

1.（a）和（b）有什么不同？（b）中的旁通管有什么作用？你觉得哪种方式更好？

____

____

____

2. 水表两侧为何都要安装阀门？有什么作用？能否仅在一侧安装阀门？

____

____

____

五、识读下面建筑给水管道示意图并回答问题。

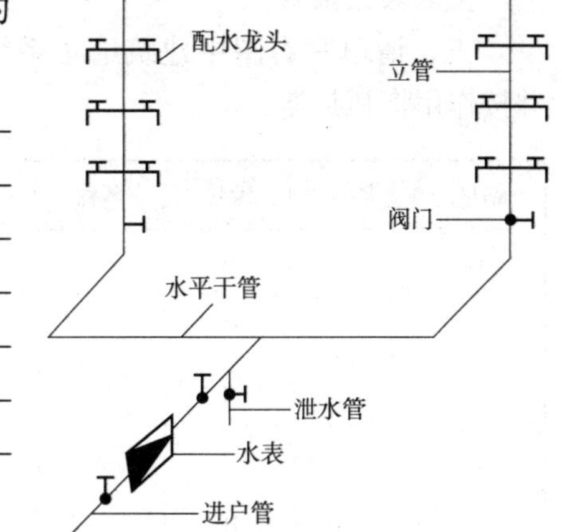

1. 根据空间坐标轴的方向，试描述该供水管道的水的流向（用前 / 后、左 / 右、上 / 下）。

____

____

____

____

____

____

2. 请填写各类管道的作用。

引入管	干管	立管	支管

任务二　建筑给水系统管材管件

一、观察你周围的管材，对其进行归类并填写下表。

管材名称	优缺点	适用场合

二、连线题。

无规共聚聚丙烯管　　PEX

聚乙烯管　　PP-R

聚丁烯管　　AB.S

工程塑料　　PE

交联聚乙烯管　　PB

三、请填写右图中建筑给水系统各管件名称，并按作用将其归类。

编号	名称	编号	名称	编号	名称
1		6		11	
2		7		12	
3		8		13	
4		9		14	
5		10			

作用	连接	变径	转向	分支	其他
编号					

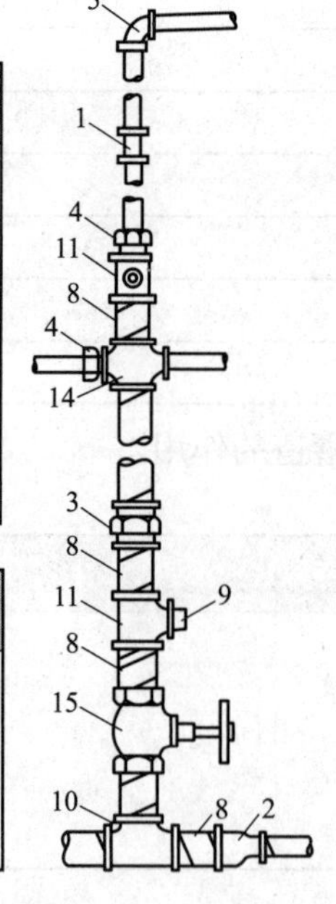

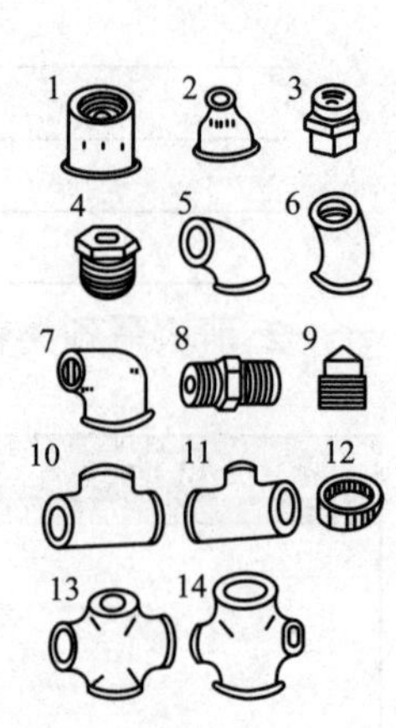

四、请为下图选择合适的管件，并填写下表。

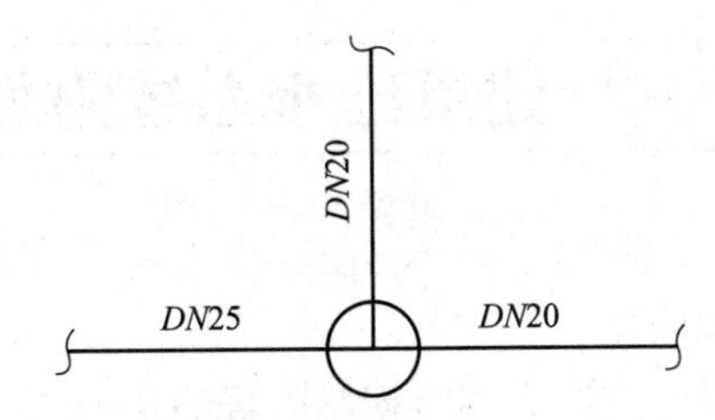

序号	管件名称	规格	数量

任务三　建筑给水系统附件水表

一、分辨控制附件与配水附件。

1. 下列属于配水附件的是______；属于控制附件的是______。

2. 查阅资料，写出下列附件的名称。

A	B	C	D	E	F
①	②	③	④	⑤	⑥

二、完成水表类型调查统计表。

通过调研身边建筑、走访建材市场、网络搜索资料等方式，发现身边尽可能多的水表类型，搜集整理资料，填写下表。

类型名称	作用原理	优点	缺点

三、请试着读出下列水表的读数。

该水表的读数是：______m^3

任务四　增压与贮水设备

一、试描述下面几种水泵在外形上的区别，并在离心式水泵的下方□中打“√”。

区别：____

____

(a) □　　(b) □　　(c) □　　(d) □

二、查阅资料，补充完整下图离心式水泵各部分的名称后，试描述该水泵的运行原理。

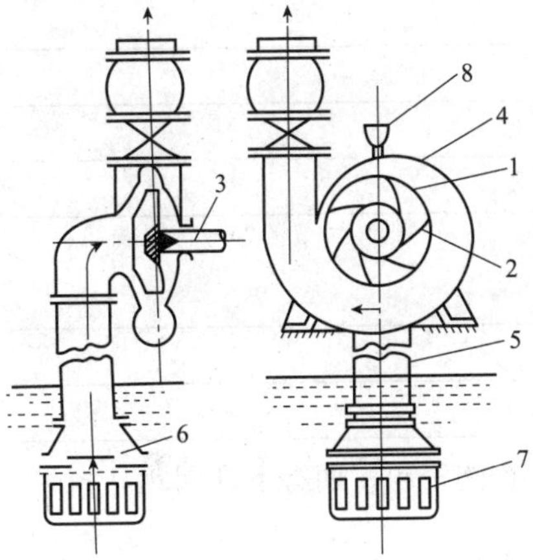

1		5	
2		6	
3		7	
4		8	

运行原理：____

三、下图为气压给水装置的实物和原理结构图，根据图中各个部分的名称，以及收集相关学习资料，回答下列问题。

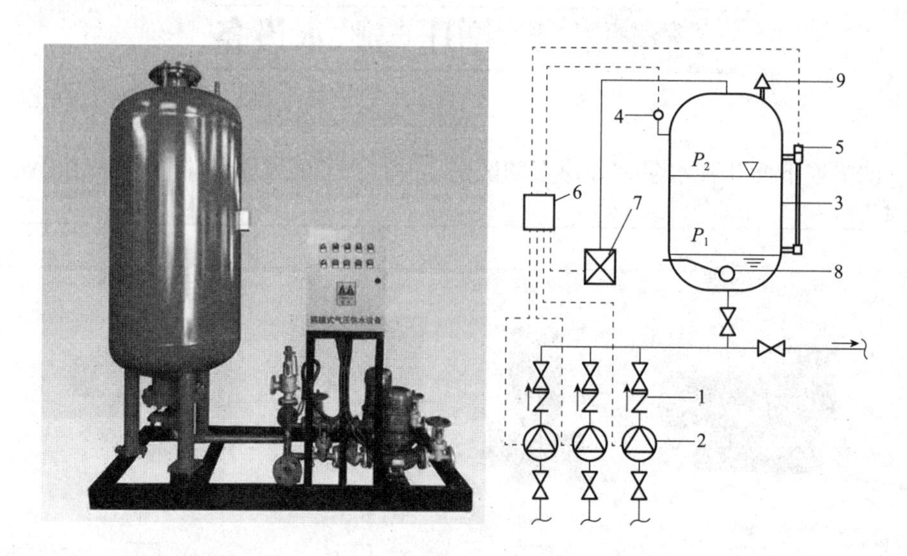

1—止回阀；2—水泵；3—气压水罐；4—压力信号器；
5—液位信号器；6—控制器；7—补气装置；
8—排气阀；9—安全阀

1. 根据图中给出的各部分的名称，描述气压给水装置的工作过程。

2. 图中的“7—补气装置”的作用是什么？

四、下图为建筑供水水箱的实物图和原理结构图，请查阅资料，回答下列问题。

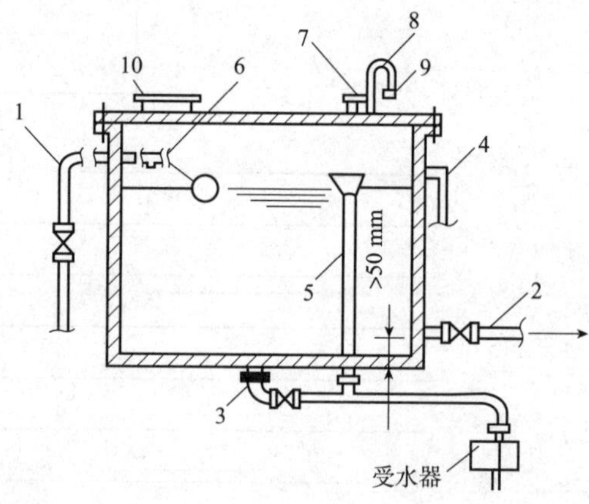

请填写图中各部分的名称。

1.__________ 2.__________ 3.__________ 4.__________ 5.__________

6.__________ 7.__________ 8.__________ 9.__________ 10.__________

参考下图，描述水箱在建筑给水系统中发挥的作用。

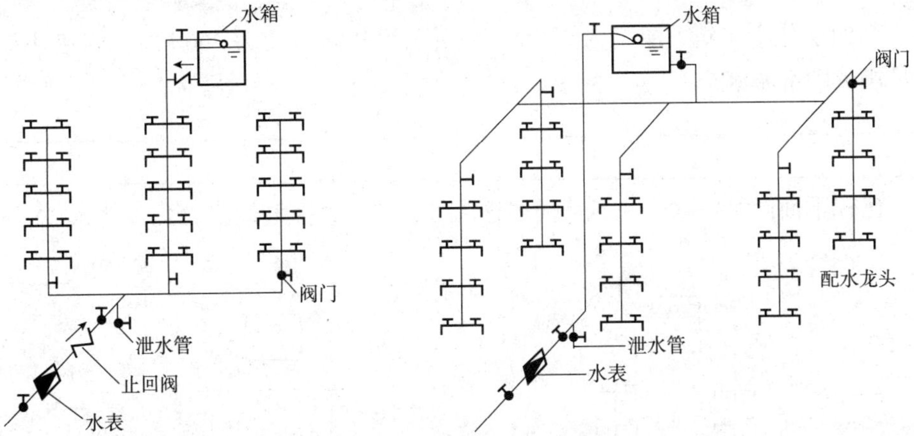

作用:____

任务五　多层建筑生活给水方式

一、某四层住宅建筑，层高为 2.8 m，室外管网供水压力为 260 kPa，问室外管网水压是否满足建筑供水需求？

____

____

二、比较下面两种供水方式，请描述这两种方式的优点和缺点分别是什么？

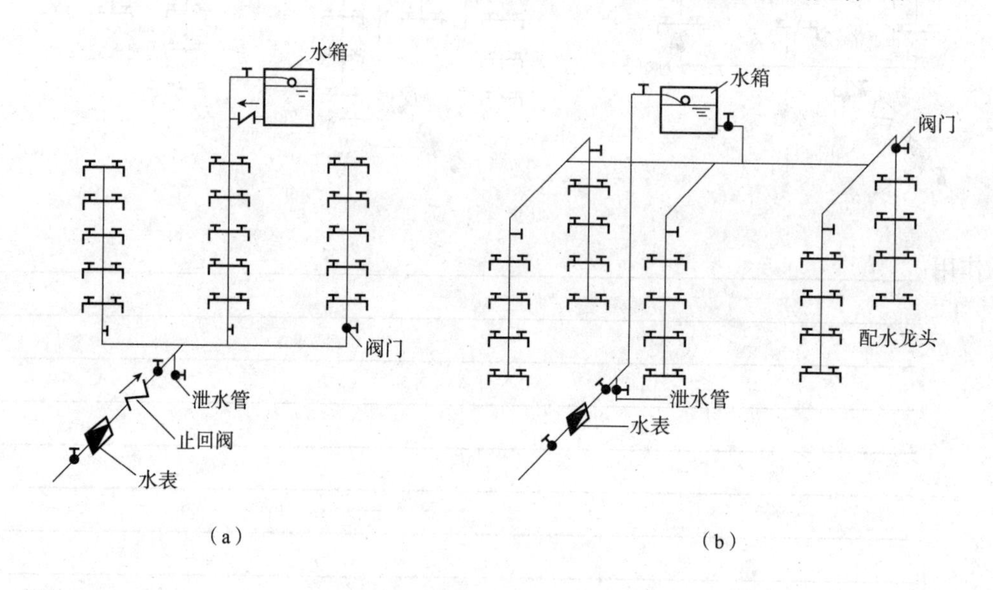

（a）　　　　　　　　　　（b）

优点：____

缺点：____

三、看分区给水方式的图回答以下问题。

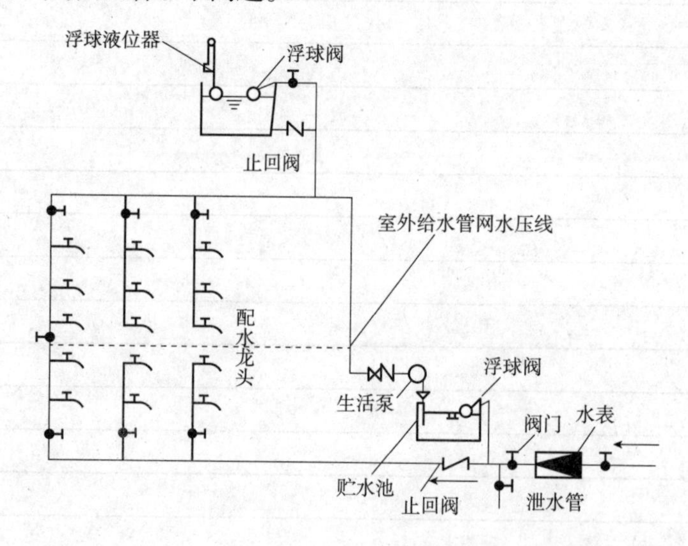

1. 为什么要对建筑进行分区供水？

______

______

______

2. 上下区之间有什么联系，由谁补给谁？

______

______

______

四、请描述下列分质供水系统的供水原理。

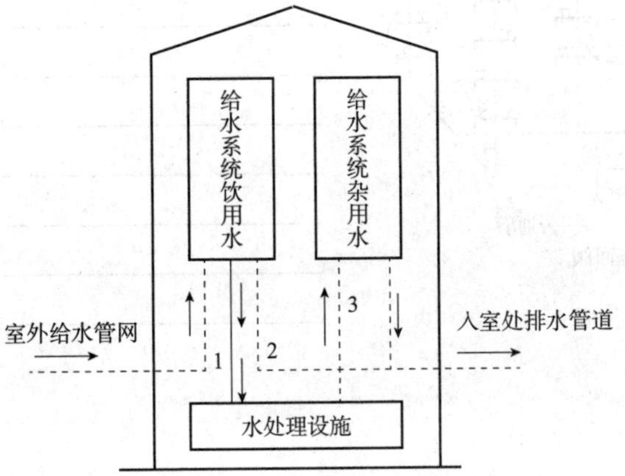

______

______

______

______

______

五、请按要求填写下列表格。

给水方式	优点	缺点	适用条件	原理简图
①直接给水方式				
②单设水箱给水方式（A）				
③单设水箱给水方式（B）				
④单设水泵给水方式				
⑤水泵＋水箱供水方式				
⑥水箱＋水泵＋水池给水方式				

任务六 高层建筑生活给水方式

一、高层建筑能否采用低层建筑的供水方式供水？若采用，会出现什么问题？

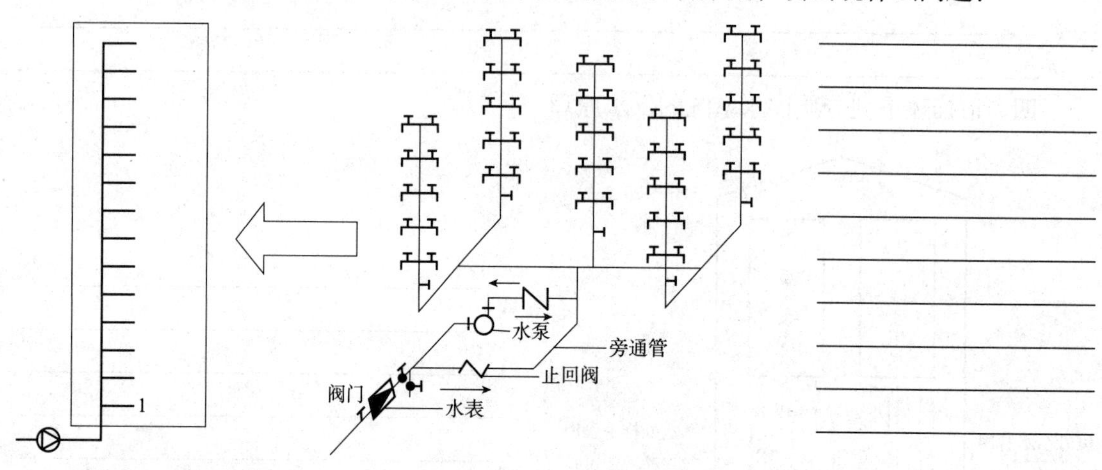

二、看图回答下列问题。

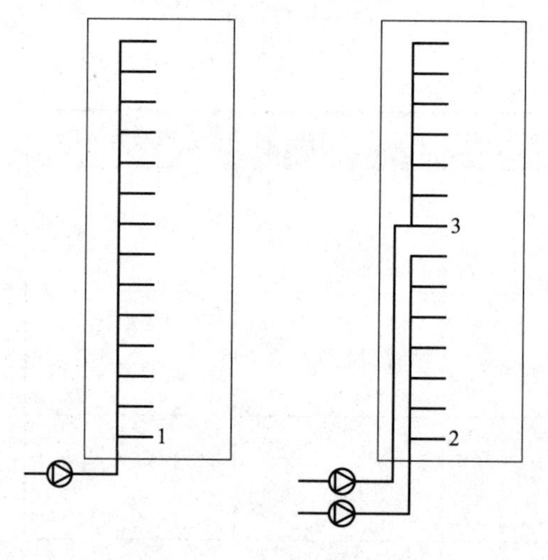

1. 比较1点与2点、1点与3点的水压力大小。

2. 1点和2点是相同的位置，为什么水的压力状况会有区别？

3. 为1点和3点供水的水泵是否具有相同的扬程？是什么使1点和3点的水压力不同？

4. 从以上问题中，你能体会到建筑给水分区的本质吗？请表达你的想法。

三、如下图所示，在进行高层建筑给水系统分区时，应该控制哪些位置的静水压力维持在 0.30 ～ 0.35 MPa 和 0.35 ～ 0.45 MPa？

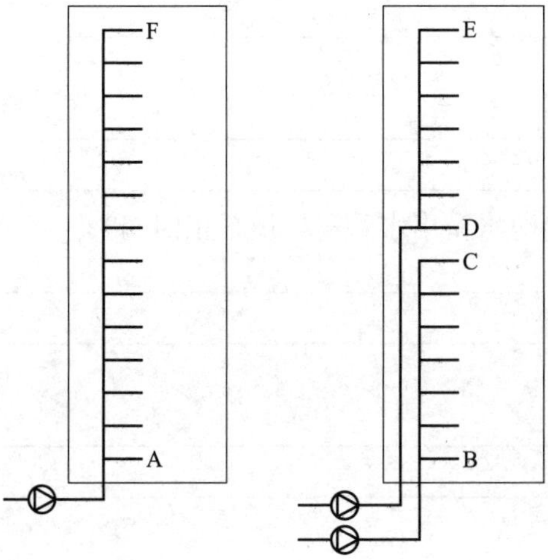

F
A
E
D
C
B

四、请按下表格式绘制表格，并填写表格中的内容。

分区给水方式	优点	缺点	适用条件	原理简图
①串联水泵水箱分区供水系统				
②并联水泵水箱分区供水系统				
③分区减压供水系统（水箱减压）				
④无水箱并列分区供水系统				

任务七　消火栓给水系统

一、消火栓设备包括哪几部分？它们之间的连接关系是什么？

二、消防卷盘起到什么作用？

三、消防水箱应储存多少消防用水量？为什么消防水箱出水管需要设置止回阀？

四、水泵接合器的作用是什么？

五、比较消防管道与生活管道的区别。

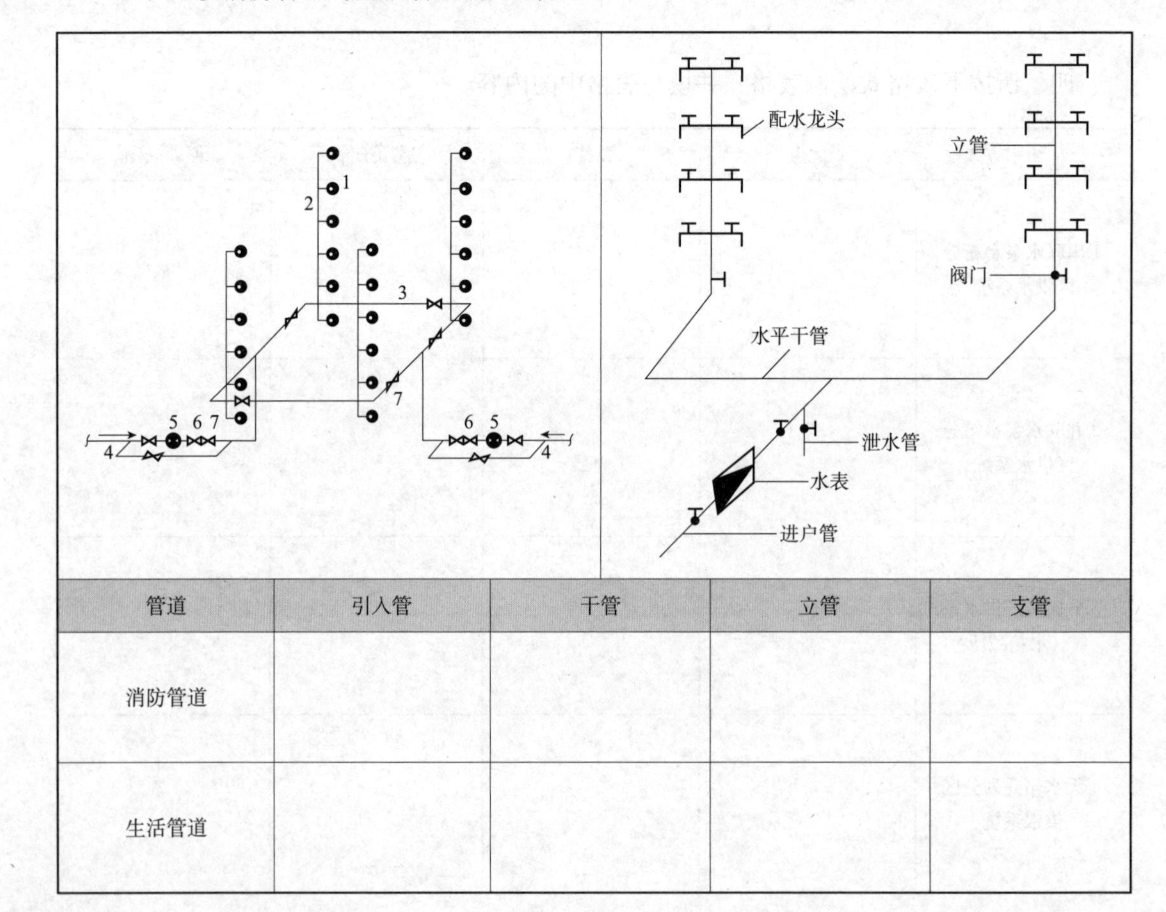

管道	引入管	干管	立管	支管
消防管道				
生活管道				

六、在室外管网直接给水的供水方式中（如下图），哪部分管道是环状的？为什么要这样设置？为什么要设置两条引入管？这两条引入管能否从同一个方向接入？

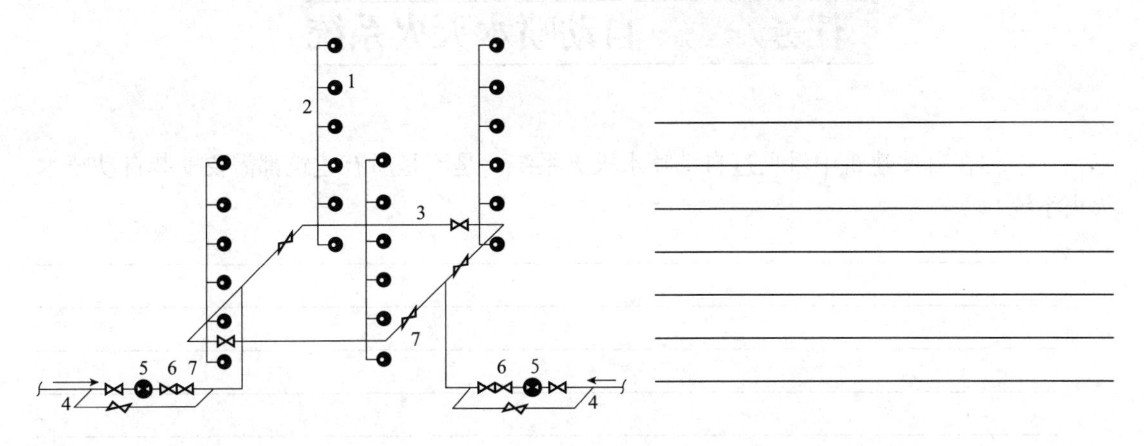

七、图（a）和图（b）相比，有哪些地方不同？

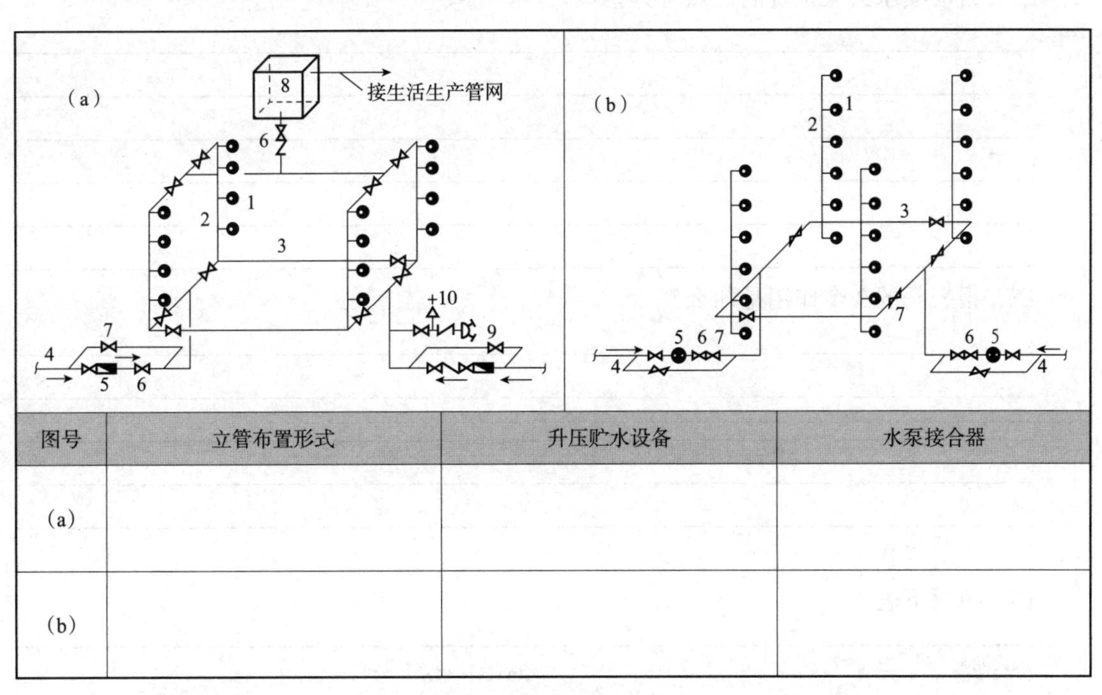

图号	立管布置形式	升压贮水设备	水泵接合器
(a)			
(b)			

八、在什么条件下应对建筑内部消火栓给水系统进行分区？分区有哪几种类型？

九、在什么条件下消防系统设置两条引入管？

十、消防立管的最小直径是多少？什么情况下应该放大？放大多少？

任务八　自动喷水灭火系统

一、你在哪些建筑中看见过自动喷水灭火系统？是不是所有建筑都需要安装自动喷水灭火系统？

二、自动喷水灭火系统的优点有哪些？

三、报警阀的 3 个作用是什么？

四、填写下表。

<table>
<tr><th>分类标准</th><th colspan="6">自动喷水灭火系统分类</th></tr>
<tr><td>按喷头类型</td><td colspan="3"></td><td colspan="3"></td></tr>
<tr><td>按工作原理</td><td></td><td></td><td></td><td></td><td></td><td></td></tr>
<tr><td>出水速度排序
（写序号，1 最快，
6 最慢）</td><td></td><td></td><td></td><td></td><td></td><td></td></tr>
</table>

五、选择题。

1. 以下自动喷水灭火系统不具备灭火作用，只有防火作用的是（　　）。

   A. 预作用系统　　B. 干式系统

   C. 水幕系统　　D. 水喷雾系统

2. 下列系统适合布置在火灾危险性大的易燃易爆品仓库的是（　　）。

   A. 预作用系统　　B. 雨淋系统

   C. 水喷雾系统　　D. 水幕系统

3. 下列系统适合用于电气设备的灭火的是（　　）。

   A. 预作用系统　　B. 雨淋系统

   C. 水喷雾系统　　D. 水幕系统

4. 闭式喷头比开式喷头多了（　　）。

   A. 溅水盘　　B. 热敏元件释放机构

   C. 支架　　D. 喷口

5. 下列控制配件具有检验火灾真伪的作用的是（　　）。

   A. 水力警铃　　B. 压力开关

   C. 水流指示器　　D. 延迟器

6. 下列控制配件可以控制消防泵的开启的是（　　）。

   A. 水力警铃　　B. 压力开关

   C. 水流指示器　　D. 延迟器

六、画出以下几种自动喷水灭火平面布置对应的系统图（标清楚序号）。

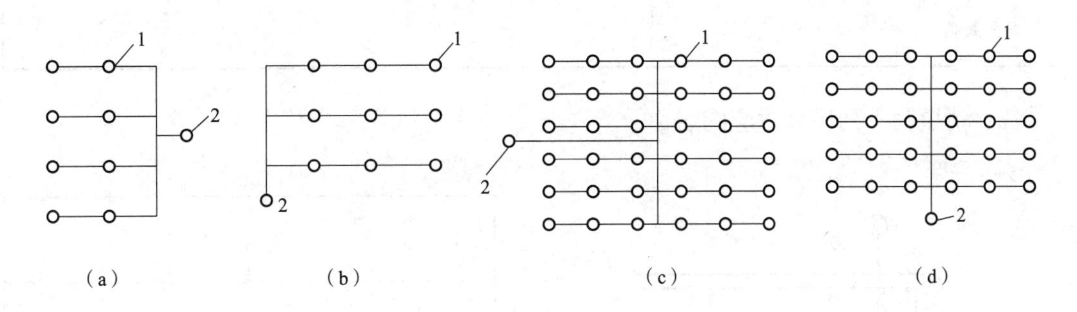

(a)	(b)
(c)	(d)

任务九　建筑排水系统概述

一、简答题。

1. 什么是建筑排水系统？（对象、原则、目的地）	2. 建筑排水系统分为哪几种类型？
3. 建筑排水系统有哪两种排水体制？	**4. 排水管道设置通气管的原因是什么？**

二、比较排水体制的特点并填写下表。

类型	环境保护	成本	维护管理	占用土地
合流制				
分流制				

三、请填写下列序号对应的名称。

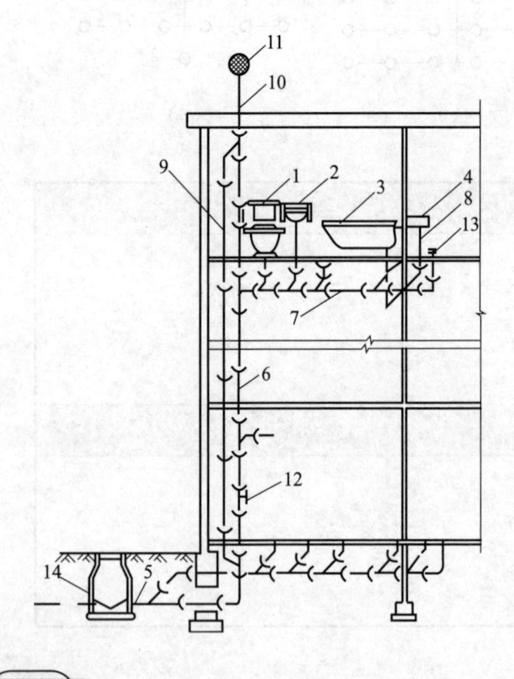

1		8	
2		9	
3		10	
4		11	
5		12	
6		13	
7		14	

任务十　建筑排水系统材料与设备

一、不定项选择题。

1. 下列管材既可以作为给水管材，又可以作为排水管材的是（　　）。

A. 钢管　　B. 塑料管

C. 混凝土管　　D. 铸铁管

2. 下列不是 UPVC 管道的优点的是（　　）。

A. 质量轻、装运方便　　B. 耐酸耐碱抗腐蚀性能好，产品使用寿命长

C. 管道韧性好，多采用热熔连接　　D. 施工简易，易于维护

3. 下列是 UPVC 管道的是（　　）。

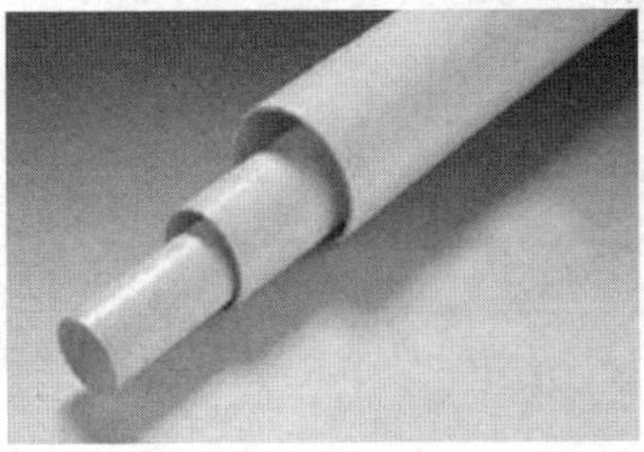

A. 　　B. 　　C.

4. 塑料排水管件和管道的连接方式通常为（　　）。

A. 螺纹连接　　B. 法兰连接

C. 承插连接　　D. 焊接

5. 下列是存水弯的作用的是（　　）。

A. 稳定管道压力　　B. 防止有害气体进入室内

C. 减少排水阻力　　D. 存水作用

6. 存水弯中的水封高度一般为（　　）mm。

A.30 ～ 50　　B.50 ～ 80

C.50 ～ 100　　D.80 ～ 100

7. 下列类型的卫生器具需要冲洗设备的是（　　）。

A. 便溺　　B. 盥洗

C. 洗涤　　D. 沐浴

8. 适合在学校、车站等人群密集场所使用的大便器具是（　　）。

A. 坐便器　　B. 蹲便器

C. 大便槽

9. 只适合用冲洗阀冲洗的便溺器具是（　　）。

A. 坐便器　　B. 蹲便器

C. 小便器　　D. 大便槽

10. 下列卫生器具不是住宅建筑卫生间中最基本的配置的是（　　）。

A. 洗脸盆　　　　　　　　　　　　B. 坐便器

C. 淋浴器　　　　　　　　　　　　D. 洗涤盆

二、填空题。

1. 存水弯的两种类型分别是____________和____________。

2. 存水弯中的水封高度一般为____________。

3. 铸铁排水管件和塑料排水管件承插连接的区别是____________。

4. 顺水三通和斜三通的区别____________。

5. 卫生器具按用途分为____________、____________、____________、____________。

6. 下图的接头处包含的两种连接方式分别是____________和____________。

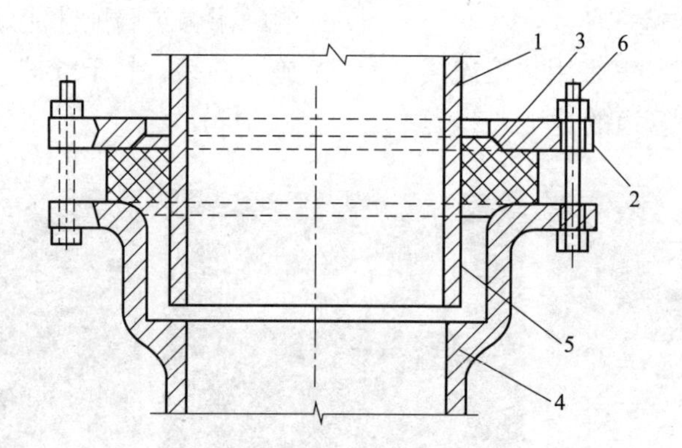

三、判断题。

1. 卫生器具布置的时候，应该沿着一面墙布置。（　　）

2. 排水量大的卫生器具，应该远离排水立管布置。（　　）

3. 装有延时自闭冲洗阀的管道应比计算管径小一号。（　　）

4. 若卫生间或厨房相邻，应在相邻的墙两侧布置卫生器具。（　　）

四、请写出下列排水管件的名字。

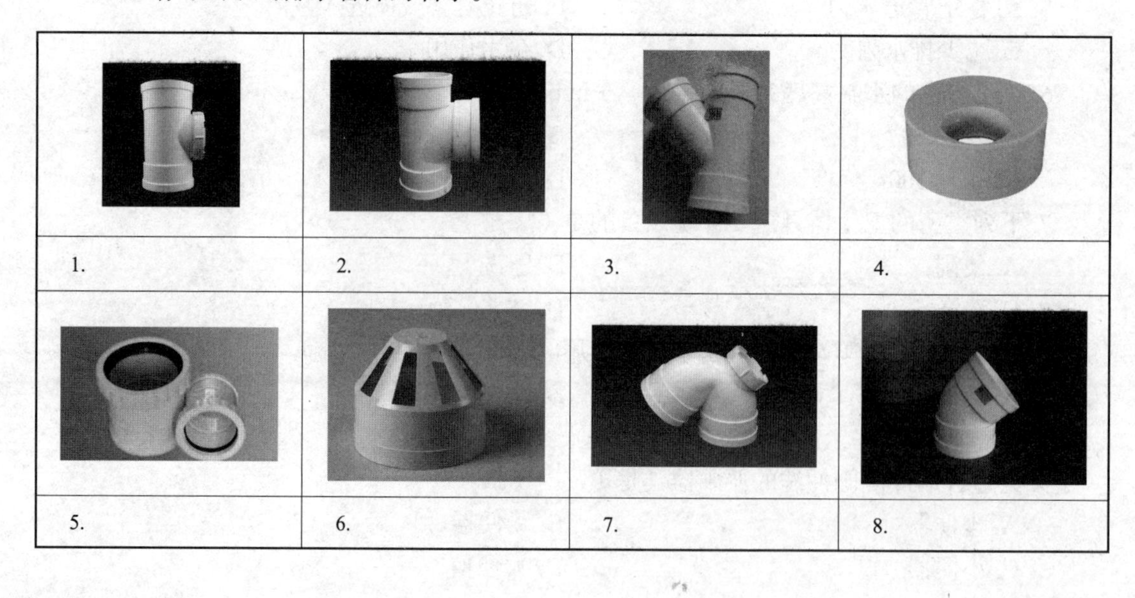

五、给下列卫生间配置坐便器、洗脸盆、淋浴器 3 种卫生器具，请放置在合适的位置。

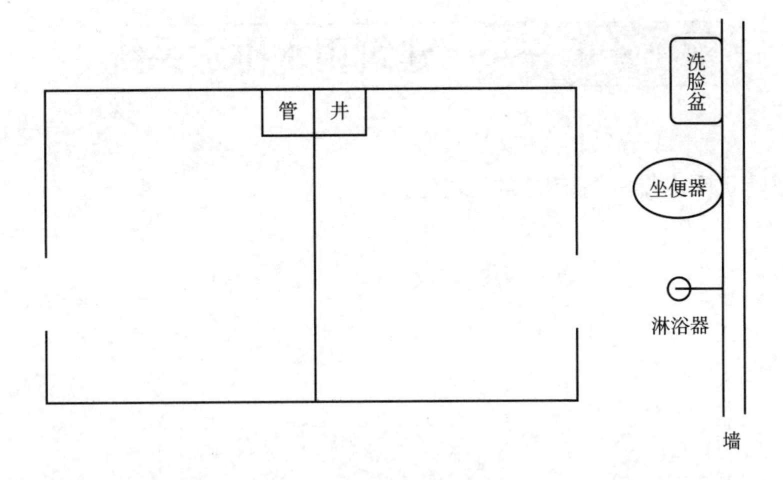

六、请写出对应下列 4 种类型的卫生器具名称。

卫生器具			
便溺器具	盥洗器具	沐浴器具	洗涤器具

任务十一　建筑雨水排水系统

一、完成建筑雨水排水系统的类型划分。

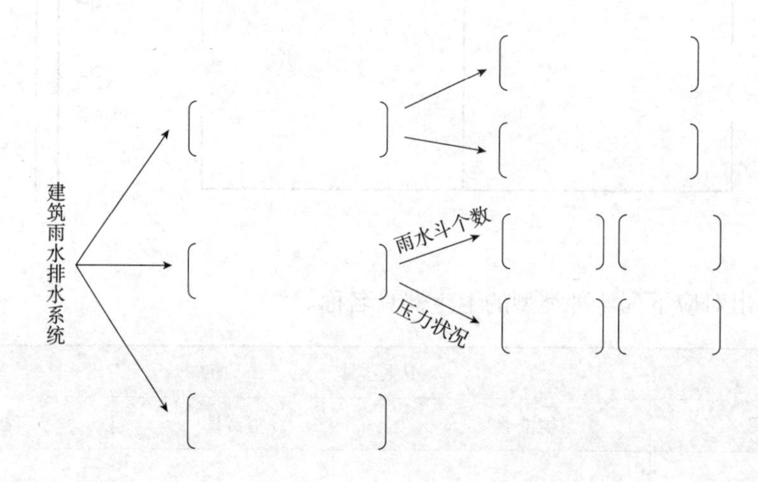

二、写出下图中各部位的名称。

A	
B	
C	
D	
E	

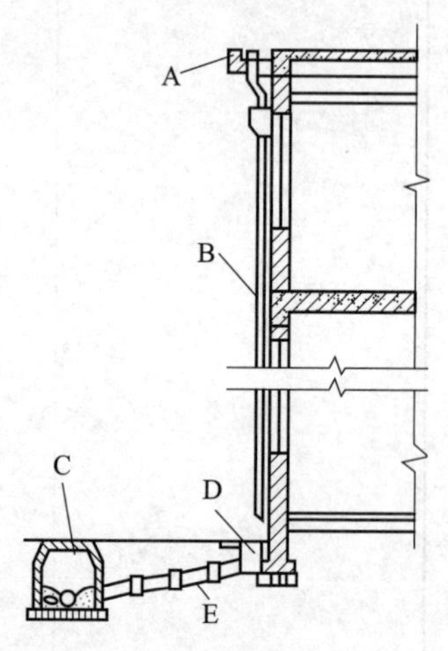

三、请画出下面檐沟排水和天沟排水的屋面雨水流动方向。

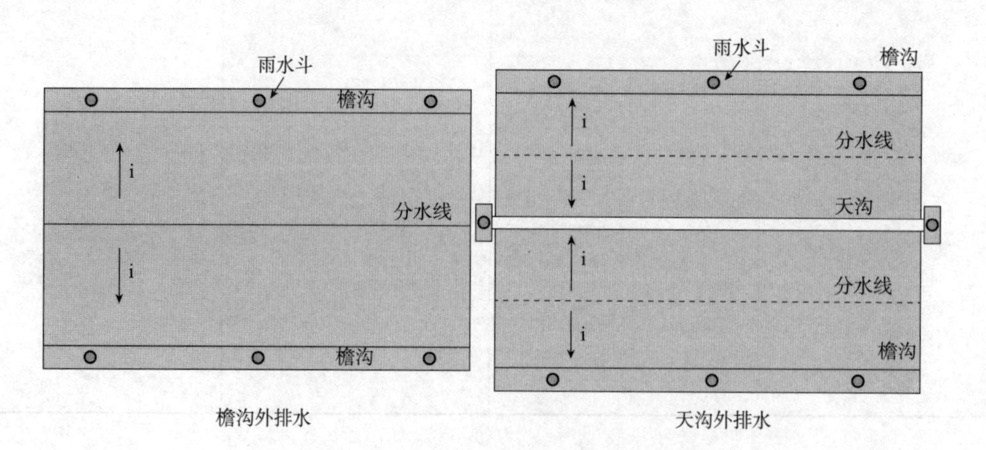

檐沟外排水　　天沟外排水

四、识读下面雨水内排水系统剖面图、平面图并回答问题。

1. 请写出下列各部分的名称。

①	②	③	④	⑤	⑥

2. 方框 A 和 B 内分别是雨水内排水系统的（　　）系统和（　　）系统。它们有哪些区别?

____

____

____

____

____

____

3. 上图中的 4 个雨水斗，分别是图中的哪几个？写出其对应的编号。

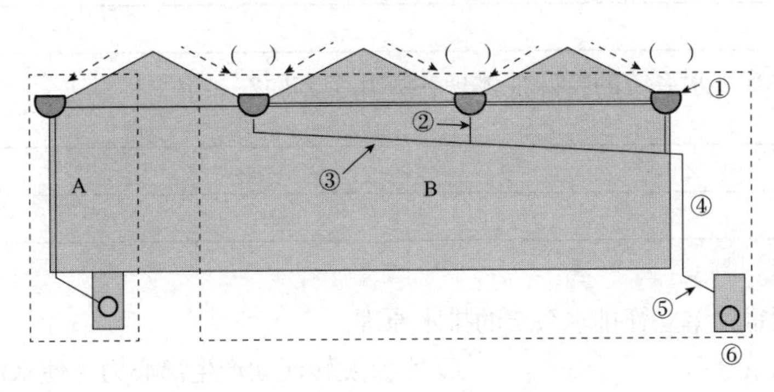

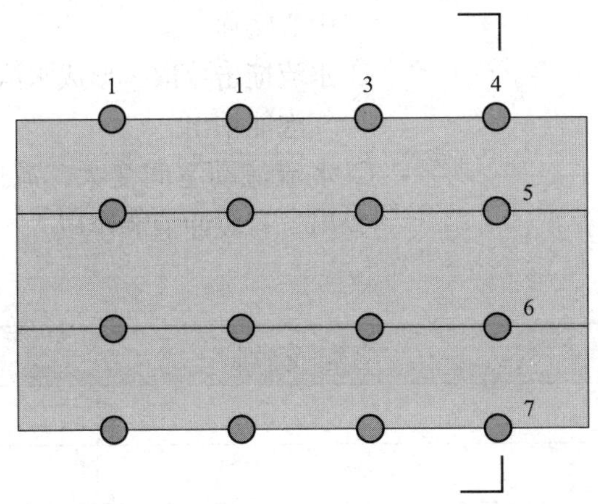

任务十二　高层建筑排水系统

一、简答题。

1. 高层建筑排水有哪些特点？

2. 高层建筑排水立管上最大负压处和最大正压处分别在什么位置？你觉得原因是什么？

3. 为什么高层建筑不用传统的通气管道系统解决气流不通畅问题，而倾向于使用特殊单立管排水系统？

4. 特殊单立管排水系统的特殊性体现在哪几个方面？

二、连线题。

请选择下列每种单立管排水系统的排水原理。

苏维托排水系统○　　○ 水流旋转流动产生离心力，使水流贴附管壁，管中心畅通

旋流排水系统○　　○ 水流撞击分散，形成水沫，相对密度变小，利于气泡能拍出

芯型排水系统○　　○ 水流流动空间变大，流速变缓，有利于气泡排出，有缓冲消能作用

三、填表题。

排水系统	上部特殊配件	下部特殊配件
苏维托排水系统		
旋流排水系统		
芯型排水系统		

任务十三　建筑给水排水系统施工图识读

一、该住宅建筑西单元东户的给水系统有几条引入管？排水系统有几条排出管？它们的编号分别是什么？它们分别管辖了哪些立管？又分别服务于哪些房间和哪些卫生器具？请仔细识读底层给水排水平面图、1～6层给水排水平面图、卫生间、厨房大样图，填写下表。

<table>
<tr><td rowspan="6">西单元东户</td><td rowspan="3">给水系统</td><td>引入管编号</td><td>引入管直径</td><td>承接干管直径</td><td>管辖立管编号</td><td>管辖立管直径</td><td>立管服务房间</td><td>立管服务卫生器具</td></tr>
<tr><td rowspan="2"></td><td rowspan="2"></td><td></td><td></td><td></td><td></td><td></td></tr>
<tr><td></td><td></td><td></td><td></td><td></td></tr>
<tr><td rowspan="3">排水系统</td><td>排出管编号</td><td>排出管直径</td><td>管辖立管编号</td><td>管辖立管直径</td><td>立管服务房间</td><td>立管服务卫生器具</td><td></td></tr>
<tr><td></td><td></td><td></td><td></td><td></td><td></td><td></td></tr>
<tr><td></td><td></td><td></td><td></td><td></td><td></td><td></td></tr>
</table>

二、仔细识读底层给水排水平面图、1～6层给水排水平面图、卫生间、厨房大样图，按要求绘制相应的管道系统图。

<table>
<tr><td rowspan="2">西单元东户</td><td>给水系统：引入管、干管、立管（只画一段，用波浪线打断），并标出管道编号</td><td></td></tr>
<tr><td>排水系统：立管（只画一段，用波浪线打断）、排出管，并标出管道编号</td><td></td></tr>
</table>

三、仔细识读西户厨房给水排水大样图，并回答以下问题。

1. 西户厨房给水排水大样图中，洗涤盆的给水横支管直径为______，排水横支管直径为______。

2. 请根据西户厨房给水排水大样图中的平面图分别绘制给水和排水系统图（注意：只绘制立管、横支管，立管只画一小段，上下用波浪线打断，给水横支管上需要标出阀门，给水排水系统图均需要标出卫生器具、管径、立管编号）。

<table>
<tr><td rowspan="2">西户厨房给水排水大样图（局部）</td><td colspan="2">系统图</td></tr>
<tr><td>给水</td><td>排水</td></tr>
<tr><td>De20 De25 JL1 PL1</td><td></td><td></td></tr>
</table>

四、仔细识读东户卫3、卫4给水排水大样图所示的卫生间大样图，回答下列问题。

1. 洗脸盆的给水横支管管径为（　　）。

A. $De16$　　B. $De20$

C. $De25$　　D. $De50$

2. 坐便器的给水横支管管径为（　　）。

A. $De16$　　B. $De20$

C. $De25$　　D. $De50$

3. 淋浴器的给水横支管管径为（　　）。

A. $De16$　　B. $De20$

C. $De25$　　D. $De50$

4. 洗脸盆的排水横支管管径为（　　）。

A. *De*25　　B. *De*50

C. *De*75　　D. *De*110

5. 坐便器的排水横支管管径为（　　）。

A. *De*25　　B. *De*50

C. *De*75　　D. *De*110

6. 淋浴器的排水横支管管径为（　　）。

A. *De*25　　B. *De*50

C. *De*75　　D. *De*110

7. 根据东户卫 3、卫 4 给水排水大样图中的平面图分别绘制给水和排水系统图（注意：只绘制立管、横支管，立管只画一小段，上下用波浪线打断，给水横支管上需要标出阀门，给水排水系统图均需要标出卫生器具、管径、立管编号）。

东户卫 3、卫 4 给水排水大样图	系统图	
	给水	排水
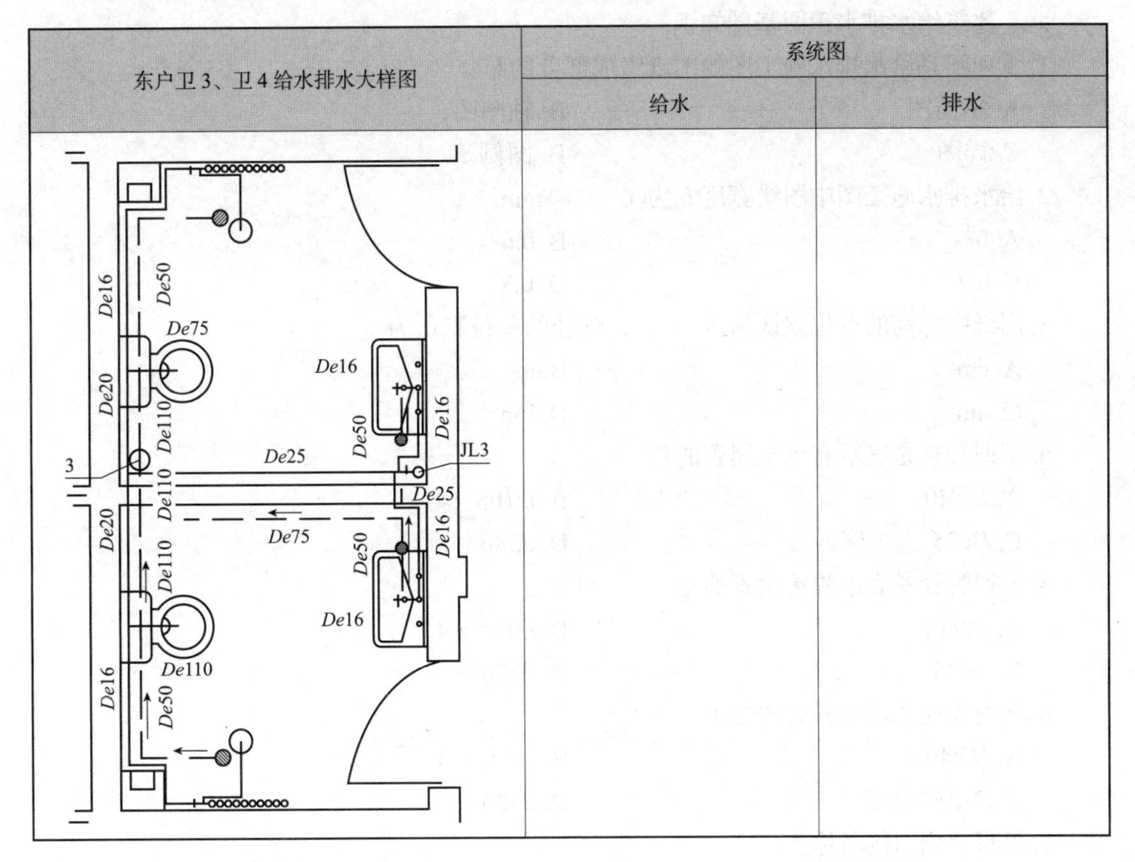		

五、仔细识读给水排水系统图，回答下列问题。

1. 该建筑的层高为（　　）m。

A. 2.7　　B. 2.8

C. 2.9　　D. 3.0

2. 向西户厨房供水的给水横支管从给水立管的（　　）处接出。

A. 每层地面以上 0.35 m　　B. 每层地面以上 0.25 m

C. 每层地面以下 0.35 m　　D. 每层地面以下 0.25 m

3. 从西户厨房排水的排水横支管从排水立管的（　　）处接出。

A. 每层地面以上 0.35 m　　B. 每层地面以上 0.25 m

C. 每层地面以下 0.35 m　　D. 每层地面以下 0.25 m

4. 西户厨房洗涤盆给水龙头的安装高度距地面______m，洗涤盆下方的地漏低于地面______m；卫生间 1 和 2 中的洗脸盆龙头距地面高度为______m，淋浴器开关和喷头距地面的高度分别为______m 和______m。

5. 下列不是辨别给水和排水系统图的有效办法的是（　　）。

A. 通过识别管道编号　　B. 通过辨别管道上卫生器具的图例符号

C. 通过辨别立管是否有通气帽　　D. 通过管道线型判断

6. 在图纸中将管道的某些部位打断的原因有（　　）。

A. 整个图幅的整洁美观　　B. 不遮挡某些管道

C. 读图更加清楚　　D. 绘图更容易

六、建筑给水排水识图基础知识。

1. 下列不是给水排水施工图的图纸组成部分的是（　　）。

A. 平面图　　B. 轴测图

C. 详图　　D. 图例

2. 给水排水施工图中图线宽度 b 为（　　）mm。

A. 0.5　　B. 0.6

C. 0.7　　D. 0.8

3. 图纸中标高的单位默认为（　　），管径的单位默认为（　　）。

A. cm　　B. m

C. mm　　D. km

4. 下列管径是表示有色金属管的是（　　）。

A. $DN40$　　B. $D108\times4$

C. $De25$　　D. $d380$

5. 下列管径是表示焊接钢管的是（　　）。

A. $DN40$　　B. $D108\times4$

C. $De25$　　D. $d380$

6. 下列管径表示塑料管的是（　　）。

A. $DN40$　　B. $D108\times4$

C. $De25$　　D. $d380$

7. 填写下列图例名称。

WL-　WL-							

任务十四　钢管加工与连接

一、实训目的。

通过实训，学生了解钢管加工和连接的基本知识，熟悉钢管加工、连接的常用工具及其使用方法，初步掌握钢管加工和连接的基本技能，能达到独立操作、产品质量合格的水平。

二、实训任务。

下图所示为自动喷水灭火系统供水管道系统图（局部模型），请根据图中标出的各管段直径及管段长度，选择并加工管道，根据各节点连接方式，选择合适的管件进行连接。

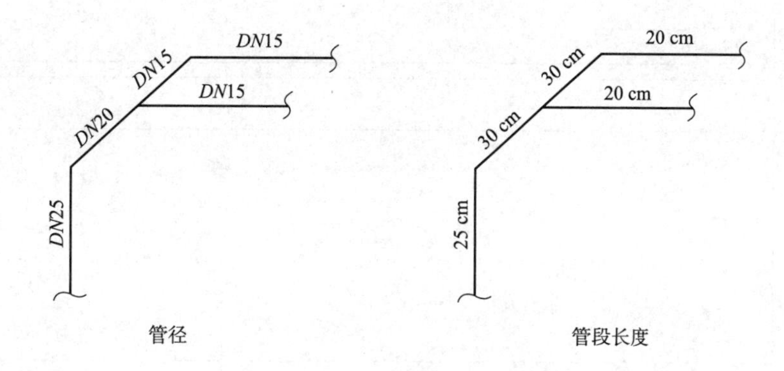

三、实训指导。

1. 钢管手工割断。

方法：（1）应将刀片对准线迹并垂直于管子轴线。

（2）每旋转一次进刀量不宜过大，以免管口明显缩小，或刀片损坏。

（3）切断的管子铣去缩小管口的内凹边缘。

（4）每进刀（挤压）一次绕管子旋转一次，如此不断加深沟痕。

要求：（1）掌握管子割刀的构造规格、使用方法。

（2）掌握割断钢管的工作原理及正确的操作方法。

（3）割断时，切口断面整齐。

2. 钢管手动攻螺纹。

方法：（1）攻螺纹时应在板牙上加少量机油，以便润滑及降温。

（2）为保证螺纹质量和避免损坏板牙，不应用大进刀量的办法减少攻螺纹次数。

要求：（1）螺纹表面应光洁、无裂纹，但允许微有毛刺。

（2）螺纹的工作长度允许短 15%，不应超长。

（3）螺纹断缺总长度不得超过规定长的 10%，各断缺处不得连贯。

（4）螺纹高度减低量不得超过 15%。

3. 钢管的螺纹连接。

方法：（1）连接时选择适合管径规格的管钳拧紧管件（阀件）。

（2）操作用力要均匀，只准进不准退，上紧后，管件（阀件）处应露 2 扣螺纹。

（3）将残留的填料清理干净。

要求：（1）掌握普通管钳的规格和使用方法。

（2）认识常用管件及钢管螺纹连接的操作方法。

（3）连接紧密。

四、实训成果及评价。

<table>
<tr><th>项目名称</th><th>钢管的加工与连接</th></tr>
<tr><td>学习目标</td><td>认识钢管并了解其优缺点，适用场合，选择方法；识别钢管管件，辨别管件类型，熟悉管件名称及作用，了解管件规格</td></tr>
<tr><td>学习准备</td><td>1. 参考资料：《建筑设备》《建筑给水排水工程》教材、互联网资源。
2. 分组安排：
组别：________
组员：________________________________</td></tr>
<tr><td>组员分工</td><td></td></tr>
<tr><td>成果拍照</td><td></td></tr>
<tr><td>学生自评</td><td>（1）通过本次学习，我学到的知识点 / 技能点：
________________________________。
不理解的：
________________________________。
（2）我认为在以下方面还需要深化学习并提升岗位能力：
________________________________。
（3）本次工作和学习过程中，我的表现可得到：
非常好 □　　好 □　　不好 □</td></tr>
<tr><td>小组互评</td><td>
<table>
<tr><th rowspan="2">姓名</th><th colspan="5">测评项目</th><th colspan="3">综合评定</th></tr>
<tr><th>按时到场</th><th>书本笔齐全</th><th>责任心强</th><th>积极主动</th><th>帮助他人</th><th>非常好</th><th>好</th><th>不好</th></tr>
<tr><td></td><td></td><td></td><td></td><td></td><td></td><td></td><td></td><td></td></tr>
<tr><td></td><td></td><td></td><td></td><td></td><td></td><td></td><td></td><td></td></tr>
<tr><td></td><td></td><td></td><td></td><td></td><td></td><td></td><td></td><td></td></tr>
<tr><td></td><td></td><td></td><td></td><td></td><td></td><td></td><td></td><td></td></tr>
<tr><td></td><td></td><td></td><td></td><td></td><td></td><td></td><td></td><td></td></tr>
</table>
</td></tr>
</table>

任务十五　PP–R 塑料管加工与连接

一、实训目的。

PP-R（聚丙烯）管常用的连接方式为热熔承插连接。该连接方法是将管材外表面和管件内表面同时无旋转地插入熔接器的模头中加热数秒，然后迅速撤去熔接器，把已加热的管子快速地垂直插入管件。一般用于 4 in（英寸，1 in≈2.54 cm）以下小口径塑料管道的连接。

通过实训使学生掌握 PP-R 管道连接的施工工艺和主要质量控制要点，掌握热熔连接的操作技能，了解一些安全、环保的基础知识，并通过实训操作掌握 PP-R 管道连接施工工具的操作要领。

二、实训任务。

下图所示为某建筑给水系统图（模型）。请根据图中标出的各管段直径及管段长度，选择并加工管道，根据各节点连接方式，选择合适的管件进行连接。

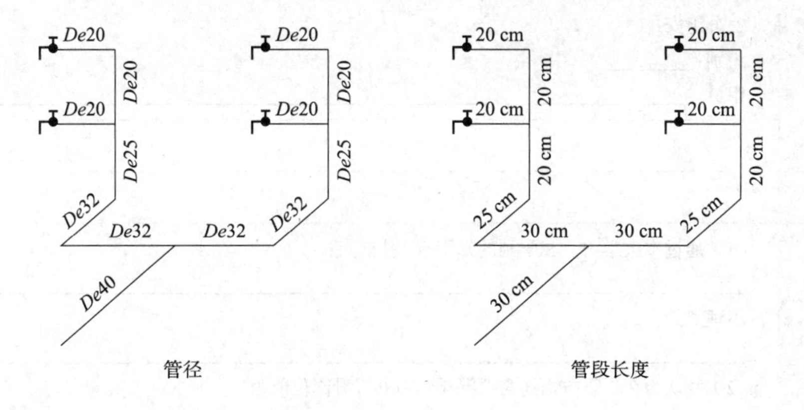

三、实训指导。

1. 注意事项

（1）管道连接前，应对管材和管件及附属设备按设计要求进行核对，并应在施工现场进行外观检查，符合要求方可使用。检查项目包括耐压等级、外表面质量、材质一致性等。

（2）应根据不同的接口形式采用相应的专用加热工具，不得使用明火加热管材和管件。

（3）采用热熔连接的管道，宜采用同种牌号材质的管材和管件，对于性能相似的必须先经过试验，合格后方可进行。

（4）在寒冷气候（–5 ℃以下）和大风环境条件下进行连接时，应采取保护措施或调整连接工艺。

（5）管材和管件应在施工现场放置一定时间后再连接，以使管材和管件温度一致。

（6）管道连接时管端应洁净，每次收工时管口应临时封堵，防止杂物进入管内。

（7）管道连接后应进行外观检查，不合格者应立即返工。

2. 安装流程

检查→切管→清理接头部位及画线→加热→撤熔接器→找正→管件套入管子并校正→

保压、冷却。

（1）检查、切管、清理接头部位及画线的要求和操作方法与 PVC.-U 管道粘接类似，但要求管子外径大于管件内径，以保证熔接后形成合适的凸缘。画线时应画在插口端（管道）上，不应画在承口端（管件）上。

（2）加热时将管材外表面和管件内表面同时无旋转插入熔接器的模头（模头需预热到设定温度），加热数秒，加热温度为 260 ℃，加热时间严格按照管径和熔接深度查表确定。

（3）插接时应快速找正方向，将管件套入管端至画线位置，套入过程中若发现歪斜应及时校正。校正时可利用管材上所印的线条和管件两端面上成十字形的 4 条刻线作为参考。

（4）在冷却过程中，不得移动管材或管件，完全冷却后才可进行下一个接头的连接操作。

四、实训成果及评价。

<table>
<tr><td>项目名称</td><td colspan="8">PP-R 塑料管加工与连接</td></tr>
<tr><td>学习目标</td><td colspan="8">认识生活中的 PP-R 塑料管，了解其优缺点，适用场合，选择方法；识别 PP-R 塑料管管件，辨别管件类型，熟悉管件名称及作用，了解管件规格</td></tr>
<tr><td>学习准备</td><td colspan="8">1. 参考资料：《建筑设备》《建筑给水排水工程》教材、互联网资源。
2. 分组安排：
组别：________
组员：____________________</td></tr>
<tr><td>组员分工</td><td colspan="8"></td></tr>
<tr><td>成果拍照</td><td colspan="8"></td></tr>
<tr><td>学生自评</td><td colspan="8">（1）通过本次学习，我学到的知识点 / 技能点：
____________________。
不理解的：
____________________。
（2）我认为在以下方面还需要深化学习并提升岗位能力：
____________________。
（3）本次工作和学习过程中，我的表现可得到：
非常好 □　　好 □　　不好 □</td></tr>
<tr><td rowspan="7">小组互评</td><td rowspan="2">姓名</td><td colspan="5">测评项目</td><td colspan="3">综合评定</td></tr>
<tr><td>按时到场</td><td>书本笔齐全</td><td>责任心强</td><td>积极主动</td><td>帮助他人</td><td>非常好</td><td>好</td><td>不好</td></tr>
<tr><td></td><td></td><td></td><td></td><td></td><td></td><td></td><td></td><td></td></tr>
<tr><td></td><td></td><td></td><td></td><td></td><td></td><td></td><td></td><td></td></tr>
<tr><td></td><td></td><td></td><td></td><td></td><td></td><td></td><td></td><td></td></tr>
<tr><td></td><td></td><td></td><td></td><td></td><td></td><td></td><td></td><td></td></tr>
<tr><td></td><td></td><td></td><td></td><td></td><td></td><td></td><td></td><td></td></tr>
</table>

任务十六　PVC–U 塑料管加工与连接

一、实训目的。

粘接适用于管外径小于 160 mm 的塑料管道，PVC-U、ABS 管均可采用粘接的方法。本实训目的是使学生掌握 PVC-U 管道粘接的施工工艺和操作要点，掌握粘接的具体步骤、注意事项并了解一些安全、环保的基础知识。通过实践操作，学生对建筑给水和排水管材及其连接方法的不同有更加直观的认识。

二、实训任务。

下图所示为某卫生间排水管道系统图（局部模型），请根据图中标出的各管段直径及管段长度，选择并加工管道，根据各节点连接方式，选择合适的管件进行连接。

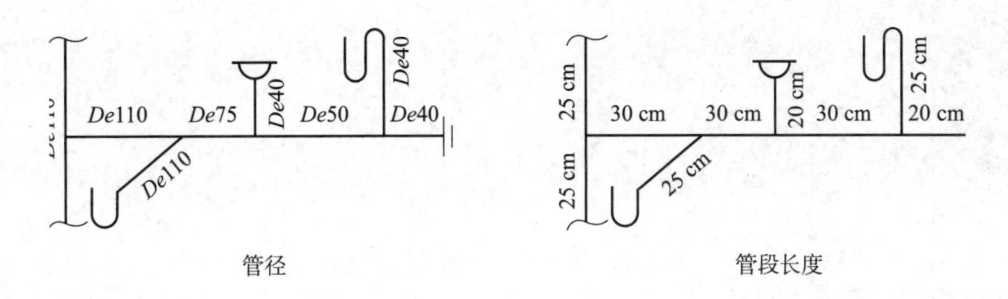

三、实训指导。

1. 注意事项

管道粘接不宜在湿度大于 80%，温度低于 –20 ℃以下的环境下进行；操作场所应通风良好并远离火源 20 m 以上，操作者应戴好口罩、手套等必要的防护用品；当施工现场与材料存放处温差较大时，应于安装前将管材和管件在现场放置一定时间，使其温度接近施工现场环境温度。

2. 安装流程

检查管材管件→切断→清理→做标记→涂胶→插接→静置固化。

（1）检查管材和管件的外观与接口配合的公差，要求承口与插口的配合间隙为 0.005 ～ 0.010 mm（单边）。

（2）用割刀按需要的长度切下管子，切割时应使断面与管子中心线垂直。

（3）用干布、清洁剂和砂纸等清除待粘接表面的水、尘埃、油脂类、增塑剂、脱模剂等影响粘接质量的物质，并适当使表面粗糙些。

（4）在管子外表面按规定的插入深度做好标记。

（5）涂抹胶粘剂时先涂承口再涂插口，涂抹承口时应由里向外，胶粘剂涂抹应均匀、适量，涂抹后 20 s 内完成粘接，否则，若胶粘剂出现干涸，必须清除掉后重新涂抹。

（6）将插口快速插入承口直至所做标记处，插接过程中应稍作旋转，粘接完毕即刻用布将结合处多余的胶粘剂擦拭干净。

（7）粘接好的接头应避免受力，须静置固化一定时间，待接头牢固后方可继续安装。

四、实训成果及评价。

项目名称	PVC-U 塑料管加工与连接
学习目标	认识生活中的 PVC-U 塑料管，了解其优缺点，适用场合，选择方法；识别 PVC-U 塑料管管件，辨别管件类型，熟悉管件名称及作用，了解管件规格
学习准备	1. 参考资料：《建筑设备》《建筑给水排水工程》教材、互联网资源。 2. 分组安排： 组别：________ 组员：________________________________
组员分工	
成果拍照	
学生自评	（1）通过本次学习，我学到的知识点 / 技能点： ________________________________。 不理解的： ________________________________。 （2）我认为在以下方面还需要深化学习并提升岗位能力： ________________________________。 （3）本次工作和学习过程中，我的表现可得到： 非常好 □　　好 □　　不好 □
小组互评	（见下表）

小组互评：

姓名	测评项目					综合评定		
	按时到场	书本笔齐全	责任心强	积极主动	帮助他人	非常好	好	不好

模块二　建筑采暖系统

任务一　建筑采暖系统概述

一、请填写下图采暖系统各组成部分的名称，并简单描述该系统的运行过程。

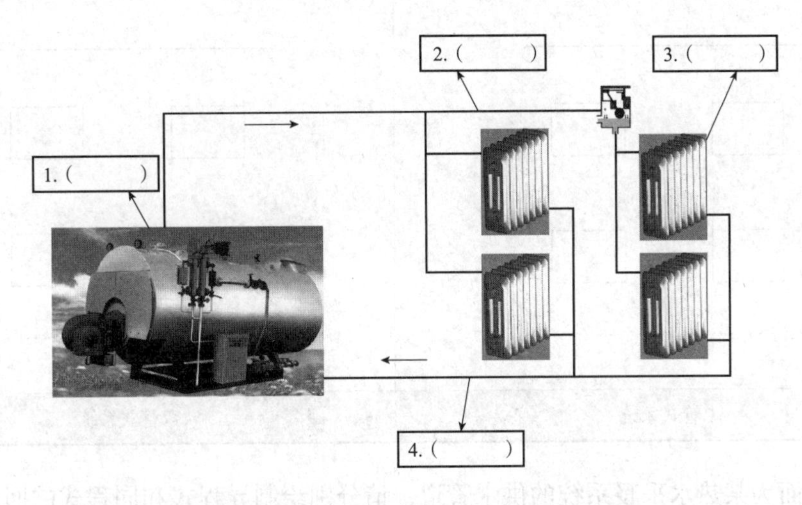

二、请对比热水采暖系统与蒸汽采暖系统，完成下表的填写。

名称	热水采暖系统	蒸汽采暖系统
供水原理图	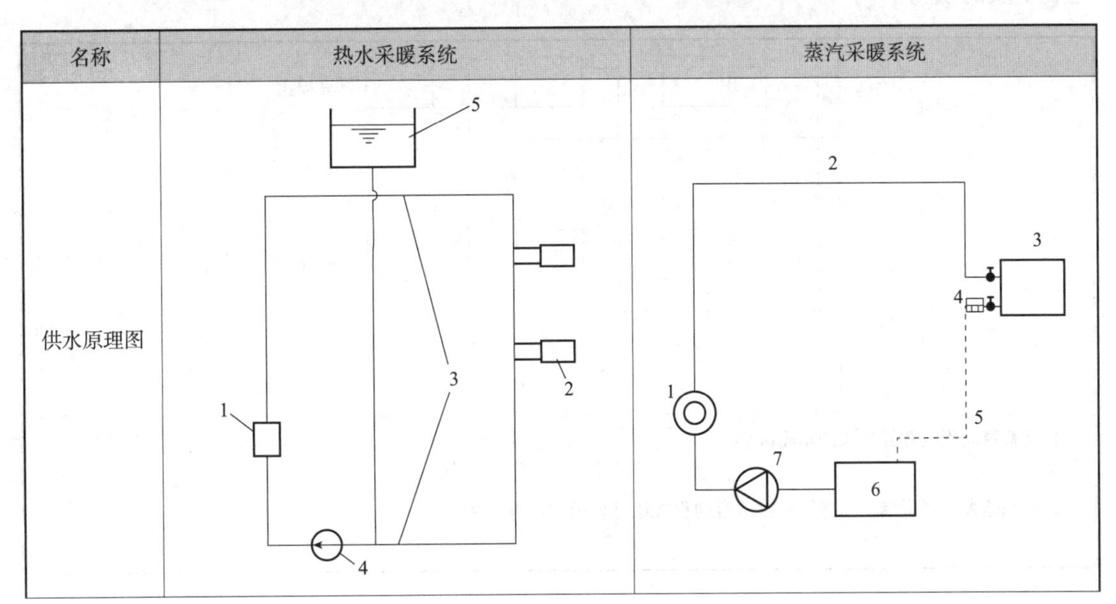	

续表

名称	热水采暖系统	蒸汽采暖系统
工作过程		
优 / 缺点		
适用场合		
区别		

三、请在下面的采暖系统图中将缺少的立管和支管补充完整。

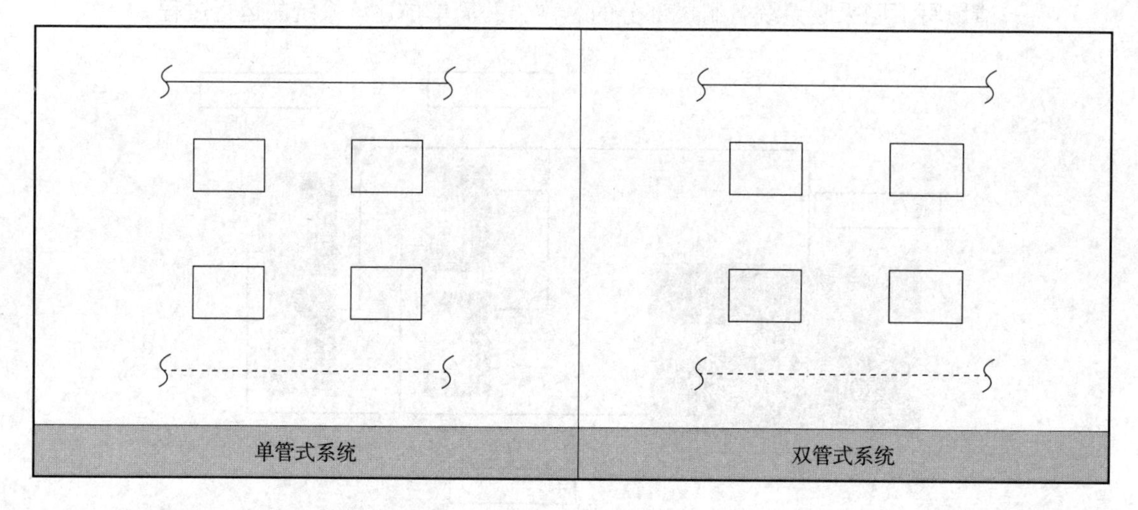

四、下面为某热水采暖系统的供水管道，请分别绘制异程式和同程式的回水管道，并完成下表的填写。

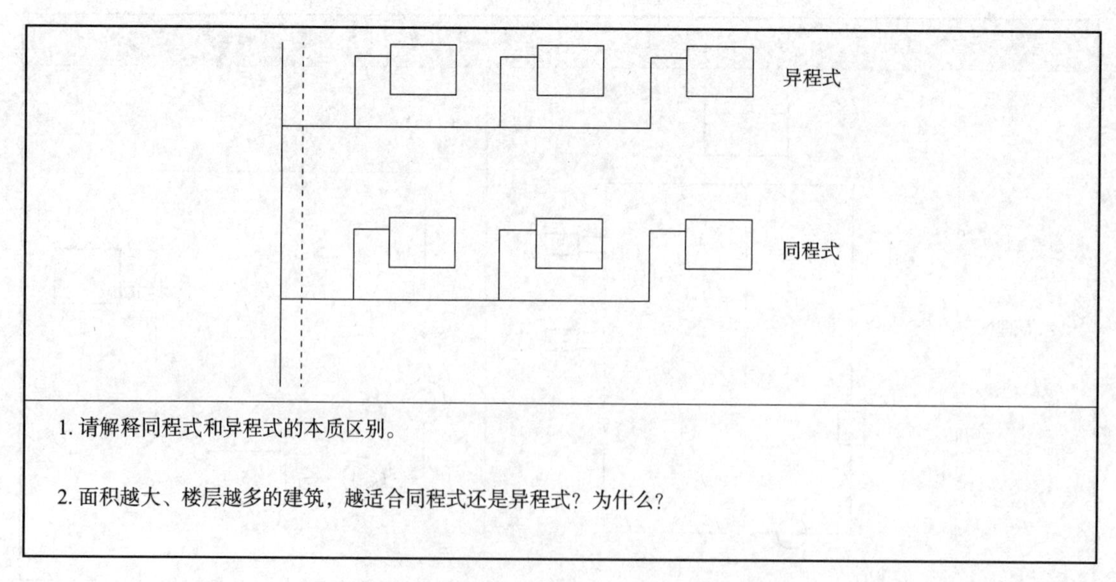

1. 请解释同程式和异程式的本质区别。

2. 面积越大、楼层越多的建筑，越适合同程式还是异程式？为什么？

任务二　散热器热水采暖系统

一、识读下面的自然循环热水采暖系统供暖原理图，并回答问题。

1. 请在图中用不同的颜色分别画出供水管道和回水管道。并用坡度箭头表示出供水管道和回水管道的坡度方向。请解释为什么设置这样的坡度。

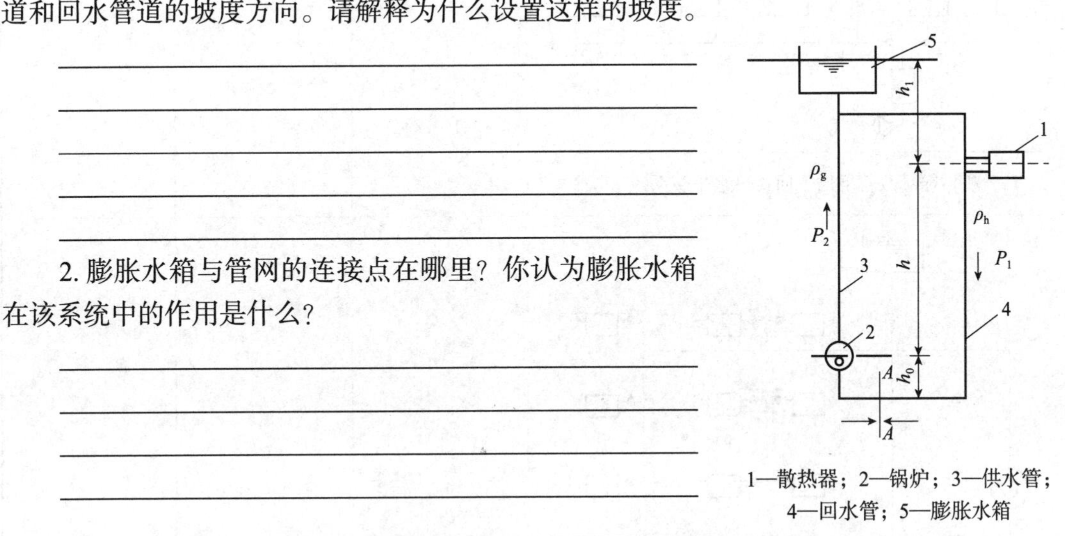

1—散热器；2—锅炉；3—供水管；4—回水管；5—膨胀水箱

2. 膨胀水箱与管网的连接点在哪里？你认为膨胀水箱在该系统中的作用是什么？

二、识读下面的机械循环上供下回热水采暖系统原理图，并回答问题。

1. 请描述该系统的采暖过程，并解释该系统的循环动力来自哪里？图中用虚线圆圈圈出的装置是什么？有什么作用？

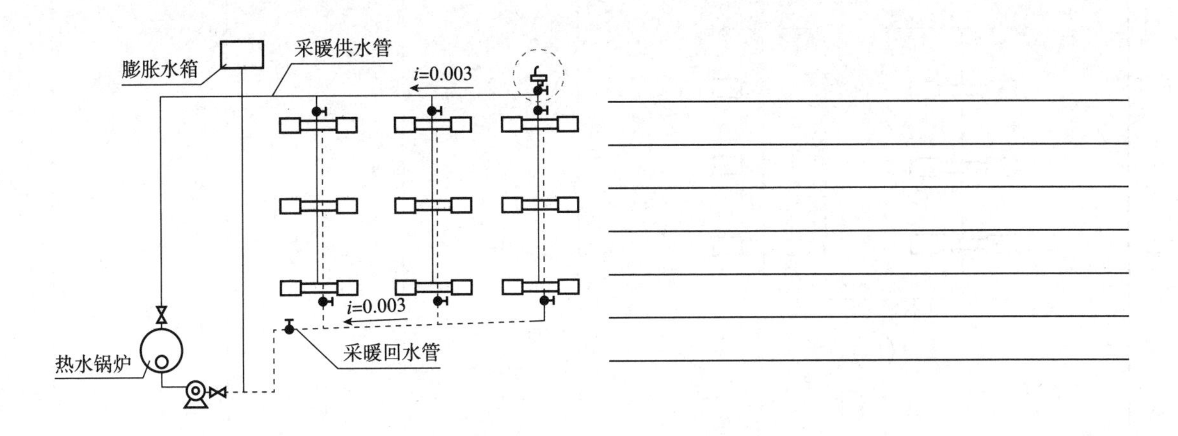

2. 看图并解释该系统的供水干管设置了怎样的坡度？（请描述哪边低哪边高，或者水向高 / 低处流）。请说出设置这样坡度的原因。

3. 请解释该系统中膨胀水箱与管网的连接位置在哪儿？为什么和自然循环系统不同？膨胀水箱在该系统中有哪些作用？

三、请完成下表的填写。

系统原理图	运行过程	优点	缺点
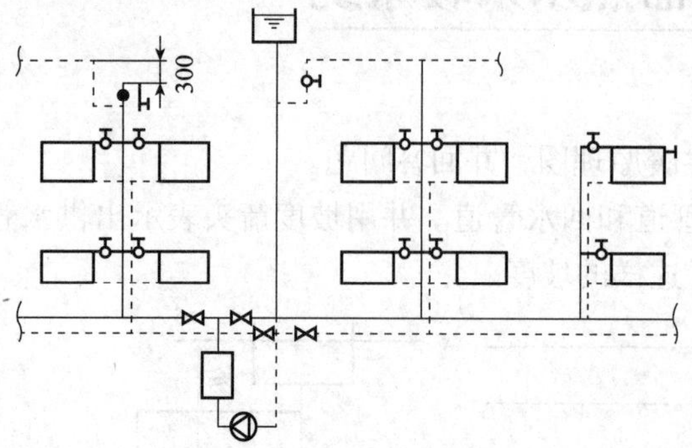 机械循环双管下供下回式热水采暖系统			
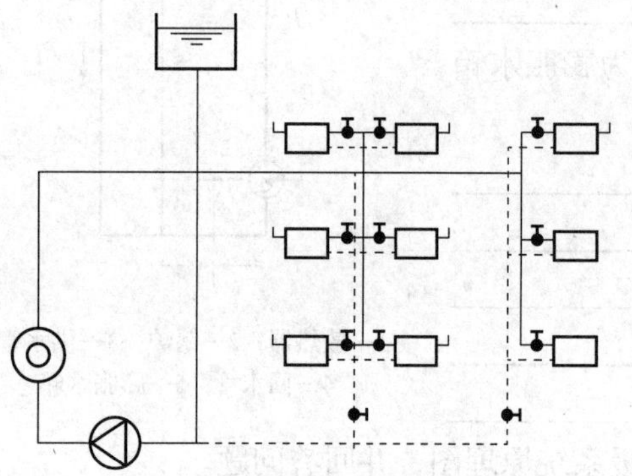 机械循环中供式热水采暖系统			
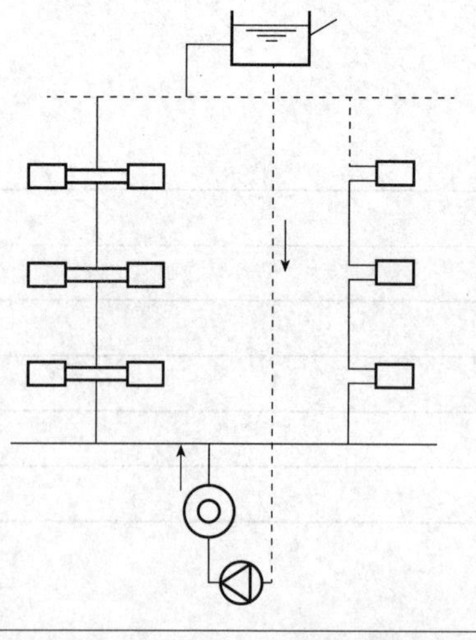 机械循环下供上回式（倒流式）采暖系统			

任务三　散热器蒸汽采暖系统

一、识读下面的低压蒸汽采暖系统原理图，并回答问题。

1. 请详细描述该蒸汽采暖系统的供暖过程。

2. 该采暖系统的循环动力是由泵提供的吗？为什么？

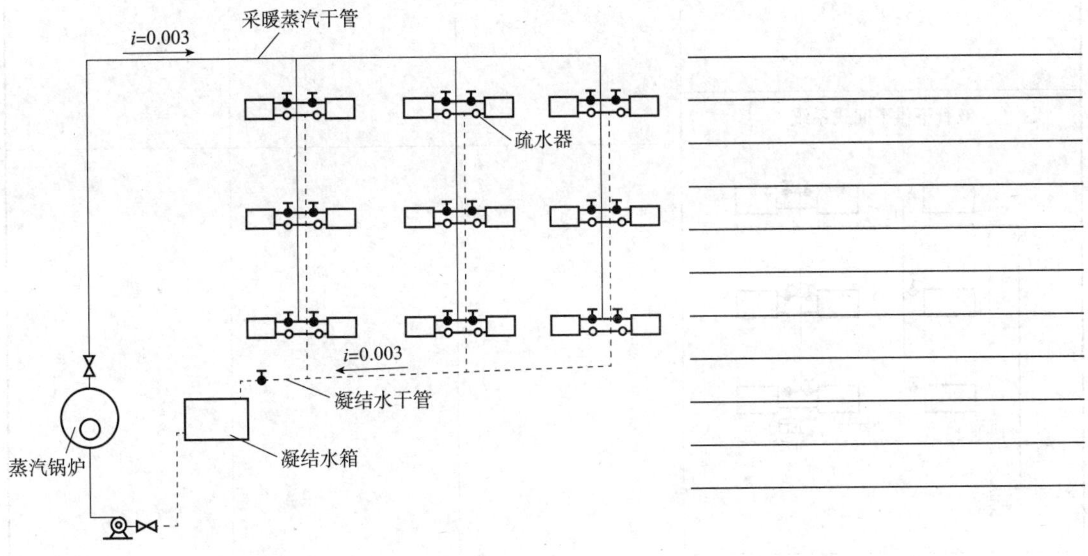

双管上供下回式蒸汽采暖系统

3. 该采暖系统供汽干管设置了怎样的坡度（描述蒸汽沿管道向上 / 下运行）？设置这种坡度的原因是什么？与自然循环热水采暖、机械循环上供下回热水采暖的供水干管坡度进行比较，填写下表。

名称	自然循环热水采暖	机械循环上供下回热水采暖	上供下回式蒸汽采暖
管道坡度示意图	坡度箭头 水流方向		
设置坡度的原因			

4. 该系统为什么将热水采暖系统中的膨胀水箱换成凝结水箱？凝结水箱发挥了什么样的作用？该系统为单管式还是双管式？你觉得哪种采暖效果更好？

二、请完成下表的填写。

系统原理图	运行过程	优点	缺点
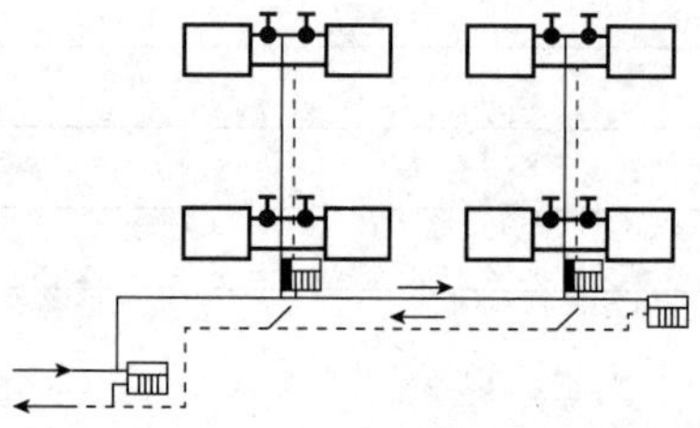 双管下供下回式系统			
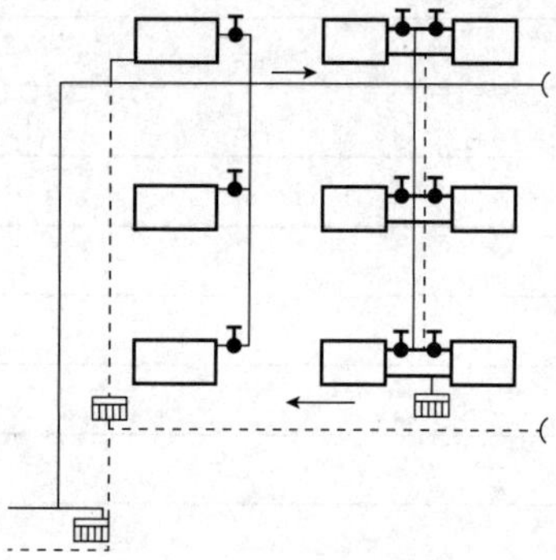 双管中供式系统			
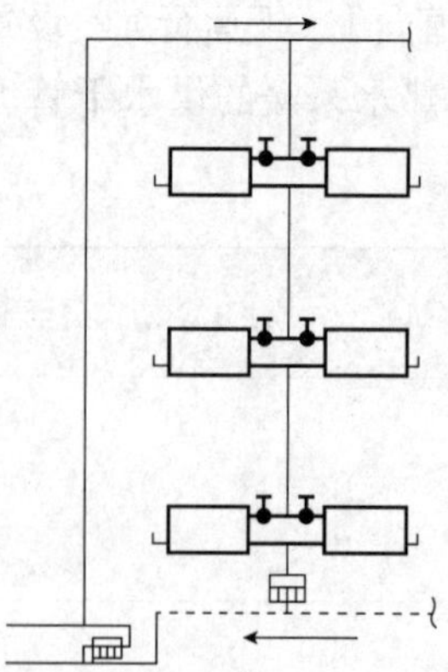 单管上供下回式系统			

三、下图为高压蒸汽采暖供水原理图，看图并回答问题。

1. 图中用虚线方框圈出的装置是什么？有什么作用？

2. 图中“5—补偿器”的作用是什么？

1—室外蒸汽管；2、3—室内高压蒸汽供热管道；4—减压装置；5—补偿器；
6—疏水器 7—冷水管；8—热水管；9—凝水管；10—凝结水箱；11—凝水泵

3. 该采暖系统的凝结水最终汇集进入一个设备，如图中虚线圆圈圈出的部分。请说出该设备发挥了什么样的作用？

4. 你认为高压蒸汽采暖与低压蒸汽采暖有什么区别？最大的不同是什么？

任务四　热水采暖与蒸汽采暖比较

一、比较热水采暖系统与蒸汽采暖系统供暖原理图，完成下表的填写。

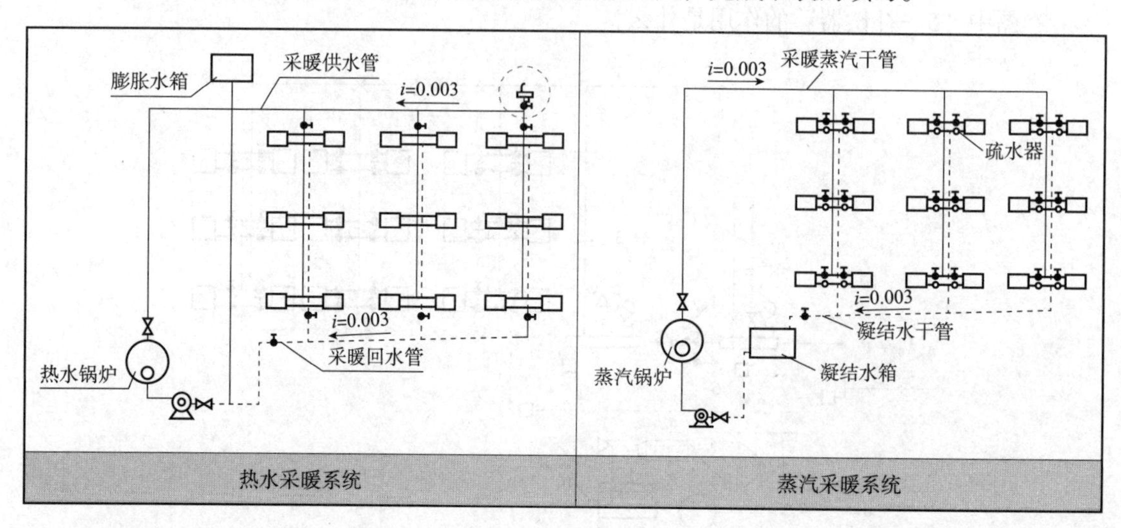

二、请填写相应采暖系统对应的各项目的名称。

类别	热源设备	循环动力	管道坡度设置	水箱类型	管路附件（具有代表性的一件即可）
热水采暖系统					
蒸汽采暖系统					

任务五　低温热水地板辐射采暖原理及敷设方式

一、仔细识读下图的地辐热采暖供回水原理图，并回答问题。

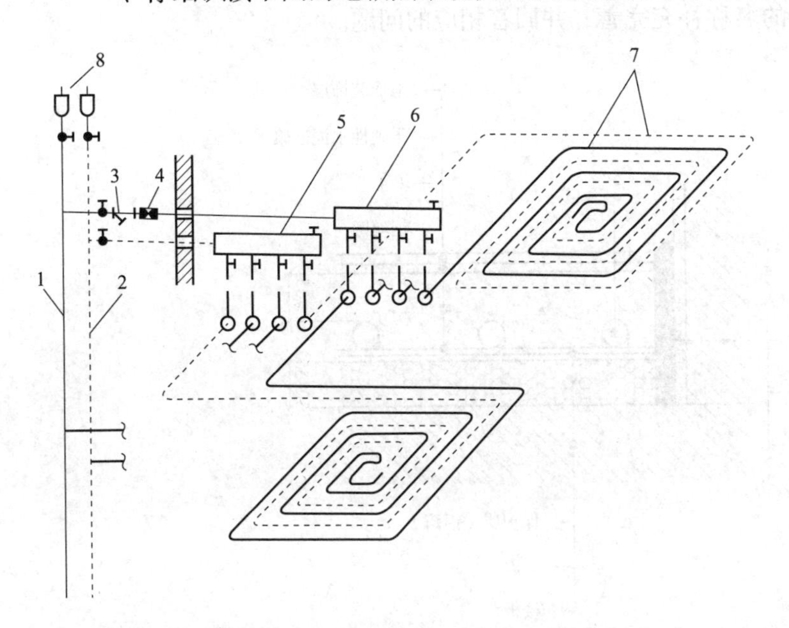

1. 请填写图中各序号对应的设备名称及作用。

序号	1	2	3	4	5	6	7	8
名称								
作用								

2. 请简要描述该地辐热采暖系统的供回水过程。

3. 该地辐热系统的管道采用的是哪种铺设方式？该方式有什么特点？

______

______

______

______

______

二、请将图中括号部分的名称补充完善，并回答相应的问题。

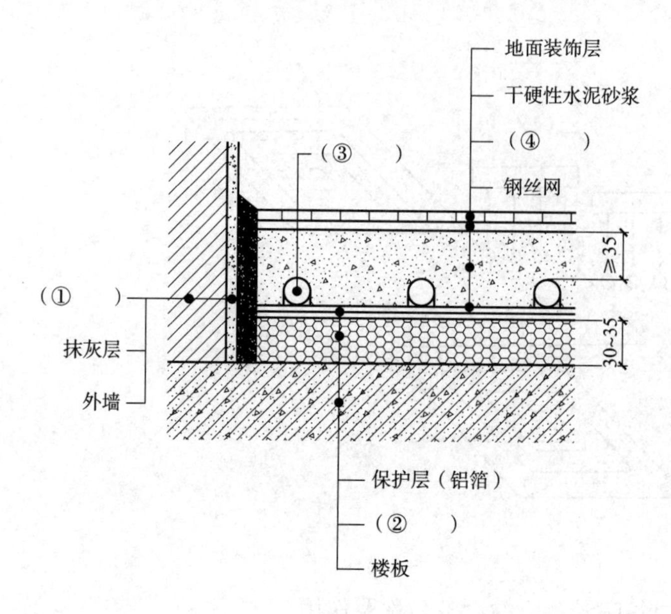

1. 请填写图中①～④的作用。

序号	①	②	③	④
作用				

2. 图中钢丝网和保护层（铝箔）的作用分别是什么？为什么要采用这样的设置方式？

______

______

______

______

3. 请解释图中要求设置尺寸“≥ 30”及“30 ～ 35”的原因。

______

______

______

______

三、请为下面的某户住宅绘制地辐热采暖管道系统。其中，室内采暖的水源来自室外供回水立管，户内分集水器设置在厨房洗涤盆下，需要采暖的房间和加热管道敷设方式可根据情况自行选择，请选择合适的路径、分配好管道间距、控制好转弯半径，用直尺绘制出各采暖回路。

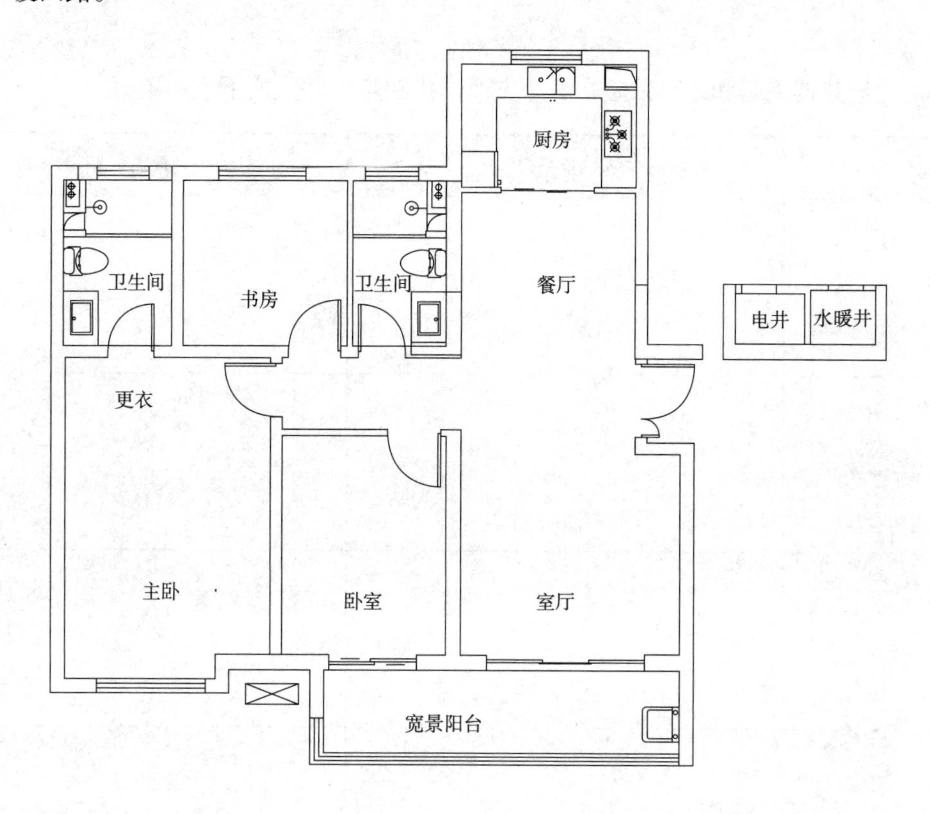

任务六　低温热水地板辐射采暖特点及适用场合

请对比散热器采暖和地热采暖在各个方面的优缺点，并完成下表的填写。

对比点	散热器采暖	地辐热采暖
1		
2		
3		
4		
5		
6		
…		

（对比点可自行增加或减少）

任务七　散热设备

一、请按要求完成下表。

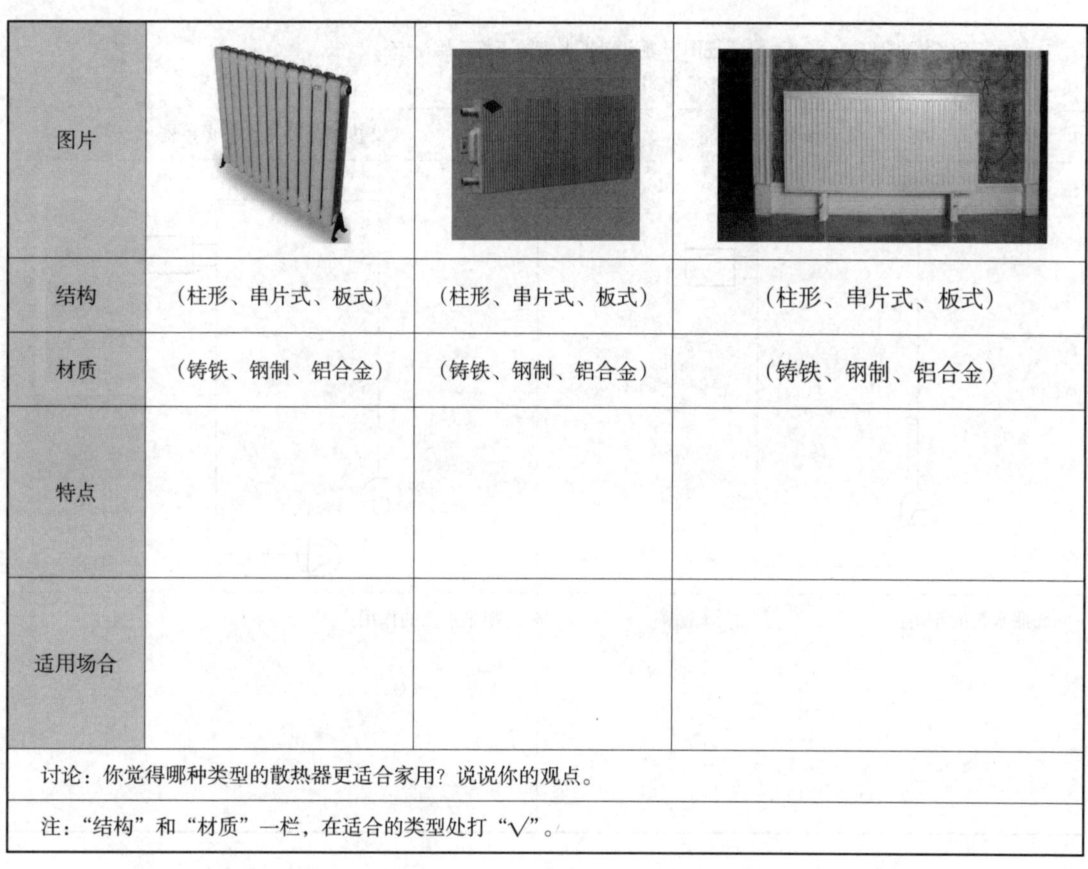

图片			
结构	（柱形、串片式、板式）	（柱形、串片式、板式）	（柱形、串片式、板式）
材质	（铸铁、钢制、铝合金）	（铸铁、钢制、铝合金）	（铸铁、钢制、铝合金）
特点			
适用场合			
讨论：你觉得哪种类型的散热器更适合家用？说说你的观点。			
注："结构"和"材质"一栏，在适合的类型处打"√"。			

二、请说说暖风机与散热器在采暖方式上的不同。暖风机是空调的一种吗？它和空调有什么区别？

____

____

____

____

三、辐射板采暖与地辐热采暖一样吗？请说说它们在哪些方面有相似之处？哪些方面不同？

____

____

____

____

任务八 热水采暖系统附件

一、请按要求完成下列表格的内容。

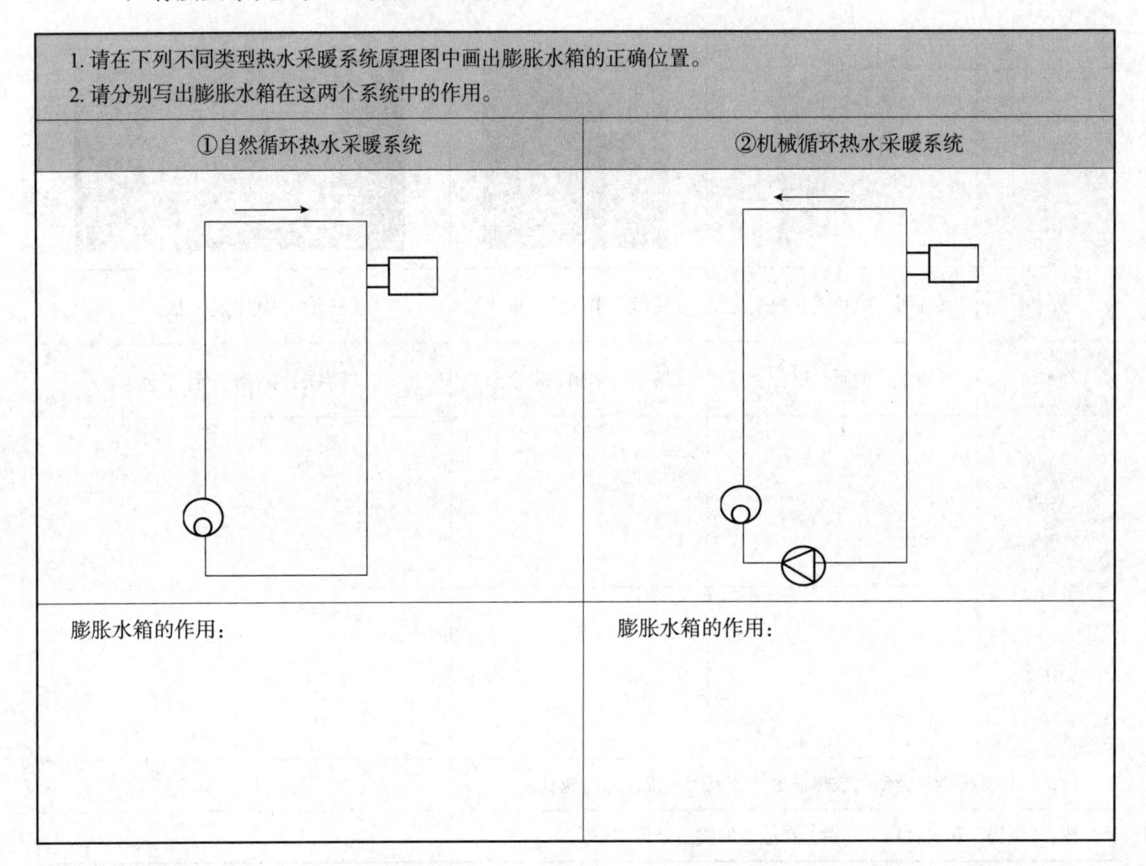

1. 请在下列不同类型热水采暖系统原理图中画出膨胀水箱的正确位置。 2. 请分别写出膨胀水箱在这两个系统中的作用。	
①自然循环热水采暖系统	②机械循环热水采暖系统
膨胀水箱的作用：	膨胀水箱的作用：

二、下图是机械循环热水采暖系统，请用“○”在图中标出集气罐所在的正确位置，并回答问题。

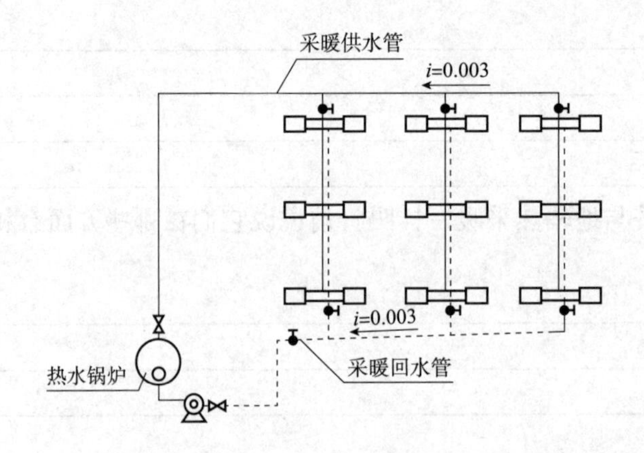

1. 集气罐为什么要安装在你所绘制的位置？它在热水采暖系统中发挥了什么作用？

2. 蒸汽采暖系统设置集气罐吗？为什么？

3. 你觉得卧式和立式集气罐的原理一样吗？

三、关于除污器，请回答下列问题。

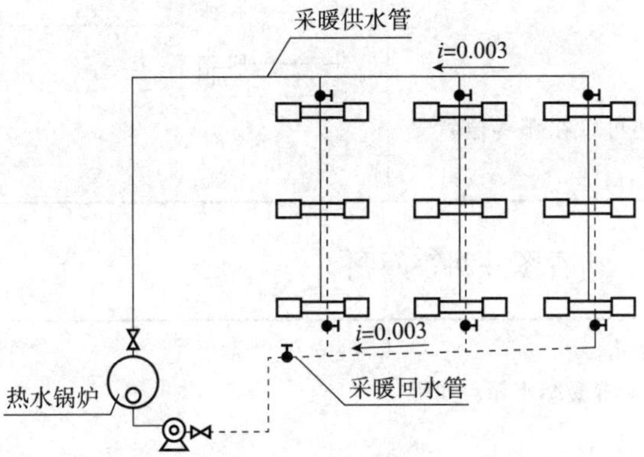

1. 除污器应该安装在热水采暖系统的哪个位置？请在下图中用“☆”标出其位置，并解释安装在这里的原因。

2. 对照下图所示除污器的内部结构，请简要描述除污器的工作原理。

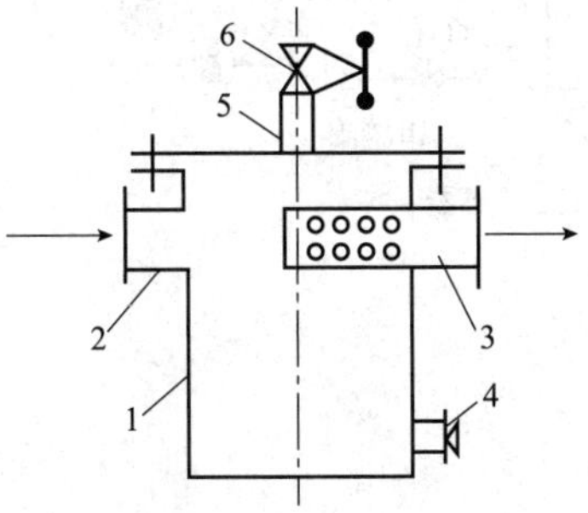

1—筒体；2—底板；3—出水管；
4—排污丝堵；5—排气管；6—阀门

任务九　蒸汽采暖系统附件

一、下图是某蒸汽采暖系统原理图，请看图回答下列问题。

<table>
<tr><td>1. 图中圈出的部分是什么设备？它的作用是什么？有哪些类型？

2. 除图中所示位置外，还可以在哪些位置安装？请在图中画出。</td><td>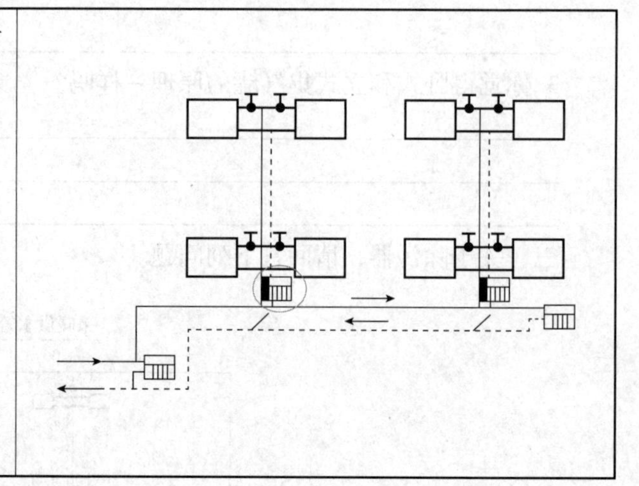</td></tr>
</table>

二、关于凝结水箱，请看图并回答问题。

<table>
<tr><td>如图所示是凝结水箱和软水箱。
1. 蒸汽采暖系统为什么要设置凝结水箱？如果不设置会怎样？

2. 为什么凝结水箱与软水箱的出水要合并使用？软水对建筑采暖系统有什么意义？</td><td>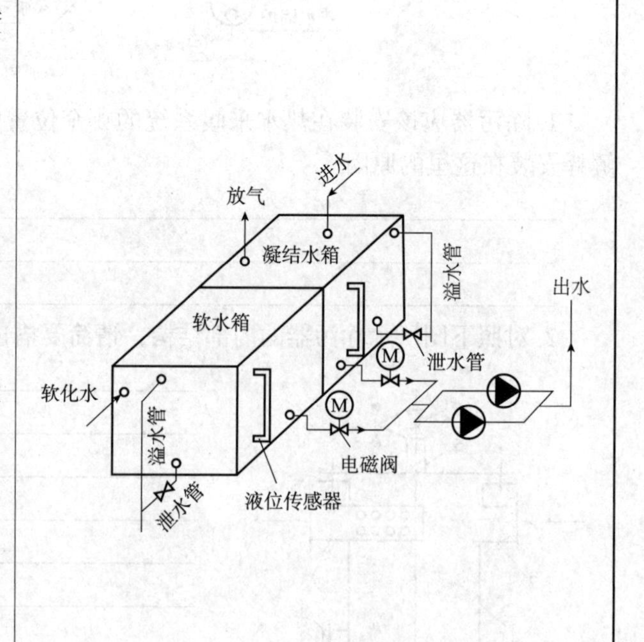
</td></tr>
</table>

任务十　建筑采暖系统施工图识读

请认真识读教材模块二单元五宿舍楼采暖系统图纸，并回答下列问题。

1. 整栋楼采暖系统供水管总入口和回水管总出口在哪个位置？其管道直径为多少？（可以用位于建筑的某个方位，或者用轴线定位描述。）

2. 观察一层平面图，采暖供水管进入室内后，在其两边有两条细虚线，你觉得有可能是什么？

3. 观察一层平面图，采暖供水总管进入室内后最终供向哪里？图中圈出部分的“小圆圈”表示什么？

4. 在一层平面图上能否看见采暖系统的供水干管，为什么？一层平面图上位于建筑四周，用粗虚线表示的管道是什么管道？

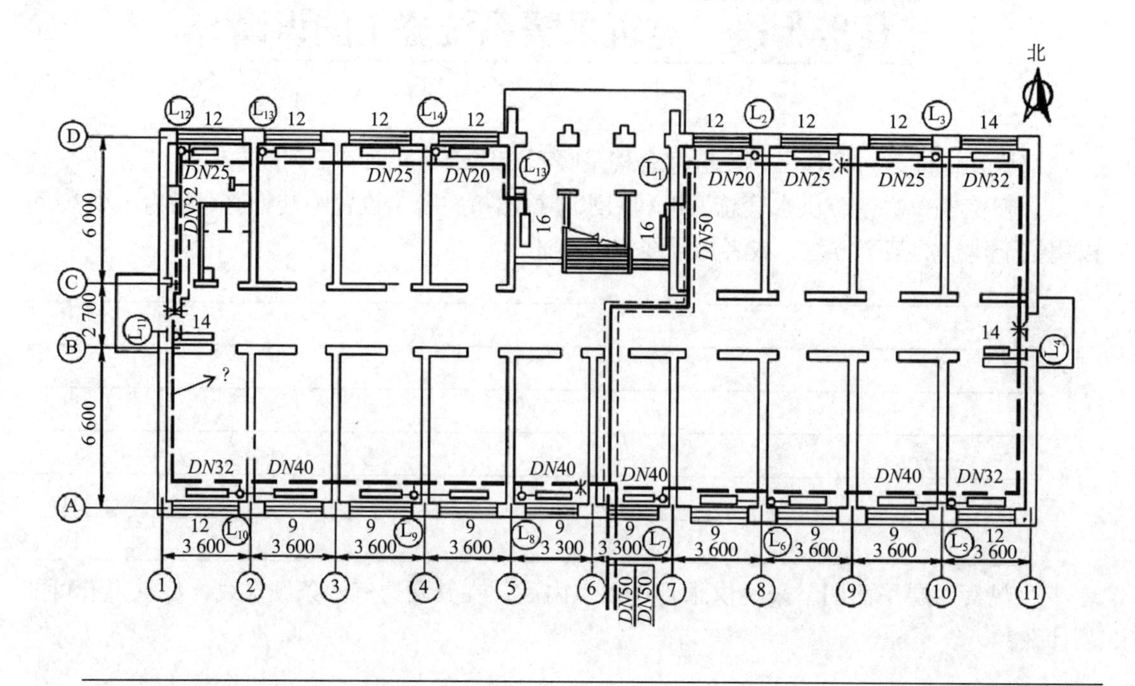

5. 观察二层平面图，在二层平面图上位于建筑四周，用粗实线表示的管道是什么管道？它是闭合的吗？它的起点是哪里，终点需要安装什么设备？为什么要安装该设备？

请回答上述问题，并在下图圆圈旁的括号内标明“起点”“终点”。

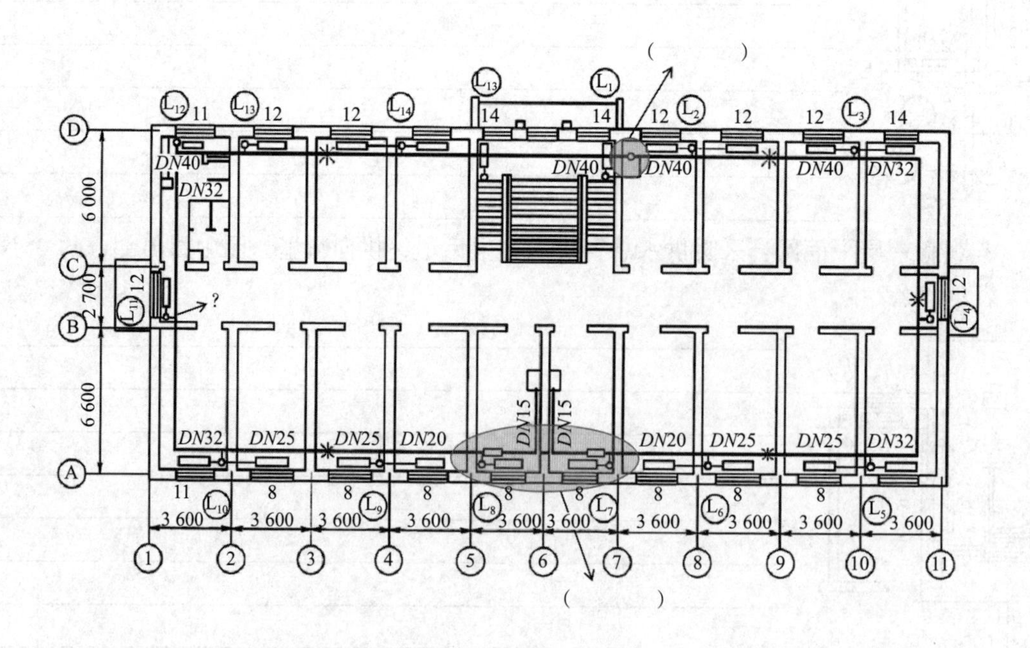

6. 该宿舍楼的采暖是单管式还是双管式？请描述这两种方式的区别。图中的采暖立管是怎样标注的？请任选一个，举例绘制。

7. 上述平面图和系统图上的散热器表示方式分别是怎样的？请在下面的空白处分别举例绘制并说明。

8. 该系统哪些立管是单侧连接散热器？哪些是双侧连接散热器？请分别写出其对应的立管编号。

9. 该系统哪些立管在一层和二层所连接的散热器位置不同？请分别写出这些立管的编号，写出它们在一层和二层散热器位置上的区别，并解释为什么会有这样的区别。

10. 如下图所示，散热器旁的数字“12”表示什么含义？为什么一层平面图、二层平面图北面和南面的数字不同？你如何解释该问题？

i=0.003 L_{14}

12 L_{14}

12

平面图　　系统图

11. 如下图所示，说出阴影部分圈出的管道分支连接方式，这样连接的目的是什么？

12. 如下图所示，采暖系统图的局部，请注意观察图中阴影部分圈出的管道坡度，并回答下列问题：

（1）坡度箭头所指方向是管道的高处还是低处？

（2）图中管道里的水流是向上爬坡还是顺流而下？

（3）为什么要设置这样的坡度？

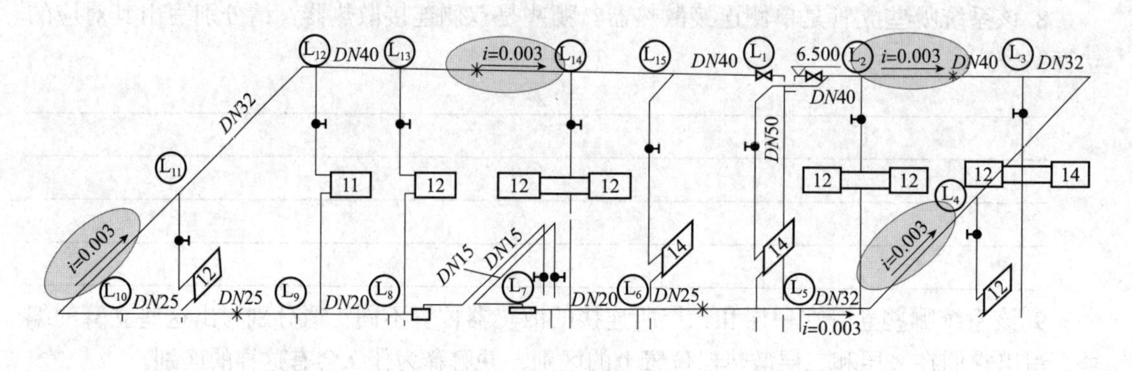

13. 仔细观察系统图中的每根采暖供水立管，你会发现，每根供水立管的最上端和最下端都安装有阀门，请问这两个阀门的作用是什么？能否去掉一个？为什么？

14. 仔细观察本单元案例中的采暖系统图，回答下列问题：

（1）采暖供水最先流到的两根立管分别是哪两根？最后流到的立管是哪两根？（写编号）

（2）采暖回水开始收集的起点是哪两根立管（即回水路径最长的）？最后收集哪两根立管的回水（即回水路径最短的）？

（3）该系统是同程式还是异程式？

15. 请你仿照采暖系统图的轴侧视角，画出该宿舍采暖的供回水线路图（注意：只临摹系统图中管道部分和散热器，并在管道线上标明流动方向，以清除表示供回水线路。不用画其余附件及标注）。

任务十一　散热器的组对安装

一、实训目的。

通过实训，熟悉安装散热器的常用工具及其使用方法；掌握供暖散热设备的安装方法和过程，能够自己动手组对和安装散热设备。

二、实训任务。

下图是某钢制柱型散热器，请根据图中所示的散热器片数，选择合适的材料和工具，进行散热器组对连接。

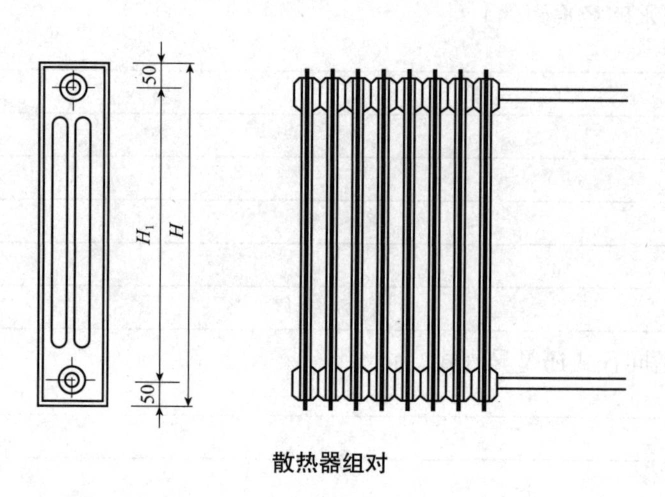

散热器组对

三、实训指导。

1. 材料及机（工）具的选择

（1）主要机具：砂轮锯、电动攻螺纹机、管子台虎钳、手锤、活扳手、组对操作台、组对钥匙（专用扳手）、管子钳、管子铰板、钢锯、割管器、套筒扳手。

（2）材料要求：散热器不得有砂眼、对口面不平、偏口、裂缝和上下口中心距不一致等现象，散热器组对零件（如对丝、补芯、丝堵等）应无偏扣、方扣、乱丝、断扣等现象。石棉橡胶垫以 1 mm 厚为宜（不超过 1.5 mm 厚）。

2. 组对步骤

（1）清理散热片接口，要求使用废锯条、铲（刮刀）使其露出金属光泽。

（2）散热片上架，对丝上垫。将散热器平放在专用组对台上，使散热器的正丝口朝上，将垫圈套入对丝中部。

（3）对丝就位。将经过试扣选好的对丝的正丝与散热器的正丝口对正，拧上 1 ～ 2 扣，如手拧入轻松，则可退回，套上垫片。

（4）将另一片散热器的反丝口朝下，对准后轻轻地、端正地放在上下接口对丝上。

（5）两个人同时从散热片接口上方插入钥匙，向顺时针方向交替地拧紧上下的对丝，直至上下接口严密，以垫片挤出油为宜。如此循环，直至达到需要数量为止。

（6）上堵头及上补芯。给堵头及补芯加垫圈，拧入散热器边片，用较大号管钳拧紧双侧接管时，放风堵头应安装在介质流动的前方。

（7）将组对好的散热器运至打压地点。

3. 注意事项

（1）安装时一定要注意人身安全。

（2）遵守作息时间，服从指导教师安排。

（3）积极、认真地进行散热器组对安装。

（4）实训结束后，完成实训成果。

四、实训成果及评价。

<table>
<tr><td>项目名称</td><td colspan="9">散热器的组对安装</td></tr>
<tr><td>学习目标</td><td colspan="9">熟悉安装散热器的常用工具及其使用方法；掌握供暖散热设备的安装方法和过程，能够自己动手组对和安装散热设备</td></tr>
<tr><td>学习准备</td><td colspan="9">1. 参考资料：《建筑设备》《供热工程》《管道施工技术》等教材、互联网资源。
2. 分组安排：
组别：________
组员：________________________________</td></tr>
<tr><td>组员分工</td><td colspan="9"></td></tr>
<tr><td>实训成果</td><td colspan="9"></td></tr>
<tr><td>学生自评</td><td colspan="9">1. 通过本次学习，我学到的知识点 / 技能点：
________________________________。
不理解的：
________________________________。
2. 我认为在以下方面还需要深化学习并提升岗位能力：
________________________________。
3. 本次工作和学习过程中，我的表现可得到：
非常好 □　　好 □　　不好 □</td></tr>
<tr><td rowspan="7">小组互评</td><td rowspan="2">姓名</td><td colspan="5">测评项目</td><td colspan="3">综合评定</td></tr>
<tr><td>按时到场</td><td>书本笔齐全</td><td>责任心强</td><td>积极主动</td><td>帮助他人</td><td>非常好</td><td>好</td><td>不好</td></tr>
<tr><td></td><td></td><td></td><td></td><td></td><td></td><td></td><td></td><td></td></tr>
<tr><td></td><td></td><td></td><td></td><td></td><td></td><td></td><td></td><td></td></tr>
<tr><td></td><td></td><td></td><td></td><td></td><td></td><td></td><td></td><td></td></tr>
<tr><td></td><td></td><td></td><td></td><td></td><td></td><td></td><td></td><td></td></tr>
<tr><td></td><td></td><td></td><td></td><td></td><td></td><td></td><td></td><td></td></tr>
</table>

任务十二　散热器的水压试验

一、实训目的。

通过实训，了解散热器水压试验所用的设备及工具，掌握水压试验所需装置的安装步骤、试验方法，掌握判断散热器是否组对安装合格的判别标准。

二、实训任务。

下图是某散热器水压试验装置安装示意，请根据图中的安装要求，选择合适的材料和工具，安装试压设备，并按照正确的步骤进行打压，检验其严密性和强度。

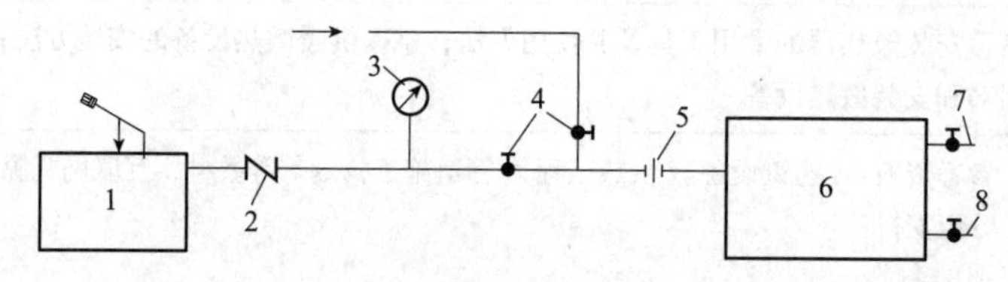

单组散热器试压装置连接示意

1—手压泵；2—止回阀；3—压力表；4—截止阀；
5—活接头；6—散热器组；7—放气管；8—放水管

三、实训指导。

1. 试压工具与材料

手动试压泵、钢管、止回阀、截止阀、压力表、活接头、散热器组、组对钥匙等。

2. 试压步骤

（1）将组对好的散热器安装上临时堵头、补芯和手动放气阀，连接上试压泵。

（2）试压时打开进水阀门，往散热器内充水，同时打开放气阀，排净空气，待水满后关闭放气阀，然后加压。试验压力如设计无要求时为工作压力的 1.5 倍，但不小于 0.6 MPa，达到压力值时，关闭进水阀门，持续 5 min，观察所有接口是否渗漏。

（3）有渗漏的散热器应立即用笔标出位置，确定渗漏原因。属于裂痕、砂眼者应拆掉残片重新组对；属于组对不严者应用长杆钥匙从散热器外部比试量到漏水接口的长度，在钥匙杆上做标记，将钥匙从散热器对丝孔中伸入标记处，按丝扣旋紧的方向拧动钥匙使接口继续上紧。重新组对和修整后的散热器必须重新试压，直至合格。

四、实训成果及评价。

项目名称	散热器的水压试验
学习目标	熟悉单组散热器水压试验的工具及其使用方法；能按正确步骤进行散热器水压试验，会根据实验结果判断散热器质量是否合格、连接是否严密，能否满足压力要求

续表

学习准备

1. 参考资料：《建筑设备》《供热工程》《管道施工技术》等教材、互联网资源。
2. 分组安排：

组别：________

组员：____

组员分工

实训成果

1. 请完成散热器试压记录表。

试验日期	工作压力/MPa	试验压力/MPa	试验持续时间/min		试验情况
			起始时间	终止时间	

2. 请将散热器试压装置连接成果拍照并粘贴。

学生自评

（1）通过本次学习，我学到的知识点/技能点：

____。

不理解的：

____。

（2）我认为在以下方面还需要深化学习并提升岗位能力：

____。

（3）本次工作和学习过程中，我的表现可得到：

非常好 □　　好 □　　不好 □

小组互评

姓名	测评项目					综合评定		
	按时到场	书本笔齐全	责任心强	积极主动	帮助他人	非常好	好	不好

模块三　通风与空调系统

任务一　自然通风

1. 结合本模块所学内容讨论为什么我国大部分建筑物是东西走向。

2. 在我们日常生活中，自然条件下，哪些地方、哪些条件下会觉得“风比较大”？为什么？

3. 根据压差形成的机理，分析建筑自然通风情况。

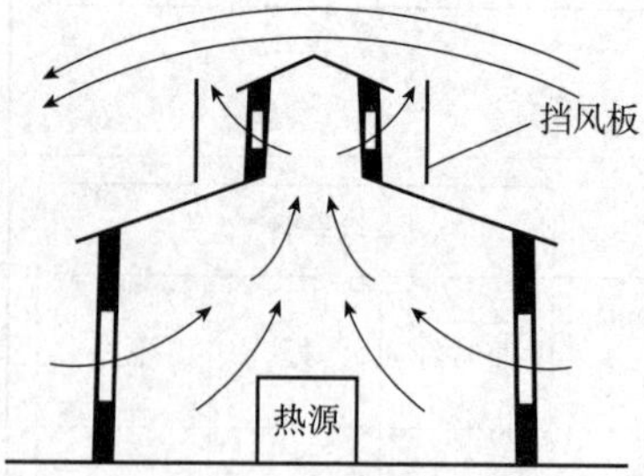

4. 热压的大小与（　　）无关。

A. 室内外温差　　B. 通风口位置

C. 通风口的形状和大小　　D. 两通风口的高差

5. 对于散发有害气体的污染源，应优先采用（　　）方式加以控制。

A. 全面通风　　B. 自然通风

C. 局部排风　　D. 局部送风

任务二　机械通风

1. 下图为浴霸的开关图，图中换气和吹风分别在什么条件下使用？

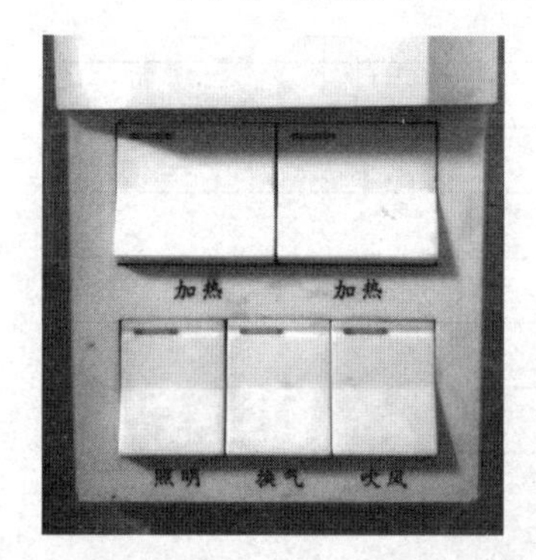

2. 机械通风有哪些优点？

3. 下图中，不是空调系统中常用的出风口的是（　　）。

A.　B.　C.　D.

4. 关于机械送风系统进风口的位置，符合的要求是（　　）。

A. 应设在室外空气较清洁的地方　B. 应设在排风口的同侧

C. 进风口的底部距室外地坪不宜低于 1 m 处　D. 应设在建筑物的背阴处

任务三 建筑火灾烟气的特性分析

1. 火灾中受害人群丧生主要是什么原因造成的？

2. 当遇到火灾时，应当如何“武装”逃离现场？

3. 以下分别是哪种防火、防烟措施？

a.________________  b.________________

c.________________  d.________________

任务四　火灾烟气控制

1. 请在下面横线上写出自然排烟和机械排烟的区别。

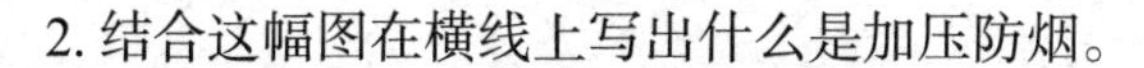

2. 结合这幅图在横线上写出什么是加压防烟。

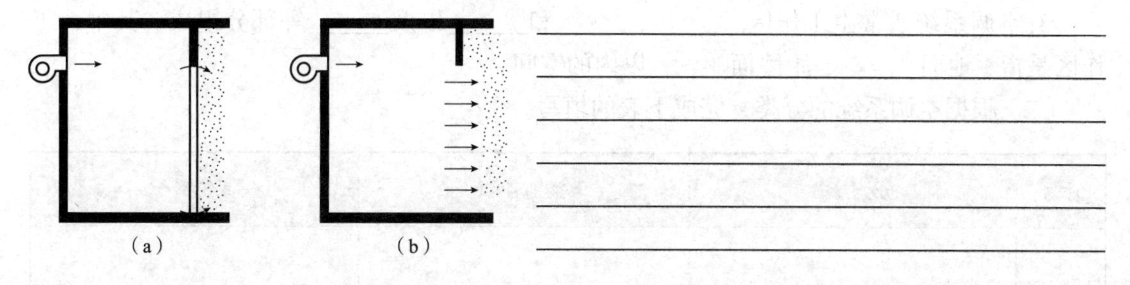

3. 图中建筑发生火灾时，人们的逃生路线是什么？应该在楼内哪些地方进行加压防烟？

安全通道示意图

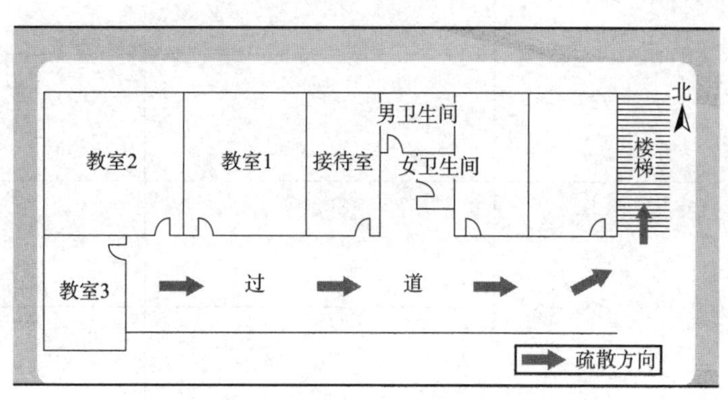

4. 为防止 A 室的有害气体扩散到相邻的 B 室，以下措施不可取的是（　　）。

A. 对 A 室机械排风　　B. 对 B 室机械送风

C. 对 A、B 两室机械排风　　D. 对 B 室机械送风，A 室机械排风

5. 建筑中火灾烟气扩散的驱动力都包含（　　）。

A. 烟囱效应　　B. 高温烟气的浮力

C. 烟气的膨胀力　　D. 外界风的影响

E. 通风空调系统的影响　　F. 电梯的活塞效应

任务五　空调系统的组成与分类

一、回答下列问题，熟悉空调系统的定义及组成。

1. 空调，______的简称，可实现对某一房间或空间内的______、______、______和______等进行调节和控制，并提供足够量的新鲜空气的方法。

2. 空调系统可以对______和______进行全面控制，它包含了______和______的部分功能。

3. 空调系统通常由工作区、______、______和______以及______等部分组成。其中，工作区是指距地面______、距墙面______以内的空间。

二、根据空调系统的分类，完成下表的填写。

序号	分类方法	类别名称	系统特点
1	按空气处理设备的设置情况		
2	按负担室内负荷所用介质		

三、识别下面空调系统，回答问题。

1. 指出该图中空调系统的各组成部分（可在图上圈出并注明名称或对照图片进行讲述）。

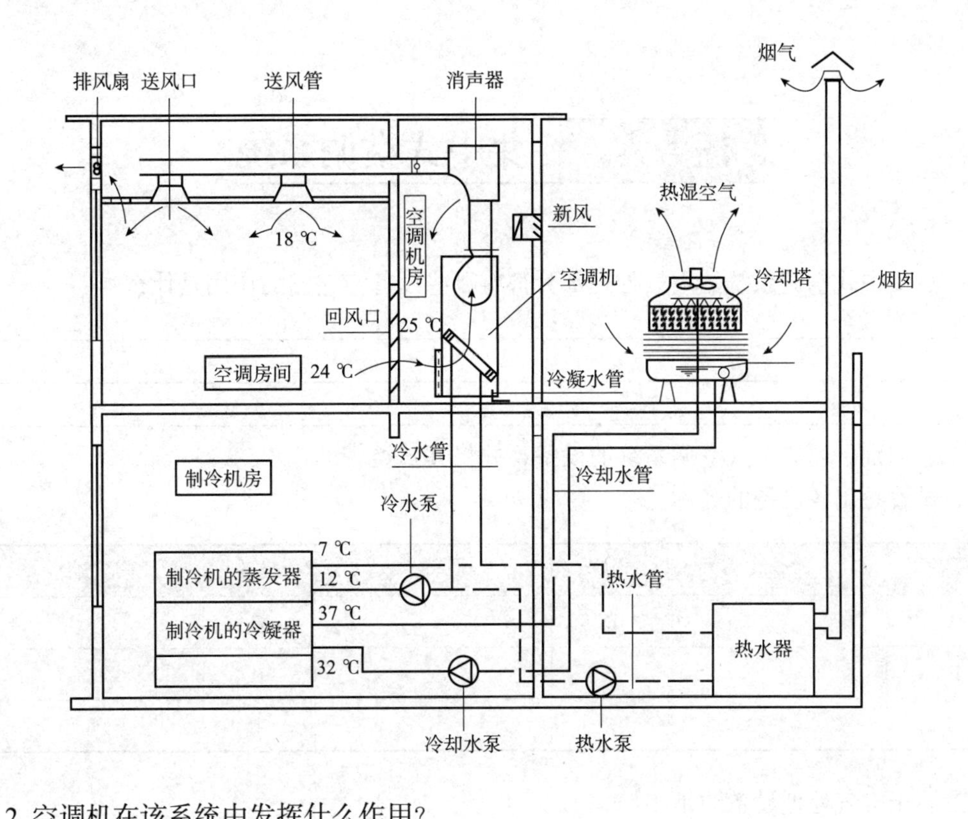

2. 空调机在该系统中发挥什么作用?

3. 查阅资料，自学相关知识，说明制冷机组的工作流程。

4. 该图所示的空调系统，若按空气处理设备的设置情况分类，属于__________空调系统；若按负担室内负荷所用的介质分类，属于__________空调系统。

任务六　集中式空调系统

一、集中式空调系统的空气处理部分都有哪些设备？它们的作用是什么？

____

____

____

二、识别下列集中式空调系统的设备，并将其归类。

1. 试着写出各设备的名称。

代号	名称	代号	名称	代号	名称
A		D		G	
B		E		H	
C		F		I	

2. 属于空气处理设备的是（　　）。

3. 属于空气输送部件的是（　　）。

4. 属于空气分配装置的是（　　）。

5. 属于辅助系统部分的是（　　）。

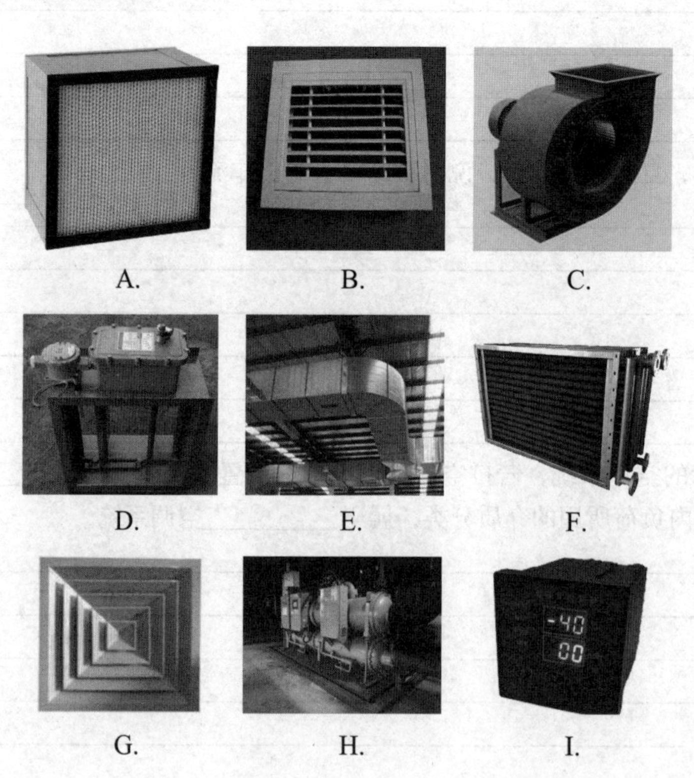

A.　B.　C.　D.　E.　F.　G.　H.　I.

三、分析集中式空调系统类别，完成下表的填写。

系统名称	系统特点	应用场合
封闭式系统		
直流式系统		
混合式系统		

四、请填写下图中集中式空调系统各部分名称。

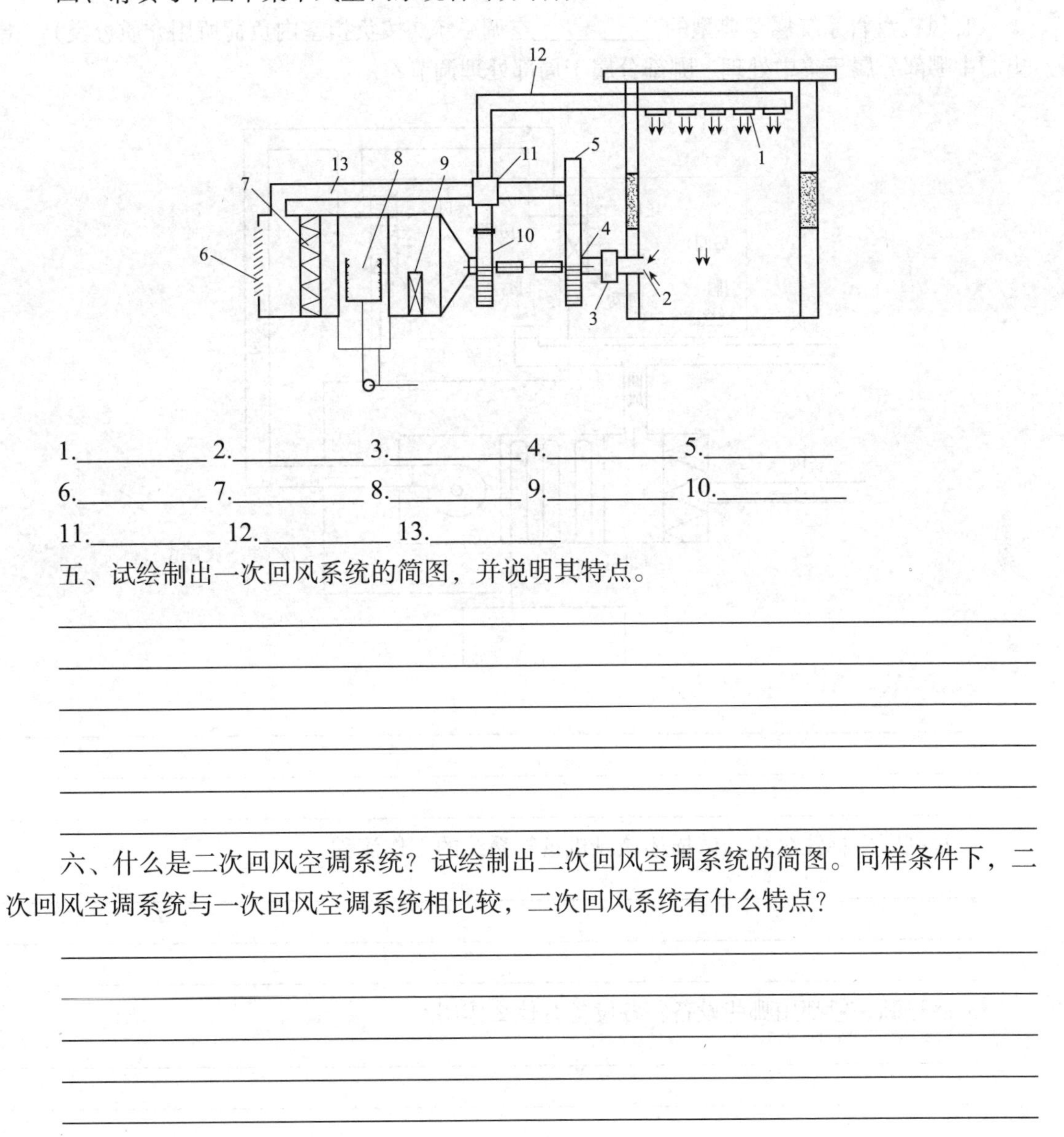

1.__________ 2.__________ 3.__________ 4.__________ 5.__________

6.__________ 7.__________ 8.__________ 9.__________ 10.__________

11.__________ 12.__________ 13.__________

五、试绘制出一次回风系统的简图，并说明其特点。

____

____

____

____

____

六、什么是二次回风空调系统？试绘制出二次回风空调系统的简图。同样条件下，二次回风空调系统与一次回风空调系统相比较，二次回风系统有什么特点？

____

____

____

____

____

任务七　风机盘管系统

一、什么是半集中式空调系统？它主要有哪些类型？广泛应用的是哪个类型？

二、识别下面风机盘管系统，回答问题。

1. 风机盘管系统属于典型的__________空调系统（按负担室内负荷所用介质分类）；指出图中哪部分属于集中处理，哪部分属于局部处理调节？

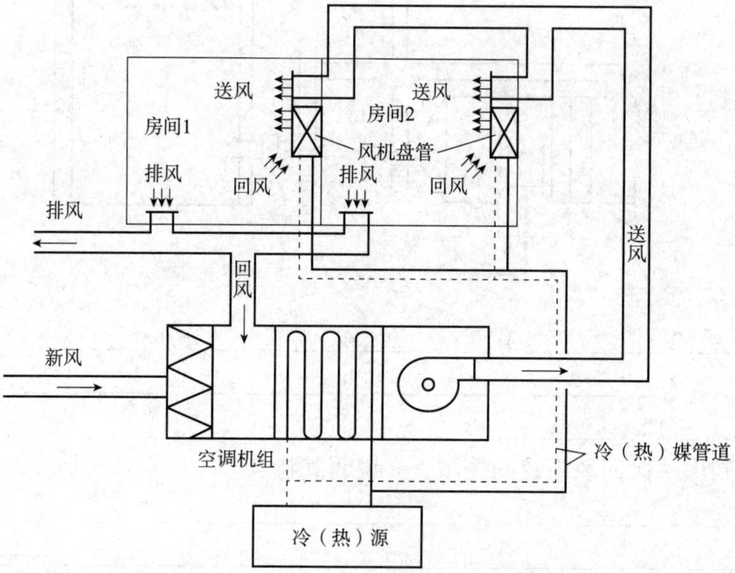

2. 根据图中标注名称，试描述该风机盘管系统的工作流程。

3. 冷热源一般都用哪些设备？各设备有什么作用？

三、请填写下图半集中式空调系统各部分名称。

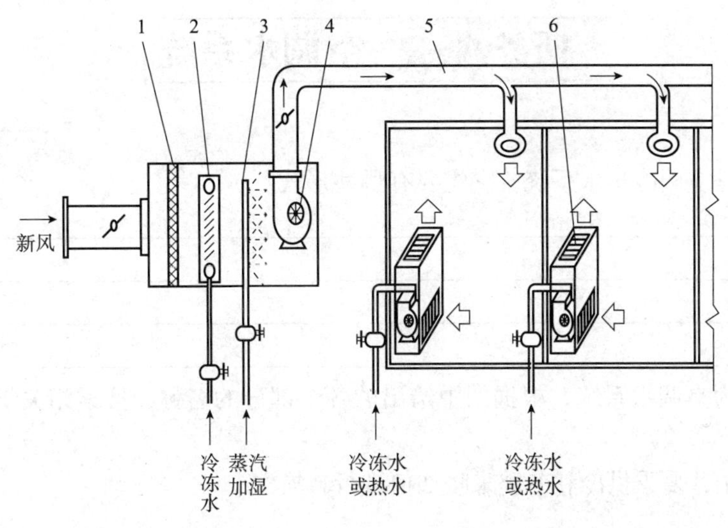

1.______

2.______

3.______

4.______

5.______

6.______

四、查阅资料，总结风机盘管机组的分类，每一分类配对应照片（列表附图提交电子成果）。

______

五、风机盘管空调系统有哪几种新风供给方式？各方式有什么特点？

______

六、观察你生活的周边，看看各建筑物都应用了哪些空调系统？为什么要应用这种空调系统？（观察中拍照记录，可分小组归纳总结，进行课堂汇报；或教师可发布线上活动，学生上传电子成果。）

______

任务八 空调水系统

一、什么是空调冷热水系统？它主要有哪些形式？

二、下图为空调水系统，根据图中给出的各个部分的名称，搜索相关学习资料，回答下列问题。

1. 该系统中，夏季供冷和冬季采暖如何进行转换？

2. 说明分水器、集水器在该系统中的作用。

3. 根据给出的各部分名称，试描述夏季供冷时，空调冷热水系统的工艺流程。

1—冷水机组；2—锅炉；3—冷冻水泵；4—热水泵；5—冷却水泵；6—冷却塔；7—分水器；8—集水器；9—压差控制阀；10—空调设备；11—自动排气阀；12—膨胀水箱；13—阀门

4. 该系统中为何会设置膨胀水箱？

三、空调冷（热）水__________系统，相比于__________，多了一条同程管。指出下图中同程管所在位置。

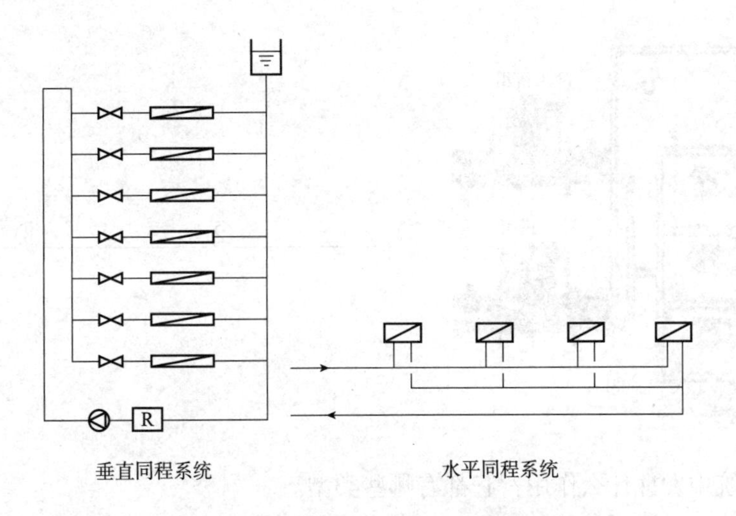

____

____

____

四、下图为某中央空调系统，看图并回答问题。

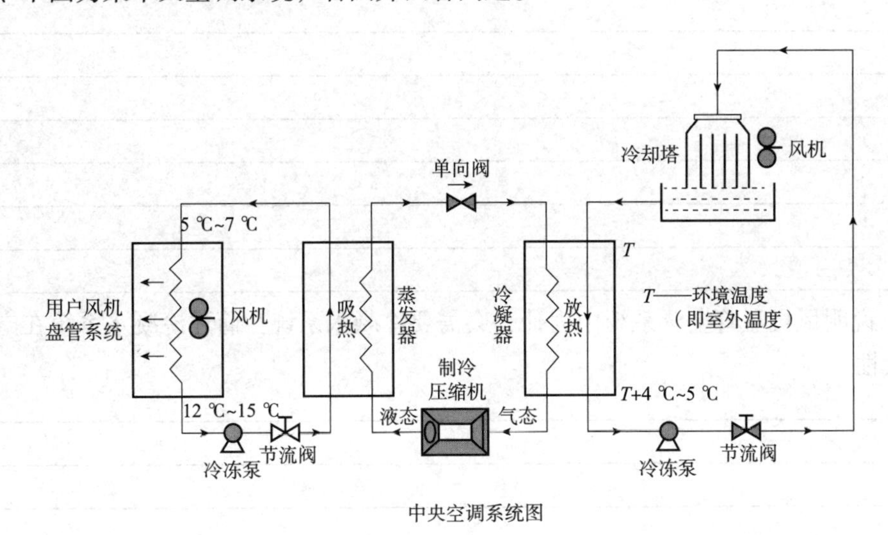

中央空调系统图

1. 哪部分是空调冷热水系统？哪部分是空调冷却水系统？（在图上圈出并注明或对照图进行讲述）

____

____

____

2. 简述空调冷热水系统的作用。

____

____

五、下图为空调冷却水系统，认真识图并回答问题。

1. 请填写图中序号所代表的组成名称。

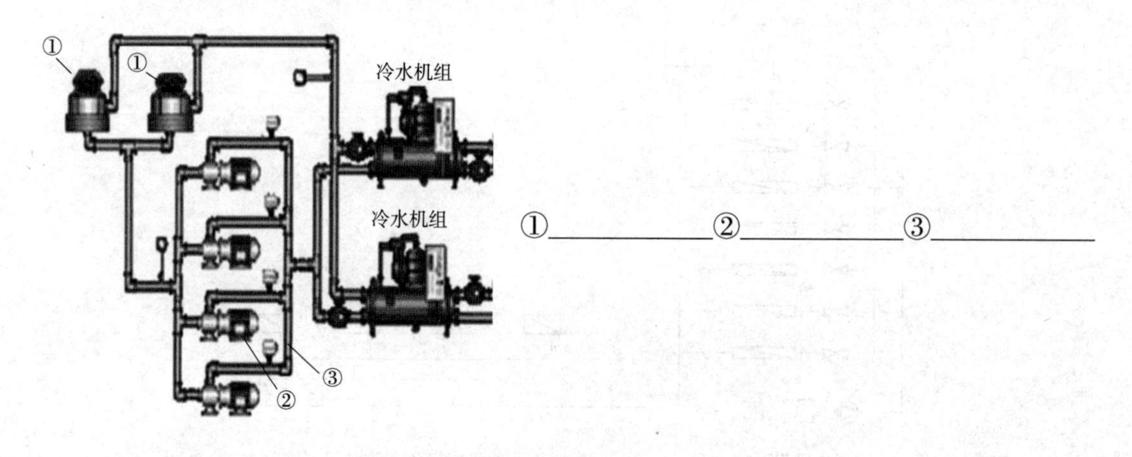

①__________②__________③__________

2. ①在系统中发挥什么作用？它都有哪些类型。

____

六、说明风机盘管空调系统中为什么会需要冷凝水系统？简述冷凝水系统在空调系统中的重要性。

____

任务九　通风与空调施工图的组成和特点

一、补充完成下表，掌握通风空调施工图的组成。

通风空调工程施工图组成

组成类型	说明
设计说明	主要标注图中交代不清或没有必要用图表示的要求、标准、规范等
系统平面图	主要说明通风空调系统的设备，风管系统，冷、热媒管道，凝结水管道的平面布置
注：施工图其他组成类型的“说明”部分可参考设计说明及系统平面图进行描述，说清楚主要表示通风空调系统哪些内容。	

二、用流程图表示通风、空调系统施工图的一般识读顺序。

____

____

____

三、根据通风空调施工图特点，回答下列问题。

1. 通风空调系统施工图特点：风、水系统的独立性，可引导我们在阅读施工图时，首先将__________与__________分开阅读，然后__________起来。

2. 根据风、水系统环路的完整性，说明识读风系统、水系统的起点是哪里？一般按照怎样的流程识读？

____

____

____

四、查阅资料及相关制图标准，制作通风空调系统施工图常用图例表（表中需写清名称和对应图例，提交电子版）。

任务十　通风与空调施工图识读

一、通过通风空调施工图设计说明，主要能了解哪些内容？

____

____

____

____

____

____

____

二、识读教材中图 3.25“某大楼底层空调机房平面图”，回答问题。

1. 从图中可看出：该空调机房空调箱型号为______，空调箱上送风管尺寸为________，送风管上装有________，空调箱被送风管挡住了。

2. 空调箱内设备未详细画出，但有三根水管与空调箱连接：______、______和______。

3. 图上还标有软接头、水管调节阀以及各设备、管道的__________尺寸等。

三、识读课本图 3.26“单线绘制的某空调通风系统的系统图”，回答问题。

1. 从该图可了解系统的整体情况：室内_____与_____在混风箱混合，经_____处理后送入各房间；风管上的弯头、阀门、变径管的_____与_____；送、回风口_____、_____等，以及风管的空间走向、分布情况等。

2. 说明送风管布置情况、管道尺寸、送风口型号、尺寸和数量等情况。

____

____

____

____

____

____

____

3. 说明回风管布置情况、管道尺寸、回风口型号、尺寸和数量等情况。

____

____

____

____

____

____

____

任务十一　空调施工图识图实例

一、识读教材图 3.27 ～图 3.29“某大厦多功能厅空调施工图”回答问题。

1. 从图中可以看出，空调箱设在机房内，机房Ⓒ轴处有一带调节阀的风管，即______。空调机房②轴内墙上，有一______，这是______，室内大部分空气经此吸入，并回到空调机房。

2. 新风与回风在空调机房内混合后，被______进风口吸入，经处理后，由空调箱顶部的______送至______。送风经______，经______，进入管径______的送风管，分出第一个分支管______，继续向前，经管径______管道分支出第二分支管______；再向前又分支第三分支管______。在分支管上有 240 mm × 240 mm 的______，共______只，通过其将送风送入多功能厅。

3. 由 *A—A* 剖面看出：房间高度______，吊顶距地______，风管暗装在吊顶内，______直接开在吊顶面上，风管底标高______。

4. 由 *B—B* 剖面看出：送风管通过______从空调箱接出；3 个送风支管在______上的接口位置；空调箱供回水管道的管径为______。

5. 通过系统图可看出空调设备及各管道的安装标高。请说明该空调系统空调箱、总风管、各分支风管的标高情况。

二、识读教材中图 3.30“叠式金属空气调节箱总图”回答下列问题。

1. 从图可看出：空调箱分______层，每层有______段，共______段。

2. 说明上层各段名称，每段主要作用是什么？有哪些设备？如何安装？

____

____

____

____

3. 说明下层各段名称，每段主要作用是什么？有哪些设备？

____

____

____

____

三、识读教材中图 3.31 ～图 3.35“某饭店空气调节管道布置图”，形成图纸识读报告。

____

____

____

____

____

任务十二　风管制作

一、风管的制作工艺工序是什么？

二、通风系统风管的管材和连接方式分别是什么？

三、数一数图中共用了哪些管件？

任务十三　风管及部件安装

一、风管安装的工艺流程是什么？

二、风管吊架的形式及安装方法有哪些？

三、图中风管的安装方式和连接方式分别是什么？

任务十四　空调水系统安装

一、空调水系统的作用及管道材料分别是什么？

二、水系统支架材质及安装要求是什么？

三、结合下图，说说空调水系统的工作原理，并了解地暖的管道敷设情况。

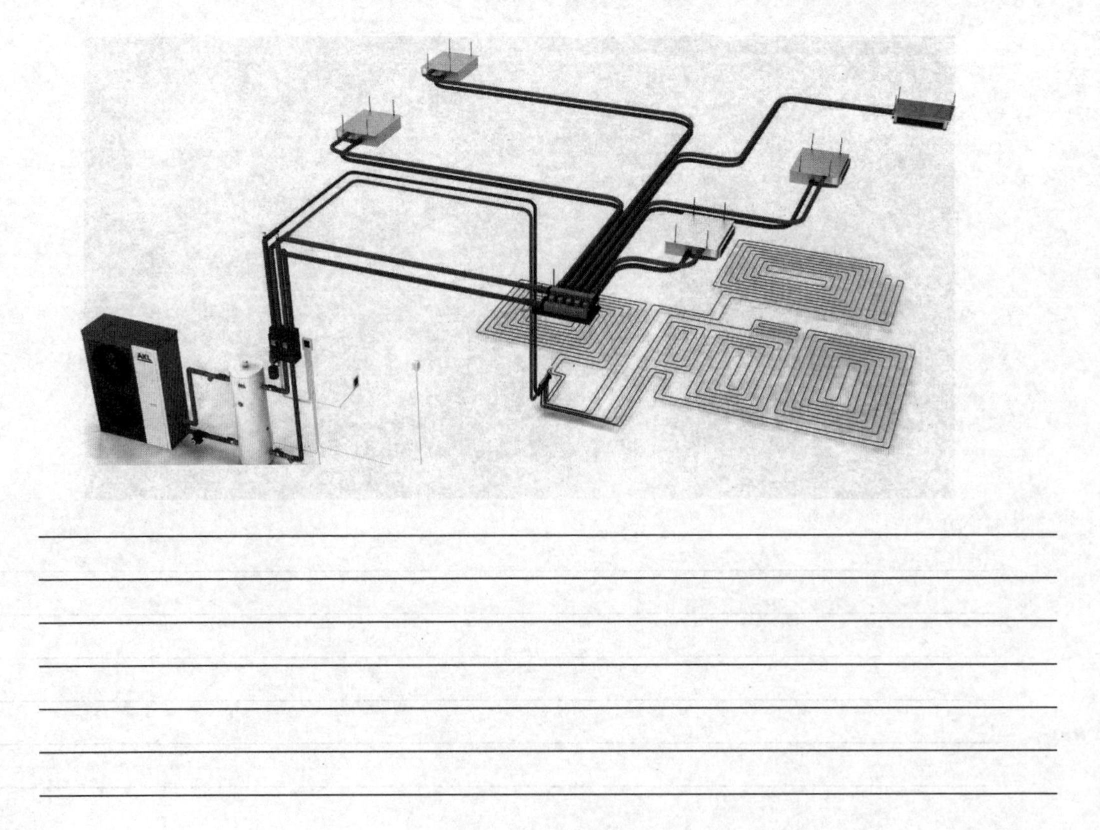

任务十五　空调及通风设备安装

一、空调及通风设备都有哪些？

______

______

______

二、风机盘管的作用、类型、安装方式分别是什么？

______

______

______

三、通风机的安装要求有哪些？

______

______

______

四、下列属于什么通风空调设备？

a.______ 　b.______

c.______ 　d.______

模块四　建筑电气系统

任务一　电力系统简介

一、在下图圈出电力系统各组成部分，并说明每部分各有什么作用。

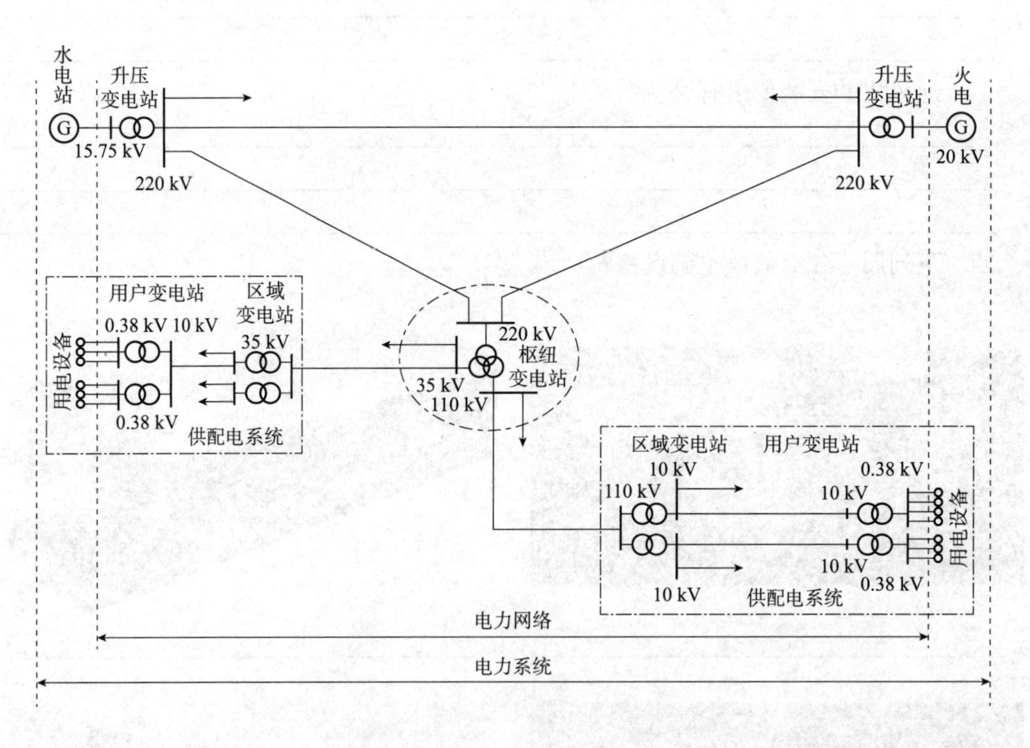

二、我国电力系统的额定电压等级主要有哪些？各种电压等级的适用范围是什么？

三、完成下表的填写，理解电力负荷分级。

负荷级别	分级条件	供电要求

任务二　建筑电气系统类别

一、分辨建筑电气系统，下图所示属于哪类电气系统？

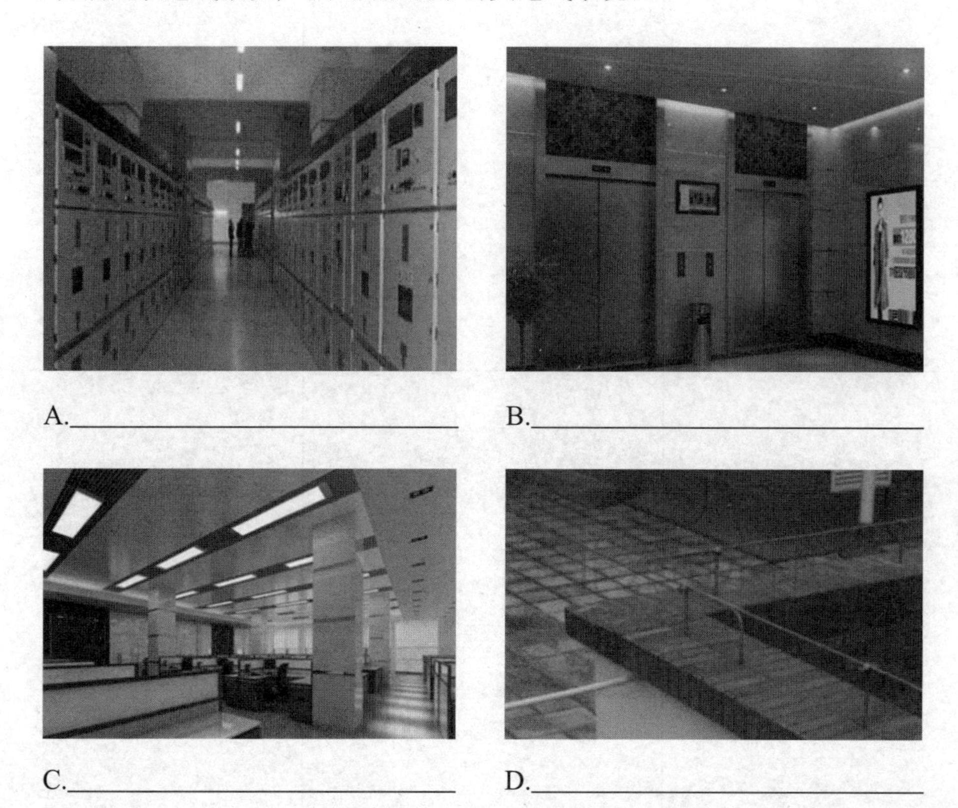

A.________________　B.________________

C.________________　D.________________

二、补充完成下表内容，掌握建筑电气系统类型。

按功能分类	作用	基本组成	实物图（电子版表格，附图片）
供配电系统	接受电网输入的电能，并进行检测、计量、变压等，然后向用户和用电设备分配电能	变配电所、高低压线路、各种开关柜、配电箱等	

任务三　建筑供电及低压配电系统

一、查阅资料，回答下列问题，理解建筑供电系统。

1. 建筑供电系统由__________、__________和__________组成。

2. 变配电所是接受电能和__________的场所，主要由电力变压器和__________设备等组成。

3. 只接受电能而不改变电压，并进行__________的场所称为配电所。

二、总结归纳建筑供电基本方式，完成下表。

用电负荷类型	采用电压	配电方式	需设置构筑物或设备
大型民用建筑	35 kV	先将 35 kV 的电压降为 10 kV，由高压配电线输送到各建筑物变电所后，再降为 380/220 V 低压	降压变电站、变电所、变压器

三、完成下表，掌握常用低压配电方式。

低压配电方式种类	特点	适用场合	简图

四、理解低压配电系统接地形式，回答下列问题。

1. 图 A、图 B 分别为哪种接地形式？各形式有什么特点？一般在哪类建筑中广泛使用？

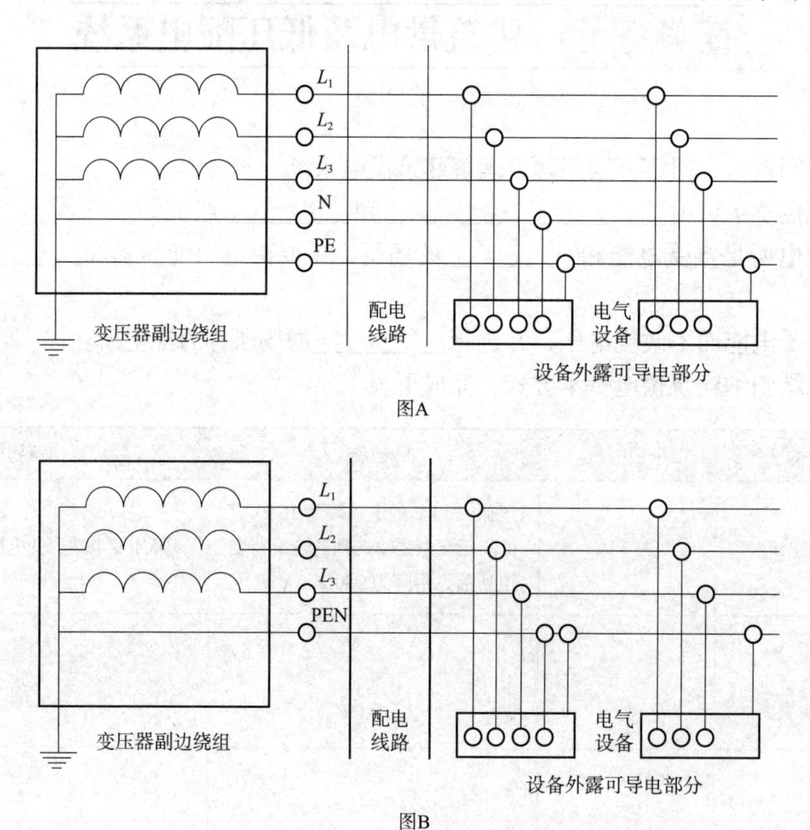

图A

图B

____

____

2. 图中的 TN-C-S 系统又称为________。

该系统中前一部分线路的________与________是合一的。但要求线路在进入建筑物时，将________进行________，同时再分出一根________。该系统主要应用在配电线路为架空配线，用电负荷较分散，距离又较远的系统。

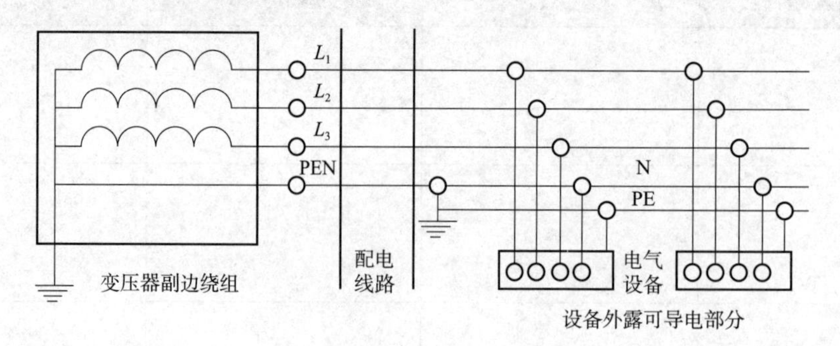

TN-C-S系统

3. 在上图 TN-C-S 系统中圈出重复接地的位置。

任务四　照明供电系统

一、分辨照明种类：

1. 下列属于工作照明的是（　　）。

2. 下列属于事故照明的是（　　）。

3. 下列属于警卫值班照明的是（　　）。

4. 下列属于障碍照明的是（　　）。

A.　　B.　　C.

D.　　E.　　F.

二、认真识读下图并回答问题。

1. 该图表示的是照明哪种供电方式？一般应用在哪些建筑物中？

____

____

____

____

____

____

2. A、B、C 表示__________，也就是__________，N 表示__________。该供电方式可提供__________电压。

3. 可在该供电方式中增加一条__________，用__________表示，形成的五线系统称__________。试绘制这种五线系统的简图。

三、认真识读下图的照明供电系统，回答下列问题。

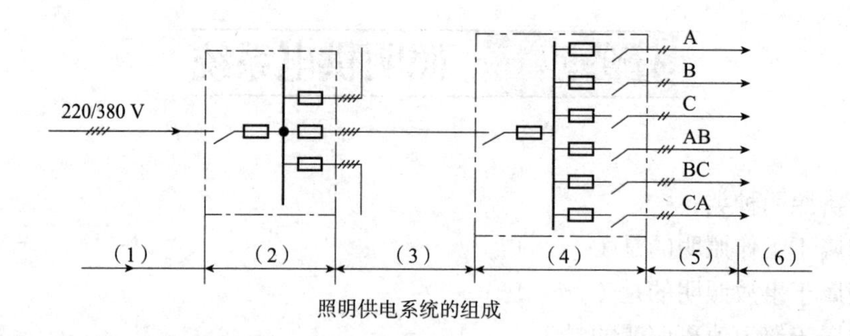

照明供电系统的组成

1. 填写各组成部分名称。

序号	名称	序号	名称
(1)		(4)	
(2)		(5)	
(3)		(6)	

2.（1）主要有哪些引入方式？简述各引入方式的做法。

____

____

3. 简述（2）和（4）在系统中的作用。这类设备内一般装有哪些电气设备？

____

____

4.（6）在系统中作用是什么？主要包括哪些装置？

____

____

5. 同为供电线路，如何区分（3）和（5）？

____

____

四、下图为照明供电系统架空引入进户装置，在图中方框内填入相应名称。

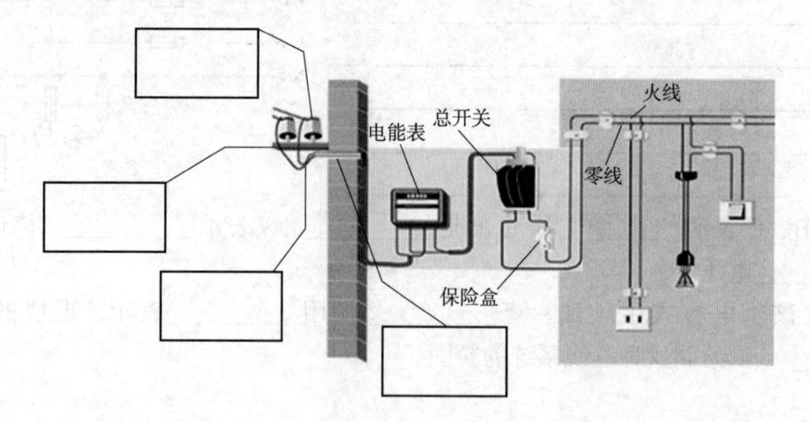

任务五　线路选用与敷设

一、熟悉导线和电缆型号，填写下表。

名称	型号	名称	型号
铜芯棉纱纺织橡胶绝缘导线			VV
铝芯聚氯乙烯绝缘导线		铝芯聚氯乙烯钢带铠装聚氯乙烯护套电力电缆	
	BVV		YJV

二、室内绝缘导线常用的敷设方式有哪些？分别适用于什么条件？

三、下图为电力电缆实物剖切图，指出图中包含的电缆基本结构。

四、电缆的敷设方式有哪些？敷设时应注意哪些问题？

任务六　防雷接地系统

一、认真识读右图中的防雷系统，并回答问题。

1. 图中各序号代表的是防雷系统的组成部分，写出各序号的名称。

1— __________；2— __________；

3— __________；4— __________。

2. 简述 1 和 3 在该系统中的作用。

____

____

____

____

____

3. 系统中 1 和 2 统称名称是什么？除了 1 和 2，还有哪些类型装置可发挥相同的作用？

____

____

____

____

____

二、总结雷电的种类、危害及防雷措施，完成下表的填写。

雷电种类	造成危害	防雷措施

三、查阅资料，认真识读下图的防雷接地系统，并回答问题。

1. 图中各序号代表的是防雷接地系统的哪些组成部分？写出各序号的名称。

1— ________；2— ________；

3— ________；4— ________。

2. 接地体可分为哪些类型？图中的接地体属于哪种类型？

____

____

____

____

____

____

____

3. 接地装置的形式有哪些？图中的接地装置属于哪种形式？

____

____

____

____

____

____

____

____

____

____

____

____

____

____

____

____

____

____

____

____

____

____

____

____

任务七　安全用电

一、根据所学知识，总结电气危害的种类，并填写下表。

序号	电气危害的种类	特点	危害程度
1			
2			
3			

二、结合所学知识，查阅资料，对触电方式进行归纳，并完成下表的填写。

序号	人体触电方式	特点
1		
2		
3		
4		

三、对比下列 a 图和 b 图，哪幅图中的人会触电？为什么？触电的人属于哪种触电方式？

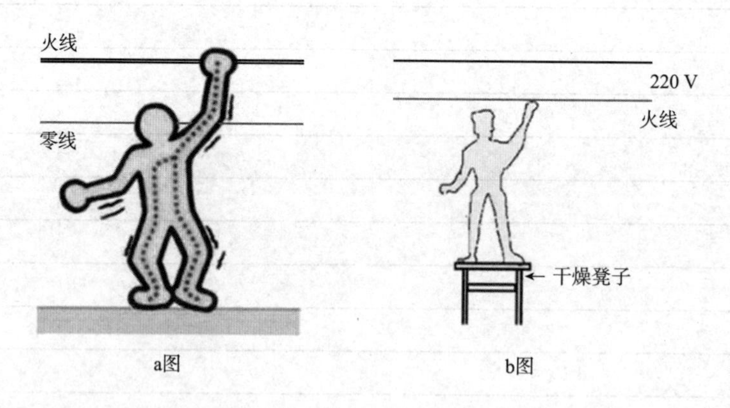

a图　　b图

四、触电的保护措施都有哪些？

五、建筑工地应采取哪些措施以降低触电事故？

任务八 建筑电气施工图基础知识

一、补充完成下表，掌握建筑电气施工图的组成。

电气工程施工图组成

组成类型	说明
图例	图例是用表格的形式列出该系统中使用的图形符号或文字符号，目的是使读图者容易读懂图样
电气设备平面图	电气设备平面图是在建筑物的平面图上标出电气设备、元件、管线实际布置的图样，主要表示其安装位置、安装方式、规格型号数量等

注：施工图其他组成类型的“说明”部分可参考图例及平面图进行描述，说清是怎样的图样，主要表示电气系统哪些内容。

二、用流程图表示电气施工图的一般识读顺序。

三、识读下列图例。

序号	图例	名称	序号	图例	名称
1			5	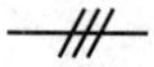	
2			6		
3	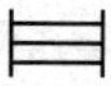		7	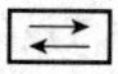	
4			8	 kWb	

四、连线题（为下列电气设备、装置找到其对应文字符号）。

照明线路　　　　ALE
插座箱　　　　　AW
动力配电箱　　　WL
应急照明配电柜　AP
电能表箱　　　　XD

五、请试着回答下列标注各部分表示含义。

1. 照明平面图中有$24\frac{2\times 40}{2.9}Ch$，其中 24 表示__________，2×40 表示__________，2.9 表示__________，Ch 表示__________。

2. 某平面图中桥架标注为$\frac{600\times 150}{3.5}$，其中 600 表示__________，150 表示__________，3.5 表示__________。

六、说明下列标注所表示的含义。

1. 5—YZ402×40/2.5Ch
2. 20—YU601×60/3CP
3. BV（3×6+1×2.5）SC25—WC
4. VV_{22}（3×25+1×16）SC50-FC
5. AP01+B.1/XL21-15

任务九　建筑强电施工图识读

一、识读教材模块四单元四中设计说明识读所给二维码“某公寓电气设计说明”，回答问题。

1. 该公寓的电气设计项目有哪些？

2. 该工程采用哪种供电方式？供电电压为多少？接地系统采用哪种系统？

3. 说明该电气供电系统的线路选用及敷设要求。

4. 说明该电气工程照明灯具、插座类型及安装要求。

5. 简述本工程防雷、接地装置的设置及做法。

二、识读教材中图 4.29“某商场楼层配电箱照明配电系统图”，回答问题。

1. 在该系统图中，用方框分别圈出配电箱进线、配电回路及箱内断路器。

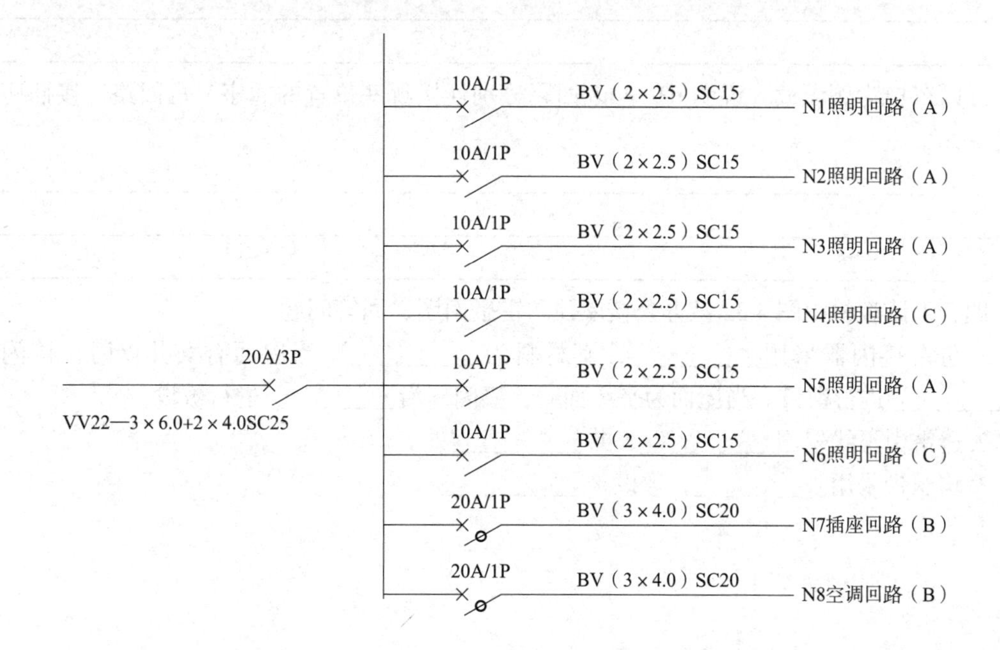

2. 该配电箱有几条配电回路？回路编号分别为哪些？

____

____

____

3. 该配电箱内总开关、各配电回路开关使用的是哪种控制开关？型号分别是什么？

____

____

____

4. 配电回路中，照明回路、插座回路的配管、配线型号、规格、导线根数、截面等分别是什么？

____

____

____

5. 说明配电箱进线标注的含义。

____

____

____

三、识读教材中图 4.30、图 4.31 某高层公寓标准层照明、插座平面图，回答问题。

1. 图中，照明及插座回路都由哪个配电箱引出？共引出照明、插座回路各几路？

____

____

____

2. 以东户为例识读，简述照明回路线路走向，各位置连接灯具、开关情况。

____

____

____

3. 以东户为例识读，说明 n3 ～ n8 回路分别连接哪些位置的插座？每回路连接插座数量是多少？

____

____

____

四、识读教材中图 4.32 某办公楼屋顶防雷平面图，回答问题。

1. 防雷接闪器采用__________，其材料为__________，当屋面有女儿墙时，接闪器沿__________进行敷设。当屋面为平屋面时，接闪器沿__________进行敷设。

2. 避雷引下线采用__________，共__________处。

3. 均压带采用__________，敷设于__________。

任务十　住宅电气照明系统施工图识读实例

识读教材中图 4.33 ～图 4.39 “住宅电气照明系统施工图”，形成图纸识读报告。

任务十一　室内线路配线施工

一、简述导线加工的步骤，并说明每个步骤中的注意事项。

二、铜芯导线和铝芯导线各有哪些连接方法？

三、结合所学知识，查阅资料，归纳总结完成下表的填写。

配线类型	配线步骤	配线工艺要求

四、室内线路常用的敷设方式有哪些？敷设应注意哪些事项？

五、简述室内配线一般技术要求。

任务十二　照明装置的安装

一、简述照明装置的安装工艺流程。

二、完成下列表格，掌握照明装置的安装要求。

序号	照明装置	安装要求
1		
2		
3		
4		
注：照明装置主要指：照明配电箱、灯具、开关、插座、风扇等。		

三、查阅资料，回答下列问题。

1. 照明配电箱安装的作业条件是什么？安装后如何进行成品保护？在施工中有哪些安全环保措施？

2. 灯具安装的作业条件是什么？安装后如何进行成品保护？

3. 开关、插座、风扇安装的作业条件是什么？安装后如何进行成品保护？在施工中有哪些安全环保措施？

任务十三　防雷与接地装置的安装

一、防雷引下线的敷设要求有哪些？

二、接地体安装时应注意什么？

三、完成下表，掌握防雷接地装置的安装。

安装项目	安装位置	安装方法	安装要求
避雷针			
避雷带、避雷网			
接地体			
接地线			

模块五　建筑智能化系统

任务一　智能建筑的定义

一、什么是智能建筑？智能建筑的主要特征是什么？简述世界上第一座智能建筑的诞生过程。

二、智能建筑的核心是什么？

三、讨论以下两幅图是否属于智能建筑，为什么？

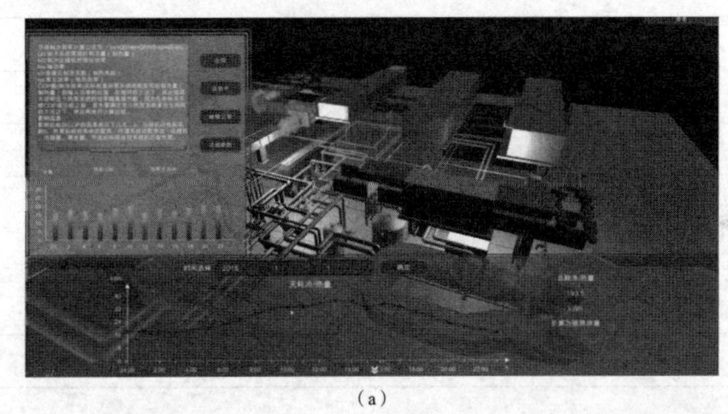

（a）

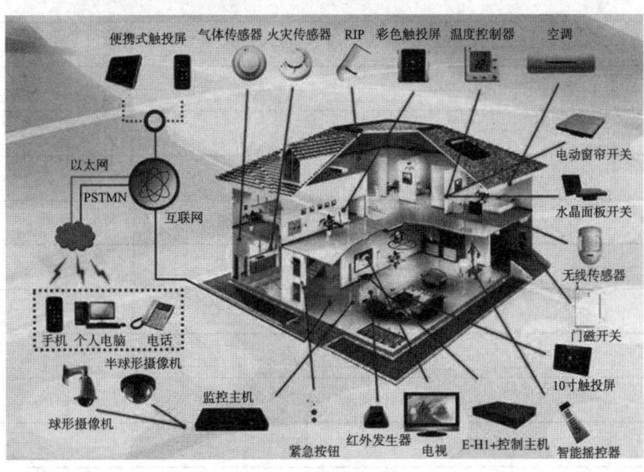

（b）

任务二　智能建筑的特征

一、什么是“4C”？

二、智能建筑的“智能化”主要是指什么？

任务三　智能建筑的功能

一、简述智能建筑系统的构成。

二、什么是办公自动化？

三、怎样理解综合布线系统？

任务四　火灾探测器

一、火灾探测器分为哪几种？

二、什么是感烟探测器？

三、什么是双鉴探测器？为什么要使用双鉴探测器？

四、根据下图，说说生活中不同场景火灾报警器的安装位置。

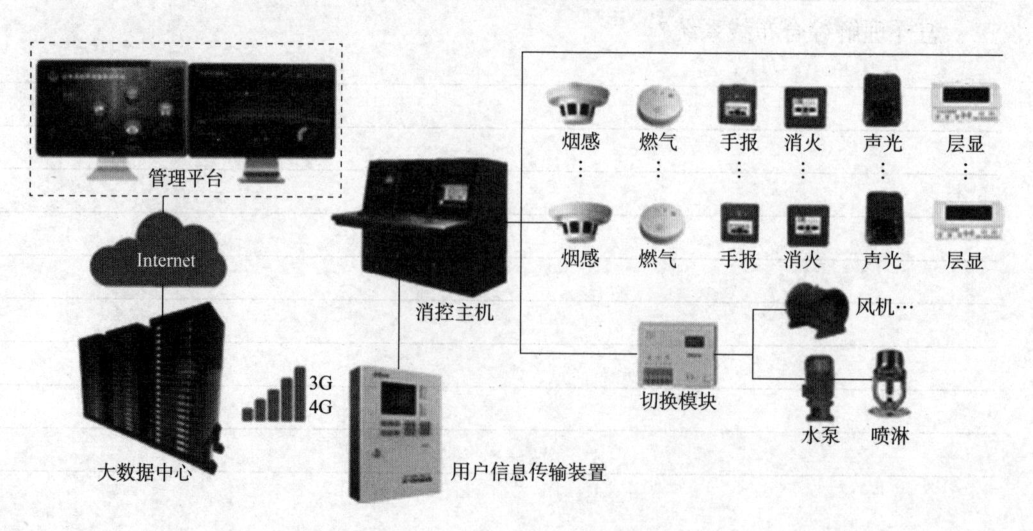

任务五　灭火与联动控制系统

一、结合下图简述自动喷淋灭火系统工作原理。

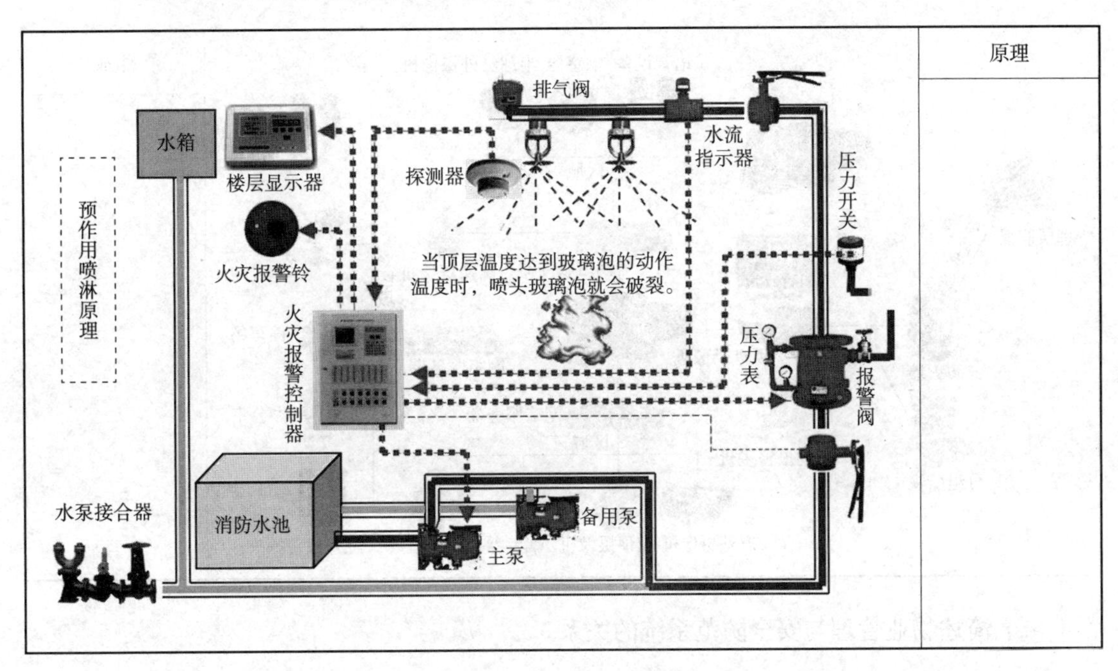

二、分析湿式喷水灭火系统与干式喷水灭火系统的区别。

____

____

____

三、商场和宾馆分别适用哪种喷水灭火系统？

____

____

____

四、简述湿式灭火与联动控制系统工作原理。

____

____

____

五、简述干式灭火与联动控制系统工作原理。

____

____

____

任务六　安全防范系统的构成

一、结合下图简述安防系统的组成。

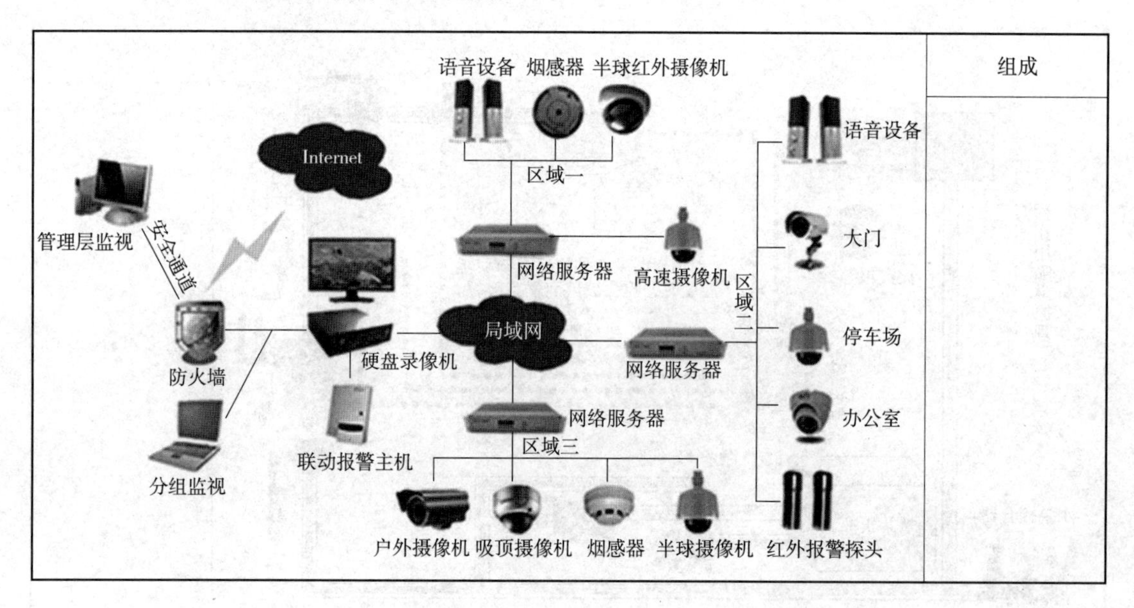

二、简述物业管理与安全防范系统的关系。

任务七　安全防范系统常用设备

一、安防系统常用设备有哪些？结合下图分别说说这些设备的作用。

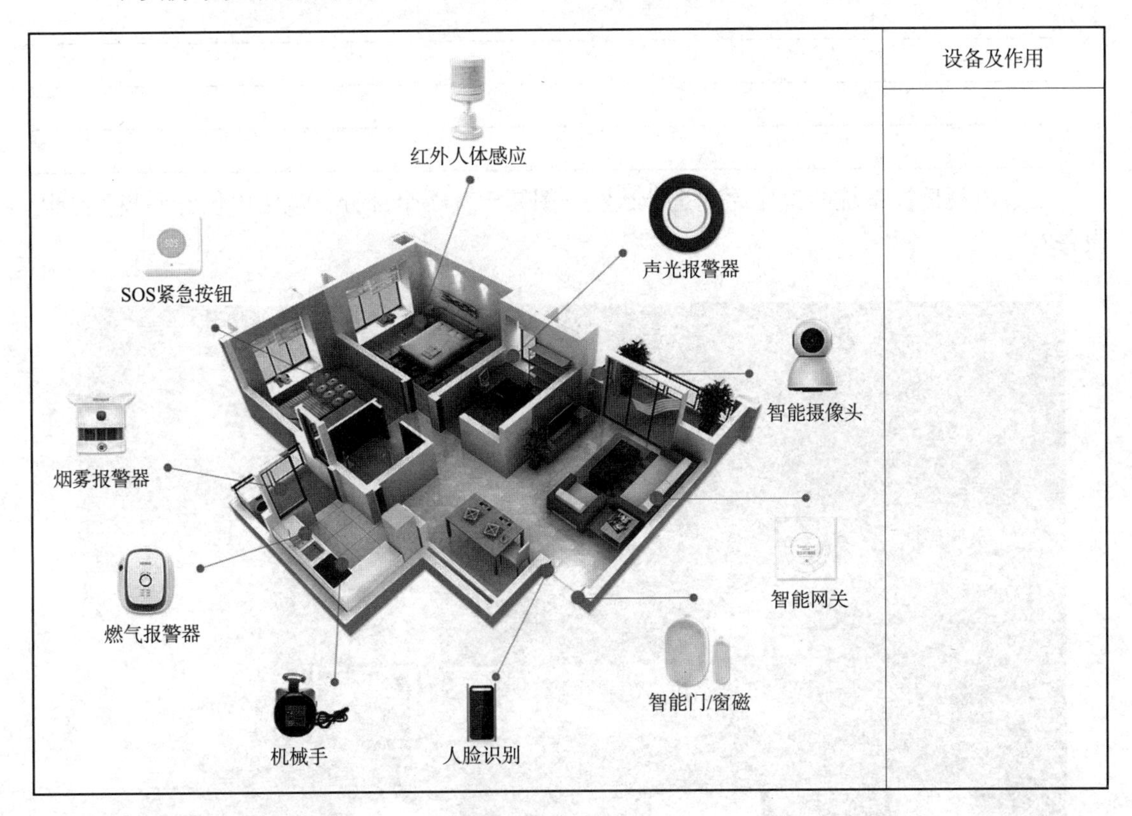

二、摄像装置具体包含哪些部件？

任务八　安全防范系统功能

一、防盗入侵报警系统的工作原理是什么？

二、电视监控系统的工作原理是什么？下图属于其哪个部分？该图中包含哪些（智能）设备？

三、简述数字化图像监控系统的组成。

任务九　楼宇安全防范系统设计

一、楼宇安全防范技术工程程序是什么？

二、安全防范技术工程实施过程的要求和内容都包含哪些内容？